U0186811

時空太乙

（修订版）

李德润◎著

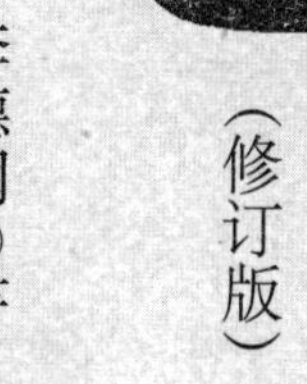

華齡出版社

责任编辑：薛　治
责任印制：李未圻

图书在版编目（CIP）数据

时空太乙 / 李德润著. —北京：华龄出版社，2017.9

ISBN 978-7-5169-1044-3

Ⅰ.①时…　Ⅱ.①李…　Ⅲ.①宇宙学－研究 ②人类进化－研究
Ⅳ.①P159 ②Q981.1

中国版本图书馆 CIP 数据核字（2017）第 220295 号

书　　名：时空太乙
作　　者：李德润　著

出 版 人：胡福君
出版发行：华龄出版社
地　　址：北京市东城区安定门外大街甲 57 号　邮　　编：100011
电　　话：（010）58122246　传　　真：（010）84049572
网　　址：http://www.hualingpress.com

印　　刷：九洲财鑫印刷有限公司
版　　次：2017 年 11 月第 1 版　2020 年 6 月第 3 次印刷
开　　本：720×1020　1/16　印　　张：27
字　　数：414 千字　印　　数：7001～10000
定　　价：68.00 元

为纪念术圣邵雍先生诞辰一千周年恭撰。

为纪念人类历史上第一次飞上太空50周年恭撰。

自序

甚喜《易》，极爱《皇极经世书》、《三易洞玑》、《易象正》，嗜好《太乙神数》、《奇门遁甲》、《六壬神课》。积数十年，学有收获，习有所得，研有体会，究有所思，遂撰《时空太乙》，以虔诚之心，仰慕之意，崇拜之情，纪念预测大师、术圣邵雍先生（1011－1077 年）诞辰一千周年。同时为纪念人类历史上第一次飞上太空 50 周年。邵雍，中国的历史人物。尤里．加加林（苏联宇航员，1961 年 4 月 12 日，驾驶着世界上第一艘载人飞船“东方一号”飞上了太空，成功的实现了人类历史上的太空飞行），外国的现代人，二人有何联系？他们的目的都是为了探索宇宙的奥秘，只是途径不一，手段有别。邵雍是用以《易经》为核心的东方玄学文化探索；加加林是用科技文化探索，但殊途同归。《时空太乙》的功能也是探索宇宙的奥秘。

何谓《时空太乙》？概言之，以太乙为宇宙最高法则，率乾坤十二爻，统六十四卦，行十二运，以先天六十四卦卦爻结构所蕴含的时间、空间两大宇宙的代表为坐标，以象、数、局三法为推演的综合工程，以“元时运空局”为推演模式，推演宇宙和人类社会发展变化规律的最高层次的《周易》术数预测学。

《时空太乙》是在《易经》“循环往复”根本原理的指导下，与时俱进，切近当今，更新观念，改造提高，创新发展中国古代最高层次预测学的产物。它融入了世界近现代天文学、物理学和地质学等科学，探索宇宙的最新成果；它把现代科学和古老的周易术数学有机的结合在一起；它综合并光大了《易经》卦断、《皇极经世》和太乙神数三方面的精粹，剔除其繁杂琐碎和人为神奥，独创了推演宇宙和人类社会历史发展变化规律的理念、法则、模式和方法。

在学《易》及周易术数学的过程中，越来越钦佩术圣邵雍先生。书后附录以“其人其书其事，怪杰怪招怪才”为题。并附以“邵雍先生大事年表”做了介绍。2011年为先生诞辰1000周年，当以实际行动以示纪念。弘扬邵子之学，并使之发扬光大，当是对先生的最好纪念。这是撰写本书的缘起之一。笔者曾读过两部令人毛骨悚然的著作。一部是《人类灾难纪典》。全书四卷，共430万字，由原中国国际减灾委员会副主任、中华人民共和国民政部副部长范宝俊任总主编。书中案例选收时间范围上起古代，下限1996年底；空间范围是全世界，侧重中国。但书中所述灾难在时间和空间上都是有限的。如仅限于地球以内的灾难，并不包括地球以外和宇宙变化给人类带来的毁灭性灾难等。尽管如此，仍是读的心惊肉跳，看得触目惊心。人类的灾难太多，危险太大了。另一部书是《小天体撞击与古环境灾变》。由我国“嫦娥奔月工程”首倡者和首席科学家欧阳自远等著。阐释地球以外小天体撞击地球所造成的重大甚至是毁灭性灾难。小天体指小行星和彗星。直径一公里的小天体撞击地球。即可造成灾害，直径11公里的小天体撞击地球就可造成毁灭性的灾难，80％－90％的物种可能灭绝。如果能预测一些灾难，将会大大降低灾难的危害程度。此生若达此愿，为人类的防灾减灾做一点贡献，将是莫大的荣幸。此为著述此书的缘起之二。笔者在数十年研习《周易》和邵雍、黄道周二位先生的推步之书以及《太乙金镜式经》、《太乙数统综大全》、《登坛必究》、《易学象数论》等古代太乙神数方面著述方面的基础上，在推步的思路、内容、方法、时间、空间、目的等方面均有一些新的体会和收获，虽为一孔之见，但愿与易友及广大读者朋友交流、探讨。为推动周易术数预测学的发展近一点绵薄之力。可称编纂本书的缘起之三。

本书名为《时空太乙》，实际是周易预测学。主要是运用《周易》“循环往复”的原理和先天64卦爻和太乙神术的一些预测手段来探天测史。《系辞》说：“易与天地准，故能弥纶天地之道”。《周易》这部书的学问法则，是宇宙万事万物一切学问的准则。“天地准”是宇宙间最高的标准，最高的逻辑，故能“弥纶天地之道”。《系辞》又说：“范围天地之化而不过，曲成万物而不遗”《易经》的学问懂了以后，整个宇宙事物都懂了。简而言之这就是本书的理论基础，或叫理论依据。换句话说就是，《周易》

具有预测宇宙和社会历史发展变化规律的功能。

本书尝试着体现6个方面的特点，即观念上的创新性、思路上的开拓性、方法上的多样性、时空上的普适性、实践上的简洁性和服务上的科学性。观念上的创新性主要体现在把卦爻象探索的阶段性和无限性结合起来。卦爻象包罗万象，实际是宇宙的一切象。目前已知的卦爻象只是其中的一部分，是卦爻象探索宇宙之象的一个阶段；卦爻象的范围应该是与时俱进，不断扩大的，而且是无限的。因此只囿于已知的卦爻象，不符合事物永恒变化发展的观点，应该具有不断探索卦爻象的意识，尤其是在推步自然、历史方面更应如此。本书除用已知卦爻象外，还尝试用趋势之象、核心之象、关键之象、藏匿之象、启示之象等探天测史。思路上的开拓性主要是把《易经》“循环往复”的原理具体化、数字化、固定化、远景化，体现在用“推数法”推演事物变化周期以及开拓人类认识宇宙大周期的视野等方面，目的是为人类中长期的防灾减灾服务。方法上的多样性是指在推步历史方面可以有不同的方法，而最后达到殊途同归的目的。《时空太乙》虽然与古代的推步方法有许多相同之处，但也有很大区别，有自己独特的推演方法。即不同于郑玄用“爻辰法”测史，也有别于邵雍、黄道周的推步方面，还区别于太乙神数的预测手段。时空上的普适性就要通过一定的手段，扩大预测的空间，增加预测的时间。因为既然“易与天地准”，“天地”就空间而论，就不只是中国，也不仅是地球，当指整个宇宙。本书在空间预测上要追求的目标是既能预测中国的，也要预测外国的、宇宙的。就时间来看，也非指一时，要追求的是古往今来。本书在时间预测上所要追求的目标是，既能预测过去、现在、又要预测未来。时空上的普适性就《周易》理论而言，是绝对可以办到的；但在实践上其难度之大是难以想象的。但非如此，不能显中华之博大，先祖之睿智，《易经》之威力。试想如果用《易经》和周易术数学仅能预测点中国的事，还能是“与天地准”吗？时空上的普适性应该是继续深研《周易》、发掘《周易》的潜在功能的很好课题，也是一个极其重大的课题，更是一个意义非凡的课题。颇值尝试。实践上的简洁性是指实用、可操作。历史上的推步历史者，很多人把简单的问题复杂化。其实越深奥的东西，本质却很简洁。如牛顿的万有引力定律：$F=Gm_1m_2/r^2$；爱因斯坦从相对论得出的质能关系方程E

$=mc^2$，都极为简洁，因为宇宙本身就是简洁有序的。《易经》“三易”就有“简易”一说。南怀瑾大师认为《易经》“至简至易”。本书介绍了推数法、推象法、推局法三位一体的推演方法，综合立体进行推演。单独实用一法，有一法的功用；三法皆用有其综合功能。当然，这里的简洁性是相对而言的。探天测史本身就是极为复杂、深奥的大难题，是一个庞大的系统工程。这里我们不是把本来就复杂、深奥的问题更加复杂化，更加神乎其神，而是尽力使复杂的问题简单化，使深奥的问题浅显化，以便使其具有可操作性，实用性，在为人类服务中发挥更大、更好的效用。服务上的科学性是说本书的终极目的是“两个服务”：一是为人类防灾减灾服务；二是为人类趋吉避凶服务。要想达到这一终极目的，就要具有科学性，努力做到服务的准确、及时、到位。古太乙神数是穿着卜筮外衣的哲学，有时会表现出随意性和不确定性，而《时空太乙》的目的是要客观反映从巫术文化向人文文化发展的轨迹，使穿卜筮外衣的哲学，变成哲学的卜筮，变成探索宇宙和社会历史发展变化规律的学问。

实话实说，课题的难度极大，涉及《周易》及周易术数学内容较多，更重要的是一些创新的问题，属尝试的领域，研究的课题，探索的阶段，能否经得住历史的检验，还需要时间。加之作者水平所限，缺点错误在所难免，此书实为抛砖引玉，敬请专家和读者朋友提出批评，不吝赐教，共同探研，以便改正缺点，纠正错误，弥补不足，使之升华。

李德润

2011 年 3 月 17 日于京南一乐斋

本书包括三部分：上篇，推法。推法很多，这里介绍三种推演《时空太乙》的方法。此三法可单独使用，也可综合使用。中篇，示例。就是举例说明。通过实际推演以中国历史为主，兼及世界历史和自然规律为内容的事例，具体说明如何推演。下篇，年局。介绍七十二种太乙岁计局，皆为阳局。

目　录

中篇　示例

下篇　年局

上篇　推法

《时空太乙》主要有两大功能，一是推演宇宙自然变化规律；二是推演人类历史发展规律，即史圣司马迁所说“究天人之际，通古今之变”（《史记新注》．附录“报任安书”，华文出版社，2000年版，张大可著，第四卷第2196－2197页）。用何种方法推演呢？推演《时空太乙》既有和其它预测手段相同或相似的方法，也有其独特的方法。方法问题极为重要，方法对，则事半功倍；方法错，则事倍功半。推演方法颇多，不可能一一介绍，这里仅介绍推数法、推象法和推局法三种方法。

从理论上讲《时空太乙》所依主要理论是《周易》、《皇极经世书》、《道德经》等。《周易》可以预测宇宙间的一切人、事、物。因为“易与天地准”（《十三经》，广东教育出版社，陕西人民教育出版社，广西教育出版社，许嘉璐主编，2005年版，第70页。以下凡引《易经》者，不再一一加注），故能包括宇宙的一切运动规律。那么，其功能自然能预测宇宙自然变化及人类社会历史发展规律，即“以易探天”和“以易测史”都是周易的功能。问题的关键是用什么方法预测？《时空太乙》所采取的这三种方法，各有其独特的功能。推数法一般推断中长期宇宙自然变化和人类历史发展规律，即千年以上的，直至万亿年。凡时间跨度极长，空间跨度极大的宇宙自然和人类历史问题，唯此法可推断，推象与推局法不灵。推象法一般推断中短期宇宙自然和人类历史问题。推局法一般推断一年之内的事件，如朝代的兴亡更替，自然灾害如地震、洪涝、干旱等。此三法，尺有所短，寸有所长，各尽其用。若三法齐备，综合用之，可推断宇宙自然变化和人类历史发展的全貌；若单独使用，亦可各取所需。

第一章　推数法

第一节　何谓数

有科学家说，宇宙就是纯数学。伽利略说，宇宙就是用数字写成的一本书。有的专家称邵雍先生的学说为数学，并称其为数学家。我们不讨论他们的说法对否，他们的观点至少可以说明数字在探索宇宙玄机中的重要性。

象数者，有象必有数，有数必有象，象为数之表，数是象之里。象既为卦爻等符号之象，又为宇宙万物的一切现象；数既为奇偶之数，又为一切事物及事理的度量，数是用来表征事物运动变化的深层次的道理。象数的数绝非算术中的数，不是简单的量化涵义，而是象的一种表现形式。数其实也是象，象中寓数，数中有象。所以象数的数除了有量化涵义以外，尤其有时空即形的蕴含，在一定的条件下，数即转化为象。

《时空太乙》推数法的功能有三。一是解决大尺度时间、空间的推演问题。要想“究天人之际，通古今之变”，必须懂得推数法。到现在，推演人类历史，要几千年甚至万年；探求宇宙自然，是要万亿年的。因此，在时间和空间上不能推演大尺度的数字，要探索宇宙和历史规律是不可能的。如历史上跨朝代、跨国界的推演问题，宇宙万亿年的推演等诸多问题，是推象法和推局法解决不了的。简言之，推数法是从时间、空间的宏观上来推演的（比较而言，推象法是中观的，推局法是微观的）。二是《时空太乙》的数是时空数，所以象征三个规律：宇宙阴阳消长规律、宇宙万物终始规律和宇宙万物自然中庸（即平衡）法则。三是《时空太乙》的数代表着时空的内涵，代表着量化、气化和气场。有定位、定性和定量的时空意义。因而就赋予了质和形的状态，从而能认识事物，这就叫做运数取意。运数取意寓于万事万物。天下万事万物都有数，但这个数有时是在象中，就必须运用运数取意的方法才能认识这个事物的象。

第二节　本源数

《时空太乙》所涉之数太过庞大，只能略举几例说明。

本源数即原始的、推导其它数的数。主要有：河图数、洛书数、五行生成数、天数、地数，天地总数等。介绍这五个方面数的书比比皆是，故此书不重复，只点其名，不做阐述。

第三节　基础数

基础数即常用的、最基本的数。主要有先天八卦数、后天八卦数。同理，介绍这两方面的书更是俯拾皆是，读者可自行选择，不做专题介绍。这里只简单介绍下面这些数：

1.1之数。为阳数、奇数、太极数、数之始、元。

2.2之数。为阴数、偶数、两极。

3.3之数。为阴阳合数、天地人三才之数、万物生数。

4.4之数。为四象、四隅之数。

5.5之数。为中五之数、虚中至用之数、合生成之数。

6.6之数。十个6为60，干支一周数。三十个6为180，为元气流行一周之数。就五行之数而论，为阴数之极。

7.5、6之数。

(1) 5、6两数，居天地数之中，为天地之中数。

(2) 2、3、4、7、8、9、10各数自乘，得数有变（2×2=4，3×3=9，4×4=16，7×7=49，8×8=64，9×9=81，10×10=100）。

(3) 1、5、6三数自乘，得数不变（1×1=1，1为太极，太极不变，5×5=25，6×6=36）。

(4) 5、6两数，因为居中，能御外，所以不变；因为不变，能应万变，所以居中。

(5) 5×5=25，6×6=36，和为61，6×61=366，为一年366日之

数，含天地自然之数。

8.7之数。为天三地四之合数（天圆径1围3，地方径1围4）。

9.8之数。天地实用之数。天地之数除去5、10，只用1、2、3、4、6、7、8、9。

10.9之数。为阳数之极。

11.10之数。

（1）自1至10，1自乘不计，余数自乘（2×2+3×3+4×4+5×5+6×6+7×7+8×8+9×9+10×10=384），为384爻之数。

（2）自1至9，加之为45，为河图之数。

（3）自1至10，加之为55，为洛书之数。

（4）河图数加洛书数共为百数。

（5）为天地之全数。1、3、5、7、9为天数，2、4、6、8、10为地数，故1、2、3、4、5、6、7、8、9、10为天地全数。

12.12之数。一年12个月之数。

13.30之数。天地一周之数。

14.60之数。1个60甲子之数。

15.144之数。为坤之策数。

16.180之数。为元气运行一周之数。

17.384之数。天地之数自乘为385，除1不用，得384，即为64卦之爻数，又是闰年全年之日数。

第四节　周期率

要推演宇宙历史的变化规律，不推演周期是不能得到全貌的。所以，《时空太乙》不但要推演周期，而且必须有率。《时空太乙》以30年为率（率者，乃两个相关数在一定条件下的比值）。所以以30为序列，是取天道30岁为一周期之意。此为《时空太乙》的核心价值所在。

事物为何有周期率？其理论基础非常简单，就一句话：《易经》的原理，循环往复。为什么要设周期率？简言之，就是因为宇宙有循环往复根本规律的存在。大千世界，事物复杂，但其理一也。就是老子所说的

“道”。什么是道的变化规律?“反者道之动”(《诸子集成·上》第446页,广西教育出版社,陕西人民教育出版社,广东教育出版社,2006年版),就是道的运动是循环的,循环运动是道所表现的一种规律。说明道和道所作用的事物遵循以下规律,事物向相反的方向运动,循环运动,返回原点。这就是循环运动的规律。老子又说“道”是“周行而不殆”(《诸子集成·上》第439页,广西教育出版社,陕西人民教育出版社,广东教育出版社,2006年版)的。“周”是一个圆圈,是循环的意思。“周行”即循环运动。整个意思是,道的循环运动生生不息,没完没了,无始无终。中国古代对道的周期运动的时空结构模式有多种基本数的模型,如年、月、日周期圆图,30年、360年周期圆图等。《时空太乙》采取的就是其中一种时空结构模式基本数的模型:30年周期圆图。

《周易》六十四卦本身就是循环往复的典范,如果既济卦表示一个发展过程的结束,那么未济卦则是下一个发展过程的开始。现行六十四卦卦序,就是由若干循环往复的过程组成的卦。《序卦传》阐明了这一问题。如“乖必有难,故授之以蹇,蹇者难也”。“物不可以终难,故授之以解,解者缓也”。“缓必有所失,故授之以损”。“损而不已必益,故授之以益”。“主器者莫若长子,故授之以震,震者动也”。“物不可以终动,止之,故授之以艮,艮者止也”。“物不可以终止,故授之以渐,渐者进也”。如果把每卦六爻做为一个发展过程,第五爻表示达到了极高位置,但是再往上发展达到上爻即顶点,就要走向反面。这就是易学史上著名的物极必反原理,即循环往复原理。

史圣司马迁对循环往复根本大规律在《史记》中亦多有论述。《史记》之要旨三题为“究天人之际,通古今之变,成一家之言”。为探求宇宙和历史发展规律,专设“八书”,从理论上论述之。如《历书》论述了天体的循环往复变化;《天官书》说“夫天运三十岁一小变,百岁中变,五百岁大变;三大变一纪;三纪而大备,此其大数也,为国者必贵三五,上下各千岁,然后天人之际续备”(《二十四史·史记》,第1154页,中华书局,2005年版)。“三十岁”既是《时空太乙》所说天运一周之周期,也是《时空太乙》所用之周期率。中国历法一纪为一千五百二十年,三纪为四千五百六十年,恰好是太乙“阳九”一大元,一大周期。太乙书认为,十九年为一章，四章为一部，五部为一管，四管为一统，三统为一元，即19×4×5×4×3=4560。由此可见，《史记》所说“三纪”，太乙书的4560年，和中国历法都是一致的。讲社会方面的有“原始察终”、“见盛观衰”。此外，还有讲文化、生物、天道、人道、经济等方面的循环往复问题。司马迁深知，不研究周期循环问题，是究不了天人之际的，也通不了古今之变的。

司马迁通过撰史的方式“究天人之际，通古今之变”；我们研究《时空太乙》，其实如《皇极经世书》一样，是在以《周易》术数学的方式“究天人之际，通古今之变”；《周易》也是在“究天人之际，通古今之变”，方式是“符号”。因此，无论采取何种方式“究天人之际，通古今之变”，殊途可以同归，但周期、周期率都是必须的。

第五节　周期数

周期数是指事物在周而复始的运动变化时，重复一次周期所经历的时间。有天运大小周期之分。

“周期”指宇宙的周期变化或称周期往复；“数”指周期变化之定数，定数就是周期变化的规律，故此求出定数就探索出了宇宙的规律。所谓“术足数出”是指只要预测方式得当，预测准确，自然就求出了定数。“周期变化”是宇宙的根本规律，对于预测学来说实在是太重要了。精通宇宙周期变化规律并自觉运用之，可使预测事半功倍；否则事倍功半。

几乎所有的预测学都是预测周期或与周期十分密切的。《周易》六十四卦，《太乙神数》阴阳各七十二局，《奇门遁甲》阴阳各五百四十时辰局，《大六壬》六十四课以及初中级的预测手段，都是预测周期，预测周期定数的。从中国的预测巅峰之作《皇极经世书》到赫赫有名的七大预言书（《推背图》《乾坤万年歌》《马前课》《梅花诗》《藏头诗》《烧饼歌》《黄檗禅师诗》），再到法国预测大师诺查丹玛斯的《诸世纪》、《百诗集》等，也都是预测周期定数的。

为什么宇宙要周期变化？佛教的解释极富启发性。“般若经的核心思想是‘空’。但佛教所说的‘空’，非一无所有，而是以‘缘起’说空，亦即认为，宇宙万事万物都是条件（缘即条件）的产物，都是随着条件的变化而变化的。条件具备了，它就产生了（缘起），条件不存在了，它就消亡了（缘灭）。宇宙间的一切事物都不是不变的，而是一个念念不住的过程”（《佛教十三经》，赖永海主编，中华书局，2010年版，“出版说明”第一页）。凡是存在的，都是必然要灭亡的。如中国历史上的几十个朝代，现在还有吗？宇宙间小到粒子，大到恒星，从人、动植物到微生物，都是有周期的。美国哈勃望远镜既拍到了恒星的生，也拍到了恒星的死。现代天文学认为，宇宙已有一百三十七亿岁。一些天文学家认为，宇宙的周期约为三百到五百亿年，只是限于条件，目前尚不能准确的预测宇宙的周期。

因此，深知周期变化，精通循环往复，就掌握了《周易》的精髓，也就探索到了宇宙的真谛。

《周易》数的问题是《时空太乙》的重点，也是难点。不熟悉掌握之，许多问题尤其是时间长、跨度大的自然和社会变化，就无法预测。这里还涉及到许多天文数字的周期，更是一大难题。各大预言书中，都有关于周期变化的论述。如《推背图·第一象》颂曰：“自从盘古迄希夷，虎斗龙争事正奇。悟得循环真谛在，试于唐后论玄机”。谶曰：“茫茫天地，不知所止。日月循环，周而复始”。“第六十象”颂曰：“茫茫天数此中求，世道兴衰不自由。万万千千说不尽，不如推背去归休”。谶曰：“一阴一阳，无终无始，终者自终，始者自始”（《推背图》，雾满拦江评释，中国友谊出版公司，2008版，第一页，第303页）。这是《推背图》对宇宙循环往复原理的概括阐述。

周期数的功能，是如何从宏观上推演宇宙自然和人类社会的灾厄之年。《时空太乙》中的大小周期数不胜枚举。如俄罗斯的套娃一样，大套中，中套小，小还套小……无穷无尽。周期中的灾厄之年，也是数不胜数。如百六之灾、阳九之灾、阴十之灾、衔时之灾、二三之灾、二五之灾、二七之灾、三九之灾、七七之灾、八八之灾、九九之灾等等。可以说宇宙间，到处皆阴阳，遍地是周期。

关于周期灾厄问题要弄清以下几个问题。

第一，《时空太乙》的灾变观点。

前面所述，宇宙循环往复的根本大规律告诉我们，极则有变。《周易》对极则有变的认识是：极则变，变则通，通则久。就是说，宇宙间变化是永恒的，只有变，才可以通达，通达才可以长久。而《时空太乙》对极则有变的认识是：极则变，灾祸兴。并规定了若干周期的推演方法，若逢这些周期之始、之末，必有天灾人祸发生。

第二，《梦溪笔谈》的灾变说法。

《梦溪笔谈》是北宋沈括所著，中国古代科技第一百科全书。了解此书是科学著作的人大有人在，但对书中关于术数的阐述，却知者甚少。人们只知道沈括是个大科学家、政治家，却很少有人知道他还是一个预测大家。他不但参与详定浑天仪，而且负责司天监的工作。书中有近五分之一的篇幅精准深刻的阐述“象数”，其中关于周期灾变的说法弥足珍贵。如在“卷七·象数一”说：“……此一日之中，自有四时也。安知一时之间无四时？安知一刻、一分、一刹那之中无四时邪？又安知十年、百年、一纪、一会、一元之间又岂无四时邪（重庆出版社，2007 年版，第 92 页）?”其意为：一日之中也有四季，十年、百年、一纪、一会、一元之中，甚至一个时辰、一刻、一分、一刹那都有四季的变化。其实这就是沈括的周期灾变观。他告诉我们，宇宙中的任何时间、空间，既不是天天风和日丽，也不是日日暴风骤雨。时间上无论跨度多么短，多么长；空间上无论多么窄，多么宽，都象一年四季的变化一样，既不全是灾，也不是无灾，而是灾厄与非灾交替有规律的出现。

研究周易术数学的人学习《梦溪笔谈》有极大的感触和强烈的震撼，实际是最大的收获。什么收获呢？中国有沈括，中华民族应该感到骄傲和自豪。他广泛的阅历、丰富的知识、执着的探索，成就了一个囊括中国历史辉煌中所有辉煌成就的《梦溪笔谈》。英国科学史专家李约瑟博士称《梦溪笔谈》是“中国科学史的里程碑”。称沈括为“中国整部科学史中最卓越的人物”（《中国科学技术史》第一卷，英. 李约瑟著，科学出版社，1975 年版，第 289 页）。就是这样一个伟大的科学家把周易术数学写进了科学著作之中。三十卷中，论述“象数”的几近五分之一。此举为开天辟地第一回，恐怕前无古人，后无来者。沈括之所以把周易术数学写进科学著作中，是因为他已经超前认识到：周易术数学就是科学。术数就是科学，只不过是隐形科学，或类似现在所说暗物质、暗能量的暗科学。一阴一阳之为道，宇宙的事就是一阴一阳。如果明面上的科学称为阳科学或科学，那么“地下工作者”周易术数学就可以称为暗科学。有了阳科学，又有了暗科学，一阴一阳就可以称为“道”了。近年来，世界科学界普遍认为宇宙存在暗物质和暗能量，而且这两项占到宇宙物质的95%。要探索暗物质和暗能量，光靠阳科学办不了，还必须靠暗科学。抓这两手，则宇宙间的事情就比较容易解决了。沈括有超前意识，有先见之明，视周易术数学为科学，且写入科学著作中，这是一个极为伟大的创举，必将为人类最终揭开宇宙的奥秘做出不可估量的伟大贡献。

再举个小周期的例子。在一年之内的凶煞日辰推算中，有交节气日，即立冬、冬至、立春、春分、立夏、夏至、立秋、秋分这八日为交节气日，也是凶忌日。还有四离四绝日，即冬至、夏至、春分、秋分交节日之前一天为四离忌日；立春、立夏、立秋、立冬日的前一日称为四绝忌日。还有三伏日的头三天；月象变化最明显的初五、十四、二十三三个朔望忌日等，这些都是小周期内的灾变。我国农历以月亮运行的一个周期为“月”。初一为“朔”，十五为“望”，月终为“晦”。晦日为禁忌日，为什么？晦为一月之末（即一个月周期将出之时），当晦日之时，夜里一片漆黑，伸手不见五指，会使人产生恐惧感，这是一个方面。更重要的是，月亮属阴，晦日为月之末，为阴之尽。六十甲子中癸亥为禁忌，其理亦然。癸为天干之末（即十天干周期将出），阳绝之辰；亥为地支之终（即十二地支周期将出），阴绝之辰；癸亥则为六十甲子之尽（即六十甲子周期将出），阴与阳俱绝，都是不吉利的，所以要忌之。

第三，先天六十四卦方圆图的基本原理。

易根于乾、坤，而生于复、姤，刚复于柔而为复卦，柔交于刚而为姤卦，由复到乾，由姤至坤长消循环不息，无有穷尽。所以邵雍先生说：“图虽无文（先天图也），吾终日言而未尝离乎是。盖天地万物之理，尽在其中也”（《皇极经世书》2007年版，第518页，中州古籍出版社）。

第四，灾厄之期为什么那么多？

《易经》的观点，事物的变是永恒的，古太乙认为，只要一变灾祸就来了。从这个意义上说，灾变也是永恒的。我们看六十四卦三百八十四爻，其中阳爻一百九十二个，阴爻一百九十二个，说明宇宙吉、凶是参半的，也是平衡的。这是从理论上说。再看自然和历史的实际变化，灾厄随处可见。就历史而言，所谓的治世乱世乃是相对而言的，无乱世也无所谓的治世，无治世也无所谓的乱世。翻开中国历史，不要说太平盛世，就是治世也少的可怜，而乱世则充斥其间。就自然而论，风和日丽、万里晴空，有；但狂风暴雨、电闪雷鸣、火山、地震、海啸、台风、飓风、龙卷风、洪灾、涝灾、疫病等等也有。往地球内部看，下一个冰期何时出现？往地球外部看，“据计算，一颗2千米大小的彗星撞上木星，其功能相当于2万亿吨TNT炸药的能量，相当于一亿颗1945年投到长崎的原子弹“胖子”的能量”（《天象的启示》，李启斌著，湖南教育出版社，1999年版，第122页），直径十一公里的小天体撞击地球，就可使地球遭到毁灭性打击；现代天文学研究认为，太阳五十亿年后不复存在，地球必遭厄运；约五十亿年后银河系与仙女系可能相撞，如果真是这样，银河系将不复存在，地球怎么办？现代社会里，全世界都在防灾减灾，但其前提是：知灾。《时空太乙》是预测灾厄的重要手段之一。掌握《时空太乙》可以更好地为国家和人民服务。

第五，周期灾厄之期的界定。

一是灾厄之期的相对性。灾与非灾是相对而言的。灾厄之期中也不是全部时间皆为灾厄，中间也可能有安定、和平、发展期。如后面介绍的“百六”中的灾厄之年，也有西晋朝的短暂统一，东晋和南北朝的民族融合，经济、文化的发展期。“衔时”中也有西周中前期的发展期；春秋时期虽战争频繁，但文化上的百家争鸣为中国传统文化的形成奠定了重要基础。

二是灾厄所包括的内容。在人类历史上，一般是指国家分裂，社会动荡，战争频繁，疫病流行，人民生活痛苦，甚至流离失所。有的灾厄之年是综合性的灾厄。既分裂又战争，人民疾苦。如五胡十六国、五代十国时期；有的偏重战争，如“阴十”所指中国自1840年至1953年，世界史上1800年至1991年，其灾厄最大的特点是集中在形形色色的战争上。在宇宙自然方面，是指所有的自然灾害，冰期、亚冰期、间冰期、小天体撞击及其它宇宙灾害。

三是如何界定灾厄之期。

（1）周期数的时间上。

前面已说周期数满地都是，随时皆有。但《时空太乙》所谓的周期数下限为三千年。或者说三千年以下的周期，不在《时空太乙》讨论范围之内。理由很简单，因为《时空太乙》是研究宇宙天文的，相对小的周期对研究宇宙问题无实际意义。

（2）灾厄的时间上。

一般发生在两个相同周期的过渡段，即前一个周期末，后一个周期初的时间里。

（3）灾厄的空间上。

地域跨度大，在世界史上甚至是多个国家参与的一件事。

（4）灾厄的灾情上。

灾情重，灾难多。

只有同时具备以上四条，才是《时空太乙》所指的灾厄之期。

自然的灾害许多为当年的。《时空太乙》在推局法中推之，不用周期数推演。宇宙的大灾厄一般时间极长，为天文数字。如大冰期都是十万年以上甚至时间更长。不但很难推演，而且很难验证。最主要的原因来自两个方面：一方面是宇宙的大变化，时间太长；另一方面是人类的文明史又太短，至今仅五千多年，五千年与一百三十七亿年根本没有可比性。宇宙中的重大灾难肯定是有的，其理由也有两个方面：一方面循环往复乃是宇宙发展变化的大规律，极则变，灾祸兴；另一方面《周易》“与天地准”，“弥纶天地之道”，“范围天地之化而不过”，依据《周易》和《时空太乙》的功能，肯定是可以预测出来的；但有些又是目前无法验证的，这是目前人类很无奈的事。如后面的“示例”中可以推演甲元的一大元，一周期为4608个三十年周期，138240年。是一个冰期，还是一个间冰期？现在很难证实。再如“衔宙”期，一周期为17915904000个天运三十年周期，556939997583年，现在更是无法验证。与其无法验证的事，还不如暂时不说。所以“示例”中，当年的自然灾害大部分给予具体推演；而长期的宇宙变化，则只给周期数和推演灾厄之期的方法，不做具体推演。既然人类对这些是无奈的，也只得如此！不得不如此！

第六，天运大小周期的区分。

邵雍在《皇极经世书·观物外篇》说："乾阳中阳，不可变，故一年止举十二月也；震阴中阴，不可变，故一日十二时不可见也。兑阳中阴，离阴中阳，皆可变，故日月之数可分也。是以阴数以十二起，阳数以三十起，而常存二六也"（中州古籍出版社，2007年版，第508页）。以十二、三十反复乘之，而穷天地始终之数。邵雍论述天运大小周期皆是十二、三十反复相乘模式。故，在《时空太乙》中3000年以上周期中，凡乘十二者，为天运小周期；凡乘三十者，为天运大周期。

第六节　周期灾

下面介绍一部分大的灾变周期。我们这里所说的周期数，就是对循环往复规律反映的时空规律和灾变规律的具体化、数字化、固定化，将抽象的原理转化成具体的数来加以推演。周期中灾变时间不一，有长有短，因周期而定。周期将出与将入的时间不等，也是长短不一，因周期而异。这些一并予以简单介绍。

《时空太乙》中我们将周期数分为两类：一类是已推周期数灾厄，即在后面"示例"中已经用到的；另一类是未推周期数，即有此周期，但尚未用的。

已推周期之灾厄，共有百六、阳九、阴十、衔时四个。在每个周期将出、始入的时间段里，必有天灾人祸。每个周期数灾厄之年的时间约为该周期数的百分之五到百分之十（百六、阳九、阴十、衔时四个周期之灾的推演，这里只做简单介绍，详见"示例"中的有关章节）。

1. 百六周期之灾厄

第一，依据。据五行小衍之数，水1、火2、木3、金4、土5；2、4为阴数，其和为6，故6为阴数之极，极则变，灾祸兴，故有百六之厄。

第二，数据。一个百六大元（大周期）为144个三十年周期，4320年；一小元（小周期）为288年，一大元包括15个小元。公元前3967年入最近百六第一大元，353年出第一大元，故354年入第二大元。

天运百六 4320 年周期推例表

小百六时间段（年）	入小周期顺序	入大周期顺序及时间（年）
－3967 至－3679	第一大元第一小百六	入第一大元 288
－3678 至－3391	第一大元第二小百六	入第一大元 576
－3390 至－3103	第一大元第三小百六	入第一大元 864
－3102 至－2815	第一大元第四小百六	入第一大元 1152
－2814 至－2527	第一大元第五小百六	入第一大元 1440
－2526 至－2239	第一大元第六小百六	入第一大元 1728
－2238 至－1951	第一大元第七小百六	入第一大元 2016
－1950 至－1663	第一大元第八小百六	入第一大元 2304
－1662 至－1375	第一大元第九小百六	入第一大元 2592
－1374 至－1087	第一大元第十小百六	入第一大元 2880
－1086 至－799	第一大元第十一小百六	入第一大元 3168
－798 至－511	第一大元第十二小百六	入第一大元 3456
－510 至－223	第一大元第十三小百六	入第一大元 3744
－222 至 65	第一大元第十四小百六	入第一大元 4032
66－353	第一大元第十五小百六	入第一大元 4320

第三，推演。

关于百六第一大元将出，第二大元始入之灾的推演。

已知：第一大元时间从－3967 年到 353 年，共 4320 年。即公元 353 年出第一大元，354 年入第二大元（354－4673 年）。其灾厄之期应在 353 年前后，时间段约为 4320 年的百分之五至百分之十左右。

推演：中国历史

此段正是我国历史上两大分裂期（五胡十六国和五代十国）之一。此段灾厄之期应从公元 220 年三国开始，中经西、东晋、五胡十六国、南北朝到 589 年隋朝灭南朝陈，全国统一较为妥当。其灾厄之期为 370 年，用卦推断有难度，但用百六周期灾厄推断，就较为容易了。

世界历史

从世界历史看，也是大分裂、大改组时期。此灾厄之期从公元 200 年左右匈奴西迁开始，到568年日尔曼人的迁徙运动，共369年。

原先读历史只知道有这段大分裂的历史，却不知道为什么。现在找到了答案：因为百六之灾。

2. 阳九周期之灾厄

第一，依据。据五行小衍之数，水1、火2、木3、金4、土5；1、3、5为阳数，其和为9，9为阳数之极，极则变，灾祸兴，故有阳九之灾。

关于阳九、百六之灾的依据还有一说。北宋沈括的《梦溪笔谈》中记载："易象九为老阳，七为少阳，八为少阴，六为老阴（重庆出版社2007年版，第105页）。"它明显的把四个筮数称做象，四个筮数有阴、阳、老、少的分别。依据物极必反的法则，阴与阳发展到极盛状态都会发生变化，变化的方式是反变。如寒冷的冬季过后，就是逐渐暖和的春季，炎热的夏季过后就是逐渐凉爽的秋季。因此，太阴会变为少阳，太阳会变为少阴，即6会反变成7，9会反变成8。春季会发展成夏季，秋季会发展成冬季。因此少阳会发展成老阳，少阴会发展成为老阴。即7会发展成9，8会发展成6。由于9、6所具有的变化趋势是反变形式，这种反变是对自己的彻底的否定，因此是一种本质的变化；而7、8所具有的变化趋势则是自身属性的进一步发展，它没有改变自己的性质，因此与前者有着根本的不同。因此"9、6"具有表达客观存在的本质变化功能，成为《周易》筮数中的变数。如果筮法操作结果中出现了9和6，就意味着卦象出现了变数，就意味着卦象所代表的事物要发生变化。变化的趋势是反变，故而形成了周期变化，而"7、8"由于分别代表少阳、少阴，两者的性质都相对稳定，因此"7、8"代表相对静止的状态，属不变的数。此依据亦是言之凿凿，令人信服。

第二，数据。一个阳九大元（大周期）为152个三十年周期，4560年；一小元（小周期）为456年，一大元包括十个小元。公元前3487年人第一大元，公元1073年出第一大元，1074年入第二大元（1074至5533年）。

天运阳九 4560 年周期推例表

小阳九时间段（年）	入小周期顺序	入大周期顺序及时间（年）
－3487 至－3031	第一大元第一小阳九	入第一大元 456
－3030 至－2575	第一大元第二小阳九	入第一大元 912
－2574 至－2119	第一大元第三小阳九	入第一大元 1368
－2118 至－1663	第一大元第四小阳九	入第一大元 1824
－1662 至－1207	第一大元第五小阳九	入第一大元 2280
－1206 至－751	第一大元第六小阳九	入第一大元 2736
－750 至－295	第一大元第七小阳九	入第一大元 3192
－295 至 161	第一大元第八小阳九	入第一大元 3648
162 至 617	第一大元第九小阳九	入第一大元 4104
618 至 1073	第一大元第十小阳九	入第一大元 4560

第三，推演。

关于阳九第一大元将出，第二大元始入的推演。

已知：第一大元的时间从－3487 到 1073 年，即 1073 年出第一大元，1074 年入第二大元（1074－5633 年），其灾厄之期应在 1073 年前后，灾期时间为 4560 年的百分之五到百分之十左右。

推演：中国历史

此段是我国历史上最为明显的分裂期之一。从 875 到 1234 年分裂期为 360 年。

这样，中国历史上第二大分裂期的原因也清楚了：阳九之厄。

世界历史

主要是历时 200 年的十字军东侵和蒙古军的三次西征以及英法两国的百年战争。

阳九之灾也使世界战争频繁，灾情严重，时间较长，地域广大，人民遭殃。

3. 阴十周期之灾厄

第一，依据。一说，2、4、6、8、10 为阴数，故 10 为阴数之极；二说，五行成数 6、7、8、9、10，10 为极数。极则变，灾祸兴，故有阴十之难。

第二，数据。一个阴十大元为一百个三十年周期，3000年。公元前1137年始入第一大元，公元1863年出第一大元，1864年入第二大元（1864－4863年）。阴十一小元为300年，阴十一大元包括十个小元。

天运阴十 3000 年周期推例表

小阴十时间段（年）	入小周期顺序	入大周期顺序及时间（年）
－1137至－838	入第一大元第一小周期	入第一大元300
－837至－538	入第一大元第二小周期	入第一大元600
－537至－238	入第一大元第三小周期	入第一大元900
－237至63	入第一大元第四小周期	入第一大元1200
64至363	入第一大元第五小周期	入第一大元1500
364至663	入第一大元第六小周期	入第一大元1800
664至963	入第一大元第七小周期	入第一大元2100
964至1263	入第一大元第八小周期	入第一大元2400
1264至1563	入第一大元第九小周期	入第一大元2700
1564至1863	入第一大元第十小周期	入第一大元3000

第三，推演。关于阴十第一大元将出，第二大元始入之灾厄的推演。

已知：第一大元的时间从－1137年到1863年，即1863年出第一大元，1864年入第二大元（1864－5863年），其灾厄期应在1863年前后，灾厄之期时间为3000年的百分之五到百分之十左右。

推演：中国历史

此期灾厄使中华民族蒙受了百年国耻。国家历经磨难，中华民族到了最危险的时候。

世界历史

最突出的两个字仍是战争，同时有霍乱世界大流行。

4. 衔时周期之灾厄。

第一，概念。何谓衔时："衔"是相连接，"时"是《时空太乙》的专用词，一时为一个周期，一时的时间为11520年。衔时就是两个"时"的周期相互连接的地方，即上一周期将出，下一周期始入的灾厄之期。

以下要讲的衔期、衔世、衔纪、衔代、衔宙都是这个意思，即两个相同周期衔接时所发生的灾厄。

第二，依据。如果进入一个周期的开始，或者是一个周期的结束，预示将有灾厄发生。

第三，数据。《时空太乙》以“元时运空局”的模式进行推演。一元＝138240年，包括12个时，一时＝11520年，一时为384个30年周期。一小元为288年，一大元包括40个小元。在后面的“示例”中，巳辰时从－12657年到－1138年；午辰时从－1137年到10383年。

下面，我们推演衔时周期之灾厄。

天运衔时11520年周期推例表

小周期时间段（年）	入小周期顺序	入大周期顺序及时间（年）
－1137至－850	第一大元第一小周期	入第一大元288
－849至－562	第一大元第二小周期	入第一大元576
－561至－274	第一大元第三小周期	入第一大元864
－273至14	第一大元第四小周期	入第一大元1152
15至303	第一大元第五小周期	入第一大元1440
304至1743	第一大元第十小周期	入第一大元2880
1744至4623	第一大元第二十小周期	入第一大元5760
4624至7503	第一大元第三十小周期	入第一大元8640
7504至10383	第一大元第四十小周期	入第一大元11520

第四，推演。关于巳辰时将出，午辰时始入之灾厄的推演。

已知：－1137年出巳辰时，－1138年入午辰时，其灾难之期应在－1137年前后，时间为11520年的百分之五至百分之十。

推演：中国历史

从商朝末年－1198年，武乙王继位到－1122年武王伐纣共77年。期间，武乙王无道，天下大乱，赫赫殷商毁于纣王之手。

－1138年入午辰时，到－221年秦朝统一全国，共918年的灾厄之期。

世界历史

此段世界历史从公元前8世纪到公元前146年，约650年，与中国历史类似，灾厄以战争为主要表现形式。一些国家以战争为手段，用武力征服它国。出现了三大帝国和一些比较著名的战争。

第七节　未推数

未推天运大小周期数无穷无尽，无始无终，循环不已。以下介绍的仅是一点例子，是极小的部分，供参考。

一、百六天运大小周期

1. 百六 4320 年天运小周期

大元顺序	大元时间段（年）	天道 30 年周期数（圈）
2	354 至 4673	288
3	4674 至 8993	432
4	8994 至 13313	576
5	13314 至 17633	720
6	17634 至 21953	864
7	21954 至 26273	1008
8	26274 至 30593	1152
9	30594 至 34913	1296
10	34914 至 39233	1440
11	39234 至 43553	1584
12	43554 至 47873	1728

2. 百六 51840 年天运大周期

大元顺序	大元时间段（年）	天道 30 年周期数（圈）
1	47874 至 99713	1728
2	99714 至 151553	3456
3	151554 至 203393	5184
4	203394 至 255233	6912
5	255234 至 307073	8640
6	307074 至 358913	10368

大元顺序	大元时间段（年）	天道 30 年周期数（圈）
7	358914 至 410753	12096
8	410754 至 462593	13824
9	462594 至 514433	15552
10	514434 至 566273	17280
11	566274 至 618113	19008
12	618114 至 669953	20736
30	1551234 至 1603073	51840

3. 百六 1555200 天运小周期

大元顺序	大元时间段（年）	天道 30 年周期数（圈）
1	1603074 至 3158273	51840
2	3158274 至 4713473	103680
3	4713474 至 668673	155520
4	668674 至 7823873	207360
5	7823874 至 9379073	259200
6	9379074 至 10934273	311040
7	10934274 至 12489473	362880
8	12489474 至 14044673	414720
9	14044674 至 15599873	466560
10	15599874 至 17155073	518400
11	17155074 至 18710273	570240
12	18710274 至 20265473	622080

4. 百六 18662400 年天运大周期

大元顺序	大元时间段（年）	天道 30 年周期数（圈）
1	20265474 至 38927873	622080
2	38927874 至 57590273	1244160
3	57590274 至 76252673	1866240
4	76252674 至 94915073	2488420

大元顺序	大元时间段（年）	天道 30 年周期数（圈）
5	94915074 至 113577473	3110400
6	113577474 至 132239873	3732480
7	132239874 至 150902273	4354560
8	150902274 至 169564673	4976640
9	169564674 至 188227073	5598720
10	188227074 至 206889473	6220800
11	206889474 至 225551873	6842880
12	225551874 至 244214273	7464960
30	561475074 至 580137473	18662400

5. 百六 559872000 年天运小周期

大元顺序	大元时间段（年）	天道 30 年周期数（圈）
1	580137474 至 1140009473	18662400
2	1140009474 至 1699881473	37324800
3	1699881474 至 2259753473	55987200
4	2259753474 至 2819625473	74649600
5	2819625474 至 3379497473	93312000
6	3379497474 至 3939369473	111974400
7	3939369474 至 4499241473	130636800
8	4499241474 至 5059113473	149299200
9	5059113474 至 5618985673	167961600
10	5618985474 至 6178857473	186624000
11	6178857474 至 6738729473	205286400
12	6738729474 至 7398601473	223948800

……循环往复，无穷无尽，无始无终。

二、阳九天运大小周期

1. 阳九 4560 年天运小周期

大元顺序	大元时间段（年）	天道 30 年周期数（圈）
2	1074 至 5633	304
3	5634 至 10193	456
4	10194 至 14753	608
5	14754 至 19313	760
6	19314 至 23873	912
7	23874 至 28433	1064
8	28434 至 32993	1216
9	32994 至 37553	1368
10	37554 至 42113	1520
11	42114 至 46673	1672
12	46674 至 51233	1824

2. 阳九 54720 年天运大周期

大元顺序	大元时间段（年）	天道 30 年周期数（圈）
1	51234 至 105953	1824
2	105954 至 160673	3648
3	160674 至 215393	5472
4	215394 至 270113	7296
5	270114 至 324833	9120
6	324834 至 379553	10944
7	379554 至 434273	12768
8	434274 至 488993	14592
9	488994 至 543713	16416
10	543714 至 598433	18240
11	598434 至 653153	20064
12	653154 至 707873	21888
30	1638113 至 1692833	54720

3. 阳九 1641600 年天运小周期

大元顺序	大元时间段（年）	天道 30 年周期数（圈）
1	1692834 至 3334433	54720
2	3334434 至 4976033	109440
3	4976034 至 6617633	164160
4	6617634 至 8259233	218880
5	8259234 至 9900833	273600
6	9900834 至 11542433	328320
7	11542434 至 13184033	383040
8	13184034 至 14825633	437760
9	14825634 至 16467233	492480
10	16467234 至 18108833	547200
11	18108834 至 19750433	601920
12	19750434 至 21392033	656640

4. 阳九 19699200 年天运大周期

大元顺序	大元时间段（年）	天道 30 年周期数（圈）
1	21392034 至 41091233	656640
2	41091234 至 60790433	1313280
3	60790434 至 80489633	1969920
4	80489634 至 100188833	2626560
5	100188834 至 119888033	3283200
6	119888034 至 139587233	3939840
7	139587234 至 159286433	4596480
8	159286434 至 178985633	5253120
9	178985634 至 198684833	5969760
10	198684834 至 218384033	6566400
11	218384034 至 238083233	7223040
12	238083234 至 257782433	7879680
30	592668834 至 612368033	19699200

5. 阳九 590976000 天运小周期

大元顺序	大元时间段（年）	天道 30 年周期数（圈）
1	612368034 至 1203344033	19699200
2	1203344034 至 1794320033	39398400
3	1794320034 至 2385296033	59097600
4	2385296034 至 2976272033	78796800
5	2976272034 至 3567248033	98496000
6	3567248034 至 4158224033	118195200
7	4158224034 至 4749200033	137894400
8	4749200034 至 5340176033	157593600
9	5340176034 至 5931152033	177292800
10	5931152034 至 6522128033	196992000
11	6522128034 至 7113104033	216691200
12	7113104034 至 7704080033	236390400

……循环往复，无穷无尽，无始无终。

三、阴十天运大小周期

1. 阴十 3000 年天运小周期

大元顺序	大元时间段（年）	天道 30 年周期数（圈）
2	1864 至 4863	200
3	4864 至 7863	300
4	7864 至 10863	400
5	10864 至 13863	500
6	13864 至 16863	600
7	16864 至 19863	700
8	19864 至 22863	800
9	22864 至 25863	900
10	25864 至 28863	1000
11	28864 至 31863	1100
12	31864 至 34863	1200

2. 阴十 36000 年大运大周期

大元顺序	大元时间段（年）	天道 30 年周期数（圈）
1	34864 至 70863	1200
2	70864 至 106863	2400
3	106864 至 142863	3600
4	142864 至 178863	4800
5	178864 至 214863	6000
6	214864 至 250863	7200
7	250864 至 286863	8400
8	286867 至 322863	9600
9	322864 至 358863	10800
10	358864 至 394863	12000
11	394864 至 430863	13200
12	430864 至 466863	14400
30	1078864 至 1114863	36000

3. 阴十 1080000 年天运小周期

大元顺序	大元时间段（年）	天道 30 年周期数（圈）
1	1114864 至 2194863	36000
2	2194864 至 3274863	72000
3	3274864 至 4354863	108000
4	4354864 至 5434863	144000
5	5434864 至 6514863	180000
6	6514864 至 7594863	216000
7	7594864 至 8674863	252000
8	8674864 至 9754863	288000
9	9754864 至 10834863	324000
10	10834864 至 11914863	360000
11	11914864 至 12994863	396000
12	12994864 至 14074863	432000

4. 阴十 12960000 年天运大周期

大元顺序	大元时间段（年）	天道 30 年周期数（圈）
1	14074864 至 27034863	432000
2	27034864 至 39994863	864000
3	39994864 至 52954863	1296000
4	52954864 至 65914863	1728000
5	65914864 至 78874863	2160000
6	78874864 至 91834863	2592000
7	91834864 至 104794863	3024000
8	104794864 至 117754863	3456000
9	1177564864 至 130714863	3888000
10	130714864 至 143674863	4320000
11	143674864 至 156634863	4752000
12	156634864 至 169594863	5184000
30	389914864 至 402874863	12960000

5. 阴十 388800000 年天运小周期

大元顺序	大元时间段（年）	天道 30 年周期数（圈）
1	402874864 至 791674863	12960000
2	791674864 至 1180474863	25920000
3	1180474864 至 1569274863	38880000
4	1569274864 至 1958074863	51840000
5	1958074864 至 2346874863	64800000
6	2346874864 至 2735674863	77760000
7	2735674864 至 3124474863	90720000
8	3124476864 至 3513274863	103680000
9	3513274864 至 3902074863	116640000
10	3902074864 至 4290874863	129600000
11	4290874864 至 4679674863	142560000
12	4679674864 至 5068474863	155520000

……循环往复，无穷无尽，无始无终。

四、“衔”字系列天运大小周期

1. 衔时 11520 年天运小周期

大元顺序	大元时间段（年）	天道 30 年周期数（圈）
子	－70257 至－58738	384
丑	－58737 至－47218	768
寅	－47217 至－35698	1152
卯	－35697 至－24178	1536
辰	－24177 至－12658	1920
巳	－12657 至－1138	2304
午	－1137 至 10383	2688
未	10384 至 21903	3072
申	21904 至 33423	3456
酉	33424 至 44943	3840
戌	44944 至 56463	4224
亥	56464 至 67983	4608

2. 衔期 138240 年天运大周期

大元顺序	大元时间段（年）	天道 30 年周期数（圈）
甲 1	67984 至 206223	4608
乙 1	206224 至 344463	9216
丙 1	344464 至 482703	13824
丁 1	482704 至 620943	18432
戊 1	620944 至 759183	23040
己 1	759184 至 897423	27648
庚 1	897424 至 1035663	32256
辛 1	1035664 至 1173903	36864
壬 1	1173904 至 1312143	41472
癸 1	1312144 至 1450383	46080

大元顺序	大元时间段（年）	天道 30 年周期数（圈）
甲 2	1450384 至 1588623	50688
乙 2	1588624 至 1726863	55292
丙 2	1726864 至 1865103	59904
丁 2	1865104 至 2003343	64512
戊 2	2003344 至 2141583	69120
己 2	2141584 至 2279823	73728
庚 2	2279824 至 2418063	78336
辛 2	2418064 至 2556303	82944
壬 2	2556304 至 2694543	87552
癸 2	2694544 至 2832783	92160
甲 3	2832784 至 2971023	96768
乙 3	2971024 至 3109263	101376
丙 3	3109264 至 3247503	105984
丁 3	3247504 至 3385743	110592
戊 3	3385744 至 3523983	115200
己 3	3523984 至 3662223	119808
庚 3	3662224 至 3800463	124416
辛 3	3800464 至 3938703	129024
壬 3	3938704 至 4076943	133632
癸 3	4076944 至 4215183	138240

3. 衔世 4147200 年天运小周期

大元顺序	大元时间段（年）	天道 30 年周期数（圈）
1	4215184 至 8362383	138240
2	8362384 至 12509583	276480
3	12509584 至 16656783	414720
4	16656784 至 20803983	552920
5	20803984 至 24951183	691200

大元顺序	大元时间段（年）	天道 30 年周期数（圈）
6	24951184 至 29098383	829440
7	29098384 至 33245583	967680
8	33245584 至 37392783	1105920
9	37392784 至 41539983	1244160
10	41539984 至 45687183	1382400
11	45687184 至 49834383	1520640
12	49834384 至 53981583	1658880

4. 衔纪 49766400 年天运大周期

大元顺序	大元时间段（年）	天道 30 年周期数（圈）
1	53981584 至 103747983	1658880
2	103747984 至 153514383	3317760
3	153514384 至 203280783	4976640
4	203280784 至 253047183	6635520
5	253047184 至 302813583	8294400
6	302813584 至 352579983	9953280
7	352579984 至 402346383	11612160
8	402346384 至 452112783	13271040
9	452112784 至 501879183	14929920
10	501879184 至 551645583	16588800
11	551645584 至 601411983	18247680
12	601411984 至 651178383	19906560
30	1497207184 至 1546973583	49766400

5. 衔代 1492992000 年天运小周期

大元顺序	大元时间段（年）	天道 30 年周期数（圈）
1	1546973584 至 3039965583	49766400
2	3039965584 至 4532957583	99532800
3	4532957584 至 6025949583	149299200

大元顺序	大元时间段（年）	天道 30 年周期数（圈）
4	6025949584 至 7518941583	199065600
5	7518941584 至 9011933583	248832000
6	9011933584 至 10504925583	298598400
7	10504925584 至 11997917583	348364800
8	11997917584 至 13490909583	398131200
9	13490909584 至 14983901583	447897600
10	14983901584 至 16476893583	497664000
11	16476893584 至 17969885583	547430400
12	17969885584 至 19462877583	597196800

6. 衔宙 17915904000 年天运大周期

大元顺序	大元时间段（年）	天道 30 年周期数（圈）
1	19462877584 至 37378781583	597196800
2	37378781584 至 55294685583	1194393600
3	55294685584 至 73210589583	1791590400
4	73210589584 至 91126493583	2388787200
5	91126493584 至 109042397583	2985984000
6	109042397584 至 126958301583	3583180800
7	126958301584 至 144874205583	4180377600
8	144874205584 至 162790109583	4777574400
9	162790109584 至 180706013583	5374771200
10	180706013584 至 198621917583	5971968000
11	198621917584 至 216537821583	6569164800
12	216537821584 至 234453725583	7166361600
30	539024093584 至 556939997583	17915904000

……循环往复，无穷无尽，无始无终。

第八节　示例数

本书列一大题为“示例”。简而言之，就是《时空太乙》推演宇宙自然变化和人类社会发展规律的实际例子。涉及到的有关数字是：

1. 历史时间分配及装卦数字。

首先，列有《甲元巳辰时运卦所统时间分配表》。从－3657年开始的归妹卦到－1317年开始的革卦，共十四卦，2520年。

其次，列有《甲元午辰时运卦所统时间分配表》。从－1137年开始的乾卦到10204年开始的革卦，为一个完整的午辰时，共11520年。

第三，列有《甲元巳辰时本变卦三层结构表（部分）》。从归妹卦到革卦，涉及十四个本卦，588个变卦。

第四，《甲元午辰时本变卦三层结构表（部分）》。从乾卦到噬嗑卦，涉及五十个本卦，2100个变卦。

第五，午辰时三层结构本变卦共2752卦。

2. 示例推演历史时间。

从－3657年到2011年，共5669年。所以推演到2011年，是为纪念邵雍先生（1011－1077年）诞辰1000周年；也是为纪念人类历史上第一次飞上太空50周年。仅此二意，绝无它说，不可随便猜想，甚至演绎。推演5669年历史的理由，一是依司马迁所撰《史记》到2011年约为5000年；二是现在比较认可的是中华文明5000年；三是依目前的考古大发现，中华文明绝非仅5000年，有的专家、学者已论证中华文明有一万余年文明史。中庸以上三者，选择推演5669年。此仅代表推演历史的时间，不要演绎别的。

3. 2011年以后的甲元午辰时历史还有8372年，仅列了时间表，装了卦，未做推演。但此举也为读者自己推演甲元午辰时11520年的全貌历史提供了一点方便。

4. 推局法示例。列举朝代灭亡、地震，洪涝、旱灾等360个例子，推演一小部分，为推局法之示例；其余提供史实、资料，请读者自己推演。

5. 宏观上，仅就示例而言，138240年为一大元（元用十天干表示），可以轮流循环使用。一大元由阴和阳统驭，意在告诉人们一阴一阳之谓道的宇宙普遍原理和揭示宇宙循环往复的根本规律。

6. 中观上，在138240年中分为“十二时”（用十二地支表示），一时等于11520年，以十二爻辰统之，一时再设六十四运，一运等于960年（平均），一运卦统180年，一时设三百八十四空，一空卦统30年。

7. 微观上，设候卦和太乙年局。一候卦统5年；太乙年局统一年。

以上5、6、7三个层面，列表反映之。这样，在示例的138240年范围内（或说相对于138240年得时间而言），宏观、中观、微观三个时空面相结合，预测既可以高瞻远瞩，又能够脚踏实地；既能推演大趋势，又能预测具体事。

这里反复强调在138240年内，为的是使读者不要产生误会。因为这里所说宏观、中观、微观是相对于138240年而言，假如对于亿年而言，则138240年就成微观的了。138240年对于无穷无尽之宇宙和漫漫长河之历史，实在微不足道，读者千万不要局限于此。推演《时空太乙》读者必须有百亿年、千亿年、万亿年……的无限宇宙观念，否则是无法正确理解和准确推演《时空太乙》的。

8. 一元＝12时＝144运＝4608空＝138240局（次）。

9. 示例所推演的中国历史时间为5669年，此间也部分涉及世界历史。用年局推演了一部分朝代的灭亡以及有详细记载的、极具代表性的、典型的地震、洪涝和旱灾等自然灾害，作为推局法的示例。

至于示例以外，在宇宙未来时间长、空间大、危害烈的周期灾厄以及未来中国历史和世界历史均没有推演。

需要说明的是关于卦所统时间的变与不变问题。在人为没有确定时间之前，卦所统时间是变数。一但人为确定了卦所统时间，则卦所统时间是定数。如“太乙命法”中有年卦、月卦、日卦和时卦，每卦所代表的时间是年、月、日、时（辰），所统时间较短。但也有所统时间较长，甚至是天文数字的。如近代学者、预测家阮印长认为一元前逝，一元续来，循环无端，是为不可思议之轮化。他讲自“天始开辟，至虚无粉碎”的时间以六十四卦统之，分为六十四期。第一期乾卦值令，乾卦统77.76亿年，为天始开。第二期坤卦值令，坤卦统4.6656亿年。到第六十四期未济卦值令，亦统77.76亿年（转引自《皇极经世书》今说，阎修篆辑说，华夏出版社，2006年版，第41－42页）。阮氏用卦所统时间即为天文数字，其准确性目前尚无法验证；但其思路，颇具启发性。

第二章　推象法

第一节　用卦象

《时空太乙》推演的重要手段之一，就是运用太乙统先天六十四卦行十二运之象。

何谓《时空太乙》所用的先天六十四卦、十二运呢？列表说明。

太乙六十四卦的排列顺序及十二运表

运次	运名	运卦(卦序)	理由
第一运	地否泰	第一组　乾(63)坤(0) 第二组　否(7)泰(56)	太极生两仪，乾为天坤为地，天地之气未交为否，相交为泰，共四卦
第二运	男女交亲	第一组　震(36)巽(27)恒(28)益(35) 第二组　坎(18)离(45)既济(42) 未济(21) 第三组　艮(9)兑(54)损(49)咸(14)	天地交泰之后而生男女，震为长男，巽为长女，坎为中男，离为中女，艮为少男，兑为少女，三组卦分别两两组合便是此运，共12卦
第三运	阳晶守政	第一组　大壮(60)无妄(39) 第二组　需(58)讼(23) 第三组　大畜(57)遁(15)	天地交泰而生万物，夫妇交亲而生子女。男治世于前，从父之道，共6卦
第四运	阴毳权衡	第一组　观(3)升(24) 第二组　晋(5)明夷(40) 第三组　萃(6)临(48)	女理事于后，从母之道，共6卦
第五运	资育还原	第一组　豫(4)复(32) 第二组　师(16)比(2) 第三组　剥(1)谦(8)	坤为阴，得阴育而生男，归于母，为资育还原之运，共6卦
第六运	造化行天	第一组　小畜(59)姤(31) 第二组　同人(47)大有(61) 第三组　夬(62)履(55)	乾为阳，得阴化而生女，女应其父，为造化行天之运，共6卦

运次	运名	运卦(卦序)	理由
第七运	刚中健至	第一组　解(20)屯(34) 第二组　小过(12)颐(33)	乾坤为阴阳之道、父母之道,长男继父之职,中男、少男从长男,内外皆以阳刚为治。共4卦
第八运	群愚位贤	第一组　家人(43)鼎(29) 第二组　中孚(51)大过(30)	长女代母之职,中女、少女从长女,内外以阴柔为治。共4卦
第九运	德义顺命	第一组　丰(44)噬嗑(37) 第二组　归妹(52)随(38) 第三组　节(50)困(22)	阴随于阳,天道、君道顺畅。共6卦
第十运	姤惑留天	第一组　涣(19)井(26) 第二组　渐(11)蛊(25) 第三组　旅(13)贲(41)	阳随于阴,君道逆而天道惑,共6卦
第十一运	寡阴相搏	蹇(10)蒙(17)	长男息,则为难困,中男和少男相博,共2卦
第十二运	物极元终	睽(53)革(46)	长女息,则为女终,中女和少女相会,共2卦

说明:

1. 每运中都以相邻两卦为一组进行排列，每组的卦画不是以“复”的方式排列而成，就是以“变”的方式排列而成。如乾、坤两卦为一组，乾卦与坤卦可称之为“变”。否、泰两卦为一组，否卦与泰卦可称之为“复”。这种排列方式正符合“二二相偶，非复即变”的规律。“二二相偶，非复即变”是唐朝孔颖达对今本《周易》六十四卦排列规律的概括。太乙运卦卦序，除打头的乾、坤两卦以外，其余各卦卦序与今本《周易》六十四卦卦序，无一相同，而其排列规律却一致。

2. 按照现在十进位制赋予各卦的数字来看，太乙十二运卦的卦序也有特点。

第一运和第二运共 16 卦，每两卦一组，每组两卦的数字皆为六十三。

第三运至第十二运，每两运为一组，上运与下运相应的两卦之和皆为六十三。如第十一运的蹇与第十二运的睽，蒙与革之和皆为六十三。

3. 太乙六十卦卦序与“伏羲六十四卦方圆图”卦序不谋而合。

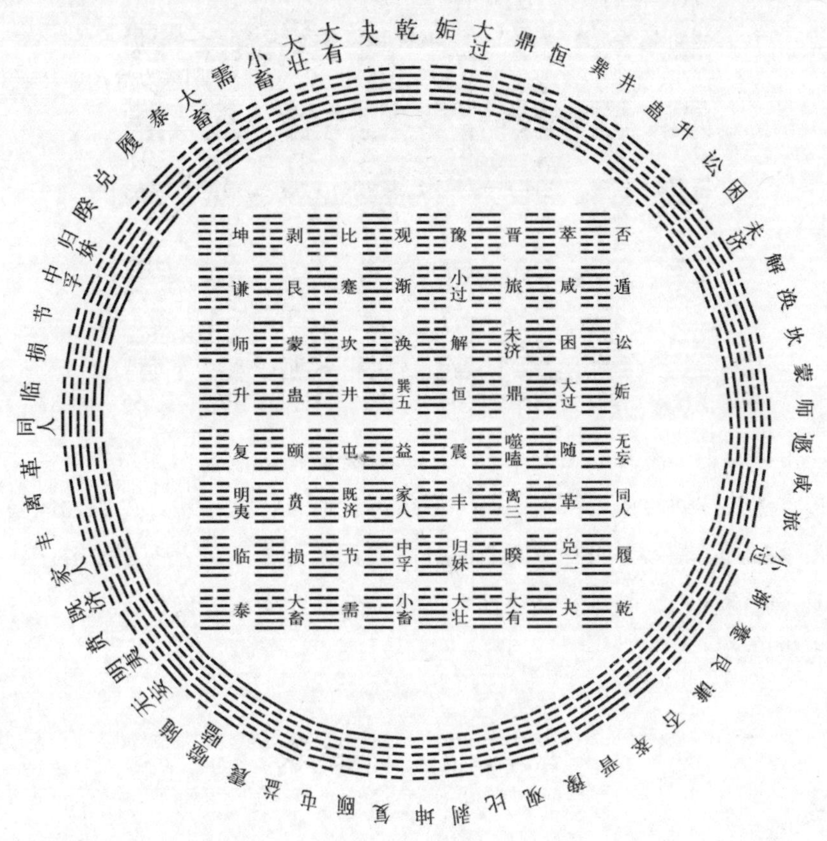

伏羲先天六十四卦方圆图

此图是按自然数的顺序排列的，是研究六十四卦的基础。我们取伏羲六十四卦方圆图中的方图，再赋予现代十进制数字就构成了这张图表。

坤	剥	比	觀	豫	晋	萃	否
0	1	2	3	4	5	6	7
謙	艮	蹇	漸	小過	旅	咸	遯
8	9	10	11	12	13	14	15
師	蒙	坎	渙	解	未濟	困	訟
16	17	18	19	20	21	22	23
昇	蠱	井	巽	恒	鼎	大過	姤
24	25	26	27	28	29	30	31
復	頤	屯	益	震	噬嗑	隨	無妄
32	33	34	35	36	37	38	39
明夷	賁	既濟	家人	豐	離	革	同人
40	41	42	43	44	45	46	47
臨	損	節	中孚	歸妹	睽	兑	履
48	49	50	51	52	53	54	55
泰	大畜	需	小畜	大壯	大有	夬	乾
56	57	58	59	60	61	62	63

由太乙十二运卦产生的太乙六十四卦卦序，是按人伦关系排列的，却与按自然数排列的伏羲六十四卦方圆图不谋而合。这说明，二者之间是一脉相承的，伏羲六十四卦方圆图的卦序就是太乙十二运六十四卦卦序；也说明《时空太乙》与《皇极经世书》是一致的，推演皆以伏羲六十卦方圆图为依据的。

第二节　说卦象

《易》的始源是象，《易》即象。象是《易》的根本，没有象即没有《易》。研究《易》就要从《易》的根源说起。因为象是《易》的基础，象的知识就是《易》的基本知识，象的理论就是《易》的基本理论，象的思想就是《易》的基本思想。因此只有从本源说起，才能深入理解和领会《周易》的真谛。又因为象是《周易》一书的核心和灵魂，卦名、卦象、卦辞、爻象、爻辞是《周易》的主要构成部分，然而象是决定因素，卦名、卦辞、爻辞都是由卦象决定的。一卦的吉凶悔吝，不是卦爻辞想怎么说就怎么说的，而是由卦象决定的。《周易》书中一切言辞都取决于象。

因此学习《易经》抓住了象，就抓住了关键。

我们强调象的重要性并不排斥数和理的作用，《周易》没有“象”则失去基础；没有“数”则看不出变化（“推数法”也是《时空太乙》的三法之一）；没有“理”其思想则得不到阐发。象、数、理为一个整体，缺一不可。从其相互关系来看，象数理三者之间为一体两用，象为主体，数和理为两用。

爻是《易经》的最基本的符号，是构成卦的最小单位。爻象即爻的符号所象征的事物。爻有二种，称之为阴爻和阳爻。阳爻又称“奇”，阴爻又称“偶”。在卦中，阳爻不说阳，而用“九”代表，阴爻不说阴，而用“六”代表。九和六和爻位结合起来，在《易经》中称为“爻题”或“题名”，表示其阴阳所属。

世界万物分两大属类，阴阳又分别代表万事万物。阳爻象征阳性事物；阴爻象征阴性事物。阴阳两爻不同排列，每卦三爻，可组成八卦，如六爻组成一卦，可组成六十四卦。

爻和卦的关系是体和用的关系。卦是物之体，爻是物之用。爻变即阴阳之变，阴阳之变引起卦变，卦变反映物变。八卦、六十四卦代表万事万物，卦变表示万事万物的变化。因此，爻象的变化反映了万事万物的变化。

象，包括物象、征象和现象，而象数思维中的象，是指客观世界是一个无边无际的大象。《时空太乙》所推之象，乃是《周易》的象，是万象之祖，最鲜明地反映八卦象和爻象之中；是时空的象，立体象，多维象，高维象，而不是平面象，低维象；是全息象。从象可以看事物的整体，也可推测事物的过去和未来。故象、数一体，象、数共同为象数科学的核心。

邵雍先生在《皇极经世书·观物外篇》说：“《易》为意象，立意所以明象。统下三者：有言象，不拟物而宜言以明事；有象象，拟一物以明意；有数象，七日、八月、三年、十年之类是也。”又说：“《易》有内象，理致是也；有外象，指定一物而不变者是也。自然而然，不得而更者，内象内数也，他皆外象外数也。”（中州古籍出版社，第517页，2007年版）。

沈括先生在论述了4096卦循环往复，无始无终以后说：“故至诚可以前知，始末无异，故也。以夜为往者，以昼为来；以昼为往者，以夜为来。来往常相代，而吾所以知之者一也，故藏往之来不足怪也。圣人独得之于心而不可言喻，故设象以示人。象安能藏往之来，成变化而行鬼神？学者当观象以求圣人，所以自然得者，肖然可见，然后可以藏往之来，成变化而行鬼神矣。《易》之象皆如是，非独此数也，知言象为糟粕，然后可以求《易》"（《梦溪笔谈》第415页，重庆出版社，2007年版）。大意是说，领悟了大道就可以知道未来，是因为开始和结尾没有差别。唯独圣人领悟了大道，然而不能用语言把它表明，所以设置象来向世人展示大道。象怎么能藏往之来，穷尽变化而驱使鬼神呢？学者应该通过观象推求圣人从自然中领悟的大道，这点清楚了，然后就可以藏往之来，穷尽变化而驱使鬼神了，《易》中的象都是如此，并非唯独这些数，懂得了只限于谈论象还不够，然后才可以推求《易》中的大道。

以上二位大师阐述了什么是象及其表现形式；极言象的重要性，即不推象则不能推求大道。在《时空太乙》中就是不推象就不能推演宇宙和历史变化的规律（大道）。由此可知，推象法在《时空太乙》中十分重要的地位。

读者要清楚，推演《时空太乙》最重要的手段之一就是推象法。也可以说是《周易》占法，而《周易》占法的核心内容是卦象法则。因此卦象法则的掌握对于掌握《周易》占法而言，具有决定性意义。如果不懂《周易》的卦象法则，就永远不能明白那些精妙的占辞是怎么来的，永远不可能正确解读《周易》的卦辞和爻辞。从掌握《周易》理论的角度而言，卦象法则在事实上成为打开《周易》大门的钥匙。如果不懂卦象法则，就永远不可能进入《周易》的大门。因此，十分必要深入一步学习和理解诸如卦象原理、错卦法则、覆卦法则、八卦与时间、空间对应法则、八卦与具体事物对应法则等。如错卦和覆卦两大根本法则，是《周易》静卦的变化法则，是《周易》动卦法则形成的基础和依据。这里限于篇幅和卦象法则的复杂性，不可能展开论述，但说及此点，旨在提醒读者不要仅限于知道卦、爻辞，还应知道其来历。这对于推演《时空太乙》是至关重要的，是提高推演的准确性极为关键的一环。

宇宙万物因为同构规律和一般与个别的普遍规律，可以用此喻彼而为象。象，现象，凡形于外者皆曰象。通过眼睛看到的是现象，离开具体事物在脑子里留下来的形象是意象，可取法的现象为法象。卦象、爻象是易占预测的基本工具。卦象具有象征性，并非事物的原有形状，只是象征事物的形象。八经卦象征八类事物，重为64卦，其同卦相重，乃象一种事物或含有重复的含义；其异卦相重，则象征两种事物之间的联系。六十四卦的“象”之象征种种物象的表现特征，是用象征自然界各种事物都有阴、阳二气的线条，组成显示多种阴阳二气形态的图案，去象征万物的象。象征阴阳二气的两根基本线条，乃是“比拟”宇宙万物都存在阴阳二气对立的状态而来的。因而以“二二相偶，非复即变”的方式，将八卦八画错综排列组合成六十四卦的卦画，就通过象征阴阳二气的两根线条，使各卦的卦画彼此呈现出多种阴阳对立的象，达到托象以明义。象是如何明义的呢？主要是通过卦、爻辞等明象之义。推象法中以卦、爻辞断卦，虽然不是唯一手段，但却是主要手段。

“卦辞”是说明《周易》卦义的文词，主要内容包括自然现象的变化，历史人物的事件，人事行为得失，吉凶断语四部分。有先叙事后断吉凶的，也有先断吉凶后叙事的，还有只叙事不言吉凶或只言吉凶不叙事的，还有叙事、断吉凶、再叙事、再断吉凶的。卦辞的内容广博，涉及自然、社会、历史、人事、婚姻、家庭、疾病、战争等。不少卦辞具有深刻的哲理，语言简练，言简意赅，引人深思、玩味。

“爻辞”是说明爻义的文辞。384爻再加乾、坤二卦的用爻，共386爻，其爻辞也是386条。“爻辞”的内容和卦辞相类似。

“彖辞”是给六十四卦下的断语、结论。思想十分丰富而深刻，反映了作者的自然观、政治观和人生观。朱熹认为，六爻不动，占本卦彖辞。因此，彖辞亦很重要。但要分析，不可盲从。朱熹的说法并非处处应验，应该具体问题做具体分析。如：《诚斋杂记》中记载，孔子让子贡出访，过了很久没回来，孔子便让弟子们卜筮，得一鼎卦。弟子占断说：鼎卦是折足之卦，恐怕子贡回不来了。颜回却笑着说：卦中无足，是指子贡乘船回来，所以无需用足。子贡果然是乘船回来的。此例就没按鼎卦彖辞进行占断，而是独取鼎卦九四爻折足之义来断定。又如：《左传》中记载，成公十六年，楚人诱使郑国背叛晋国，与楚国结盟，并唆使郑国进攻晋国盟友宋国。同年五月，晋厉公与齐、鲁、魏等国相约讨伐郑国。楚共王领兵增援，两军在鄢陵相遇。战争前夕，晋厉公占了一卦来推测战争的结果。看到卦象后，史官推断说：这一卦是复卦，是大吉之卦。复卦在十二辟卦中方向为正北方。正北方为一阳初生之地，一阳初生，必然逐渐壮大。阳气长则阴气消，即自北向南推进，阳气逐渐增长，阴气逐渐削弱。楚国在南，可推测楚国处境困难。此外，南方为离，为目，为日，日代表诸侯；内卦震为木，有“飞矢”之意。根据内卦为我的原则，占断为飞矢射中诸侯的眼睛，即我军在战斗中射中楚军主帅的眼睛。楚国国势艰难，楚王身受重伤，楚军又怎能不败呢？战争结果，正如所断。此断没有照彖辞断，是根据卦体和十二辟卦中复卦的方位而断。再如，筮法中也有变例，即前人所未有的名家新创的方法。宋朝程迥，大文学家，精通易理，为人筮婚姻即为此例。有一人用《周易》占筮来询问婚姻，得小过卦。他不了解卦象的含义，便再占，还得小过卦。此人感到疑惑，就向程迥求教。程解释说：这次的占断要将你两次所得的卦象结合起来，才能解释。小过卦内卦为艮，为山，其二、三、四爻互体为巽，为风；内卦艮与互体卦巽可组成渐卦，渐卦辞中提到，女子出嫁获得吉利。小过卦外卦为震，为雷，其三、四、五爻互体，为兑，为泽，外卦震和互体卦兑可组成归妹卦，而归妹卦的彖辞提到，由于欣悦而兴动，正可以嫁出少女。由此可知，你所询问的婚姻之事，一定顺利。后来果然顺利成婚。此卦的分析表明“辞无定解，筮无定法”的道理。实际上，准确的表述应该是：辞无定解有定解，筮无定法有定法。为什么会是这种矛盾的情况呢？因为卦、爻辞的应用在实际意义上包罗万象，途径不只一条。在理论上，任何一个卦象都可以和任何一种事物相对应。因此，卦象的具体含义是极其丰富的。在实际应用中，对卦象的具体运用角度的选择则要结合具体的事情以及具体的应用目的，才能确定，并不存在机械的法则。同样的原因，具体的卦、爻辞所拟写的内容只是这种卦象所反映的诸多内容中的一个或一种，而远远不是全部。所有的卦、爻辞都是特定角度的选择结论，可能是从合乎贞道的角度解释卦象变化的含义和用法，也可能是从违背贞道的角度说明卦象变化的后果。

以上三卦（引自《周易占卜故事》，清. 尚秉和编撰，中央编译出版社，2011 年版），是古代变通、创新断卦方法的例子。《时空太乙》的断卦更需要变通和创新方法。也举三例说明。其一，明成祖朱棣得空卦颐。如按现行卦、爻辞占断，根本无法断出。但如果按颐卦的核心之象：龙隐深潭，近善远恶来断，则与历史事实十分吻合。其二，清朝摄政王多尔衮行候卦豫。豫卦的启示之象是：住居不安，重新谋事。以此断多尔衮的行为，极准。但照现行卦爻辞，则难以推演。其三，清朝戊戌变法的 1898 年行候卦鼎。鼎卦的核心之象是：鼎力去旧，依势取新。正应此变法。按现行卦爻辞则无法占断。如用卦算命、算事，即易占用卦、爻辞较多；而《时空太乙》是推断宇宙和历史的奥秘，相比较用卦、爻辞占断较少。通过后面的示例我们可以看到《时空太乙》既有与其它预测手段相同的断卦方法，又有其独特的断卦方法。虽然也是依据《周易》而断，但必须是卦中深层的、隐晦的、点睛的、启示的等藏匿、核心的卦象。因此，仅知《周易》表面的东西，甚至卦、爻辞倒背如流，也难以推演《时空太乙》。

以上六例旨在说明按现行卦、爻辞断卦固然十分重要，但绝不是唯一的方法。当依据具体情况决定断卦的方法。之所以多举几例，且不厌其烦的讲方法创新问题，是因为此问题对推演《时空太乙》太重要了。如果不能创新方法去断卦，固守原有之法，最后的结果只能象是对《皇极经世书》的说法一样：只知其好，不知其法！

第三节　知卦象

推象法中，知象和知辞是两个前提。知辞可以看《周易》的书，尤其要读《易传》十翼。此书多如牛毛，在此不赘。建议读者读一下《朱熹解易》。因为朱熹的卦、爻辞是从占筮的角度说的。如乾卦，初九，潜龙勿用。朱熹认为：潜，藏也。龙，阳物也。初阳在下，未可施用，故其象为“潜龙”，其占曰“勿用”。这对《时空太乙》的推象有一定帮助。

《时空太乙》的知卦象有以下几个方面：

一、基本之象

应着重掌握以下十五种象：

1. 八卦之象。

何谓"八卦之象"？系辞说"是故《易》有太极，是生两仪，两仪生四象，四象生八卦"。表明八卦是由阴阳两仪、四象而生成。两仪即为阴阳两爻，两仪又变成四象，即少阴、少阳，老阴、老阳，四象又变成八卦。关于八卦之象在《说卦》中列举了200多种，实际是八卦的广象，如：

乾为天。由三阳爻组成，纯阳卦。表示阳刚气，纯阳至刚，无可阻挡，反映天道运行，四时更迭，不可抗拒的自然规律，所以乾性健。为圆，为君，为父，为玉，为金，为寒，为冰，为大赤，为良马，为老马，为瘠马，为驳马，为木果。

坤为地。由三阴爻组成，阴为柔，至纯阴卦。阴积于下，承天而行，动而有常，反映大地的宽厚，可以承载万物，至柔至顺。为母，为布，为釜，为吝啬，为均，为子母牛，为大舆，为文，为众，为柄，其于地也为黑。

震为雷。由上面二阴爻，下面一阳爻组成。阴气下降，震伏地中，一阳奋出，阴阳相交，产生雷电，引起大地的震动。为龙，为玄黄，为大涂，为长子，为决躁，其于马也，为善鸣，为马足，为的颡，其于稼也，为反生。其究为健，为蕃鲜。

巽为风。由下面一阴爻和上面二阳爻组成。结构与震卦相反，表明震动之后风行天下，阴阳相遇，阴变阳，阳变阴，形成了气流，空气的流动形成了风。为木，为长女，为绳直，为工，为白，为长，为高，为进退，为不果，为臭，其于人也，为寡发，为广颡，为多白眼，为近利市三倍，其究为躁卦。

坎为水。由上下两阴爻和中间一阳爻组成。取象月亮，表明月亮不会自己发光，而是吸收太阳之光，由中间阳爻反射出来，因此有月光如水的说法。坎也代表自然界的水，为沟渎，为隐伏，为矫輮，为弓轮，其于人也为加忧，为心病，为耳痛。为血卦，为赤，其于马也，为美脊，为亟心，为下首，为薄蹄，为曳，其于舆也，为眚，为通，为月，为盗，其于木也，为坚心。

离为日。取象于太阳。由上下两阳爻和中间一阴爻组成。中间一阴爻象征太阳中间的黑点，外表两阳爻发出火一样的光。离内虚外明，所以离代表火。日为火之精，离又代表日等。为火，为电，为中女，为甲胄，为戈兵，其于人也，为大腹，为乾卦，为鳖，为蟹，为蚌，为龟，其于木也，为科上槁。

艮为山。取象于山。由下面两阴爻和上面一阳爻组成。下二阴爻表明是海泽，上面一阳爻是泥浆冷却后形成的山丘。为径路，为小石，为门阙，为果蓏，为阍寺，为指，为狗，为鼠，为黔喙之属，其于木也，为坚多节。

兑为泽。取象于泽，水之聚。由下面两阳爻和上面一阴爻组成。下面两阳爻象征海底下面的山、石头，上面一阴爻表示山、石块上面的水，为少女，为巫，为口舌，为毁折，为附决，其于地也，为刚卤，为妾，为羊。

2. 重卦之象。

六十四卦也称重卦。为了便于读者理解六十四卦中的卦象缘由，更好的理解卦辞和爻辞的来历，以提高推象断卦的准确性，再将重卦卦象分类编辑，供读者参考。

(1) 天文类：

天　《乾》为天，天行健。云上于天《需》。天地交《泰》。天与水违行《讼》。风行天上《小畜》。上天下泽《履》。天地不交《否》。天与火《同人》。火在天上《大有》。天下雷行，物与《无妄》。天在山中《大畜》。天下有山《遁》。雷在天上《大壮》。泽上于天《夬》。天下有风《姤》。

日　《离》为日。

月　《坎》为月。

明　明两作《离》。《晋》明出地上。《明夷》明入地下。

斗　《丰》九四，丰其蔀，日中见斗。

沬　《丰》九三，丰其沛，日中见沬。

云　云雷《屯》。云上于天《需》。《小畜》密云不雨，自我西郊。《小过》六五，密云不雨，自我西郊。

风　《巽》为风。风行天上《小畜》。山下有风《蛊》。雷风《恒》。风自火出《家人》。风雷《益》。风行水上《涣》。泽上有风《中孚》。

雷　《震》为雷。云雷《屯》。雷出地奋《豫》。泽中有雷《随》。雷电《噬嗑》。雷在地中《复》。天下雷行，物与《无妄》。山下有雷《颐》。雷风《恒》。雷在天上《大壮》。雷雨作《解》，风雷《益》。泽上有雷《归妹》。雷电皆至《丰》。山上有雷《小过》。

震　《震》卦六爻俱谈震。

电　《离》为电。雷电《噬嗑》。雷电皆至《丰》。

雨　雷雨作《解》。《小畜》密云不雨，自我西郊。上九，既雨既处。《睽》往遇雨则吉。《夬》独行遇雨，若濡有愠。《鼎》方雨亏悔。《小过》密云不雨，自我西郊。

霜　履霜坚冰至《坤》。

(2) 岁时类：

十年　《屯》女子贞不字，十年乃字。《复》用行师，终有太败，以其国君凶，至于十年不克征。《颐》十年勿用。

三年　《既济》高宗伐鬼方，三年克之。《未济》震用伐鬼方，三年有赏于大国。

三岁　《同人》伏戎于莽，升其高陵，三岁不兴。《坎》三岁不觌。《渐》妇三岁不孕。

八月　《临》八月有凶。

寒　《乾》为寒，为冰。

月几望　《小畜》上九，月几望。《归妹》六五，月，几望。《中孚》月几望。

旬　《丰》遇其配主，虽旬无咎。

七日　《复》七日来复。《震》亿丧贝。跻于九陵，勿逐，七日得。《既济》六二，妇丧其茀，勿逐，七日得。

三日　《明夷》君子于行，三日不食。

先甲后甲　《蛊》先甲三日，后甲三日。

先庚后庚　《巽》先庚三日，后庚三日。

巳日　《革》巳日乃革之。

终日《乾》君子终日乾乾。《既济》终日戒。

昼日　《晋》康侯用锡马蕃庶，昼日三接。

日中　《丰》勿忧，宜日中。六二，日中见斗。九三，日中见沫。九四，日中见斗。

日昃　《离》日昃之离。

夕　《乾》君子终日乾乾，夕惕若厉。

莫夜　《夬》惕号，莫夜有戎，勿恤。

（3）地理类：

地　《坤》为地，为地势。地中有水《师》。地上有水《比》。天地交《泰》。天地不交《否》。地中有山《谦》。雷出地奋《豫》。泽上有地《临》。风行地上《观》。山附于地《剥》。雷在地中《复》。明出地上《晋》。明入地中《明夷》。泽上于地《萃》。地中生木《升》。

西南东北　《坤》，西南得朋，东北丧朋。《蹇》，利西南，不利东北。《解》利西南。

南　《明夷》明夷于南狩。《升》南征吉。

田　《乾》见龙在田。

郊　《需》需于郊。《同人》同人于郊。《小畜》密云不雨，自我西郊。《小过》密云不雨，自我西郊。

野　《坤》龙战于野。《同人》于野。

邑　《讼》归而逋，其邑人三百户无眚。《比》王用三驱，失前禽，邑人不诫。《泰》上六，勿用师、自邑告命。《谦》上六，利用行师，征邑国。《晋》上九，维用伐邑。《夬》告自邑。《升》升虚邑。《井》，改邑不改井。

火　《离》为火。天与火《同人》。火在天上《大有》。山下有火《贲》。风自火出《家人》。上火下泽《睽》。泽中有火《革》。木中有火《鼎》。山上有火《旅》。水在火上《既济》。火在水上《未济》。

水　《坎》为水。水在天下《讼》。地中有水《师》。地上有水《比》，

山上有水《蹇》。泽无水《困》。木上有水《井》。风行水上《涣》。泽上有水《节》水在火上《既济》。火在水上《未济》

泽　《兑》为泽。上天下泽《履》。泽中有雷《随》。泽上有地《临》。泽灭木《大过》。山上有泽《咸》。上火下泽《睽》。山下有泽《损》。泽上于天《夬》。泽上于地《萃》。泽无火《困》。泽中有火《革》。泽上有雷《归妹》。丽泽《兑》。泽上有水《节》。泽上有风《中孚》。

山　《艮》为山。山下出泉《蒙》。地下有山《谦》。山下有风《蛊》。山下有火《贲》。山附于地《剥》。天在山中《大畜》。山下有雷《颐》，山上有泽《咸》。天下有山《遁》。山上有水《蹇》。山下有泽《损》。兼山《艮》。山上有木《渐》。山下有火《旅》。山上有雷《小过》。

城　《泰》上六，城复于隍。

墉　《同人》九四，乘其墉，弗克攻。《解》上六，公用射隼于高墉之上。

隍　《泰》上六，城复于隍。

易　《大壮》六五，丧羊于易。《旅》上九，丧牛于易。

道　《履》九二，履道坦坦。

大涂　《震》为大涂。

径路　《艮》为径路。

陆　《夬》九五，苋陆。《渐》九三，鸿渐于陆。上九，鸿渐于陆。

丘园　《贲》六五，贲于丘园。

丘　《涣》六四，涣有丘。

陵　《同人》九三，升其高陵。《震》六二，跻于九陵。《渐》九五，鸿渐于陵。

岐山　《升》六四，王月享于岐山。

西山　《随》上六，王用亨于西山。

谷　《困》初六，入于幽谷。《井》九二，井谷。

刚卤　《兑》为刚卤。

坎　《坎》初六，入于坎。六三，入于坎。

穴　《需》六四，出自穴。上六，入于穴。《小过》六五，公戈取彼在穴。

磐　《渐》六二，鸿渐于磐。

石　《豫》六二，介于石。《困》六三，困于石。

小石　《艮》为小石。

泉　山下出泉《蒙》。《井》九五，寒泉食。

渊　《乾》九四，或跃在渊。

河　《泰》九二，用冯河。

于　《渐》初六，鸿渐于干。

沙　《需》九二，需于沙。

沟渎　《坎》为沟渎。

涂　《睽》上九，见豕负涂。

泥　《需》九三，需于泥。《井》初六，井泥。

井　《井》改邑不改井，无丧无得。往来井井，汔至，亦未繘井，羸其瓶。初六，井泥不食，旧井无禽。六二，井谷射鲋，瓮敝漏。九三，井渫不食，为我心恻。可用汲，王明，并受其福。六四，井甃。九五，井洌，寒泉食。上六，井收勿幕。

冰　《乾》为冰。《坤》初六，履霜坚冰至。

(4) 人道类：

父母男女　《乾》为父。《坤》为母。《震》一索而得男，故谓之长男。《巽》一索而得女，故谓之长女。《坎》再索而得男，故谓之中男。《离》再索而得女，故谓之中女。《艮》三索而得男，故谓之少男。《兑》三索而得女，故谓之少女。

祖妣《小过》六二，过其祖，遇其妣。

父子《震》为长子。《蒙》九二，子克家。《蛊》初六，干父之蛊，有子，考无咎。九三，干父之蛊，小有悔，无大咎。六四，裕父子蛊，往见吝。六五，干父之蛊，用誉。

母《蛊》九二，干母之蛊，不可贞。

王母　《晋》六二，受兹介福，于其王母。

女《屯》六二，女子贞不字，十年乃字。《蒙》六三，勿用取女。见金夫不有躬，无攸利。《观》六二，窥观，利女贞。《咸》，取女吉。《姤》女壮，勿用取女。《渐》女归吉。

婚媾　《屯》六二，屯如邅如，乘马班如，匪寇婚媾。六四，乘马班如，求婚媾。《蒙》九二，纳妇吉。《贲》六四，贲如皤如，白马翰如，匪寇婚媾。《睽》上九，匪寇婚媾。《震》上六，婚媾有言。《泰》六五，帝乙归妹，以祉元吉。《归妹》初九，归妹以娣。六三，归妹以须，反归以娣。九四，归妹愆期，迟归有时。六五，帝乙归妹，其君之袂不如其娣之袂良。上六，女承筐，无实。

夫妇《家人》利女贞。初九，闲有家，悔亡。六二，无攸遂，在中馈，贞吉。九三，家人嗃嗃，悔厉，吉。妇子嘻嘻，终吝。六四，富家，大吉。九五，王假有家，匆恤，吉。上九，有孚威如，终吉。《小畜》九三，夫妻反目。《大过》九二，老夫得其女妻。九五，老妇得其士夫。《恒》六五，恒其德，贞妇人，吉；夫子，凶。《渐》九三，失征不复，妇孕不育。《困》六三，入于其宫，不见其妻凶。

妇　《小畜》上九，妇贞厉。《渐》九五，妇三岁不孕。《既济》六二，妇丧其茀，勿逐，七日得。

臣妾　《兑》为妾。《遁》九三，畜臣妾吉。《鼎》初六，得妾以其子。

丈人　《师》丈人吉。

大耋　《离》九三，则大耋之嗟。

丈夫小子　《随》六二，系小子，失丈夫。六三，系丈夫，失小子。《渐》初六，小子厉。

弟子　《师》六五，长子帅师，弟子舆尸。

童蒙　《蒙》匪我求童蒙，童蒙求我。初六，发蒙，利用刑人，用说桎梏，以往吝。九二，包蒙吉。六四，困蒙吝。六五，童蒙吉。上九击蒙。《观》初六，童观。

君臣　《小过》六二，不及其君，遇其臣。《蹇》六二，王臣蹇蹇，匪躬之故。《益》上九，得臣无家。

君　《师》上六，大君有命，开国承家。《临》六五，知临，大君之宜。《履》六三，武人为于大君。

天子《大有》九三，公用亨于天子。

王　《师》九二，王三锡命。《比》九五，王用三驱。《观》六四，观国之光，利用宾于王。《离》上九，王用出征。《家人》九五，王假有家。《夬》扬于王庭。《井》九三，王明并受其福。《益》六二，王用亨于帝。《随》上六，王用亨于西山。《升》六四，王用亨于岐山。《萃》王假有庙。《涣》王假有庙。

公　《大有》九三，公用亨于天子。《益》六三，有孚中行，告公用圭。六四，中行，告公从。《解》上六，公用射隼于高墉之上。《小过》六五，公弋取彼在穴。

侯　《屯》利建侯。初九，利建侯。《豫》利建侯。《晋》康侯用锡马蕃庶，昼日三接。

主　《睽》九二，遇主于巷。《丰》初九，遇其配主，虽旬无咎。九四，遇其夷主吉。

史巫　《巽》九二，用史巫纷若。《兑》为巫。

工　《巽》为工。

阍寺　《艮》为阍寺。

同人　《同人》于野，亨。初九，同人于门。六三，同人于宗。九五，同人先号咷而后笑。上九，同人于郊。

朋　《坤》西南得朋，东北丧朋。《豫》九四，勿疑，朋盍簪。《泰》九二，朋亡。《复》朋来无咎。《蹇》九五，大蹇朋来。《解》九四，解而拇，朋至斯孚。《随》初九，出门交有功。《涣》九四，涣其群。

友　《损》六三，三人行，则损一人，一人行，则得其友。

宗　《同人》六二，同人于宗。《睽》六五，厥宗噬肤。

宾　《观》六四，利用宾于王。《姤》九二，不利宾。

客　《需》上六，有不速之客三人来，敬之，终吉。

主人《明夷》初九，有攸往，主人有言。

童仆　《旅》六二，得童仆贞。九三，丧其童仆贞。

众　《坤》为众。《晋》六三，众允，悔亡。

(5) 人品类：

高宗　《既济》九三，高宗伐鬼方，三年克之。《未济》九四，震用伐鬼方，三年有赏于大国。

帝乙　《泰》，六五，帝乙归妹，以祉元吉。《归妹》六五，帝乙归妹，其君之袂。

萁子　《明夷》六五，箕子之明夷，利贞。

大人　《乾》九二，，利见大人。九五，利见大人。《讼》利见大人。《否》六二，包承小人吉，大人否，亨。九五，休否，大人吉。《蹇》利见大人。上六，利见大人。《萃》，利见大人。《升》用见大人。《困》大人吉。《革》九五，大人虎变，《巽》利见大人。

君子小人　《乾》九三，君子终日乾乾，夕惕若。《坤》君子有攸往.先迷后得，主利。《师》上六，小人勿用。《小畜》上九，君子征凶。《否》否之匪人，不利君子贞。六二，包承，小人吉。《同人》利君子贞。《大有》公用享于天子，小人弗克。《谦》亨，君子有终。初六，谦谦君子。九三，劳谦，君子有终吉。《观》初六，童观，小人无咎，君子吝。九五，观我生，君子无咎。上九，观其生，君子无咎。《剥》上九，君子得舆，小人剥庐。《遁》九四，好遁，君子吉，小人否。《大壮》九三，小人用壮，君子用罔。《明夷》初九，君子于行，三日不食。《解》六五，君子维有解吉，有孚于小人，《革》上六，君子豹变，小人革面。《既济》九三，小人勿用。

幽人　《履》九二，履道坦坦，幽人贞吉。《归妹》九二，利幽人之贞。

武人　《履》六三，武人为于大君。《巽》初六，进退，利武人之贞。

匪人　《比》六三，比之匪人。《否》否之匪人。

恶人　《睽》初九，见恶人，无咎。

寇盗　《坎》为盗。《屯》六二，匪寇婚媾。《蒙》上九，不利为寇，利御寇。《需》九三，致寇至。《贲》六四，匪寇婚媾。《睽》上九，先张之弧，后说之弧，匪寇婚媾。《解》六三，负且乘，致寇至。《渐》九三，利御寇。

（6）人事类：

言　《坤》六四，括囊无咎，无誉。《艮》六五，艮其辅，言有序，悔亡。《咸》上六咸其辅颊舌。《夬》九四，闻言不信。《困》有言不信。《需》九三，小有言终吉。《渐》初六，小子厉，有言无咎。《明夷》初九，有攸往，主人有言。《震》笑言哑哑。上六，婚媾有言。

履　《履》初九，素履，往无咎。九二，履道坦坦，幽人贞吉。九五，夬履贞厉。上九，视履考祥。其旋元吉。

行　《夬》九三，独行遇雨，九四，其行次且。《姤》九三，其行次且。《明夷》初九，君子于行，三日不食。

涉　《需》利涉大川。《讼》不利涉大川。《同人》利涉大川。《谦》初六，利涉大川。《蛊》利涉大川。《大畜》利涉大川。《颐》六五，不可涉大川。上九，利涉大川。《益》利涉大川。《涣》利涉大川。《中孚》利涉大川。《未济》六三，利涉大川。《大过》上六，过涉灭顶。

旅　《旅》小亨，旅贞吉。初六，旅琐琐，斯其所取灾。六二旅即次，怀其资，得童仆贞。九三，旅焚其次，丧其童仆贞，厉。九四，旅于处，得其资斧，我心不快。上九，旅人先笑后号啕。

富　《家人》六四，富家。《小畜》九五，富以其邻。《泰》六四，不富以其邻。

市　日中为市，致天下之民，聚天下之货，交易而退，各得其所，盖取诸噬嗑。

耕　包羲氏没，神农氏作，斫木为耜，揉木为来，来耨之利，以教天下，盖取诸《益》。《无妄》六二，不耕获，不畜畲，则利有攸往。

事　《坤》六三，或从王事，无成有终。《讼》六三，或从王事，无成。《蛊》上九，不事王侯，高尚其事。《益》初九，利用为大作。六三，益之用凶事。《震》六五，亿之丧，有用。

得失　《晋》六五，悔亡，失得勿恤。《井》，无丧无得。《震》震惊百里，不丧匕鬯。《无妄》六三，无妄之灾，或系之牛。行人之得，邑人之灾。《睽》初九，丧马勿逐，自复。《大壮》六五，丧羊于易。《旅》六二，得其童仆贞，九三，丧其童仆贞。九四，得其资斧。上九，丧牛于易。《震》六二，亿丧贝，跻于九陵，勿逐，七日得。《巽》上九，丧其资斧。《既济》六二，妇丧其茀，勿逐，七日得。

讼《讼》有孚，窒惕，中吉，终凶。利见大人，不利涉大川。初六，不永所事，小有言，终凶。九二，不克讼，归而逋，其邑人三百户无眚。六三，食旧德，贞厉，终吉。或从王事，无成。九四，不克讼，复即命，渝安，贞吉五，讼，元吉。上九，或锡之鞶带，终朝三褫之。

狱　《噬嗑》利用狱。

桎梏　《蒙》初六，发蒙利用刑人，用说桎梏，以往吝。

校　《噬嗑》初九，屦校灭趾。上九，何校灭耳，凶。

天劓　《睽》六三，其人天且劓。天当作而，髡鬓毛也。

劓刖　《困》九五，劓刖。

决躁　《震》为决躁。《巽》，其究为躁卦。

健　《震》其究为健。

进退　《巽》为进退，《巽》初六，进退。

不果　《巽》为不果。

吝啬　《坤》为吝啬。

笑　《同人》九五，同人，先号啕而后笑。《萃》初六，若号，一握为笑。《震》笑言哑哑。初九，后笑言哑哑。《旅》上九，旅人先笑后号啕。

鼓歌　《离》九三，不鼓缶而歌，则大耋之嗟。《中孚》六三，得敌，或鼓，或罢，或泣，或歌。

忧　《坎》为加忧。《丰》，勿忧。《艮》六二，不拯其随，其心不快。《旅》九四，得其资斧，我心不快。

愁　《晋》六二，晋如，愁如。

摧　《晋》初六，晋如，摧如。

惕　《乾》九三，夕惕若。《讼》，惕中吉。《小畜》六四，惕出无咎。《履》九四，履虎尾。《夬》惕号，莫夜有戎，勿恤。

号　《夬》孚号有厉。九二，惕号。上六，无号，终有凶。《萃》初六，若号，一握为笑。

戒　《既济》终日戒。

嗟　《萃》三，萃如，嗟如。《离》九三，则大耋之嗟。六五，戚嗟若。

涕泣　《离》六五，出涕沱若，戚嗟若。《萃》上六，赍咨涕洟。《屯》上六，泣血涟如。《中孚》六三，或泣，或歌。

号啕　《同人》九五，同人先号啕而后笑。《旅》上九，旅人先笑后号啕。

羞　《否》六三，包羞。《恒》九三，不恒其德，或承之羞。

心病　《坎》为心病。

耳痛　《坎》为耳痛。

疾　《无妄》九五，无妄之疾，勿药有喜。《豫》六五，贞疾，恒不死。《损》六四，损其疾，使遄有害。《遁》九三，系遁，有疾厉。《鼎》九二，我仇有疾，不能我即。《丰》六二，往得疑疾。《兑》九四，介疾有喜。

焚死弃　《离》九四，突如其来如，焚如，死如，弃如。

棺椁　古之葬者，厚衣之以薪，葬之中野。不封不树，丧期无数。后世圣人易之以棺椁，盖取诸《大过》。

隐伏《坎》为隐伏。

鬼　《睽》上九，载鬼一车。

(7) 身体类：

身　《艮》艮其背，不获其身。六四，艮其身。《涣》六三，涣其躬。《蹇》六二，王臣蹇蹇，匪躬之故。

首　《乾》为首。《比》上六，比之无首。《离》上九，有嘉折首。《明夷》九三，明夷于南狩，得其大首。《既济》上六，濡其首。《未济》上九，有孚于饮酒，无咎，濡其首。

顶　《大过》上六，过涉灭顶，凶。

寡发　《巽》为寡发。

广颡　《巽》为广颡。

面　《革》上六，小人革面。

鼻　《噬嗑》六二，噬肤灭鼻。

目　《离》为目。《巽》为白眼。《小畜》九三，夫妻反目。

眇　《履》六三，眇能视《归妹》九三，眇能视。

视　《震》，上六，视矍矍。

盱　《豫》六三，盱豫悔。

观　《观》初六，童观。

腹　《坤》为腹。《离》为大腹。《明夷》六四，入于左腹，获明夷之心，于出门庭。

限夤　《艮》九三，艮其限，列其夤，厉熏心。

背　《艮》其背，不获其身。

手　《艮》为手。

肱　《丰》九三，折其右肱。

指　《艮》为指。

辅颊舌　《咸》上六，成其辅颊舌。《艮》六五，艮其辅。

口舌　《兑》为口舌。

颐　《噬嗑》颐中有物，曰噬瞌。《颐》初九，舍尔灵龟，观我朵颐。六二，颠颐。六三拂颐。六四，颠颐，上九，由颐。

须　《贲》六二，贲其须。

耳　《坎》为耳。《噬嗑》上九，荷校灭耳。

耳痛《坎》为耳痛。

心　《咸》九四，憧憧往来，朋从尔思。《艮》九三，厉熏心。

臀　《困》初六，臀困于株木。《夬》九四，臀无肤。《姤》九三，臀无肤。

肤　《剥》六四，剥床以肤。《夬》九四，臀无肤。《姤》九三，臀无肤。

血　《坎》为血卦，为赤。《需》六四，需于血。《小畜》六四，血去惕出。《涣》上九，涣其血去逖出。《屯》上六，泣血涟如。

汗　《涣》九五，涣汗其大号。

足　《震》为足，

股　《巽》为股。《咸》九三，咸其股，执其随。《明夷》六二，明亮，夷于左股。用拯马壮吉。

腓　《咸》六二，成其腓。《艮》六二，艮其腓。

拇　《咸》初六，咸其拇。《解》九四，解而拇。

趾　《噬嗑》初九，屦校灭趾。《贲》初九，贲其趾，舍车而徒。《大壮》初九，壮于趾。《夬》初九，壮于前趾。《艮》初六，艮其趾。

跛　《履》六三，跛能履。《妹》初九，跛能履。

(8) 饮食类：

饮食　《渐》六二，饮食衎衎。《大畜》，不家食，吉。《困》九二，困于酒食。《明夷》初九，君子于行，三日不食。

口实《颐》观颐，自求口实。

公 《鼎》九四，鼎折足，覆公餗。

酒 《坎》六四，樽酒簋贰，用缶，纳约自牖。《未济》上九，有孚于饮酒，无咎，濡其首。

臭 《巽》为臭。

(9) 衣服类：

衣裳 黄帝、尧、舜、垂衣裳而天下治。盖取诸乾坤。

黄裳《坤》六五，黄裳，元吉。

绂《困》九二，朱绂方来，九五，困于赤绂。

噬嗑 颐中有物，曰噬嗑。

噬肤 《噬嗑》六二，噬肤灭鼻。《睽》六五，厥宗噬肤。

噬腊肉 《噬瞌》六三，噬腊肉遇毒。

噬乾肉 《噬嗑》六五，噬乾肉。

雉膏 《鼎》九三，雉膏不食。

鞶带 《讼》上九，或锡之鞶带，终朝三褫之。

袂 《归妹》六五，其君之袂，不如其娣之袂良。

(10) 宫室类：

宫室 上古穴居而野外，后世圣人易之以宫室。上栋下宇，以待风雨。盖取诸《大壮》。

屋《丰》上六，丰其屋，蔀其家。

庐《剥》上九，小人剥庐。

栋 《大过》拣桡。九三，栋桡凶。九西，栋隆吉。

庭 《夬》扬于王庭。《明夷》六四，获明夷之心于出门庭。《艮》行其庭，不见其人。

阶 《升》六五，升阶。

门 重门击拆，以待暴客，盖取诸《豫》。《艮》为门阙。《同人》初九，同人于门。《节》九二，不出门庭。

户 《节》初九，不出户庭。《丰》上六，窥其户。

牖 《坎》六四，纳约自牖。

巷　《睽》九二，遇主于巷。

邻《小畜》九五，富以其邻。《泰》六四，不富以其邻。《震》上六，震不于其躬于其邻。《谦》六五，不富以其邻。《既济》东邻杀牛。

旅次《旅》六二，旅即次，九四，旅焚其次。

（11）货财类：

玉　《乾》为玉。《鼎》上九，鼎玉铉。

金　《乾》为金，《噬嗑》九四，得金矢。六五，得黄金。《困》九四，困于金车。《鼎》六五，金铉。

圭　《益》六三，告公用圭。

布　《坤》为布。

帛　《贲》六五，束帛戋戋。

贝　《震》六二，亿丧贝，跻于九陵。勿逐，七日得。

资　《旅》六二，怀其资。九四，得其资斧。《巽》上九，丧其资斧。

（12）器用类：

书契　上古结绳而治，后世圣人易之以书契，百官以治，万民以察，盖取诸《夬》。

车　服牛乘马，引重致远，以利天下，盖取诸《随》。《困》九四，困于金车。《贲》初九，舍车而徒。《睽》上九，载鬼一车。

大车《大有》九二，大车以载。

舆　《坤》为大舆。《坎》其于舆也，为多眚。《大壮》九四，壮于大舆之輹。《剥》上九，君于得舆。《睽》六三，见舆曳，其牛掣。《大畜》九三，日闲舆卫。

鼎　《鼎》初六，鼎颠趾，利出否。九二，鼎有实。九三，鼎耳革，其行塞，雉膏不食。九四，鼎折足，履公疏，其形渥。六五，鼎黄耳，金铉。上九，鼎玉铉。

釜　《坤》为釜。

柄　《坤》为柄。

樽　《坎》六四，樽酒簋。

簋　《坎》六四，樽酒簋。《损》，曷之用，二簋可用亨。

筐　《归妹》上六，女承筐无实。

轮　《坎》为弓轮。《既济》初九，曳其轮。《未济》九二，曳其轮。

辐　《小畜》九三，舆说辐。

輹　《大壮》九四，壮于大舆之輹。《大畜》九二，舆说輹。

舟楫　刳术为舟，剡木为楫。舟楫之利，以济不通，致远以利天下，盖取诸《涣》。《中孚》利涉大川，乘木舟虚也。

绳　《巽》为绳，

罔罟　作结绳，而为罔罟，以佃以渔，盖取诸《离》。

弓矢　弦术为弧，剡木为矢，弧矢之利，以威天下，盖取者《睽》。《坎》为矫揉，为弓轮。《睽》上九，先张之弧，后说之弧。《噬嗑》九四，得金矢。《解》九二，田获三弧，得黄矢。《旅》六五，射雉一矢亡。

弋　《小过》六五，公弋取彼在穴。

甲胄　《离》为甲胄。

戈兵　《离》为戈兵。

缶　《坎》六四，贰用缶，《比》初六，有孚盈缶。《离》九三，不鼓否而歌。

瓮《井》九二，瓮敝漏。

杵臼　断木为杵，掘地为臼。臼杵之利，万民以济，盖取诸《小过》。

床　《剥》初六，剥床以足。六二，剥床以辨。五四，剥床以肤。《巽》九二，巽在床下。上九，巽在床下。

枕　《坎》六三，险且枕。

机　《涣》九二，涣奔其机。

囊　《坤》六四，括囊。

斧　《旅》九四，得其资斧。《巽》上九，丧其资斧。

(13) 国典类：

庙《萃》王假有庙。《涣》王假有庙。

祭祀　《困》九二，利用亨祀。九五，利用祭祀。《观》盥而不荐，有孚颙若。《损》二簋可用亨。《晋》六二，受兹介福于其王母，

用牲　《萃》用大牲吉。《既济》东邻杀牛。

亨帝　《益》六二，王用享于帝吉。

亨山　《随》上六，王用亨于西山。《升》六四，王用亨于岐山。

宾王《观》六四，观国之光，利用宾于王。

亨　《大有》公用亨于天子，小人弗克。

锡马　《晋》康侯用锡马蕃庶，昼日三接。

锡鞶带　《讼》上九，或锡之鞶带，终朝三褫之。

锡命　《师》九二，王三锡命。上六，六君有命，开国承家，小人勿用。

大号　《涣》九五，涣汗其大号。

迁国　《益》六四，利用为依迁国。

(14) 师田类：

征伐《离》上九，王用出征，有嘉折首。获匪其丑。《谦》六五，利用侵伐。上六，利用行师，征邑国。《晋》上九，晋其角，维用伐邑。《既济》九三，高宗伐鬼方，三年克之。《未济》九四，震用伐鬼方，三年有赏于大国。

行师　《师》贞，丈人吉，无咎。初六，师出以律，否藏凶。九二，在师中吉，无咎。王三锡命。六三，师或舆尸凶。六四，师左次无咎。六五，长子帅师，弟子舆尸，贞凶。

《豫》，利建侯，行师。《复》上六，用行师，终有大败。以其国君凶，至于十年不克征。

戎《同人》九三，伏戎于莽。升其高陵，三岁不兴。《夬》不利即戎。九二，惕号，莫夜有戎，勿恤。

克　《同人》九五，大师克相遇。

攻　《同人》九四，乘其墉，弗克攻。

狩　《明夷》九三，明夷于南狩，得其大首。

田　《师》六五，田有禽，利执言。《恒》九四，田无禽。《解》九二，田获三狐。《巽》六四，田获三品。

三驱　《比》九五，王用三驱，失前禽邑，人不诫。

即鹿　《屯》六三，即鹿无虞，惟入于林中。

(15) 动物类：

龙　《震》为龙。《乾》初九，潜龙。九二，见龙在田。九四，或跃在渊。九五，飞龙在天。上九，亢龙。用九，见群龙无首。《坤》上六，龙战于野。其血无黄。

鱼　《姤》九二，包有鱼。九四，包无鱼。《剥》六五，贯鱼。

豚鱼　《中孚》，豚鱼吉。

鲋　《井》九二，井谷射鲋。

鳖　《离》为鳖。

蟹　《离》为蟹。

蠃　《离》为蠃。

蚌　《离》为蚌。

龟　《损》六五，或益之十朋之龟，弗克违。《益》六二，或益之十朋之龟，弗克违。《颐》初九，舍尔灵龟。

马　《乾》为马，为良马，为老马，为瘠马，为驳马。《震》，其于马也，为善鸣，为馵足，为作足，为的颡。《坎》，其于马也，为美脊，为亟心，为下首，为薄蹄子，为曳。《大畜》九三，良马逐。

白马　《贲》六四，贲如皤如，白马翰如。

马壮　《明夷》六二，夷于左股，用拯马壮，吉《涣》初六，用拯马壮，吉。

乘马　《屯》六二，屯如邅如、乘马班如。六四，乘马班如。上六，乘马班如。

牝马　《坤》利牝马之贞。

锡马《晋》康候用锡马蕃庶。

角　《晋》上九，晋其角。《姤》上九，姤其角。

羊　《兑》为羊。

羝羊《大壮》九三，羝羊触藩，羸其角。九四，藩决不羸。上六，羝羊触藩，不能退，不能遂。

牵羊　《夬》九四，牵羊悔亡。

丧羊　《大壮》六五，丧羊于易。

豕　《坎》为豕。《睽》上九，见豕负涂。

丧马　《睽》初九，丧马勿逐，自复。《中孚》六四，马匹亡。

牛　《坤》为牛。《无妄》六三，无妄之灾，或系之牛。行人之得，邑人之灾，《睽》六三，见舆曳，其牛掣。

子母牛　《坤》为子母牛。

牝牛　《离》畜牝牛，吉。

童牛　《大畜》六四，童牛之牿。

黄牛　《遁》六二，执之用黄牛之革，莫之胜说《革》初九，恐用黄牛之革。

丧牛　《旅》上九，丧牛于易。

鹿　《屯》六三，即鹿无虞。

狐　《解》九二，田获三狐，得黄矢。《既济》初九，濡其尾。《未济》小狐汔济，濡其尾。初六，濡其尾。

禽　《师》六五，田有禽。《比》九五，失前禽。《恒》九四，田无禽。《井》初六，旧井无禽。

飞鸟　《小过》飞鸟遗之音，不宜上宜下。初六，飞鸟以凶。上六，飞鸟离之，凶。《明夷》初九，明夷于飞，垂其翼。

巢《旅》上九，鸟焚其巢。

鸡　《巽》为鸡。《中孚》上九，翰音登于天。

羸豕《姤》初六，羸豕孚蹢躅。

狗　《艮》为狗。

虎　《履》履虎尾。六三，履虎尾。九四，履虎尾。

虎视《颐》六四，虎视眈眈，其欲逐逐。

虎变　《革》九五，大人虎变。

豹变　《革》上六，君子豹变。

鹤　《中孚》九二，鸣鹤在阴，其子和之，我有好爵，吾与尔靡之。

雉　《离》为雉。《旅》六五，射雉一矢亡。

鸿　《渐》初六，鸿渐于干。六二，鸿渐于磐。九三，鸿渐于陆。六四，鸿渐于木，或得其桷。九五，鸿渐于陵。上九，鸿渐于陆，其羽可用为仪。

隼　《解》上六，公用射于高墉之上，获之无不利。

鼠　《艮》为鼠。《晋》九四，晋如鼫鼠。

黔喙　《艮》为黔。喙之属。

（16）植物类：

木　《巽》为木。泽灭木《大过》。地中生木《升》。木上有水《井》，木上有火《鼎》。山上有木《渐》。《坎》其于木也，为坚，多心。《离》其于木也，为科，上槁。《艮》其于木也，为坚，多节。《渐》六四，鸿渐于木，或得其桷。

株木　《困》初六，臀困于株木。

杞　《姤》九五，以杞包瓜。

苞桑　《否》九五，其亡其亡，系于苞桑。

杨《大过》九二，枯杨生稊。九五，枯杨生华。

木果《乾》为木果。《剥》上九，硕果不食。

蕃鲜　《震》为蕃鲜。

簇藜《困》九四，据于蒺藜。

丛棘　《坎》上六，置于丛棘。

林中　《屯》六三，即鹿无虞，惟入于林中。

莽　《同人》九三，伏戎于莽，

瓜《姤》九五，以杞包瓜。

稼《震》，其于稼也，为反生。

苋　《夬》九五，苋陆。

竹　《震》为苍筤竹。

萑苇　《震》为萑苇。

茅　《泰》初九，拔茅茹以其汇，《否》初六，拔茅茹以其汇。《大过》初六，藉用白茅，无咎。

藩　《大壮》九三，羝羊触藩。九四，藩决不羸。上六，羝羊触藩。

(17) 杂类：

圆　《乾》为圆。

方　《坤》六二，直方大。

长　《巽》为长。

高　《巽》为高。

均　《坤》为均。

文　《坤》为文。

通　《坎》为通。

毁折《兑》为毁折。

附决《兑》为附决。

大赤《乾》为大赤。

赤　《坎》为赤。《困》九五，困于赤绂。

黄　《坤》六五，黄裳。《离》六二，黄离。《鼎》六五，鼎黄耳。《解》九二，得黄矢。《遁》六二，执之用黄牛之革。《革》初九，巩用黄牛之革。

3. 六画之象

两卦相重而生“六画之象”，这就是《系辞》中所谓“八卦相荡”而生成的六十四卦。八卦之象在六十四卦中的地位是有变化的。只有从根本上认识变卦的组成方式，才能真正认识卦辞、爻辞的深刻内涵。六卦之象包含内外两个经卦，亦称上下两卦。六个爻画的排列自下而上，最下一爻称作“初爻”，顺而上：二爻、三爻、四爻、五爻、最上第六爻称做“上爻”。这六个爻画根据《系辞》与《说卦》，被分成“天”、“地”、“人”。称之谓“三才”。《系辞》：“《易》之为书，广大悉备。有天道焉，有人道焉，有地道焉。兼三才而两之，故六，六者非它也，三材之道也。”汉人就是根据这些，将六个爻画分成三部分，上两爻为天，中两爻为人，下两爻为地。并有“阳位”、“阴位”之分：初爻、三爻、五爻称做“阳位”。二爻、四爻、上爻称做“阴位”。若阳爻居阳位，阴爻居阴位，谓“得正”或“得位”，主吉祥。反之，若阳爻居阴位，阴爻居阳位，则谓“不正”或“失位”，不吉。这些恐怕都是汉人的附会。汉人亦认为每个卦体的阴阳爻画之间，还有着“承”、“乘”、“比”、“应”、“据”、“中”的关系。自汉人始，迄清人止，历代的易学家在注释经文，阐述《易》象时，他们都离不开运用这些关系来分析每卦的卦象。

所谓“承”，一般指一卦的卦体中，若阳爻在上，阴爻在下，则此阴爻对于上面的阳爻称之谓“承”。

举坎卦为例。在这一卦体中（即六画之象）六四爻为阴爻，九五爻为阳爻，九五爻位置在六四爻之上，即为六四爻“承”九五爻。《周易集解》引荀爽注蛊卦六五爻：“干父之蛊，用誉。”曰：“体和应中，承阳有实。

用斯干事，荣誉之道也（《周易集解》，李鼎祚撰，九州出版社，2003 年版，第 198 页）。”意思是说，在蛊卦中，六五爻为阴爻，位置在上九阳爻之下，六五爻“承”上九阳爻而“有实”，以此“干事”，为荣誉之道。

古人在运用“承”的关系分析卦象时，若卦体中的一个阴爻在下，数个阳爻在上，则下面这一阴爻，对于上面的几个阳爻都可以称作“承”。同样，在一个卦体中，若几个阴爻在下，一个阳爻在上，则下面的这几个阴爻对于上面的阳爻也都可以称“承”。

所谓“乘”，一般指六画之象中，若阴爻在上，阳爻在下，则此阴爻对下面的阳爻称之谓“乘”。举比卦为例。在这一卦体中，上六爻为阴爻，九五爻为阳爻，上六爻在九五爻之上，即为上六爻“乘”九五爻。若一个卦体中，几个阴爻都在一个阳爻之上，则这几个阴爻对这一阳爻都可以称为“乘”。有时两个相同爻间亦可称之。

所谓“比”，指在一卦的卦体中，其两邻两爻若是有一种亲密的关系，称之为“比”。如其初爻与二爻；二爻与三爻，三爻与四爻；四爻与五爻；五爻与上爻等都可以称“比”。若相邻两爻，一爻为阴，一爻为阳，较善于得“比”。在《周易集解》中，虞翻多以此注《易》。如比卦六四爻：“外比之，贞吉。”虞翻注曰：“在外体，故称‘外’，得位比贤，故‘贞吉’也（同上书，第 118 页）。”意思是说，在比卦中，六四爻位置在外卦，所以说“在外体”，六四爻是阴爻，位置在第四爻，第四爻是“阴位”，令阴爻而居阴位，故称“得位”，又因六四爻与九五爻有相“比”的关系，故称“得位比贤”。

在六画之象中，其初爻与四爻，二爻与五爻，三爻与上爻之间，汉人认为有着一种呼应的关系。这种呼应关系被汉代易学家称之谓“应”。举否卦为例。在这一卦体中，初六爻“应”九四爻，六二爻“应”九五爻，六三爻“应”上九爻。其它卦亦同此例。如临卦初九爻：“咸临，贞吉。”虞翻注谓：“得正应四，故‘贞吉’也（同上书，第 203 页）。”意思说：初九爻为阳爻，又在阳位，阳爻居阳位，故谓“得正”，在这一卦中，初九爻应六四爻，故谓“应四”。六四爻为阴爻，又居阴位，也“得正”，由初九爻与六四爻这样两个“得正”的卦爻互“应”，虞翻认为这就是此爻“贞吉”的原因。

所谓“据”，在一卦的卦体中，一般指阳爻立于阴爻之上，则此阳爻对于下面的阴爻称之谓“据”。如噬嗑卦上九爻“何校灭耳，凶”。《周易集解》引荀爽注曰：“据五应三（同上书，第221页）。”意思是说，在这一卦体中，上九爻为阳爻，六五爻是阴爻，上九爻在六五爻之上，故称“据五”，上九爻又与六三爻有着“应”的关系，故谓“应三”。用“据”的关系分析一个卦体的卦象时，往往也有这种情况：在一个卦体中，若只有一个阳爻，其余都是阴爻，而此阳爻的位置在卦体中又比较偏上，则此阳爻对其余阴爻皆可以称为“据”。

所谓“中”，又被汉以来的易学家们称为“居中”“得中”“处中”等，一般系指一卦卦体中的第二爻与第五爻（但也有例外），因为第五爻为外卦之“中”，第二爻为内卦之“中”。以需卦为例，在这一卦体中，九二爻居内卦乾的正中，九五爻居外卦坎的正中。

4. **方位之象**

何谓“方位之象”？方位之象指八经卦所象征的八个方位。即：乾为西北；坎为正北；艮为东北；震为正东；巽为东南；离为正南；坤为西南；兑为正西。《说卦》中有论述：“万物出乎震，震东方也。齐乎巽，巽东南也……离也者，明也，万物皆相见，南方之卦也……乾，西北之卦也……艮，东北之卦也。”至宋又有“先天方位”与“后天方位”之分。《说卦》中论述的八卦方位被称作“后天方位”。按宋人的说法，这“先天方位”是：乾南坤北，离东坎西，震东北，巽西南，艮西北，兑东南。

《说卦》提出，从震到艮分为八方，八方可配四时五行与春夏秋冬，金木水火土联系到一起，形成时间和空间方位的统一。

5. **像形之象**

何谓“像形之象”？是指六爻卦符号之象与卦名相似，比如鼎卦，鼎卦之所以称“鼎”，恐怕就是因为组成该卦的六个爻画具有“鼎”的形象。初六爻像“鼎”之足，九二爻，九三爻及九四爻像“鼎”之腹。六五爻像“鼎”耳，上九爻像“鼎”之铉。

又如噬嗑卦，卦初九、上九像牙齿，中间虚，像口，九四横于其中，为间隔梗塞之物。口中无物则不适而合，唯口中有物，必先嚼而后合，因卦象而有卦名。

又如颐卦，颐为腮，腮内腔为口，易卦之象犹如张开的口，初九、上九像上下两腭，中间四阴如上下两排牙齿相对，上体艮止，像上腭不动，下体震动，像食物入口，有自求口实之象。

再如咸卦，卦上兑为少女，下艮为少男，少女在前，少男在后，艮为求，兑为悦，少男少女相感，所以在六爻之中五爻都有“感”。

以上所述，不难看出像形之象，也是进一步认识和理解卦爻辞的好方法。

6. 爻位之象

所谓“爻位之象”，是指爻在六爻卦中位置的图像。在每卦的六个爻画中，分别不同的位置称为六位。爻位不同，名称也不同。古人以初爻为“元士”，第二爻为“大夫”，第三爻为“公”，四爻为“诸侯”，五爻为“天子”，上爻为“宗庙”。在这六个爻位中，以第五爻最重要。

“位”既表示空间位置，又表示时间位置。初爻为地，二爻为北，三爻为东，四爻为西，五爻为南，六爻为天。六爻之中包括天地和东南西北四向。爻的结构以“上下无常，刚柔相易，变动不居，周流六虚”的立体时空关系和无限的运动方式，概括宇宙古今，包罗万象，客观的反映了世界的本质和变化规律。

7. 互体之象

在《周易》的各种取象中，“互体之象”是古人解《易》经常运用的一种取象。

所谓“互体之象”，指在一卦的六个爻画中，除内卦与外卦这两个经卦外，另有二爻、三爻与四爻这样三个爻画组成一个新的经卦，再由三爻、四爻与五爻又组成一个新的经卦。这种由内外两卦交互组成的新卦象，占人称之谓“互体”，又叫“互象”或“互体之象”。

举坎卦为例，在这一卦体中，除内外两经卦皆为坎象外，由二爻、三爻和四爻又组成经卦“震”象，再由三爻、四爻与五爻组成经卦“艮”象。这样，坎卦之中因“互体”又出了“震”“艮”两个经卦之象。

由于使用“互体之象”，这样就可以在一卦的六个爻画中生出四象：

内、外两卦的卦象及由二爻、三爻、四爻互成的卦象，和由三爻、四爻与五爻互成的卦象。古人认为《周易》的卦爻之辞无一字虚设，皆是观象而系。有的辞虽不出于内外两卦之象，但可以在互象中找到。如屯卦，其六二爻辞中有这样一句："女子贞，不字。十年乃字。"表明一个女子不愿出嫁，要过十年才出嫁。依内外卦象看：屯卦外卦为"坎"，内卦为"震"。据《说卦》，震为长男，坎为中男，皆是男象，但在此卦中，由六二爻、六三爻与六四爻互体成坤，坤为女，故六二爻称"女子"。

东汉，还有"连互"之说。即取卦体内外两卦及其互成的两卦，相互连接，这样在一卦之中又可以相连"互"出好几卦来，其法有"五画连互""四画连互"两种。

所谓"五画连互"，系指在一卦中，把初爻至五爻看成一个新的卦体，把二爻至六爻又看成一个新的卦体。举大畜卦为例，在这一卦体中，其初爻至五爻中，初爻至三爻成经卦乾，三爻至五爻成经卦震。这样，由于重复使用第三爻，并由第三爻互体相连而得出了大壮卦。同样方法，这一卦体的二爻至六爻中，二爻至四爻为经卦兑，四曼至六爻为经卦艮，这样由于重复使用第四爻，并由第四爻互体相连得《损》卦。

"五画连互"的特点是，在一个六画之象中，用依次排列的五个爻画组成两个新的卦体。新卦体的组成是以重复使用五个爻画里居中的那一爻画（即三爻或四爻）为基点的。"四画连互"系指在一个六画之象中，用初爻至四爻、二爻至五爻和三爻至上爻各连互组成一个新的卦体。仍以大畜在这四个爻卦为例。在这一卦体中其初爻至四爻中，初爻至三爻为经卦乾，二爻至四爻为经卦兑。这样，由于重复二、三两爻互体相连，得出了上兑下乾的夬卦。再看大畜卦二爻至五爻中，在这四个爻画中，二爻至四爻为经卦兑，三爻至五爻为经卦震。这样，由于重复使用三四两爻互体相连，得出了上震下兑的归妹卦。大畜卦三爻至上爻中爻画中，其三爻至五爻为经卦震，四爻至上爻为经卦艮，如果重复使用四、五爻互体相连，这样就可以得出上艮下震的颐卦。

四画相连的特点是：在一个六画之象中，用依次排列的四个爻画连互成三个新的卦体，每一新卦体的组成是以重复使用四个爻画里居中的两个爻画，即初爻至四爻连互而成的新卦体，用二爻三爻；二爻至五爻连互而成的新卦体，用三爻四爻；三爻至上爻连互而成的新卦体，用四爻五爻。

五画连互只能出两卦：即初爻至五爻及二爻至上爻连互而成的两个新卦体。

四画连互只能出三卦：即初爻至四爻，二爻至五爻及三爻至上爻连互而成的三个新卦体。

使用“互体”与“连互”，一个卦体可以“互体”得出两个新的经卦，并因“五画连互”得出两个新的卦体，又以“四画连互”得出三个新的卦体，这样，由于“互体”与“连互”，一个卦体可以生出两个新的经卦及五个新的别卦。

东汉人郑玄、虞翻等名家多用“互体”及“连互”之法解释经文。但同样的思路也能用于易占中解卦。

如郑玄在《礼记正义·缁衣》中注恒卦九三爻：“不恒其德，或承之羞（《十三经注疏、礼记正义》，李学勤主编，北京大学出版社，1999 年版，第 1520 页）。”在恒卦中，九二爻、九三爻与九四爻互体为经卦乾。据《说卦》乾有刚健之德。其九二爻与九三爻在恒卦中属内卦巽，故曰“体在巽”。据《说卦》，巽为“进退”。既然进退不定，这是不能恒守其德的。同时由九三爻、九四爻与六五爻互体得经卦兑，据《说卦》，兑为“毁折”。既有“毁折”，是一定要受到羞辱的。郑玄认为：正是据此“互体之象”，恒卦九三爻才系以“不恒其德，或承之羞”的爻辞。

8. 反对之象

所谓“反对之象”，系将一个六画之象颠倒过来，这样就成了另一新的卦体。举否卦为例，将否卦的六个爻画颠倒过来，这样便成了泰卦。这种六个爻画的颠倒，古人又称之谓“倒象”“反易”。

《周易》六十四卦，除乾卦、坤卦、坎卦、离卦、大过卦、颐卦、小过卦、中孚卦共八卦的六画之象颠倒之后不变，其余五十六卦实际是由二十八卦颠倒而来的。

9. 错卦之象

六十四卦中阴阳相对的卦为错卦。六十四卦共有三十二对错卦。错卦表示宇宙阴阳二气的对立；而反对之象则表明阴阳二气的统一（即上下相互流通）。

10. 卦情之象

《系辞》中说："八卦以象告，爻象以情言。刚柔杂居，而吉凶可见矣。变动以利害，吉凶以情迁。是故爱恶相攻而吉凶生，远近相取而悔吝生，情伪相感而利害生。凡易之情，近而不相得则凶，或害之，悔且吝。"

《系辞》明确表明卦有"爱恶相攻"、"远近相取"、"情伪相感"之情性。相感即情，感为情之始，动则为利害的开端。在一个六爻卦中，相邻的两爻中，同性相斥，异性相吸，爱恶之情从此而生，阳遇阳，阴遇阴则相敌相恶；阴遇阳，阳遇阴则相求相爱，爱则吉，恶则凶，所以说爱恶相攻而吉凶生。如临卦，初九与六四，九二与六五都为阴阳相应，所以为"咸临吉"。阴阳相感，所以吉。

相反，同人卦，三与六爻不应，上九为阳，九三遇阳，阳得阳为敌。九三上比九四，阳遇阳得敌，所以九三爻为"敌刚"。

又如屯卦，六二爻与九五爻阴阳相应，虽然六二前有六三、六四相阻，但二五为正应，难久必通，久必相合。其六三为阴，上六亦为阴，六三无应而得敌，故行难。远则相应，近则相比，远近不能兼取，因为卦中有应此难比，有比则应难，因此在远与近取舍中则悔吝生。

应比之间有情性，上下卦之间也存在着情性。六十四卦中，凡上下卦阴阳相交感的，则是吉卦；没有交感的，则是凶卦。

如泰卦，上卦地，下卦天，地在天上，地下降，天气上升，天地相交，天地交而万物通，上下交而其志同，天地人皆吉，所以为泰卦。

相反，否卦，上卦天，下卦地，上者愈上，下者愈下，相互异离，天地不相交而万物不通，违反了自然规律，所以为凶卦。

又如咸卦，上兑为少女，下艮为少男，少男追逐少女之象。男女相感之情莫过于少男少女，所以卦中从下而上的相感，"咸其拇"、"咸其腓"、"咸其股"、"咸其脢"、"咸其辅"，全身四肢百骸都相感。

相反，在艮卦，上下艮相背，刚柔相敌，六爻都相敌，所以自下而上"艮其趾"、"艮其腓"、"艮其限"、"艮其身"、"艮其辅"，处处相阻不通，所以为"阻"、为"止"。卦非无情，卦中有情。情寓象中，象为情所寄，因此，了解卦情性之象，有利于深入研究《易》的精髓。

11. 半象之象

半象即半体之象。八卦体由三画卦象组成，半象之象是三画卦之上两爻或下两爻组成的半象。比如兑卦上两爻画象坎卦上半象，在半象中上为阴，下为阳，因坎为雨为水，故半坎为小雨。如履卦六三爻辞："眇能视，跛能履。"九二、六三为半震，震为履，半震故跛，所以六三为"跛能履"。又因为二爻、三爻、四爻为互离，离为目。"眇"，《说文》："一目小也。"三爻、四爻为半离卦，所以为"眇能视"。《系辞》说目能视，半震为行不足，半离为明不足。

既济和未济多用半象。既济卦初与二，三与四，五与上，形成三个半震。未济初与二、三与四、五与六，形成三个半艮。所以既济初与二半象，为"曳轮"、"濡尾"。三与四半震为"高宗"。五与上半象，为"东邻"、"西邻"、"濡其首"。未济卦辞"小狐"，艮为狐，半艮故为"小狐"、"濡其尾"、"濡其首"。

12. 大象之象

大象之象有两意，一是在《易传》中，《象辞》解释卦名的彖辞。二是八卦象征的基本构象，乾象天，坤象地，艮象山，兑象泽，坎象水，离象火，震象雷，巽象风。《说卦》："天地定位，山泽通气，雷风相薄，水火不相射，八卦相错。"这里说的是八卦之大象，八卦之象为易的根本。八卦相错成六十四卦，阴阳相交，发生变化，但是无论如何变化，都超越不了八卦大象。六十四卦中每一卦的整体形象都超越不了八卦之象。六十四卦大象即是六十四卦每卦的构成符号，就是六爻卦的整体形象。比如颐卦，象大离，其象如张开的口，上下牙齿相对，食物入口，有"自求口实"之象，所以名"颐"。大过象大坎。坎卦符号上下两阴，中间一阳，大过卦符号象坎。

《易》卦中用大象很多，不知大象就不解其意。比如丰卦。丰卦上震下离。震为旦，离为日，为午，皆光明象，然而爻辞二、三、四、五、上皆为黑暗，其原因以中爻为互大坎，坎为云，离日被云所掩蔽，所以二爻言"蔀"，三爻言"沛"，四爻言"蔀"，上爻言"蔀"，"不觌"，而六五忧而隐伏。

再如困卦，上兑下坎。其卦名为什么名困。卦名来源于卦象，《易》中无一字不来源于卦象。困所以为“困”，因阳被阴掩，即坎被兑掩，九二被二阴所掩，四五为上所掩。兑掩坎，上掩四五，如小人在上位，君子被掩。二阴掩九二，君子前后都为小人。君子被小人所困，所以名曰“困”。如果不解“困”之大象，其意就难以理解。

13. 静卦之象

与动卦相对的卦为静卦。指爻性不发生变动的卦象，静即为安静不变动的意思。

14. 动卦之象

与静卦相对的卦为动卦。指爻性发生变化后的卦象。

15. 八卦逸象

逸象就是易卦在流传过程中，逸失的易卦之象。汉代以后，有许多研究易学者，对丢失的易象进行补充，扩大了易象的范围，为卦辞和爻辞的来历找到了更多的依据。可参阅唐明邦先生策划，陈凯东先生著《象说周易》。该书对虞氏、孟氏、荀九家、《左传》、《易林》、尚氏等易象均有阐述和记载。

二、趋势之象

何谓趋势？趋势就是事物发展的动向、方向。趋势具有客观性、必然性、规律性等特点。趋势一般是宏观的、战略的。预测家如能预测事物发展的趋势，必然能高瞻远瞩，技高一筹，既可预测一隅，又可预测全局；既可预测一时，又可预测长远，增强预测的前瞻性和准确性。它的依据还是《周易》循环往复基本原理在推象法中的具体运用，或者说，没有循环往复的基本原理，就没有趋势之象。此理在周期数中已有论述，故不再展开。

1. 伏羲六十四卦方圆图趋势之象

六十四卦圆图一气流行，是介于天地自然之易与后天之易的桥梁。先天之气是如何涨落的呢？天地之气，阴极必阳，故剥、坤之后，一阳来复，谓之“刚反”，刚者，阳刚之气也。然后自临、损、节、中孚、归妹、睽、兑七阳卦始，才一路奋而上行，蓬勃向上；大壮、大有及至夬、乾四阳卦已至巅峰。之后，阳极必阴，故夬、乾之后，一遇姤也，未知“女壮”，女壮即阴柔之气方长。及至遁卦，阳气大退。所以遁、咸、旅、小过、渐、蹇、艮之七阴卦始才江河日下，义无反顾；及至观、比、剥、坤四阴卦，已一落千丈，阴至谷底。圆图的取用，以乾兑离震三十二卦为阳；坤艮坎巽三十二卦为阴。论其大趋势，应以否泰为始。断其大趋势，否为凶，泰为吉。由否至泰之趋势为吉；由泰至否之趋势为凶。一部《二十四史》其盛衰兴亡之基本原理尽在于此。

先天方图，坤上乾下，为什么？要看其大趋势：坤在上，有必下之意；乾在下，有必上之势。这就是卦之阴阳涨落之象。震、巽居中，象一涨一落之始；而涨落实始于复与姤，即始于太极之中。遁、咸、旅、小过、渐、蹇、艮七卦，内卦皆艮，艮为山，皆止象，止即退也，故从山巅直落而下。临、损、节、中孚、归妹、睽、兑七卦，内卦皆兑，兑为泽，为谷底，凡至谷底必进，所以要从下升腾而上。升腾之象（大趋势）可看大壮、大有、夬、乾四卦，至姤、巽达极点。直落之象（大趋势），又看观、比、剥、坤四卦，至震、复达极点。方图纵横观之，趋势是横则乾坤在下者各有八卦，纵则乾坤在上者各有八卦。天之运行者用横数，生物则用纵数，如此则见乾坤环周四维而包容六子于其中，极尽天地自然之妙。

《时空太乙》即用先天六十四卦方圆图所成之象，所显之趋势推断自然与历史，因此，熟悉、掌握、精通此二图乃是学习《时空太乙》的必修课。

2. “示例”甲元阴阳趋势之象。

在《时空太乙》示例七层宝塔式结构中，第六层为阴阳，其所显示的趋势之象是：一阴一阳之道，循环往复之象。有两层意思：一是统领138240年中的就是一阴一阳，别无他物。二是在138240年中，无论是宇宙自然还是人类社会的变化发展基本原理同《周易》一致，就是循环往复，由阳到阴，再由阴到阳……

3. 乾坤十二爻辰趋势之象。

何谓十二辰？古人把黄道附近一周天的十二等份，由东向西配以十二地支称为十二辰。何谓“乾坤十二爻辰”？是指以乾坤两卦十二爻与十二地支相配，又以十二辰分主十二个月。下面列表说明：

卦名	爻名	地支	12 辰所主月份	卦名	爻名	地支	12 辰所主月份
乾	初九	子	十一月	坤	初六	未	六月
	九二	寅	一月		六二	酉	八月
	九三	辰	三月		六三	亥	十月
	九四	午	五月		六四	丑	十二月
	九五	申	七月		六五	卯	二月
	上九	戌	九月		上六	巳	四月

爻辰说由来甚古。古代曾以卦纪年，两卦相值一年，64 卦正值 32 年，为一小周之数。爻辰说正是按 64 卦分为 32 对，每对两卦，共 12 爻，配 12 辰，又以此 12 辰分主一年 12 个月。32 对卦象则分主 32 年，这样周期往复，无穷无尽。东汉大易学家郑玄就以爻辰说结合天象，来解释《周易》，推断人事，可谓独辟蹊径（参见《周易郑氏学阐微》，林忠军著，上海古籍出版社，2005 年版）。

古人为了使卦与历法协调起来，除以上爻辰说，还有十二辟卦说。在《皇极经世书》中，邵雍先生就以十二辟卦统十二会。朱熹深以为然，认为“良有理也”。

《时空太乙》以“爻辰说”统“十二时”，预测内容是一脉相承的，有内在的、本质的、一贯的联系。一是爻辰说由来甚古，已被实践证明是成熟的学说；并与爻辰说的以 64 卦推行岁月节气变化规律相结合，以阴阳消长之理来反映以 32 年为一周期的超年节律相结合，对于结合星宿测天以及探索《周易》源流方面都大有益处。爻辰说的大趋势是管着后面的内容，是后面内容的引领和概括，也可以说是从时间和空间的宏观高度推演。二是爻辰说与黄道十二宫联系，即是请了众多星神帮助推演，可增强预测的准确性。故《时空太乙》采取爻辰说统十二时，可预测每个“时”的

11520年的大趋势。体现了天地阴阳二气在太极运枢下不断消长、永无止境的恒动机制。

《时空太乙》十二爻辰说

卦名	爻名	辰名（月份）	时间段（年）	大趋势
乾	初九	子辰（十一月）	－70257至－58738	1. 1至10万年前，原始人生活在寒冷的亚冰期中。 2. 人类文明在巳辰时中晚期（约公元前8000年）发端，至午辰前期，已有约1万年历史。有记载的人类文明史约5千到6千年。文明史社会文明、经济、科技等发达，但人类与自然产生了较为紧张的关系。 3. 自午辰时之2012年以后，尚未推演。
坤	六四	丑辰（十二月）	－58737至－47218	
乾	九二	寅辰（一月）	－47217至－35698	
坤	六五	卯辰（二月）	－35697至－24178	
乾	九三	辰辰（三月）	－24177至－12658	
坤	上六	巳辰（四月）	－12657至－1138	
乾	九四	午辰（五月）	－1137至10383	
坤	初六	未辰（六月）	10384至21903	
乾	九五	申辰（七月）	21904至33423	
坤	六二	酉辰（八月）	33424至44943	
乾	上九	戌辰（九月）	44944至56463	
坤	六三	亥辰（十月）	56464至67983	

推演：

首先，子辰时至辰辰时的大趋势。

地质学家们认为，地球上有过三次大的冰期。距今约6亿至7亿年前的震旦纪大冰期；距今2.5亿至3亿年的石炭二叠纪大冰期和距今200万年前的第四纪大冰期。每一次大冰期，全球气候严寒，冰盖绵延，冰河遍地。但对古生物的研究表明，在三大冰期的时期，都有生物存活。虽然在震旦纪时期，只有原始藻类的遗迹，但另外两大冰期，都有高级生物存活的证据。人类的进化是在第四纪大冰期中完成的。在整个大冰期中，又出现过五次亚冰期和夹在其中的间冰期时代，五度寒暖交替。全球人类的文明史约在一万年前开始的间冰期时代中发育成长的。至今约有5000至6000年。

1至10万年前，原始人生活在气候寒冷的亚冰期中。人类的历史经历了五次寒暖交替的考验。亚冰期时代，在与严寒做激烈斗争的前提下，原始人得以保存并有所发展；间冰期时代，气候温和，生物繁盛，人类在经历了亚冰期的严峻锻炼后，获得了有利于生产和改进生活的条件，得到更大的发展。我们有幸生活在间冰期时代，但现代间冰期延续多久，又进入下一轮亚冰期？这既是人类至为关心的重大问题，也是目前科学技术水平无法预测的疑问。

其次，巳辰时大趋势。

爻辞断。巳辰时为坤卦上六爻，统 11520 年。爻辞为：龙战于野，其血玄黄。此 11520 年，前期是在第五次亚冰期中艰难度过的。先说人类与自然方面的关系。人类要想生存，就必然要与大自然做殊死斗争。历尽千难万险度过亚冰期后由于当时人类认识的局限和条件的恶劣，也必然与大自然做殊死较量。“龙战于野，其血玄黄”显示此期人类与大自然争斗的必然性、残酷性，所付出的代价是极其惨痛的，十分吻合。其次看人与社会的关系。在巳辰时，人类文明仅有 2500 到 3000 年的历史。在我国经历了五帝时期和夏、商时代。人类社会还没有脱离奴隶社会。人类社会虽然有了较大发展，但文明程度不高，物质不充裕，人们为了生存和生活的更好，还要与地斗、与人斗，流血牺牲在所难免。

巳辰时反映了人类为了生存与天斗、与地斗、与人斗的情景，显示了人类顽强的拼搏精神和艰难曲折的成长趋势。

第三、午辰时大趋势。

爻辞断。午辰时为乾卦九四爻，统 11520 年。爻辞是：或跃在渊，无咎。阳爻居四，四迫近君位五，是多惧之地。九是阳爻，阳爻而居阴位，尤须小心谨慎，不可轻举妄动。时可进则进，时不可进则退。故有龙或跃或在渊之象。“或”是不定之辞，“跃”是跳跃。跳跃不同飞跃，飞是离渊而去，跃却是飞的准备动作，欲飞而未飞的状态。渊是深水，是龙的安居之所。在午辰时中，此爻象的龙代表人类，渊象征地球，“或跃”是指人类可能飞出地球，进入宇宙的其它星球。“走出地球是人类文明发展的必然趋势，又是人类文明继续发展的重要条件”（《二十一世纪一百个科学难题》，吉林人民出版社，科学难题编写组，1998 年版，第 414 页），从 2012 年到午辰时结束的 10383 年，还有 8372 年，届时，社会必然高度发达，人类文明达到前所未有的高度，为此人类不愿意“或跃”，即飞出地球另觅家园；但人类同大自然的关系却紧张到了顶点，为此，不得不“或跃”。

爻辞正说明了人类这种两难的选择。正应了俗语：穷家不舍，故土难离。

但此次选择，却至关重要。它关系人类的前途和命运，涉及到人类能否在宇宙中长期存在下去的生死攸关的重大问题。据《国际在线》2010年8月9日报道，著名天文、物理学家史蒂芬·霍金在接受美国著名知识分子视频共享网站访谈时，对于人类的前途，仍坚持他原先的观点：即人类要想永久生存下去，只有向太空移民。又，九四爻居上卦之下，正在由下卦进入上卦的变革之际，也有进退未定之义。人类应待时而动，力争永远“无咎”。

在即将出版的拙著《品预言》一书中，笔者将用《时空太乙》“元时运空局”的时空预测模式和“乾坤十二爻辰趋势之象”来预测人类的命运：人类能否移居别的星球？人类能否在宇宙一直存在下去？这两个问题对人类来说是十分好奇、十分重大又十分难解的问题。《时空太乙》预测这两个问题，将进一步印证《时空太乙》的神奇功能。

通过以上用爻辞做简单推演，可知用乾坤十二爻辰统管十二时，亦“良有理也”。

4. 六十四卦象的总趋势之象

掌握每一卦、爻的象是十分必要的；掌握六十四个卦总的趋势之象则更为重要，关系到预测的前瞻性和准确性问题。

通过学易可知，在万物变化过程中，“刚柔相推”规律表现为两种具体法则，错卦法则作用在先，覆卦法则作用在后，两者结合在一起，贯穿于事物变化的始终。比如，通行本《周易》的卦序一开始是一组错卦，接着是十二组覆卦，其次是两组错卦，再次是十五组覆卦，再次是一组错卦，最后是一组覆卦。覆卦虽然是主体，但是一开始的卦序是错卦排列方式，此后错卦和覆卦是相间排列，最后的两卦虽然是覆卦排列形式，但是在卦象本身，“既济”和“未济”都是外卦和内卦互为错卦。在卦序中，错卦在前，覆卦在后，两种卦序结合在一起，贯穿于六十四卦始终。再如，《时空太乙》六十四卦卦序同样如此，“天地否泰之运”的乾、坤两卦为一组，打头为错卦，错卦在先；接着是否、泰两卦为一组覆卦。其余六十卦的排列规律与通行本《周易》六十四卦一样。这样的卦象想表达一种什么思想，反映宇宙的一种什么趋势呢？应该是：六十四个卦象是一个系统，它与宇宙万物的演变过程对应。它的展开是以“一阴一阳之谓道”的方式进行的；它的变化过程是以“阴阳配合”与“物极必反”两种方式结合的形式进行的。它的结束是以覆卦形式表达的，但是这种表达方式中，同时包含了错卦内容，因此在实际上，它预示着“永无结束”的趋势，这种“永无结束”的趋势是通过错卦和覆卦综合的方式展开的。

深刻理解了六十四个卦象的总趋势之象，就是抓住了根本，就可以把握事物的趋势，看清事物发展的方向，探索事物变化的规律。

5. 地支断吉凶大趋势之象。

推象法所推之象主要是卦象，但并不仅限于此。如地支也可显示趋势之象。有十二地支可以推断一个历史时期、一个重大事件、一个国家等吉凶的大趋势。其断为：

子丑寅卯——将治；卯辰巳午——大治。午未申酉——将乱；酉戌亥子——大乱。

理由是自子至巳为阳生；自午至亥为阴生。阳生则治，阴生则乱。

三、核心之象

卦之内部深层次的天机之象即为核心之象。

卦名	核心之辞	卦名	核心之辞
乾	龙行环宇，囊括万物	坤	化生万物，厚德无疆
否	天地不交，小人得势	泰	天地交泰，大吉大利
震	震惊万里，有声无形	巽	风行草偃，上行下效
恒	日月常明，四时不没	益	鸿鹄遇风，滴水天河
坎	船涉金滩，外虚中实	离	飞禽遇网，大明当天
既济	舟楫济川，阴阳配合	未济	竭海求珠，忧中望喜
艮	游鱼避网，积小成高	兑	江湖养鱼，天降雨泽
损	凿石见玉，掘土为山	咸	山泽通气，至诚感神
大壮	羝羊触藩，先顺后逆	无妄	石中藏玉，守旧安常

卦名	核心之辞	卦名	核心之辞
需	万事俱备，只欠东风	讼	二虎相斗，必有一伤
大畜	积小成高，龙潜大壑	遁	豹隐南山，守道远恶
观	云卷晴空，春花竞发	升	高山植木，积小成大
晋	神剑出匣，以臣遇君	明夷	凤凰垂翼，出明入暗
萃	鱼龙汇聚，如水就下	临	凤入鸡群，以上临下
豫	春临大地，万物生发	复	淘沙见金，反复往来
师	天马出群，以寡伏众	比	众星拱北，群龙有首
剥	去旧生新，群阳将尽	谦	屈躬下物，先人后己
小畜	匣藏宝剑，密云不语	姤	风云相济，或聚或散
同人	浮鱼从水，二人分金	大有	天随人愿，志得意满
夬	神剑斩蛟，先损后益	履	如履虎尾，居安思危
解	当春行雨，忧散喜生	屯	龙伏隐潜，万物始生
小过	飞鸟遗音，上逆下顺	颐	龙隐深潭，近善远恶
家人	入海求珠，开花结子	鼎	鼎力去旧，依势取新
中孚	鹤鸣子和，事有定期	大过	过人之举，过人之势
丰	日丽中天，背暗向明	噬嗑	日中为市，颐中有物
归妹	浮云蔽日，阴阳不交	随	君名臣随，和平盛世
节	船行风横，寒暑有节	困	河中无水，守己待时
涣	顺水行舟，大风吹物	井	珠藏深渊，守静安常
渐	高山植木，积小成大	蛊	惩弊治乱，变法革新
旅	如鸟焚巢，乐极生悲	賁	猛虎负隅，光明通泰
蹇	飞雁衔芦，背明向暗	蒙	万物始生，人藏禄宝
睽	猛虎陷阱，南辕北辙	革	豹变为虎，改旧从新

如，1744－1923年行运卦大壮。大壮卦的核心之象是羝羊触藩，先顺后逆。依照原来的卦爻辞都无法解释这180年得历史事实。但如果按照核心之象去推演，则极为吻合（详见示例文字说明）。

四、关键之象

画龙点睛，比喻艺术的创作在紧要之处，着上关键的一笔，内容更加生动传神。点睛之象即为关键之象。

卦名	关键之辞	卦名	关键之辞
乾	成也萧何，败也萧何	坤	谨言慎行，能屈能伸
否	事倍功半，所得甚少	泰	安如泰山，事半功倍
震	受惊变动，人人恐惧	巽	聚散皆快，大起大落
恒	善于协调，维持平衡	益	损己益人，利人利己
坎	宁停三分，不抢一秒	离	正当依附，持续光明
既济	状态完善，慎终如始	未济	未来吉凶，尚未确定
艮	稳如泰山，恒久不变	兑	左右逢源，讨好卖乖
损	善吃小亏，占大便宜	咸	两情相悦，心灵相通
大壮	实力雄厚，大器晚成	无妄	循规蹈矩，不可妄动
需	正常需要，等待时机	讼	纷争不吉，鼎力化解
大畜	城府要深，谋事要密	遁	留住青山，独善其身
观	下仰观上，上得威隆	升	图谋发展，步步高升
晋	积极进取，他人赏识	明夷	物极而反，由盛转衰
萃	精华聚集，鱼跳龙门	临	守成有方，开拓不足
豫	春意盎然，童心永驻	复	生命复始，充满生机
师	凶险当化，机遇应抓	比	君臣相亲，上下和谐
剥	小人得势，君子失势	谦	谦而不媚，万事可成
小畜	虽心有余，但力不足	姤	相机行事，待机而动
同人	巧用天机，借船出海	大有	虚怀若谷，戒骄戒躁
夬	当断不断，反受其乱	履	尊礼行事，有惊无险
解	有难能解，动静相宜	屯	韬光养晦，积聚力量
小过	守成之才，善于持家	颐	文化素质，精神颐养
家人	国泰民安，家庭和睦	鼎	恩威并施，吐故纳新
中孚	诚信为本，一诺千金	大过	矫枉过正，有胆有识
丰	硕果丰盛，居安思危	噬嗑	产出障碍，亨通大吉
归妹	婚姻自由，废止强迫	随	随和众人，从善如流
节	手法变法，与时俱进	困	英雄末路，冲出困境
涣	风行水上，掀起波澜	井	井水亦水，上善若水
渐	循序渐进，量变质变	蛊	物极必反，开天辟地
旅	举目无亲，孤立无援	賁	自我装饰，隐蔽缺陷
蹇	进退维谷，举棋不定	蒙	教育启蒙，璞玉待雕
睽	容人容事，容己容物	革	破字当头，立在其中

如，从－237到－58年，为甲元午辰时第二运之巽卦所统180年。为战国时期、秦朝、西楚和西汉的前中期。巽卦的关键之象是聚散皆快，大起大落。一是在29年内有8个朝代三起三落；二是西汉王朝在116年内重大历史事件五起五落。用巽卦的关键之象推之则极准。如用现行卦爻辞则无法解释（详见午辰时第二运巽卦之说明文字）。

五、启示之象

由此及彼，举一反三，启发人们思考与联系之象，为启示之象。

卦名	启示之辞	卦名	启示之辞
乾	独木难支，阴阳为道	坤	柔顺之学，辅佐之道
否	万事隔绝，不吉之至	泰	减事而泰，增事不吉
震	心理心态，心惊肉跳	巽	性格飘忽，做事善变
恒	守持正道，坚持不懈	益	损上益下，民生民心
坎	内忧外患，险难不绝	离	主从依附，人格独立
既济	不懈则吉，气盛有凶	未济	慎始慎终，再接再厉
艮	心无外求，思不出位	兑	刚柔兼济，互相喜悦
损	损下益上，凶中带吉	咸	心灵感应，互补双赢
大壮	声势隆盛，君子壮大	无妄	出乎意料，稀奇古怪
需	尺蠖之屈，以求伸也	讼	占得讼卦，百事不利
大畜	蓄养德智，储备人才	遁	文武之道，一张一弛
观	凝神静思，深观细研	升	顺畅无忧，蓬勃向上
晋	气运旺盛，加官进爵	明夷	掩饰明智，大智若愚
萃	物以类聚，人以群分	临	以德临民，有愿必遂
豫	住居不安，重新谋事	复	养精蓄势，循序渐进
师	战事难免，忧患必存	比	民贵君轻，休养生息
剥	衰败之道，退守哲学	谦	谦卑内敛，以柔克刚
小畜	前进之志，欲速不达	姤	政令通达，上下遇合
同人	同心同德，和睦团结	大有	善处其富，保有其富
夬	诸事蓬勃，决去一阴	履	履行承诺，施恩于民

卦名	启示之辞	卦名	启示之辞
解	驱散乌云，烦愁尽消	屯	创业之初，扎牢根基
小过	上过则凶，下过则吉	颐	适可而止，境达中庸
家人	治家之道，如治天下	鼎	重在养贤，推陈出新
中孚	中孚诚信，崇尚美德	大过	凡事适度，中庸之道
丰	百事退守，切勿冒进	噬嗑	依法治国，惩治罪恶
归妹	尾大不掉，欺君罔上	随	一诺千金，民心归附
节	节制适中，分寸得体	困	困中待机，处之泰然
涣	性格放纵，任性而为	井	美德教民，素质为要
渐	顺应时势，渐进勿急	蛊	惩治腐败，肃清吏治
旅	无家可归，寄人篱下	賁	贵在实干，亦讲装饰
蹇	知难而上，相时而动	蒙	瞒天过海，声东击西
睽	目标相反，互相违背	革	大胆改革，小心处事

如，从1924到2011年为无妄卦所统，180年的前88年。这88年出了许多稀奇古怪，出乎意料之事，简单勾勒了“十二怪”，正应无妄卦启示之象。若按常规推演，则不知所以（详见运卦无妄之文字说明）。

六、藏匿之象

藏匿之象是以隐喻的手法诠释各卦的深层含义，内容丰富，寓义深刻，可帮助解读隐藏在卦中的奥秘，也是推演宇宙和历史规律所必须的。下面列表说明：

卦名	藏匿之辞	卦名	藏匿之辞
乾	正道沧桑，元亨利贞	坤	柔顺包容，所做皆成
否	阴阳不交，不利君子	泰	诸事顺遂，吉顺恶亡
震	有雷无雨，求事难遂	巽	顺畅无阻，谦逊顺从
恒	安静守常，举事有利	益	利有攸往，利涉大川
坎	贵在信心，化险为夷	离	文化之所，文明之象
既济	所求必从，所欲必遂	未济	求事未成，多有阻滞
艮	适可而止，静观待变	兑	自重自强，无不利贞

卦名	藏匿之辞	卦名	藏匿之辞
损	先易后难，坚守诚信	咸	天下和平，夫妇康宁
大壮	举事有利，先顺后逆	无妄	无妄之灾，居安虑危
需	前有险阻，静观待变	讼	止讼免争，求事不成
大畜	富有积蓄，先吉后凶	遁	君子退避，小人相助
观	春风浩荡，财官顺遂	升	柳暗花明，积小成大
晋	祸灭福生，利见王侯	明夷	君子受厄，韬光养晦
萃	内外喜悦，万事皆喜	临	内悦外顺，人财和雅
豫	安乐喜悦，出师必胜	复	去而复返，失而复得
师	老将统兵，所向披靡	比	相亲相依，和柔贞吉
剥	人离财散，谨慎隐忍	谦	利用谦虚，万事无违
小畜	停顿反复，终究亨通	姤	不期而遇，易谋忌娶
同人	两人契义，其利断金	大有	抑恶扬善，丰财利义
夬	事易未成，必须刚断	履	居安思危，有惊无险
解	恶事消散，走出困境	屯	遭遇困境，宜静忌动
小过	进退有咎，退则无愆	颐	万物得养，恶事消散
家人	阴阳得位，家庭和合	鼎	鼎定和美，求官不利
中孚	中信为本，厄难消除	大过	过犹不及，保持中庸
丰	盛大亨通，藏有隐忧	噬嗑	上下相合，内外皆安
归妹	所做不顺，无始无终	随	顺从大道，改故鼎新
节	谨慎节约，福寿康宁	困	君子受困，小人得志
涣	恶事离身，患难得消	井	安身易动，守道无亏
渐	循序渐进，利于嫁女	蛊	盛世隐忧，亟待革新
旅	羁旅栖栖，先喜后悲	贲	光彩烜赫，举止端庄
蹇	背明向暗，前途艰难	蒙	回环反复，疑惑不前
睽	大事不吉，小事顺利	革	移风易俗，实现革新

如清朝乾隆皇帝得候卦离。离卦的藏匿之象为文化之所，文明之象，正应乾隆修《四库全书》事。如按现行卦的爻辞无法推演（详见运卦咸之文字说明）。

七、重点之象

第一，推演吉凶十二个重点卦之象。

1. 剥、坤、复和夬、乾、姤六卦

看伏羲六十四卦圆图，剥卦以后为复卦；夬卦之后为姤卦。剥、复之间有坤，夬、姤之间有乾。剥、坤、复相连，夬、乾、姤紧靠，象征乱极必治，治生于乱；治极必乱，乱生于治的天运历史循环。历史上朝代的更替，治世、乱世的循环往复证明了这一规律。

这一天运历史循环规律的过程是：剥乱世，坤乱极，复治初；夬治世，乾治极，姤乱初。天之道，未有剥而不复、夬而不姤的。牢记这一过程，是推象法的重要一环。如：三国中期行剥卦，到西晋武帝行复卦；唐开元盛世及唐代宗皆行夬卦；到了五代初开始行姤卦。

2. 随、蛊、泰、否四卦

先天六十四卦圆图中，随与蛊相对。随为天下将治的起点。随卦元亨利贞，蛊卦乱而亡国。蛊乃器物中之食物，腐而虫生，象征社会秩序崩溃，发生事端，陷入混乱。

先天六十四卦圆图中，泰与否也相对。按顺时针方向，泰否两卦由否而泰则吉，由泰而否则凶。泰卦三阴三阳，阴阳两两应和，阴气下行，阳气上升，阴阳交汇，“三阳开泰”，故吉祥、亨通、安泰。否卦阳刚之气上升，阴柔之气下降，天地不交，违背常理，故象征闭塞、黑暗、乱世。

3. 大过、兑二卦

大过卦上兑下巽，中有四阳，初，上二爻皆阴，故曰本末弱。凡逢大过之卦，必有大过之事，大过之人。虽本末弱，但有大德大位之人可以救之（大德、大位应同时兼而有之，缺一不可）。如商之伊尹，周之周公，竭力辅佐幼主，成就治世局面，伊尹、周公即为大德、大位之人。孔子为有大德而无大位之人，所以不能“过”。秦始皇为有大位而无大德之人，终致生灵涂炭，国破家亡，亦不能“过”也。汉武帝、成吉思汗均行大过卦。桀纣是中国历史上有名的暴君，其治国暴虐太过，以致亡国。汉武帝雄才大略，但国力、民力、财力用的太过了，几乎重蹈秦始皇亡国的教训，做罪己诏，及时调整政策才免了这场大祸。成吉思汗更是世界级的伟大人物，但军事用的太过了，开疆拓土用的太过了（元朝的疆域近3300万平方千米）。以致留下了许多后遗症。这就是中国历史上大过而非中庸的例子。

兑卦使人愉悦，以说为悦，以色为悦。兑悦而多害，无论是言悦，还是色悦，皆为凶。凶之甚者，小到个人灭身，大则国家颠覆。如商朝武丁王初登基为兑卦，大臣以言悦武丁王，导致大权旁落。东周赧王行空卦兑，各诸侯以口悦之，实际早已架空赧王，周朝名存实亡。清朝光绪皇帝行兑卦，示其对慈禧讨好卖乖，最终失去人格和灵魂，成为傀儡皇帝。

第二，重大历史事实对应的重点卦之象。

重要历史人物、重大历史事件与卦象对应，应当十分吻合。但这绝不意味着很容易推断，推演要下些功夫，费些心思。下面举点例子说明：

一例，孔甲行明夷卦。

夏朝孔甲王，－1879至－1849年在位31年。孔甲任意胡为，荒淫无度，夏之乱象由此而始。后更加肆无忌惮，至国力大衰，江河日下，离夏之亡国不远矣。明夷象征天下昏暗，局势艰难，乃出明入暗之象，正应孔甲。正是：狂风暴雨欲至，风和日丽转阴。

二例，盘庚得损而讼。

盘庚，商汤第九代孙，继其兄阳甲继位。以前数王，王室多次内乱，诸侯离散，国势衰落。盘庚继位后为摆脱困境，从山东奄（今山东曲阜）迁到今河南安阳西北小屯村。此事始行空卦损，山泽为损，内卦泽代表商朝的方位，先天八卦为东南；最后三年得候卦讼，天水为讼，内卦水为西，安阳正在曲阜西面。正是：盘庚迁殷象上显，方位玄机卦中藏。

三例，贞观之治。

贞观之治（627－649年）乃我国历史上为数不多的几个最有名的盛世中最为突出的一个。所谓盛世，就是最好的治世，是相对于乱世而言的。盛世不是随便封的，标准是很高的，起码应具备以下四点：一是政治上。政治清明，皇帝有帝王之才与德，相对能容下不同意见，能择贤任吏，大臣们吏治很好。二是经济上。经济发展较快较好，社会物质财富增加，人民生活有较大幅度提高。三是社会上。社会安定，内外战事相对较少，人民安居乐业，路不拾遗，夜不闭户。四是文化上。教育、科技等文化事业大发展，能给后世提供可以借鉴的精神食粮和文化遗产。缔造贞观之世的正是大名鼎鼎、被后世尊为帝王楷模的唐太宗李世民。李世民通过纳谏与用人这最重要的两手，一扫隋末百孔千疮的局面，将大唐帝国治理的政治清明，社会安定，人民生活提高，为以后大唐帝国的全盛并自立于世界民族之林打下了坚实的基础。李世民是一个近乎完美的封建帝王，为后世帝王树立了样板，为中国历史的发展做出了伟大贡献。

在下面的"示例"中，此段历史行甲元午辰时第一运之离卦（统483—663年，共180年），离卦五变为同人卦（统623—653年，共30年），同人卦一到五变分别为：遁、乾、无妄、家人、离五卦（每卦统5年，共25年）。唐太宗在位为627—649年，共23年。下面我们简单推演一下。统30年之同人卦，火上炎与天亲和，天、火同是阳刚之气。卦中六二爻是唯一一个阴爻，居中得正，上与九五爻相互交感，又承接其它四阳，有大同之象，与贞观之治吻合。另，同人卦象征团结众人才能有所收获，凡得同人卦者，善于借鸡下蛋，借助他人的力量成事。李世民的纳谏和用人两手都是借船出海，借梯上房，与卦象十分吻合。分统五年的五个变卦：遁（统623—628年），此段既有与其兄太子李建成和其弟李元吉明争暗斗，退避三舍的三年，又有在位的前二年。遁卦，阴长阳消，小人得势，君子退避，明哲保身以求伺机救天下。遁卦明白无误地反映了李世民登基前后这五年的历史。其在位两年后，经乾、无妄、家人统十五年的治理，大见成效。到了离卦，已将刚刚立国不久的大唐帝国治理的如日中天，蓬勃欲出。离卦之象不仅准确表现了盛世贞观之治之状；而且向人们预示了大唐帝国未来的光明。正是：贞观之治后代鲜，太宗世民前世无。

四例，武则天晚年得节卦。

李世民的贞观之治以后，仁弱多病、优柔寡断、不具备帝王之才的唐高宗李治与其父李世民形成了极为鲜明的反差。故极有可能使贞观之治的大好局面夭折。但天兴大唐，降生武则天。在武则天实际掌权的半个世纪中（655年封为皇后，逐步开始掌权，到705年去世），不但继承了贞观之治的辉煌，且使之发扬光大，并为开元盛世奠定了基础。她是对中国历史的发展做出重大贡献的皇帝。武则天（624—705年）享年82岁。唐高宗李治继位后，于655年立武则天为皇后，逐渐参与朝政，690年废睿宗李旦，自立为帝，改国号为周，在位15年多。女人当皇帝被中国正统的史学家称为"牝鸡司晨"。武则天建大周朝，当皇帝，在中国旧社会既是开天辟地第一人，也是形影相吊最后一人。大周的皇帝是女人，同样面临着传位问题。这是武则天面临的一个非常棘手的问题。在是传位给婆家，即大唐李家，还是传位给娘家的武姓的问题上，左右摇摆，举棋不定。但最后还是传给了大唐李家，于是才有了今天我们乃至全世界都知道的赫赫有名的大唐帝国。

在中国封建社会，皇帝继承问题，对于男人来说一般不是什么大问题，更不是难题。但对于武则天来说却有三大难题。一是将来的难题。涉及到将来谁给她建陵立庙以及祭祀等问题，这在唐朝来说是个大问题。二是现实的难题。武则天武家的侄儿如武承嗣、武三思等才、品皆不出众，可以说不具备当皇帝的素质。而且如果她的侄子当了皇帝必然要杀她还有的两个儿子，儿子和侄子比较还是儿子亲啊。三是潜在的难题。即使让她的侄子继承了皇位，能站的住脚，保的住国吗？权衡再三，踌躇多年，到705年决定，去掉大周国号，恢复大唐国号，自己也去皇帝称号，称太后，唐中宗李显复位，死后与唐高宗合葬。武则天忍痛割爱，把天下还给了李唐，自己又回到李家当儿媳妇，又回到了男权社会。由此我们看到了女人皇帝的无奈，也可见传统势力、主流意识、男权思想的根深蒂固。面对正统思想的顽固和强大，就连意志如钢铁般的武则天，最后也败下阵来。

此段历史卦象如何显示？行甲元午辰时第二运之既济卦，统664－843年，共180年。既济二变为水天需，需三变为节卦（统703－708年），将大周还给大唐李家的705年，正应此卦。关于武姓称帝一事，因有"唐三代后，女武坐天下"的说法，故唐太宗曾问及当时的大预测家、大天文学家李淳风。《旧唐书》《新唐书》之《李淳风》都载：唐太宗私下与李淳风言："人云唐三世后，当有女武掌有天下。"令占之。李淳风占且劝云："其兆已成，任其发展，若现杀武，则后起之人更残毒。"世民悟而不再言。由此我们可以看出，一是二人对话并非空穴来风；二是李淳风的预测，即女武称帝和任其发展等，是十分精准的。节卦，兑上坎下，坎为水，兑为泽，泽中之水。因泽有限（似水库，容水量一定），故容水亦有限，因此要节制。节卦为寒暑有节之象，节的本义是竹节，竹子分为数节，每一节都有适中的长度，所以节的引申义是节制、限制、掌握分寸。节制是自然与人类社会共有的规律，刚柔相节，生成春夏秋冬四季，冬不能无限长，以春节制；夏也不能无限长，以秋来节制。正是由于武则天的节制，才没有将天下传给武姓，而是传给了大唐李姓。否则，我们看到的将是与现在不一样的历史。应当说，节卦对应此历史事实，十分精当，与李淳风的推断不谋而合。正是：有节卦后诸乾愧，无字碑前一坤皇。

五例，徽、钦二帝行旅卦。

北宋末，徽、钦二帝于1127年被金国掳到北国，坐井观天，并死于异国他乡。这就是所谓的“靖康之耻”。此例行甲元午辰时第二运之艮卦(统1024至1203年，共180年)。艮四变为旅卦（统1114至1143年，共30年)。二位皇帝得旅卦，颇有意思（详见运卦艮之文字说明)。正是：亡命丢国古已有，断帝得旅世上奇。

六例，方位、五行之卦象。

清朝1644年入关，行空卦萃，候卦豫，雷地为豫。外卦为震，为雷，在先天八卦中震卦的方位是东北，满族在关外的东北一隅，正应此卦。内卦为地为坤，先天八卦中坤的方位为正北方，明朝都城在北京，此时统治重点在关内，正应此卦之方位。

雷为震为木，地为坤为土，木克土，外卦克内卦，即关外清克关内明。清朝建国于1616年，当时努尔哈赤起的国号是后金；1636年皇太极改国号为清。为什么改国号呢？怎样改的国号？皇太极应该有多方面的依据和考虑。因为一是后金是皇太极的父亲定的国号，二是国号乃大事，但是没有任何文献记载。推想皇太极改国号找依据，首先应是五行生克的依据。明为火为离，火克金，即明克后金；改清后，清的五行为水，水克火，即大清克大明。结果大清灭了大明，应了卦象之显。正是：木克土五行犯相，雷地遇二方正宜。

七例，1978年行睽卦。

1978年12月18日，中国共产党召开了党的十一届三中全会，向全国人民和全世界吹响了改革开放的号角。1978年行候卦睽。睽卦的本意是两只眼睛不朝一个地方看，引申为背离、反目，睽卦的综卦为革，革卦是改旧从新之象。背离、反目即是象征着改革。改革或者是同过去的治国理念、治国路线、治国方略反目，或者是从过去的治国策略、治国方针、治国政策反目，总之要同过去不一样或不完全一样，甚至截然相反，南辕北辙。如果仍象原先一样还叫改革吗？一个国家的领导如何治国？首先考虑的是要建设一个什么样的国家？为什么建设这样一个国家？以及怎样建设一个这样的国家？统治国家的理论基础、指导思想、治国理念、治国方略以及宪法法律、政策法规、策略措施、方针路线等都是为达到上述三个方面的目的服务的。改革就是改变或变革以上内容，这个改革或变革可能是部分的，也可能是全部的，要依据具体的改革变法情况而论。故1978年行睽卦，恰好显示了改革开放的重要性，危险性、复杂性和目的性。正是：抓战略与时俱进，行睽卦开放改革。

八例，邵雍得艮撰奇书。

易学大师、术圣邵雍先生，不但行运卦艮，而且在1060年撰成《皇极经世书》前后，也行候卦艮。艮卦为游鱼避网之卦，积小成高之象。积小成高应邵子撰成奇书《皇极经世书》。游鱼避网应什么事呢？在《皇极经世书》中，邵子是把中国历史的演化作为他的先天象数之学的一种验证，很巧妙的用中华文明史证实了自己对自然、社会、历史和人事的看法，但他基本没有推演本朝。这既是他的高明之处，又是他的无奈之举。一般来说，推步历史不推本朝，邵子亦如此，即为游鱼避网。

九例，黄道周行豫卦重新谋事。

黄道周（1585－1646年），字幼玄，号石斋。晓其为著名书画家者，大有人在；知其为易学大师者，却寥寥无几。在中国历史上称得上是奇人（姓名就非常奇："黄道"乃古天文学黄道十二宫；《周易》循环往复的原理即为"周"）、奇书（《三易洞玑》和《易象正》为其易学代表作，比《皇极经世书》更难，至今能读懂者凤毛麟角）、奇事（一生奇事颇多，《易象正》初稿就是在狱中著成的。他制作的石案教具上面的内容至今无人破解）。这里仅推演一下在生命最后三年行候卦豫之象。豫卦的启示之象为有重新谋事之象。1644年清朝入关，明朝灭亡。但南明小朝廷继续与清廷对抗。黄道周为明朝旧臣，此时又为南京弘光小朝廷效劳，任礼部尚书。弘光覆亡后，又在福建奉唐王称帝，任首辅。为了早日实现光复中原的雄心壮志，又义无反顾的走上了北伐之路，1646年被清廷所杀。此正是“重新谋事”之象。

十例，成也乾卦，败也乾卦。

苏联1917年建国，列宁得乾卦，显示了他卓越的领导才能，开创的精神和创业的本领。1991年亡国，戈尔巴乔夫（时任苏联总统）亦得乾卦，但此乾卦非彼乾卦，显其无守业建国之本领，有亡党亡国之卦象（详见演苏联第三节）。正是：一乾分彼此，彼此成二乾。

十一例，斯大林行否卦。

斯大林在位30年（1924—1953年），行空卦否30年，有点不可思议，难道对斯大林全盘否定，一点好都没有（详见演苏联第二节）？

十二例，赫鲁晓夫讼斯大林。

1956年，赫鲁晓夫全盘否定斯大林得讼卦。得讼卦者都面临纷争之事。赫鲁晓夫即为纷争之人，因而1964年被解除一切职务，赶下台（详见演苏联第三节）。

第三，重大历史事实对应的重点爻之象。

一例，恒卦上六爻。

王莽（前45年至23年）所建新朝从公元9年至23年，共存在15年。行候卦豫、恒、师。得豫卦者，不要为物所累，不要片面追求“大”而“全”。王莽恰恰为物所累，痴心追求“大”而“全”的理想国度。由于他伪装了多年的君子假象，克己复礼，并因此而步步高升；加之多年的苦心经营，似有一种和乐景象，举国上下对他是一片赞扬之声。但豫卦有住居不安之象，也有重新谋事之象，显示王莽新朝的不稳定性和国策的不成熟性。王莽认为，周礼是再伟大不过的东西了。但在实际治国中很多事情是不符合周礼的。他认为这样做是不行的，开始用自己的权力，来完成当年孔子实现不了的理想。登基后为建立他梦寐以求的人间世外桃源，“高”、“大”、“全”的理想国度，操之过急的进行了一系列的根本改革，史称“王莽改制”。有人评论说他是两汉时期的社会主义者，在一定意义上是对的。中国封建社会凡是做与说一致的统治者，没有不失败的。比如秦始皇，说的是法，做的也是法；王莽说的是礼，做的是礼。而凡是说和做不一致的，说的是礼，做的是法，一张面孔说儒家，一张面孔做法家的，就一定会成功，而且是大的成功。比如汉武帝、唐太宗、宋太祖、明太祖等。王莽改制的主要动机是为了实现儒家的理想主义，结果是国破家亡，这就从反面证明了上述观点。上面所述是王莽失败的根本原因之一。根本原因之二则是在恒卦上。恒卦本是持之以恒，但物极必反，王莽治国行的是恒卦上六爻：振恒，凶。象辞说，上六在最上位摇摆不定，什么事也办不成，所以有凶险。老子说："治大国若烹小鲜"（《诸子集成．上．老子》，广西教育出版社，陕西人民教育出版社，广东教育出版社，2006 年版，第 453 页）。治理大的国家政策不能随便变动；如果朝令夕改，百姓很难明白政策到底是什么。而上六就好比一个经常改变自己主意的帝王，怎么会不凶险呢？王莽身为帝王，视国家法令政策为儿戏，朝令夕改，而且是持之以恒的变，坚持不懈的改。如屡改币制，频变法令，数易徭赋，更动官制等，可谓"振恒"，自然凶险。得师卦者，因众成势，但有隐忧。王莽正是用大众的拥戴而成势，但师卦乃天马出群之卦，以寡伏众之象，象征以众犯险，带来伤亡，应王莽被杀，新朝灭亡。正是：莽九五莽难似莽，恒上六恒向反恒。

二例，杯酒释兵权。

宋太祖赵匡胤（927－976 年），北宋建立者，960－976 年在位，是一位大有作为且为中国历史的发展做出贡献的帝王之一。他的"杯酒释兵权"在卦象上有何显示（详见运卦既济之文字说明）？

三例，慈禧太后"扬于王庭，柔乘五刚"。

慈禧太后（1835 至 1908 年），是中国历史上最为著名的三大政治女性之一。从 1861 年"辛酉政变"到 1908 年去世，执掌国家实权达 48 年之久。行甲元午辰时第三运之大壮卦（从 1744 至 1923 年，共 180 年）。五变为夬卦（统 1864 至 1893 年，共 30 年），慈禧主要行空卦夬。象曰：夬，决也，……扬于王庭，柔乘五刚也。乘的是哪五刚呢（详见运卦大壮之文字说明）？

第三章 推局法

推局法是古代太乙神数最基本的预测模式之一。一般有四种局：岁计局（年局）、月计局、日计局和时计局，统称四计局。有阳遁七十二局，阴遁七十二局。《时空太乙》仅用岁计局，共七十二局，皆为阳遁局。太乙阳遁七十二局是按照太乙运行方法推演而成的。此法涉及古代太乙神数的知识较多，以下逐一做简单介绍。如欲详细了解，可参阅杨景磐先生著《太乙通解》、齐燕欣等集《太乙术》和中州古籍出版社出版的《太乙数与断易大全》等书。

第一节 古"三式"

学习古太乙神数，应该了解古"三式"，因为太乙神数是三式之一；学习周易术数学，也应了解古"三式"，因为古"三式"是中国古代最高层次的预测学。古"三式"是指：太乙神数、奇门遁甲和六壬神课。历史上绝大多数学者专家认为三式是"绝学"、"王佐之学"，有"惊天地泣鬼神"的功能，学成三式，即可知天、知地、知人。但是古往今来皆有不同的声音，持否定态度者也有人在。如作者曾读过一本四柱预测学的书，但书中却有一章将四柱与古三式比较，否定太乙神数并加以批判。批的是慷慨激昂，骂的是一无是处，但实际是言之无物，真正的是对太乙神数的无知。对三式有偏见的人，多数是对三式不了解。

三式的预测机理各成体系，但并非完全独立；预测范围各有区别，但亦有交叉。本书简单介绍一下三式的相同点和不同点，即主要是"七用三不同"。了解了三式的主要的异同，既可以提高读者对三式的初步认识，又可以帮助理解《时空太乙》。

首先，"三式"的相同点。

概括的说，三式的相同点主要是"七用"，即用观念、用《易》、用神、用历、用干支、用五行、用式。

1. 用观念

古三式都是在天人合一观念和天人感应观念指导下逐步形成的。其实这就是哲学上宇宙间事物的普遍联系的观点。人虽然生在地球上，但与宇宙有着千丝万缕的联系，是一体的，而不是割裂的。正因为用此二观念，三式才设立了天、地、人三盘和时空模型，才能明天道，责人事，将天地自然的变化与人事变化统一起来，然后推断吉凶祸福。

2. 用《易》

在中国古代众多的术数学中，都与《周易》有着千丝万缕的联系，三式的联系更加紧密。严格的说，三式属于周易预测学。三式用了《周易》哪些内容呢？主要是：

第一，理论上。一是用《周易》循环往复的原理；二是一阴一阳之谓道的宇宙大规律。

如太乙神数只设立阴遁、阳遁各七十二局；奇门遁甲只有阴、阳遁各九局，阴、阳遁各五百四十时辰局；六壬神课也只有六十四课，都是以上《周易》二理论在“三式”中的具体运用。河图、洛书是八卦易理之源，“三式”都用之。

第二，卦、爻上。“三式”都有《周易》卦、爻内容的预测。如太乙神数，太乙统六十四卦，行十二运；奇门遁甲地盘上的八卦；六壬神课的六十四课仿《周易》六十四卦的卦形解说，与六十四卦交相辉映，有异曲同工之妙。

3. 用神

“三式”都有一个神煞体系，这个神煞体系绝大多数属于古星象学范畴；一小部分为其它用神体系，如以天干、地支为神等。太乙神数的太乙五将、十二星神、十六神；奇门遁甲天盘九星、神盘八神；六壬神课的太岁神煞系统、十二天将、十二神将等。

4. 用历

“历”是推算年月日和节气的方法；“历法”是用年月日计算时间、节气、宜忌的方法；“历书”是按照一定历法排列年月日、节气、纪念日、宜忌等供查考的书。历法是沟通天人的桥梁。如果没有历法，则天人阻隔，天不知人，人不识天，人类将如何生存和发展？因此中国历史上历代重视历法，有近百种之多，且颁历是天大的事，必须有皇家施行。正因为此，三式皆用历。如太乙神数被称为古代的一种历法，以历法推知太乙积年，有了太乙积年方可入阴、阳遁七十二局；太乙积年可以推演出太乙流年的太岁值卦，从而确定一年十二个月的气运、吉凶，预测本年度的重大政治事件及天灾人祸。太乙的月计、日计、时计都用到历法。奇门遁甲有许多地方涉及到古代历法，有许多古历法的术语，所以要想弄懂奇门遁甲，必须具备一些古代历法常识，尤其是要弄懂阳历、阴历、阴阳合历三种基本历法。超神、接气与置闰是判断奇门遁甲用局的要素，更是用历的关键。六壬神课极重天干地支的运用，认为天干是认知宇宙的符号体系；而干支最成熟的运用是六十甲子。六壬神课的年上起月法和日上起时法必须要用六十甲子。

5. 用干支

太乙神数主要是用地支来表示十六宫间神中的十二个宫间神和十六神中的十二个神。奇门遁甲主要是用天干；同时将十二月将与十二神将和十二地支联系起来，用以预测。六壬神课干煞系统有十天干神煞，支煞系统有十二地支神煞。

6. 用五行

五行是万物变化的总规律，所以三式都用之。太乙神数五大将即为金木水火土，此外，在推演格局中可以用五行生克断吉凶。奇门遁甲用五行的旺相休囚死来占断吉凶。六壬神课也可用五行的相互关系和状态来占断吉凶。

7. 用式

式为样式，都用式盘（一种特殊的罗盘），所以名之曰“三式”。三式的式盘皆为圆盘，既展现了天体皆圆之象，又体现了宇宙循环往复的大规律，还反映出宇宙间阴阳变化、五行生克、八卦九宫、干支机理、星宿运转之间的错综复杂的组合关系。

其次，“三式”的不同点。

简略的说，三式主要有“三不同”，即“六用”的着重点不同；预测的功能目的不同；预测方法过程不同。

1. “六用”的着重点不同

(1) 用《易》上。

在直接用卦断吉凶上，以太乙神数为最。不但六十四本卦及变卦都可以用上，而且在《太乙数与断易大全》中还用卦爻来推步历史。最值得称道的是在行十二运和六十四卦之卦序上是个了不起的创新。六壬神课，表面看来不用周易象数体系，实际上却与易象相通。六壬的六十四课分别对应六十四卦，六壬之象，即《易经》之卦。六壬的天盘、地盘仿两仪，四课如四象，六十四种课体与六十四卦相辉映。直接用卦断较少的是奇门遁甲，其它盘上的八门、九星等相关概念都是由地盘上的八卦而来的，也可以直接用地盘八卦确定方位、占断吉凶。

(2) 用神上。

太乙神数主要用金木水火土五大行星和三垣中的紫微垣诸神。奇门遁甲主要用北斗七星和二十八宿。六壬神课的用神范畴包括了三垣二十八宿。

(3) 用历上。

太乙神数重点是年月日；奇门遁甲重点是节气；六壬神课重点是六十甲子。

(4) 用干支上。

太乙神数重点用地支；奇门遁甲将天干用的出神入化；六壬神课用干支最多、最全，且天干、地支皆各自成系统。

(5) 用五行上。

应用五行关系和状态断吉凶，奇门遁甲要数第一；其次是六壬神课；太乙神数相对用的较少。

(6) 用式上。

虽然都是用式盘，但上面的内容不同。

2. 预测的功能目的不同

太乙神数主要用来预测宇宙自然和社会历史变化规律；奇门遁甲侧重

军事，主要用于兵事战略中；六壬神课重要是预测人间百事。

简言之，太乙明天道，奇门详地理，六壬察人事。

3. **预测的方法过程不同**

预测方法三式各有巧妙不同；预测程序，也是各有千秋。

太乙神数预测步骤一般是入局（确定是阴阳遁各七十二局中的哪一局）、析局（分析所入之局）、推局（推演格局）、演数（推演主算、客算、定算等数字来占断吉凶）。也可以用六十四卦直接断卦，用以推演历史和算命。

奇门遁甲的预测方法很多，过程一般是定时（把年月日时定为用干支计时的八字）、布局（在地盘与天盘上准确无误的排布三奇六仪，其中主要难点是依据节气确定阴、阳遁 1080 时辰局中的哪一局）、演局（布局完成后，地盘不动，然后转动奇门遁甲盘上的天盘、人盘和神盘，其中先要找寻值符和值使）、断局（演局完成后，形成定局，就要对局象根据奇门遁甲预测原则和方法进行综合性的分析判断）。

六壬神课的预测程序一般是先按照八卦方位定地盘与天盘，然后定四课（课是一种程式或格局，四课为整个天地盘的提纲，是由天、地盘和日干支推演出的四对干支）、取三传（指初传、中传、末传，根据四课之上下课贼及其它各种情况而定，其法分为九类）、排神将（将十二天将排入其中，也叫排天神或起贵人）、断吉凶（依六壬六十四课断吉凶祸福）。

在中国古代，太乙神数和奇门遁甲禁止私下使用，只有六壬是官方和百姓都可以使用的。

第二节　基础课

1. **太乙数与古天文学**

我国古代的术数学都与古天文学紧密相连，太乙数也是如此。太乙一词有许多种不同的释意，但主要是两个含义。一是“宇宙元气”。古人认为宇宙起源于混沌，太乙便是宇宙最原始的物质。由太乙而分天地，生阴阳，从而化生万物。二是“古代星宿”。认为太乙是北极星或岁星。古人观测天象，将天上的星宿神格化，分出五星、三垣和二十八宿等各种星神，将他们看做是统驭了宇宙万物的神祇。在众多星神当中，太乙星又被视为首尊，尊称为天皇大帝，象人间的皇帝一样，率领、管辖和统驭着其它星神。这两种说法都与古天文学有关。从太乙式盘看，很似北天极鼎，紫微垣星图；太乙神数各种星神的运行也与天上星宿的运行十分相似；太乙五将上应五大行星（金木水火土），下应五方（东西南北中），禀赋五常（仁义礼智信），本于五行，处处体现着古人天人合一、天人感应的宇宙观。再比如，《时空太乙》将北斗七星、南斗六星和黄道十二星座引入等，均体现了太乙和古天文学密不可分的关系。其实，古太乙书上关于“太极上元”的说法，也属于古代天文学。上古时，有一年冬至日半夜，恰巧日月合璧，五星联珠，于是定为四甲子：甲子年、甲子月、甲子日、甲子时，统称太极上元。用太极上元可以推演太乙积年。

2. 干支纪年与五元六纪

我国古代采用干支纪年，就是用十天干和十二地支配合计年、计月、计日、计时。十天干和十二地支的最小公倍数是六十，这就是六十甲子。六十甲子是按一定的规则和次序进行排列的。天干地支配起来，便可以代表太阳系统的天体和地球产生的各种变化；其中以气象的变化最大，最显著，也最容易见到。天干的阳配地支的阳，天干的阴配地支的阴，阳配阳，阴配阴，依照次序轮流配合，完全相互配合刚好满六十个相配，成一周期，如此循环不已。六十花甲算下来，亿万年的宇宙天文数字，分毫不差。应该说这是一个很伟大的法则，充分体现了先民的聪明才智。从《时空太乙》的示例中可以看出，中国的历史，朝代换了，帝王换了，年号换了，但是六十花甲的岁次是固定不变的，必然六十年一转。因此，我们把甲子年到癸亥年这六十年称为一纪。六纪是 360 年，为一周纪。五元是指甲子元、丙子元、戊子元、庚子元、壬子元。一元为七十二年，五元共 360 年，与一周纪数相等。一元七十二年，一纪六十年，五元与六纪的年数相等，都是 360 年。以元而论，七十二年为一小周（一元），三百六十年为一大周（五元）；以纪而论，六十年为一小周（一纪），三百六十年为一大周（六纪）。

如果我们把六十花甲这一伟大法则予以扩大，用途就多了。如唐尧登位为甲辰年，夏禹即位为丁巳年，我国有确切纪年的公元前 841 年为甲申年等。邵雍先生及许多术数大家，都以这个干支纪年为标准，就象连环套一样，套的整齐严密；再以这种干支纪年的法则和《周易》、古天文学等配合演变，就可以预测宇宙自然、社会历史、人间百事等变化和吉凶祸福。以《周易》的道理来看，宇宙间一世事物都是必变，宇宙间的事情到了一定时候必然要变。至于如何变？变成什么现象？懂了这个大法则，再以易卦断之，就可以预知了。《时空太乙》示例中的每一小方格提供四种信息，其中之一就是干支纪年，为什么采用？其道理就如上所述。或者说，所以采用干支纪年，乃是本书预测功能之必须。

3 太乙式盘

古代推演太乙数，是以式盘为道具的。太乙式盘上分天盘（法天）、人盘（法人）、地盘（法地）三盘。天盘一般为十六神和十六宫间神。人盘有八门（一般不装在式盘上）。地盘有八卦（一般不装在式盘上），九宫等。

4. 太乙九宫

太乙九宫为：乾一宫、离二宫、艮三宫、震四宫、中五宫、兑六宫、坤七宫、坎八宫、巽九宫。

5. 太乙式局的宫位

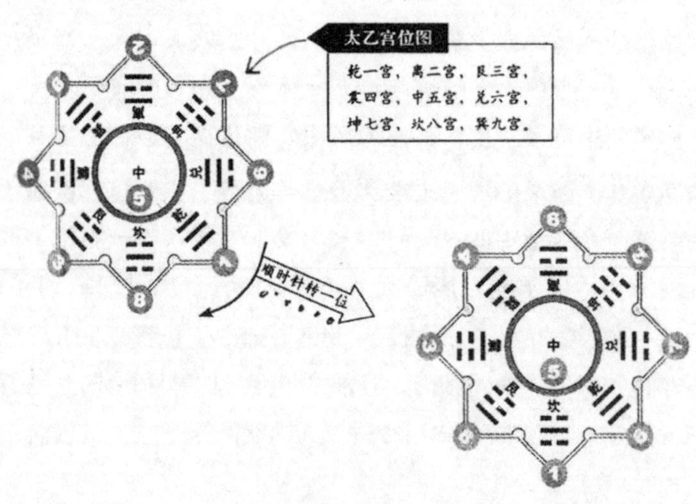

应该注意的是：太乙式局的宫位，数字正好与洛书差一位。如太乙乾宫为一，相邻坎宫为八宫。而洛书数乾宫为六，坎宫为一。虽然仅是一位、一数之差，但却十分重要，不知此，则无法应用推局法演《时空太乙》。

6. **太乙运行八宫**

太乙运行八宫

太乙运行八宫是根据天文观测而来，太乙运行八宫之中，不入中五宫，其运行方法又有阳遁和阴遁之分。

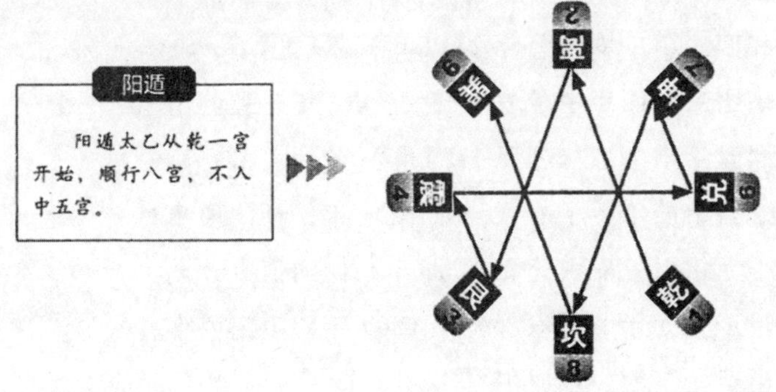

太乙从乾一宫开始，顺序运行八宫，三年游一宫，第一年理天，第二年理地，第三年理人。二十四年游遍八宫为一周（不入中五宫），三周七十二年为一元之数。

7. **太乙八门**

太乙八门为开、休、生、伤、杜、景、死、惊，八门的名称和宫位与奇门、六壬相同，但太乙八门的用法和意义与奇门，六壬均不相同。开门值乾，位在西北，主开向通达；休门值坎，位在正北，主休息安居；生门值艮，位在东北，主生育万物；伤门值震，位在正东，主疾病灾殃；杜门值巽，位在东南，主闭塞不通；景门值离，位在正南，主鬼怪亡遗；死门值坤，位在西南，主死丧埋葬；惊门值兑，位在正西，主惊恐奔走。开、休、生、三门大吉，景门小吉，惊门小凶，死、伤、杜三门大凶。八门应八节，各主旺四十五日。

（1）八门值事

值事又称直使，就是值理管事的意思。太乙式规定，八门轮流值事，以开门为始，每三十年一换，二百四十年轮流一周，周而复始。据此，可按太乙积年求出值事之门。所求积年，除以二百四十，余数再除以三十，最后视得数和余数可确定值事之门。亦可据此推出八门值事略例，如下：

宋太祖乾德二年甲子岁（公元964元）开门值事；

宋太宗淳化五年甲午岁（公元994年）休门值事；

宋仁宗天圣二年甲子岁（公元1024年）生门值事；

宋至和无年甲午岁（公元1054年）伤门值事；

宋神宗元丰七年甲子岁（公元1084年）杜门值事；

宋政和四年甲午岁（公元1114年）景门值事；

宋高宗绍兴十四年甲子岁（公元1144年）死门值事；

宋淳熙元年甲午岁（公元1174年）惊门值事；

宋宁宗嘉泰四年甲子岁（公元1024年）开门值事；

宋端平元年甲午岁（公元1234年）休门值事；

元世祖至元元年甲子岁（公元1264年）生门值事；

元世祖至元三十一年甲午岁（公元1294年）伤门值事；

元泰定元年甲子岁（公元1324年）杜门值事；

元至正十四年甲午岁（公元1354年）景门值事；

明洪武十七年甲子岁（公元1384年）死门值事；

明永乐十二年甲午岁（公元1414年）惊门值事；

明正统九年甲子岁（公元1444年）开门值事；

明成化十年甲午岁（公元1474年）休门值事；

明统治七十年甲子岁（公元1504年）生门值事；

明嘉靖十三年甲午岁（公元1534年）伤门值事；

明喜靖四十三年甲子岁（公元1564年）杜门值事；

明万历二十二年甲午岁（公元1594年）景门值事；

明天启四年甲子岁（公元1624年）死门值事；

清顺治十一年甲子岁（公元1654年）惊门值事；

清康熙二十三年甲子岁（公元1684年）开门值事；

清康熙五十三年甲午岁（公元1714年）休门值事；

清乾隆九年甲子岁（公元1744年）生门值事；

清乾隆三十九年甲午岁（公元 1774 年）伤门值事；

清嘉庆九年甲子岁（公元 1804 年）杜门值事；

清道光十四年甲午岁（公元 1834 年）景门值事；

清同治三年甲子岁（公元 1864 年）死门值事；

清光绪二十年甲午岁（公元 1894 年）惊门值事；

中华民国十三年甲子岁（公元 1924 年）开门值事；

公元 1954 年甲午岁休门值事；

公元 1984 年甲子岁生门值事；

公元 2014 年甲午岁伤门值事；

公元 2044 年甲子岁杜门值事。

（2）岁计八门用法

岁计（年局）视太乙在何宫，即以值事之门加临其宫，按顺时针方向依次排列开、休、生、伤、杜、景、死、惊八门，按各宫分野，以定灾祥。开、休、生三门下为大吉，景门下为小吉，惊门下小凶，杜、死、伤门下大凶。若吉门临旺相有气之宫，福祥加倍；若吉门临受制（受克）无气之宫，福祥减半；若凶门临旺相有气之宫，凶灾更大；若凶门临受制无气之宫，凶灾减半。

值事门加临太乙所在之宫，若天目在开、休、生门下，为太乙之门不具；若天目不在开、休、生门下，为太乙门具（门具与不具解见后）。

值事门加临主大将所在之宫，若文昌不在开、休、生门下，为主门具；若文昌在开、休、生门下，为主门不具。

值事门加临客大将所在之宫，若始击不在开、休、生门下，为客门具；若始击在开、休、生门下，为客门不具。

第三节　装年局

1. 太乙十六神和十六宫间神

太乙十六神

太乙局盘第二层为十六宫间神。第三层为十六神，与第二层的十六宫间神一一对应。

十六宫间神是十二地支依次排列，丑与寅之间加艮，辰与巳之间加巽，未与申之间加坤，戌与亥之间加乾。这样，十二地支再加上艮、巽、坤、乾，就是太乙十六宫间之神。

十六宫间神，子、卯、午、酉、艮、巽、坤、乾为正宫，属阳；丑、寅、辰、巳、未、申、戌、亥为间神（间神又称间辰），属阴。

与十六宫间神相对应的是十六神。十六神的名称和意义也各有来由，它们都与阴阳、五行、方位、气候联系起来，因而也就与人间的吉凶祸福联系起来。

地主

子神曰地主。位居北方，五行属水，水性润下，物受滋润，建子之月，阳气始生，万物在下，故名地主。主动摇言语事。

阳德

丑神曰阳德。建丑之月，阳气渐生，见龙在田，二阳用事，布育万物，故名阳德。主施恩育物事。

和德

艮神曰和德。冬尽春来，冬春将交，寒往和生，时当温舒，万物方生，故曰和德。主和集成就事。

吕申

寅神曰吕申。建寅之月，天气始温，万物生长，阳气大伸，故名吕申。主运用主宰事。

高丛

卯神曰高丛。建卯之月，阳气盛旺，万物丛生，故名高丛。主发挥事。

太阳

辰神曰太阳。建辰之月，雷行方威，五阳得位，故名太阳。主厄会兵戈事。

大灵

巽神曰大灵。春夏相交，光明发挥，六阳盛极，万物结齐，故名大灵。主申命号令事。

大神

巳神曰大神。建巳之月，阳德已极，火神震威，万物盛茂，故名大神。主毁折破废事。

大威

午神曰大威。建午之月，火炎任事，阳遇阳神，威德乃行，政令明新，故名大威。主光明威烈事。

天道

未神曰天道，建未之月，二阴用事，阴气渐长，天道不逆，地道施履，故名天道。主阴私事。

大武

坤神曰大武。夏秋气产我，炎火退避，金神司权，阴气施扬，杀伤万物，故名大武。主刑罚事。

武德

申神曰武德。建申之月，金气盛旺，万物欲死，荠麦将生，故名武德。主传送迁徙事。

大簇

酉神曰大簇。建酉之月，万物成熟，大有品簇，故名大簇。主更易肃杀事。

阴主

戌神曰阴主，建戌之月，五阴得位，万物凋零，故名阴主。主厄期兵丧事。

阴德

乾神曰阴德。秋冬气交，阴气退避，阳气将生，以乾为始，故名阴德，主命令事。

大义

亥神曰大义。建亥之月，天气气周，万物资始，故名大义。主计谋废弃事。

从上述十六神所表示的意义来看，艮、巽、坤、乾四神，分别为冬春之交、春夏之交、夏秋之交、秋冬之交，其余各神也与四时节气相合，又杂以木、火、土、金、水五行旺相休囚之气，这与汉代易家创立的卦气学说颇多相似之处。

2. 太乙运式

推演太乙式，当用式盘。式盘分为地盘和天盘，地盘是固定不动的，天盘则是可以旋转的。我们可以把太乙局图中的中五宫、八宫、十六宫间神、十六神视为地盘，它们在式盘上的位置都是固定的。可以把太乙局图第四层中的太岁、合神、计神、太乙、文昌、始击、主大将、主参将、客大将、客参将、定大将、定参将等视为天盘，它们的位置是移动的，只有按规定推演，才可以求得。

(1) 太岁、合神、计神

太岁就是年支。如甲子年子为太岁，乙丑年丑为太岁，其他仿此类推。

合神，是指太岁的合神。按地支的六合取合神，如太岁在子，丑为合神；太岁在丑，子为合神。地支的六合是：

子与丑合；

寅与亥合；

卯与戌合；

辰与酉合；

巳与申合；

午与未合。

计神，计度之神，司管幽冥之事度量天地人间万物。计神属火，为太乙的烛笼，既使幽暗的地方，也能照亮，把是非分清。阳局太乙，计神起寅，逆行十二支，十二年一周；阴局太乙，计神起申，亦逆行十二支，十二年一周。其具体推演方法，是以太岁为标准来确定计神的辰次。

阳局太乙

太岁在子，计神在寅；

太岁在丑，计神在丑；

太岁在寅，计神在子；

太岁在卯，计神在亥；

太岁在辰，计神在戌；

太岁在巳，计神在酉；

太岁在午，计神在申；

太岁在未，计神在未；

太岁在申，计神在午；

太岁在酉，计神在巳；

太岁在戌，计神在辰；

太岁在亥，计神在卯。

(2) 太乙监将

太乙法人君，在安居之时，端坐九五，统治天下；若在征战之时，天子巡幸亲征，监察以战，统率全军，所以又称太乙为监将。

太乙起乾一宫，三年一移宫，不入中五宫，顺行八宫，二十四年运行一周。可列成下式：

①太乙积年数÷24＝得数……余数

②余数（第一余数）÷3＝得数……余数

由①式或②式的得数和余数便可知太乙所在宫次。举例如下：

例一：中华民国十三年甲子岁（公元 1924 年）太乙积年数为 10155841。求太乙所在宫次。

10155841÷24＝423106……1

太乙在乾一宫第一年。

例二：唐太宗贞观八年甲午岁（公元 634）太乙积年数为 10154551。求太乙所在宫次。

10154551÷24＝423106……7

7÷3＝2……1

太乙在艮三宫第一年。

上述为阳局太乙的推算方法，阴局太乙逆行八宫，亦可仿上式类推。

(3) 文昌

文昌，又称天目，与地目始击，同为上将，为朝廷的左辅右弼，所以又称天、地二目为辅相。文昌属主人之计，百官之首，日理万机，辅佐君主，统治天下，若临征战之世，则运筹于帷幄之中，决胜于千里之外，所以又称为上将。

文昌起于武德，顺行十六神，遇阴德、大武重留一算，十八年为一周。文昌的推法，可列成下式：

太乙积年数÷18＝得数……余数

取余数按文昌顺行十六神次序数之，遇阴德、大武，各重留一算（即数二次)，即可找出文昌所在宫次。

一例：唐昭宗天佑二年乙丑岁（公元 905 年）太乙积年数为10154822。求其年文昌所在宫次。

10154822÷18＝564156……14

文昌在大神（巳）。

二例：1984 年甲子岁，太乙积年数为 10151901。求文昌所在宫次。

10155901÷18＝564216……13

文昌在大炅（巽）。

(4) 始击

始击又称地目，属客人之计，与文昌同为辅相。

始击所在宫次，以计神为基准。按顺时针方向称计神加临和德，文昌亦随计神的移位而相应移位，则文昌所临宫次，即为始击之位，所以太乙典籍中说："计神既加和德之宫，视天上文昌所临之下，而为始击之神也。"

如太乙阳遁第一局，计神本位在吕申宫，文昌本位在武德宫。若按顺时针方向移计神于和德宫，文昌相应称于大武宫，则文昌所临之大武为始击之位。余仿此类推。

(5) 主目、主算、主大将、主参将

主目即文昌，为主人之计。由主目产生主算，由主算产生主大将，由主大将产生主参将。

主算。主算和客算都用数字表示，为庙堂运筹之算，数字分长短、多少、阴阳、和与不和。古人认为，数与理相为表里，理寓于数之中，数显于理之外，由数可分就成败胜负。所以数是很重要的。主算之数从文昌所在宫次起，顺行至太乙后一宫而止。文昌在正宫，以原宫数起算；文昌在间辰，则加一数起算，均数至太乙后一宫而止。如文昌在正宫乾位，太乙在二宫午位，从乾一宫起算，顺行，越八、三、四、九宫至太乙所在宫次，所以主算为（1＋8＋3＋4＋9＝25）二十五。如文昌在离二宫间神巳位，太乙在兑六宫大簇，主算从离二宫起算，因文昌在间神，则加一数，所以主算为（2＋1＋7＝10）十。

主大将。主算数从单一至九。十一至十九，二十一至二十九，三十一至三十九，皆去掉十位上数，余下的个位数为主大将所居之宫次。若主算数为十，二十，三十，四十，则用九去除，整余数则为主大将所居之宫次。

主参将。主大将所在之宫次，用三乘之，然后去掉十位数（小于十者用本数），其余数为主参将所在宫次。

(6) 客目、客算、客大将、客参将

客目即始击。由始击产生客算；由客算产生客大将，由客大将产生客参将。

客算。以始击起客算。始击在正宫，从宫起算。顺行至太乙后一宫而止；始击在间辰，则加数起算，亦顺行至太乙后一宫而止。如始击在乾一宫正位，太乙在震四宫卯位，则从乾一宫起算，越八、三宫而止，所以客算为（1＋8＋3＝12）十二。如始击在震四宫间辰巳位，太乙在艮三宫，则从巽四宫加一数起算，顺行经七、六、一、八宫而止，所以客算为（4＋1＋7＋6＋1＋8＝27）二十七。

客大将。客算从单一至九，十一至十九，二十一至二十九，三十一至三十九，皆去掉十位数字，余下个位数客大将所居之宫次。客算为十，二十，三十，四十，则用九去整除，整余数为客大将所居之宫次。

客参将。客大将所居之宫次，用三乘之，然后减去十位数，余数则为客参将所在之宫次。

(7) 定目、定算、定大将、定参将

定目又称定计目。定计目是“太乙为客重审之法”张子房说：“用兵之道，为客尤难。”在一般情况下，先举兵或主动进攻者称为客。运筹既定，为什么还要重审呢？这是因为用兵为客最难，为了慎重起见，保证战争的胜利，所以要进行重审。用现代的话说，就是为了增加保险系数。由此可见古人用心的良苦了，这样做到底能否增加保险系数，那是另外一回事。

定目。以合神加临太岁，文昌则相应移位，文昌所临之辰则为定目所在之宫，如阳遁第一局，太岁在子，合神在丑，文昌在武德（申），若合神加太岁，则文昌移位于于大武（坤），所以大武（坤）为定目所在之宫。

定算。定算之数从定目所在之宫次起算。定目在正宫，则以本宫数起算，顺行至太乙后一宫而止。定目间辰，则从定目所在之宫次加一数起算，顺至太乙后一宫而止。如定目在大武坤七宫正位，太乙在乾一宫，从坤七宫起算，顺行经兑六宫（太乙后一宫）止，所以定算为（7＋6＝13）十三。如定目在巽九宫辰位，辰为间辰，太乙在兑六宫，则定算为（9＋1＋2＋7＝19）十九。

定大将。定算数去掉十位数，取个位数为定大将所大之宫。如定算为十、二十、三十、四十、则用九去除，整余数为定大将所在之宫。

定参将。取定大将所在宫位数，用三乘之，取其个位数为定参将所在之宫。如定大将居离二宫，则定参将居（2×3＝6）兑七宫；定大将居震四宫，则定参将居（4×3＝12）离二宫。余下可仿此类推。

3. 太乙五将

太乙五将是指太乙监将、主目上将、客目上将、主大将（包括主参将）、客大将（包括客参将）。

古人认为，太乙主客之算，变化于天地之间，行列而为五将，上应五星（水、火、木、金、土），下应五方（东、西、南、北、中），行于岁月日时四计，禀赋于人而为五常（仁、义、礼、智、信），其精气本于五行（金、木、水、火、土）。凡天地事物，不论大小，巨细，皆本于五行，而受之于主客。古人把太乙看作“王佐之道”，其目的在于要帝王“迁善改过”，只有这样，天下才会太平，人民才会不被其害。

(1) 太乙监将

太乙为星名，在天乙星之南，主使十六神，而能预知风雨、水旱、兵革、饥馑、疫疾等灾害。

太乙又为木神，为东方岁星之精，受木德之正气。号曰监将，主于帝，旺在春三月。

(2) 主目上将

文昌为主目上将。文昌六星在斗魁之前，近内阶（星名），为天之六府，集讨天下，号曰文昌，属主人之目，为中宫镇星之精，受土靠边这正气，属土，旺于四季（辰、戌、丑、未月），为太乙之辅相上将，掌管天地人三才吉凶之事。

文昌犯太乙宫（与太乙同宫）为囚，不利为生，易绝（易、气、绝气）之地，君上有灾。

文昌在太乙前一宫为外宫迫，主臣不外谋；文昌在太乙后一宫为内宫迫，主臣下内乱；文昌与太乙宫相冲为格（亦称为对，或称格对），主臣下失礼，有僭拒之兆。

太乙在一宫，文昌在九宫，有变相辅之灾；太乙在二宫，文昌在八宫，有亦君王之灾；太乙在六宫，文昌在四宫，有变大将之灾；太乙在七宫，文昌在三宫，有变君主之灾。太乙在旺相之宫，文昌在休囚之宫，主君诛臣下；太乙在休囚败；若在四、九、二、六宫，主败客胜。

(3) 客目上将

始击为客目上将。始击为南方荧火或之精，受火德之正气，故属火，旺于夏三月。始击亦为上将辅相，总领战法，掌兵机之运动。

始击犯太乙宫（与太乙同宫（为掩），为兵戈篡废之兆。始击在太乙宫左右为击，与太乙宫相冲为对。

甲乙岁　木为始击，东夷兵起，舟车通行，其岁丰稔；火为始击，南蛮兵动，夏旱民疾，火灾兵暴；金为始击，西戎兵起，东国败，人民受困；水为始击，北狄兵起，大水泛涨，年岁仍丰；土为始击，中宫兵动，大动土工。

丙丁岁　木为始击，东夷国来人，春冬有和亲之事；火为始击，南蛮兵动，大旱兵饥，疫疾兵革；金为始击，西戎兵起，臣民受诛；水为始击，北狄兵动，夏火流亡；土为始击，吕宫有变，兵在东方，夷人起之。

戊己岁　木为始击，东夷兵起；火为始击，南方有兵，夏蝗为灾，主征伐，胡兵起，大臣受宫，夏旱，冬多雨雪；土为始击，中宫有灾，土木兴，山崩地裂。

庚辛岁　木为始击，东夷兵起，人民流徒，西戎兵革；火为始击，南戎兵动，国中火灾，兵劳岁旱；金为始击，西戎兵起；水为始击，北狄兵起；土为始击，人民丰乐，夏天大水。

壬癸岁　木为始击，东国兵起，民疾；火为始击，南戎多灾，夏旱，赤地千里，秋天大水，冬多雪冰；金为始击，北兵侵，冬雪，严霜折物；水为始击，西戎兵进，名郡年丰民乐；土为始击，国中有灾。

（4）主大将（包括主参将）

主大将属金，为太白星之精，受金德之正气，西方秋令之神，主兵戈战争，旺于秋三月。

主大将与太乙同宫为囚，若在绝阳之地，君主有灾；若在四、九、一、七宫，辅相有灾；若在死、杜、伤、惊门下，大将必死；若与始击，客大小将关，更遇凶星、凶门，主大将必死。

主大将与太乙宫相对为格，君不礼臣，臣不忠君，君臣背离之象。

主大将在太乙宫左右为迫，主臣下迫于上。

主参将亦即主副将，又称主小将，在主大将灾之前，是主大将的助手。主大将属金，金生水，故主参将属水。

主参将若与客大小将同宫为关，乘旺相气者胜，若主参将乘死囚气，出兵必损副将。

主参将与太乙同宫为囚，在太乙宫左右为迫。

（5）客大将（包括客参将）

客大将属水，北方辰星之精，受水德之正气，旺于冬三月，主兵戈征伐。

客大将与太乙同宫为囚。若客大将同太乙在三、七宫，其地有震动，其年大水。

客大将在太乙宫左右为迫，下逼上，人君有灾，亦主外国入觇。

甲乙岁东国兵侵；

丙丁岁南国兵侵；

庚辛岁西国兵侵；

壬癸岁北国兵侵；

戊己岁本国自起之兵。

客大将与文昌同宫为提，主臣下外国有谋。

客大将与主大将、主参将同宫为关，若在太乙理天、助主之岁，主胜；在太乙理地、助客之岁，客胜。

客大将与计神同宫为谋王，主臣下有篡弑之象，君主有患。

客参将亦即客副将，又称客小将，在客大将之前，是辅助客大将的。客大将属水，水生木，故客参将属木，旺于春。

第四节　入年局

1. 太乙积年

是指自上元甲子开始，至所要推演的年份，总共累计的年数。关于太乙积年是如何推算的，一是众说不一，二是比较复杂，故本书不展开论述，只按推演《时空太乙》的需要，列出自汉武帝元狩六年至公元 2044 年各甲子年的元、纪和纪年。

年号纪年	公元纪年	太乙积年
汉武帝元狩六年	前 117	甲子岁入上元第一纪积 10153801 年
汉宣帝五凤元年	前 57	甲子岁入中元第二纪积 10153861 年
汉平帝无始四年	4	甲子岁入下元第三纪积 10153921 年
汉明帝永平七年	64	甲子岁入上元第四纪 10153981 年
汉安帝延光三年	124	甲子岁入中元第五纪积 10154041 年
汉灵帝中平元年	184	甲子岁入下元第六纪积 10154101 年
魏齐王正始五年	244	甲子岁入上元第一纪积 10154161 年
晋惠帝永安元年	304	甲子岁入中元第二纪积 10154221 年
晋哀帝兴宁二年	364	甲子岁入下元第三纪积 10154281 年
宋文帝元嘉元年	424	甲子岁入中元第四纪积 10154341 年
齐武帝永明二年	484	甲子岁入中元第五纪积 10154401 年
梁武帝大同十年	544	甲子岁入下元第六纪积 10154461 年
隋文帝仁寿四年	604	甲子岁入上元第一纪积 10154521 元

年号纪年	公元纪年	太乙积年
唐高宗麟德元年	664	甲子岁入中元第二纪积 10154581 年
唐玄宗开元十二年	724	甲子岁入下元第三纪积 10154641 年
唐德宗兴元元年	784	甲子岁入上元第四纪积 10154701 年
唐武宗会昌四年	844	甲子岁入中元第五纪积 10154761 年
唐昭宗天祐元年	904	甲子岁入下元第六纪积 10154821 年
宋太祖乾德二年	964	甲子岁入上元第一纪积 10154881 年
宋仁宗天圣二年	1024	甲子岁入中元第二纪积 10154941 年
宋神宗元丰七年	1084	甲子岁入下元第三纪积 10155001 年
宋高宗绍兴十四年	1144	甲子岁入上元第四纪积 10155061 年
宋宁宗嘉泰四年	1204	甲子岁入中元第五纪积 10155121 年
宋理宗景定五年	1264	甲子岁入下元第六纪积 10155181 年
元泰定元年	1324	甲子岁入上元第一纪积 10155241 年
明太祖洪武十七年	1384	甲子岁入中元第二纪积 10155301 年
明英宗正统九年	1444	甲子岁入下元第三纪积 10155361 年
明孝宗弘治十七年	1504	甲子岁入上元第四纪积 10155421 年
明世宗嘉靖四十三年	1564	甲子岁入中元第五纪积 10155481 年
明熹宗天启四年	1624	甲子岁入下元第六纪积 10155541 年
清康熙二十三年	1684	甲子岁入上元第一纪积 10155601 年
清乾隆九年	1744	甲子岁入中元第二纪积 10155661 年
清嘉庆九年	1804	甲子岁入下元第三纪积 10155721 年
清同治三年	1864	甲子岁入上元第四纪积 10155781 年
	1924	甲子岁入中元第五纪积 10155841 年
	1984	甲子岁入下元第六纪积 10155901 年
	2044	甲子岁入上元第一纪积 10155961 年

2. 岁计入局

太乙岁计（年局）入局法须先求积年数，再以大周法求入纪元数，以纪法求入纪数，以元法求入元数，最后求局数。

积年数÷360＝得数……余数

其余数则为入纪元数。

入纪元数÷60＝得数……余数

其得数为已入纪数。

入纪元数÷72=得数……余数

其得数为已入入元数，其余数为局数。

一例：2008 年戊子年，太乙积年为 10155925，求纪、元、局数。

10155925÷360=28210……325

325÷60=5……25（太乙入第六纪第 25 年）

325÷72=4……37（太乙入第五壬子元第 37 局）

所以，2008 年年局为第六纪壬子元第 37 局。

二例：唐昭宗天佑二年乙丑岁（公元 905 年）太乙积年为 10154822。求纪、元、局数。

10154822÷360=28207……302

由上式可知唐昭宗天佑二年乙丑岁的入纪元数为 302。

302÷60=5……2

由上式可知唐昭宗天佑二年乙丑岁的入纪元数为 302。

302÷60=5……2

由上式可知唐昭宗天佑二年乙丑岁已入第五纪，尚余二年，实为第六纪的第二年。

302÷72=4……14

由上式可知唐昭宗天佑二年乙丑岁已入第四元（甲子元为第一元，丙子元为第二元，戊子元为第三元，庚子元为第四元，壬子元为第五元）尚余十四年，实为壬子元第十四局。

所以，唐昭宗天佑二年乙丑岁岁计（年局）为第六纪壬子元第十四局。

3. 九宫分野

中华大地古有“九州”之称，传说这种地理划分方法源自上古先贤。地上的九州对应天上的星象，地理文件和星宿度相对应，便产生了分野理论。这种天地相应的理论也成为太乙数推算的依据之一。下面便对分野理论作具体介绍。

①推九宫分野：九州的得名与由来。

往昔太古之时，宇宙世界初始产生的时候，无物无象，太素缓慢流动而形成各种形质。于是得自天地灵气的人类产生，成为万物之首。这就是所谓的当时之人冬天居于山上的洞窟之中，夏天居于树上的巢穴之中，茹毛饮血，没有有丝麻纺织，人人都赤身裸体。后来到了燧人氏时期，他教人类钻木取火，人们才吃上熟食。到庖羲氏出于东方震位，风宗下武，延续国祚，昌盛基业，划分天下，历代贤人的作所完全相同。其后黄帝出于东海江南，登崆峒、蹑泰山，到昆仑山峰扶振蚩方，他又到风山访道，将其道法存于汗竹之中，这是毋庸置疑的。其后高阳氏任地依神，帝喾顺天行义，其国东至蟠木，西至流沙，北至幽陵，南至交趾，日月所经过之处、舟车经行之方，莫非王臣，不出高阳、帝喾管辖之界。到了帝尧时期，大禹治理洪水，平整水土，以水流山势划分九州。舜帝念大禹功勋卓著，让他进一步划分区域，依山河走向考定疆域。于是创立了冀、并、燕、幽、齐、营等州名，这就是《尚书》中所记录的肇始十二州。夏禹的这一划分从唐尧时期一直到殷商也没有丝毫增加减少。到了周武王灭商之后，定都于丰镐之地，致函周成王时期，重新划分天下，作《禹贡》，将梁州、徐州、并入青州、雍州，又将冀州拆分为幽州、并州，并委派各个地方的长官，管理天下的土地，以区别分辨九州之野，并将九州与天上的星象对应起来了。

②九州分野躔次：天地相应的分野理论

具体的九州分野躔次如下：

角、亢、氐三宿，对应郑国、兖州，占据三十八度天区、三十二度地域。

东郡入角宿一度，鲁地、东平、任城、山阴等郡国均入角宿六度；

济北、陈留等郡国均入亢宿五度；泰山郡入角宿十二度；

济阴入氐宿一度；郏东入氐宿七度。

房、心二宿，对应宋国、豫州、占据十度天区、十四度地域。

颍州入房宿一度；汝南入房宿二度；

沛郡入房宿四度；梁国入房宿五度；

淮阳人心宿一度；鲁国人心宿三度；

楚国人心宿四度。

尾、箕二宿，对应燕国、幽州、占据二十七度天区，二十度地域。

凉州入箕宿十度；上谷入尾宿一度；

汉阳入尾宿三度；右北平入尾宿七度；

西河、上郡、北地、辽西、辽东等郡入尾宿十度；

涿郡入尾宿十一度；渤海入箕宿一度；

乐浪入箕宿三度；玄菟入箕宿六度；

广阳入箕宿九度；凉州入箕宿十度。

斗、牛、女三宿，对应吴越国、扬州、占据四十一度天区，四十三度地域。

九江入斗宿一度；庐江入斗宿六度；

豫章入牛宿十度；丹阳入斗宿十六度；

会稽入牛宿一度；临江入牛宿四度；

广陵入牛宿八度；泗水入女宿一度；

六安入女宿六度；闽地在牛宿、女宿之交。

虚、危二宿，对应齐国、青州、占据二十七度天区，三十四度地域。

齐国人虚宿六度；北海入虚宿九度；

济南入危宿一度；乐安人危宿四度；

东莱人危宿九度；平原入危宿十一度；

苗州入危宿十四度。

室、壁二宿，对应卫国、并州，占据二十七度天区，三十五度地域。

安定入室宿十一度；天水入室宿八度；

陇西入室宿四度；酒泉入室宿十一度；

张掖入室宿十二度；武都入壁宿一度；

金城人壁宿四度；武威入壁宿六度；

敦煌入壁宿八度。

奎、娄、胃、三宿，对应鲁国、徐州、占据十五度天区，十八度地域。

东海入奎宿一度，琅琊入奎宿六度；

胶东入胃宿一度。

昂、毕二宿，对应赵国、冀州、占据二十九度天区，三十四度地域。

魏郡入昴宿一度；钜鹿入昴宿三度；

常山入昴宿一度；广平入昴宿七度；

中山入昴宿八度；清河入昴宿九度；

信都入毕宿三度；赵郡入毕宿八度；

安平入毕宿十四度；河间入毕宿十度；

真定入毕宿十三度。

觜、参二宿，对应魏国、益州，占据三十度天区，三十七度地域。

广汉入觜宿一度；越巂入觜宿三度；

蜀郡入参宿一度；犍牛为入觜宿三度；

牂牁入参宿五度；巴蜀人参宿八度；

汉中入参宿九度；益中入参宿七度；

井、鬼二宿，对应秦国、雍州，对应三十三度天区，三十七度地域。

雁门入井宿十六度；定襄入井宿八度；

云中入井宿一度；代郡入井宿二十八度；

太原入井宿二十九度；上党入鬼宿二度。

柳、星、张三宿，对应周地、三辅，对应十四度天区，十四度地域。

弘农入柳宿一度；河南入星宿三度；

河东入张宿一度；河内入张宿九度。

翼、轸二宿，对应楚国、荆州，对应三十七度天区，三十七度地域。

南阳入翼宿六度；南郡入翼宿十度；

江夏入翼宿十二度；桂阳入轸宿六度；

零陵入轸宿十一度；长沙人轸宿十三度；

武陵入轸宿十度。

天干地支与地域的对应关系：

甲对应齐国，乙对应东夷，丙对应楚国，丁对应南蛮，戊对应韩国，己对应魏国，庚对应秦国，辛对应西戎，壬对应燕国，癸对应北狄。子对应齐国，丑对应吴国，寅对应燕国，卯对应宋国，辰对应郑国，巳对应楚国，午对应周地，未对应秦国，申对应晋国，酉对应赵国，戌对应鲁国，亥对应卫国。

③一宫冀州：幅员广阔的河内之地

第一宫对应冀州。冀州包括保安、定、瀛、冀、深、洺、磁、相等地，西南直到黄河。按照《禹贡》、《周礼》的说法，冀州属于河内之地。舜帝在天下设置十二牧，冀州就是其中之一。《春秋元命包》里面说："二十八宿中的昴宿、毕宿，正对应冀州、也就是战国时的赵国之地。冀州之地有险要也有平川，常有帝一一将都城修建于此，天下乱则冀安定，天下弱则冀强盛，天下饥荒而冀丰盈。冀州地域广阔，南北阔大，因此又分卫国以西为并州，燕国以北为幽州，燕国以北为幽州，周人因袭了这一划分方法。

冀州境内的州县有：冀、贝、相、卫、怀、泽、潞、绛、晋、隰、汾、石、代、并、邢、蔚、赵、镇、定、瀛、幽、易、平、檀、营、沁、蒲、朔、云、忻。

④二宫"荆州"气势强盛的南蛮之地

第二宫对应荆州。荆州包括施、黔、黄、郢、信阳等地，包括楚国以及荆南以西之地。据《禹贡》记载，荆州包括荆及衡阳之地。舜帝设置十二牧，荆州也是其中之一。《周礼》里面说："荆州位于天下的正南方。《春秋元命包》记载：二十八宿的轸宿对应荆州。其他强盛的时候，其气势也汹汹。其他浮躁的时候，也需常加警备。一般认为，荆州南蛮常出寇逆，反复无常，如果统治者宽和有道，尚且能臣服，如果统治者暴虐无道，则荆州南蛮反而会趁机强盛，因此需对其常加警备。又说："荆州之名得自于境内的荆山，战国时期，其地为楚国疆域。

荆州境内的州县有：荆、峡、郢、辰、鼎、施、襄、邵、随、安、黄、申、鄂、澧、岳、潭、衡、柳、永、连、沔。

⑤三宫青州：倚山临海的海岱之地

第三宫对应青州。青州包括齐、青、淄、潍、密、登、莱，及辽东之地。按时《禹贡》的说法，青州为海岱之地（即濒临大海，泰山也在其中）。舜帝设置十二牧，青州也是其中之一。同时，舜帝又认为青州跨越大海，于是又从其中分出营州，辽东本属青州，也将其分出，仍以辽东为名。《春秋元命包》中说："二十八宿的虚宿、危宿，对应青州。

青州境内的州县有：青、齐、莱、密、菑、乐、济、德、平。

⑥四宫徐州：并入青州的徐丘之地

按照《禹贡》的说法：青州是连接大海泰山及淮河的地域。舜帝设置十二牧，徐州就是其中之一。在周朝时期，徐州被撤销，并入青州之地。《春秋元命包》说：二十八宿的亢宿、氐宿，就对应徐州，因为当地有一座徐丘，因此以徐州来命名。

徐州境内的州县有：徐、沂、海、泗、琅、胶、莱、安丘。

⑦五宫豫州：秦统一后的三川之地

第五宫对应豫州。豫州包括东京（开封）、南京（应天府）、曹军、广济、亳、虢、陕、以及京都以西的信阳之地。按照《禹贡》的说法为荆州和河内相连的地方。

《周礼》中说：所谓“豫”就是舒展的意思。豫州位居九州中央，秉承四方中和之气，性理安舒，因此名为豫州。《春秋元命包》说：天上的钩钤之宿（可能是中天的紫微恒）即对应豫州，其地域从最西端的华山东直至淮北，自最北端的济水向南直至南方的荆山。秦统一天下之后，以豫州为三川之地。

豫州境内的州县有：豫、洛、郑、宋、亳、曹、汝、汴、陈、颍、商、虢、邓、沛、梁、淮、邳。

⑧六宫雍州：地处西北的秦公封地

第六宫对应雍州。雍州包括永兴、河西、渭水、岷山，以及西北部的瓜沙之地。按照《禹贡》的说法：雍州包括黑水（即弱水）以东黄河以西的地域。舜帝设置十二牧，雍州也是其中之一。因其他四面环山，因此以雍作为其州名。又因其位于西北、为阳气不及之地，阴阳二气在北雍阏，因此名为雍州。《周礼》中说：雍州包括并州、禹州、梁州之地。自周武王克商之后，即建都于雍州的丰镐，整个雍州都成为王畿。周平王东迁洛阳以后，就以岐山丰镐之地赐予秦襄公，从此雍州成为秦地，并一直成为国都之所在。到了秦始皇时，曾以雍州为基础出关扫平六国。到了东汉光武时期，都城东迁至洛阳，于是在关中复置雍州。

雍州境内的州县有：雍、华、同、岐、邻、鄜、绥、银、延、丹、庆、原、灵、沙、伊、会、夏、盐、胜、丰、秦、渭、兰、河、廓、鄯、凉、甘、肃。

⑨七宫梁州：蜀汉所居之地

第七宫对应梁州。梁州包括全、叠、石、阶、成、凤、商、金、房，以及泗州、滁、施、黔等地。按照《禹贡》的说法：梁州为华阳黑水之地。舜帝设置十二牧，梁州就是其中至一。因为梁州位于西方金气刚强之地，因此名为梁州。《周礼职方氏》中以梁州并于雍州，汉代也不立梁州之名，将其他划为益州。到了汉献帝初平六年，又以临江县划属永宁郡，当刘备占据蜀地之后，又将广汉的葭萌、涪城、梓潼、白水四县分出，改葭萌为汉寿。魏泰始三年，蜀国又从益州分出梁州，并以汉中为州治所在。

梁州境内的州县有：益、金、房、巴、渠、成、凤、兴、利、蜀、剑、梓、遂、嘉、涪、渝、夔、邛、嵋、陵、资、泸、戎、牂、黔、果、梁、洮、叠、岷、宕、武、扶、陇、嶲。

⑩八宫兖州：济水与黄河间的地域

第八宫对应兖州。兖州包括北京（大名府）、滑、濮、济、蕲、澶、恩、德、博、滨、沧、汾、乾宁、永净之地。按照《禹贡》的说法：兖州为济水和黄河之间的地域。舜帝设置十二牧，兖州即为其中之一也。《周礼》记载：兖州位于东北方向。《春秋元命包》记载说：二十八宫的氐宿，对应兖州，应该是可信的。又说：兖州之名得自于境内的兖水。

兖州境内的州县有：兖、郓、济、魏、沧、德、泰山、东平、东郡、任城、山阴、济北、济阴、郏东。

⑪九宫扬州：地处东南的吴越之地

第九宫为扬州。扬州包括潮、福建、江浙、淮南、徐、宿、毫、黄，东连大海。按照《禹贡》的说法：扬州为淮海之地（从淮河直到大海）。舜帝设置十二牧，扬州也是其中之一。《周礼》记载："扬州位于东南方。《春秋元命包》中说：二十八宿的牛宿对应扬州。因为江南之气操劲，秉性轻扬，因此名为扬州。也有说法认为扬州境内水域广阔，水势波扬，因而以"扬"来命名也。在上古时期，这里是荒服之国。战国时期，其地为楚国所有。

扬州境内的州县有：扬、濠、寿、光、蕲、舒、和、润、宣、苏、越、杭、钦、婺、处、睦、饶、沪、梧、廉、崖、歙、吉、乾、表、洪、循、潮、高、瑞、邕、雷、杜、郁、交、滕、震、广。

⑫绛宫交州：古代南越之地

绛宫对应的是交州，按照《禹贡》的记载：扬州为南部堪虞国的国土，秦始皇略定扬越，以南防戍卒五十万人镇守五岭，从北徂南，要进入越国，岭峤是必经之路，当时有五处山岭，所以叫做五岭。于是确定南越为桂林、南海、象等三郡，而不受三十六郡的限制，并设置南海尉这一管制予以管理。

交州境内的州县有：合浦、交趾、新昌、武宁、九真、日南、九德、象林。

⑬明堂益州：梁州一带地域

明堂为益州。按照《禹贡》的说法，到舜的时候设置了十二牧，益州即为其中之一。益州为梁州一带地域。周代与梁州合并为雍州。《春秋元命包》上说："二十八宿的参宿，对应益州。从语文的角度看，益就是随的意思。也就是说疆壤日益增大，所以取名叫做益州。

益州境内的州县有：成都、犍为、汶山、汉嘉、江阳、越巂、牂、牁、蜀郡、益中、广汉。

⑭玉堂幽州：冀州一带地域

玉堂为幽州，接照《禹贡》的说法：幽州所指的就是冀州一代地域。到舜的时候设置了十二牧，幽州即为其中之一。《周礼》记载说：东北叫做幽州。《春秋元命包》上说：二十八宿的箕宿，对应幽州、分为燕国。北方为太阴，所以以幽冥为号。汉高帝分上谷，设置涿郡。汉武帝设置十三州，幽州依旧没有改名。

幽州境内的州县有：幽州、范阳、燕国、右北平、广谷、广宁、代郡、辽西。

第五节　断吉凶

太乙的预测范围十分广泛，本节选取用岁计局断吉凶的五个方面予以简单介绍。

1. 推天子巡游

预测天子巡游的情况，应考查太乙和文昌二神。如果二神处于乾、坤、巽、艮之地，天子就会外出。如果不外出，也会派遣使者按照惯例行使应有的礼节风俗。如果想知道天子到什么地方，就要以文昌所处的位置来进行推断。如果文昌处于阴德所对应的宫位，就巡游到东方；处于和德所对应的宫位，就巡游到南方；处于大炅所对应的宫位，就巡游到西方；处于大武所对应的宫位，就巡游到北方。

比如预测唐玄宗出逃四川、乾隆帝下江南、咸丰帝出逃热河和慈禧太后西逃等均可用此法。

2. 推荐人才

可以岁计推之。如果岁计中天、地、人三才具备，而且还在亥、卯、未之年，才能举荐出人才。如果岁计算得十六以上，为天、地、人三才具备，宜举荐；如果算得九以上，不宜举荐。

3. 推一年凶灾

其方法是：用合神依次加临十二月建。如果有文昌掩、格太乙的情况，就有灾难发生。《时空太乙》推一年内有无灾厄即用此法。

4. 推各地灾厄

古人将天下分为九州，分别配以相应的干支。太乙数以吕申，也就是寅神加临所代表地域的地支。如果逢太阳（即辰神）所临之辰，则这个州就会有战争或繁重的徭役之灾；如果正逢阴主（即戌神）所临之辰，则这个州将有瘟疫疾病之灾。

5. 推九州域名

在太乙数中，九州与相应的干支是一一对应的。

其一，对应的干支。冀州对应丁丑，荆州对应丁未，青州对应癸丑，徐州对应甲辰，豫州对应乙巳，雍州对应甲申，梁州对应戊戌，兖州对应乙未，扬州对应癸酉，益州对应辛丑，幽州对应癸卯，交州对应壬申。

其二，对应的天干。甲对应齐地，乙对应东夷，丙对应楚地，丁对应南夷，戊对应魏地，己对应韩地，庚对应秦地，辛对应西夷，壬对应燕地，癸对应北夷。

其三，对应的地支。子对应周地，丑对应韩地，寅对应楚地，卯对应郑地，辰对应晋地，巳对应吴地，午对应秦地，未对应宋地，申对应齐地，酉对应鲁地，戌对应赵地，亥对应燕地。

第六节　推年局

这里介绍十三种太乙主要的格局。太乙式有若干格局。格局是固定的式局，用这些固定的式局来进行预测判断，以确定天变灾异，内外祸福，治乱兴衰。

1. 掩

文昌加临太乙宫，或始击加临太乙宫为掩。掩表示阴盛阳衰，阳被阴掩，象日蚀，太阳被蚀去半边，这是不吉之兆。

掩又有掩袭劫杀之义，主王纲失序，君弱臣强。若太乙在阳绝之地，君主有凶；太乙在阴绝之地，太臣受诛。若主算和，大将可免灾；主算不和，凶。

岁计遇掩，人君宜修德谨身，任忠良，远小人，薄赋税，安人民。

2. 迫

文昌在太乙前一辰为外辰迫，在太乙前一宫为外宫迫；文昌在太乙后一辰为内辰迫，在太乙后一宫为内宫迫。辰迫灾缓而轻，宫迫灾重而疾。

李淳风说，外迫为明迫，主外寇攻内；内迫为暗迫，主权臣窃柄。若遇迫之岁，太岁在太乙前，阳年灾深，阴年灾浅；太岁在太乙后，阳年灾浅，阴年灾深。

3. 关

主大将、主参将、客大将、客参将，主客四将同宫为关。关为关防守备警惕之义。

主客大小将同宫，似一林有二虎，一泉有二蛟，相持争锋，势不两立之象，宜练精兵，据险隘，加强防备，不可懈怠。

岁计逢关，主将相有攻伐之危。

岁计之数，如主客四将同宫为关，多算者胜，少算者负，算和者胜，算不和者负。

4. 囚

主客大小将与太乙同宫为囚。囚为拘击、篡戳之义。主以下犯上。

岁计遇囚，若太乙在易气、绝气之地，君主有奔败崩篡之厄，大凶；若太乙在绝阳、绝阴之地，阴谋自败，大臣有被诛之灾。

主客四将与太乙同宫，若近天目，谋在同类，若近地目，谋在内部。主客二目，算和者谋可成，算不和者，谋不可成。

5. 击

始击在太乙宫左右为击。始击在太乙前一辰为外辰击，在太乙后一辰为内辰击；始击在太乙前一宫为外宫击，在太乙后一宫为内宫击。击为纵夺搏击，上下相凌之义。主臣凌君，卑欺尊，下僭上。君相互忌，不利有为。

外击为诸候侵凌，臣下生逆心；内击为亲附后妇之属，凌上为患。

6. 格

始击、客大将、客参将与太乙宫相对为格。

格是变革的意思，又有僭凌抗衡，政事上下相隔之象。

岁计逢格，太乙在易绝之地，不利有为，主算不和者数。

7. 对

文昌与太乙所在宫相冲为对。

对为对冲之义。岁计遇对，大臣欺君塞贤路，逐忠良，将吏挟奸欺迫之象。

若主客四将与太乙宫对，皆为将吏挟奸，臣下欺君。

岁计遇对，人君宜用忠良，抑奸佞，安孤抚民，以免倾危之变。

8. 挟

文昌、始击同在太乙左右为挟。主大将与主参将同在客目左右，客大将与客参将同在主目左右，主客四将同在太乙左右，均为挟。

挟有挟持之义。

二目以四将挟太乙，为大臣专权。客大小将挟主，主败；主大小将挟客，客败。

一、八、三、四宫为内，九、二、七、六宫为外。

主目值挟，若在内宜战；客目值侠，若在内亦宜战。

9. 四郭固

文昌囚太乙宫（文昌与太乙同宫）主大将、主参将关，为四郭固。始击囚太乙宫，客大将、客参将关，亦为四郭固。

四郭固是指天子之都邑，四面皆有城墙，宜坚壁固守，谨防灾变。

10. 四郭杜

文昌与客参将相并，客大将与主参将相并，又逢掩、迫、关、格、为四郭杜。

四郭杜为关梁闭塞不通之象，谋事不成。

11. 三门具不具

三门是指开、休、生三吉门。天目在开、休、生三吉门之下，为三门不具。若太乙、天目不在开、休、生三吉门之下，为三门具。

三门不具，不利兴兵；三门具，大利。

开门面对杜门，休门面对景门，生门面对死门。太乙、天目在三吉门之下，若兴兵，为弃吉门向凶门，所以不吉。太乙、天目不在三吉门之下，若兴兵，就是避凶趋吉，弃死就生，所以吉。

12. 五将发不发

文昌、始击、主大将、主参将、客大将、客参将为五将。

文昌无囚，迫，始击无掩、击，主客大小将无关囚，为五将发，否则为不发。

发为兵强将勇，发必中，举必成，战必胜。

三门不具不可出兵，五将不发不可临阵。

13. 太岁与太乙相格

太乙对宫为太岁，就是太岁格太乙，若岁计与太乙格，其年大凶，有篡位、亡国之祸。

如何推演年局？举三例具体说明。

一例：公元前206年，秦朝灭亡。

此年当入太乙岁计 55 局。太乙在三宫艮，始击在合德，与太乙同宫。凡始击掩太乙，其凶最烈。且客大将与主参将关、囚，客算三为无天之算，应秦王子婴投降刘帮，后被项羽所杀，秦朝灭亡之事。

第二种方法：太乙理天，得无天之算，主谋逆亡国之灾。此局正是太乙理天，客算三为无天之算，应秦亡之灾。

二例：武则天改唐为周。

公元 690 年，武则天改唐为周，即皇帝位。此年当入太乙岁计局 15 局，太乙在六宫，主参将、客大将与始击共迫太乙宫，客大囚太乙，名为四郭固，有废篡之厄。又，太岁四宫格太乙，主算九，客算七，皆为无天之算，应此史实。

三例：北宋灭亡以及徽、钦二帝被掳。

金国于 1126 年攻破京城，掳徽、钦二帝。此年入太乙局十九局。太乙在八宫，文昌在大武，挟主大将，八宫囚主，太岁、客大将格太乙，加之主算八为无天之算，固有篡弑挟持之危。

第二种方法：此局太乙理天，主算八为无天之算，应北宋亡，及二帝之危。

第七节　演神数

数有奇偶，奇数为阳，偶数为阴。故一、三、五、七为阳数，二、四、六、八、十为阴数。

太乙八宫（太乙不入中五宫，所以中五宫除外，故称八宫），以八、三、四、九宫为阳宫，二、七、六、一宫为阴宫，这是按八卦方位分阴阳，北方、东方为阳，南方、西方为阴，不以宫数分阴阳。

太乙式中，奇偶之数与八宫相配，又产生重阳、重阴、阳中重阴、阴中重阳、杂重阳、杂重阴之数，进而又产生数和、不和、上、中、下和之数。

1. 重阳数

三、九为奇数，奇数为阳数，而三、九又配在阳宫，为纯阳、三、九自临（自相重叠）为重阳。所以三十三、三十九为重阳之数。

2. 重阴数

二、六为偶数，偶数为阴数，而二、六又配在阴宫，是为纯阴，二、六自临，为重阴，所以二十二、二十六为重阴之数。

3. 阴中重阳数

一、七为奇数，奇数为阳数，而一、七又配在阴宫，是为杂阳，一、七自临，为阴中重阳，所以，十一、十七（十同于一）为阴中重阳之数）。若再与阳奇之数相并，为杂重阳，所以十三、十五、十九、三十一、三十三、三十五、三十九为杂重阳之数。

4. 阳中重阴数

四、八为偶数，而四、八又配在阳宫，是为杂阴，四、八自临，为阳中重阴，所以四十四、四十八为阳中重阴之数。若再与偶阴之数相并，则为杂重阴，所以二十四、二十八为杂重阴之数。

5. 上和数

一为奇数为而配在阴宫、四、八为偶数而配在阳宫，一与四、八相配，为奇数与偶数，阴宫与阳宫相配，奇偶阴阳相互为用，是为上和之数。所以十四（十相当于一）、十八为上和之数。

6. 次和数

二、六为偶数配在阴宫、三、九为奇数配在阳宫，此为阴、阳独立之数，二者相配为次和，所以二十三、二十九、三十二、三十六为次和之数。

7. 下和数

阳独立之数与阳自和之数，配阴独立之数与阴自和之数，这种阴阳互配为下和，所以十二、十六、二十一、二十七、三十四、三十八为下和之数。

8. 三才数

天、地、人为三才。数中无十，为无天，主天有变异，日月亏蚀，王纬失度，彗孛飞流，霜雹为害。一、二、三、四、五、六、七、八为无天之算。

数中无五，为无地。无地之算，主地有变异，山崩地震、河涌川流，蝗蛹为灾。一、二、三、四、十一、十二、十三、十四、二十一、二十二、二十三、二十四、三十一、三十二、三十三、三十四为无地之算。

数中无一，为无人。无人之算，主人有变异，口舌妖言，疾疫流行，迁徒流亡。算得十、二十、三十、四十为无人之算。

若得十六、二十六、三十六、十七、二十七、三十七、十八、二十八、三十八、十九、二十九、三十九、，为天、地、人三才具足之算。又说："无十者，主将不利；无五者，参将不利；无一者，兵士不利，主算、客算皆依此断。

9. 长短数

主算、客算十一以上为长，单九以下为短。长宜缓利深入，短宜疾利浅入，算长为胜，算短为负。

10. 不和数

太乙在阳宫，算得一、三、五、七、九奇数，或太乙在阴宫，算得二、四、六、八偶数，皆为不和之数。

二目在正宫为阳宫，二目在间辰为阴宫。二目在阳宫，算得奇数，或二目在阴宫，算得偶数，皆为不和之数。

二目算得十一、十三、十五、十七、十九、三十一、三十三、三十五、三十七、三十九为阳数，复临正宫，为不和之算。

算和之时，天地气交，阴阳气和，为顺为吉祥；算不和之时，天地之气不交，阴阳不和，为逆为灾咎。

如何推断太乙神数呢?

通过推断太乙神数的主算和客算，可以预测一年内的灾情。灾情的具体情况可以预测到以下三个方面：

一是必然要发生灾情；二是发生灾情的空间范围（可以预测到发生灾情的东南西北、东南、西南、东北、西北及中央九个方位的一方）；三是发生灾情的时间（可以预测到农历的月份）。下面举五例具体说明。

一例：1902 年新疆阿图什发生 8.2 级大地震。此年入阳遁三局。主算一，为无天、无地之算，客算四十，为无人之算，应此灾。始击加临亥，亥为西北方位，正与阿图什对应。预测地震发生时间的方法是：以合神分别加十二地支，看是否有掩、格，如果有，说明该月有灾变。始击加子宫为掩。故，虽然文献没有记载灾情发生的具体时间，但预测可知，应在农历十一月。

二例：1976年7月28日（农历七月初二），河北唐山发生7.8级地震，此年入阳遁局五局。主算二十五，堵塞不通，客算十四为无地之算，应此厄。始击加临寅为东北方位，与唐山对应。合神移到未为格，地震当在农历六月，与七月初二略有出入。第二种方法：太乙理地，得无地之算，则山崩地动，此局正合，故有大震。第三种方法：始击为火，在寅，寅为木，木生火，火势益盛，主山崩地动。第四种方法：已知是农历七月初二发生地震，七月为丙申，申为金；初二为辛巳，巳为火，火克金，火更旺，主有地震。

三例：2008年5月12日（农历四月初八），四川汶川发生8级地震。此年入阳遁局三十七局。主算一为无天、无地之算，客算七为无天之算，应此大震。

第二种方法：始击、客大将同宫，为水火相克，故有大震。

始击加临坤宫，也主山崩地裂。坤为西南方位，与四川汶川一带对应。合神移动到艮，为掩与四月不对应。因此用移动合神的方法无法预测地震发生的时间。可以用五行生克关系进行预测。始击属火，初八为壬子，子为水，水火相克，乃有大震发生。

由此例可知，年局的预测并不是百分之百的准确。实践证明，其准确率（应验率）在75%左右。但是如果以年局预测为主，辅之以多种手段预测，还是可以比较准确的。

太乙年局推演灾变，虽然不能达到百分之百准确，但较现代预测的某些灾情的手段要准确的多，如预测地震等。这足以说明周易术数学确是一门科学。有其不可替代的巨大应用价值。但至今，对之还有偏见或无知，并没有作为学术公开、广泛、深入的研究，自然也更谈不上开发和利用。如果此事能提到有关部门的议事上，用于实际预测，在重大事件和防灾、减灾等方面将发挥其特殊而有效的巨大作用，造福社会，造福人民。

此外，这些事例是想提醒读者预测方法的多样性。如1976年唐山大地震发生的原因用了四种方法（当然不只限于四种方法），目的就在于此。条条大路通北京，预测可以采取多种方法，这样可以拓宽预测的渠道，而且可以提高预测的准确性。

四例：1609年（明朝万历37年），福建山洪大灾。为一次突发性强，规模大、损失极为惨重的山洪灾情，此年入阳遁七十局。客算四为无天、无地之算，主算三十为无人之算，应此洪灾。客大将在寅为正东方位与福建基本对应。合神移到巳，为掩，故应发生在农历四月。

五例：1975年黑龙江大旱，入阳遁局四局，主算二十五为堵塞无门，应此大旱。始击在丑，东北方向，正应黑龙江。合神在酉为格，应在农历八月。

这里还要特别提醒读者，千万不要误会太乙年局的预测范围。本书所举用太乙年局预测的360例，不是自然之灾，就是朝代之亡，都是灾变的事。但是，太乙功能绝不仅限于预测灾变，还有诸多功能，是它的子妹篇《全息太乙》要阐述的事。预测灾变也不仅限于地震、洪涝、旱灾、朝代灭亡，其预测灾变的内容是十分广泛的。为了进一步加深对太乙预测灾变功能的理解，再举例具体说明。

如：诸葛亮用太乙推庞统之灾

《三国演义》第六十三回为：诸葛亮痛哭庞统，张翼德义释严颜。前面说刘备、庞统正在取西川、庞统为军师，书中写到："忽报：荆州诸葛亮军师特遣马良奉书至此。玄德召入问之。马良礼毕曰'荆州平安，不劳主公忧念。'遂呈上军师书信。玄德拆书观之，略云：

亮夜观太乙数，今年岁次癸巳，罡星在西方。又观乾象，太白临于雒城之界，主将帅身上多凶少吉。切宜谨慎。

结果，庞统不听诸葛亮之言，在落凤坡死于乱箭之下。

此事诸葛亮用了太乙神数和星象学两种手段进行预测。我们试着推演一下。

首先，观太乙数。

1. 庞统（179年－214年），取西川为军师，当为主大将。故事发生在214年，为甲午年，当入年局第四十三局；

2. 太乙在八宫，主算八，不和，不利于刘备一方，（刘备为主，西川为客)，主算无时，为无天之算，兴师主将不利；

3. 主算短，文昌、主大将囚，不利为主，宜固守，不宜出战；

4. 太乙行八宫中，只有二、八宫有杀戮或损将相之事，此局太乙正在八宫；

5. 主大将在子宫，子为坎，为窃，指西川张任埋伏在山中；为血，指庞统之死。坎宫之窃、血断为：中埋伏有血光之灾。

断局：据以上五条可推为，主大将多凶少吉，且凶到有血光之灾，正应庞统军师中埋伏而死。

其次，观乾象。

诸葛亮信中所说："又观乾象"之乾象即指古代星象学。诸葛亮所说"太白"指金星。用五大行星（木、火、土、金、水）预测，金星掌管征伐之事。如果金星在西方出现，运行与常轨有误，则预示交战国外国失利(取西川刘备为外国)。金星的运行与月亮重合，隐没不见，预示大将要阵亡。如果用金星预测，诸葛亮应该看到了上面金星的两种运行状况，如果依"五星断"，还可以观木星。古代星象学认为，木星运动的天区，所对应的分野之国是不可以征伐的，但是可以讨伐别的国家。如果运行提前到达，叫做赢，如果运行滞后到达，叫做缩。出现赢的情况，预测木星所在天区对应的分野之国，出征的军队失利，不能搬师回朝；出现缩的情况，则预测着这个国家必有忧患，军队的将领会战死。如果诸葛亮以"五星断"，则必然看到木星出现了"缩"的情况。

如果依"二十八宿断"，二十八宿的参宿，对应益州（西川）。此断较为复杂，不再讨论。

以上我们用太乙年局准确地推演了庞统之死；之前，易学大家张志春先生在《神奇之门》(新疆人民出版社，2004 版，第 53－57 页）一书中，用奇门遁甲准确地推断出了"诸葛亮借东风"。《三国演义》中还有关于《易经》占卜的内容。如第五十四回，吴国太佛寺看新郎，刘皇叔洞房续佳偶。说的是刘备在东吴招亲的事。周瑜欲用美人计，让吕范到荆州给孙尚香提亲。诸葛亮跟刘备说，他先不见吕范，主公见之"但有甚话说，主公都应承了。"刘备至晚，与诸葛亮商议。孔明曰："来意亮已知道了。适间卜《易》，得一大吉大利之兆。主公便可应允（《三国演义》，金城出版社，1998年版，第196页)。”孔明占的卦，可能是咸卦。因为咸卦：“咸，亨，利贞，取女吉。”还可能是随、谦、大有、泰、履等卦，但这些卦都不如咸卦直接、密切、明了。再如，第四十六回，用奇谋孔明借箭，献密计黄盖受刑中的草船借箭。第一百零三回，上方谷司马受困，五丈原诸葛禳星中的祈禳北斗等均有术数内容。但陈寿的《三国志》诸葛亮传中并无此记载。此外，在四大名著的其它三大名著中也或多或少有描写术数的内容，但均不见于正史。如《西游记》第一回，灵根育孕源流出，新性修持大道生。开篇就说的就是《皇极经世书》。“盖闻天地之数，有十二万九千六百岁为一元。将一元分为十二会，乃子、丑、寅、卯、辰、巳、午、未、申、酉、戌、亥、十二支也。每会该一万八百岁(金城出版社，1998年版，第1页)”显然作者是读过《皇极经世书》的。又说：“邵康节曰：‘冬至是之半，天心无改移。一阳初动处，万物未生时’”(同上书，第一页)。此处所引是邵雍两首“冬至吟”诗其中一首的前四句(《伊川击壤集》，学林出版社，2003年版，第242页。足见吴承恩是读过《伊川击壤集》的。《伊川击壤集》堪称见道之作，其中许多诗涉及先天象数，充满宏大的时空意识和天人合一理念。以上足证吴承恩对邵子的先天象数学是有一定研究的。吴承恩应该是在很大程度上受到邵雍宇宙观的影响。《皇极经世书》对术数有三条巨大贡献：阐发新的宇宙本体；开创先天象数学；创立新的自然史观和社会史观。涉及到宇宙观、世界观、人生观的大问题。《西游记》是神化小说，作者要有极为丰富的想象力，但这些想象力应在一定观念的指导下。宇宙、人生、社会究竟是怎么一回事?《皇极经世书》给了答案。可以说《皇极经世书》启发了作者的灵性和悟性，展开了遨游太空、时跨古今的大胆而丰富的想象。加之，作者的小说天赋，这才勾勒出了《西游记》的脉络。“术数在四大名著中的地位和作用”，应该是一个很不错的课题，值得探讨。

再如，第十三回，陷虎穴金星解厄，双叉岭伯钦留僧。第九十九回，九九数完魔不尽，三三行满道归根。《水浒传》第一回，张天师祈禳温疫，洪太尉误走妖魔。第一百回，宋公明神聚蓼儿洼，徽宗帝梦游梁山泊。《红楼梦》第一回，甄士隐梦幻识通灵，贾雨村风尘怀闺秀。第二十二回，听曲文宝玉悟禅机，制灯迷贾政悲谶语。尤其是《红楼梦》术数思想表现得尤为充分。整部小说的脉络，就是由五行的生克关系来安排构思的。贾宝玉落草时衔下来通灵宝玉，玉为石，石五行属性上属金。林黛玉乃灵河岸边三生石畔的一株绛珠仙草转世，五行属木。薛宝衩由癞头和尚送给一块辟邪金锁，五行属金。金克木，所以演绎出了贾宝玉和林黛玉缠绵悱恻，起伏跌宕，扣人心弦，悲欢离合，棒打鸳鸯，有情人难成眷属的悲悲切切，揪心裂肺的故事。同类为金为比肩，虽然可以结合，但总免不了相斥的一面，故也难以和谐。所以贾宝玉和薛宝衩二人无大的感情纠葛，虽然结为夫妻，终又天各一方。林黛玉和薛宝衩二人犯克。作者正是以这一理念，展开二人金木不容，情敌对立的众多酸甜苦辣咸的生动故事，观之，让人爱不释手。这里，所以阐述四大名著中的有关术数问题，决非画蛇添足。是因为它与作者术数在探索宇宙和历史的奥秘方面，占有十分重要的观点密切相关的。本书借助司马迁和《史记》、沈括和《梦溪笔谈》将分别有所阐述。在此，借四大名著的作者再点述一二。

四大名著都有关于术数的描写，值得我们深思：

一是文学著作中为什么要描写术数？应该说，术数方面的内容增强了人们的神秘感，从而为文章增色不少。

二是既然这些术数内容不见于正史，那就是作者所写。足证这些作者对术数方面还是很在行的。如《三国演义》作者罗贯中，他是懂得或是起码了解《周易》占筮和《太乙神数》、《奇门遁甲》、星象学的。绝不是为猎奇而不负责任的写作，更不是臆想而为。罗贯中虽不是术数家，但对术数还是颇有造诣的。在《西游记》中，吴承恩对天际天才而大胆的想象，对宇宙架构丰富而巧妙的构图；对天人合一理念精彩而生动的演绎，应该说与他对邵子先天象数学的研究有极大的关系。《红楼梦》是百科全书，曹雪芹是百科全书式的作家，在术数方面亦是颇有研究。推演至此，由衷地佩服作者知识之广博，研究之精深。

三是这些作者为什么要研习术数，并在自己的著作中有所体现呢？只能说明他们已经认识到了术数的重要性。这些作者足以代表古代文人学者，对术数的重视。

四大名著不仅是中国的，也是世界的名著。他们都如此看重术数，后辈子孙有什么理由不将其发扬光大呢。

中篇　示例

第一章　总设计

一、终极目的

终极目的是“两个服务”：一是为人类防灾减灾服务；二是为人类趋吉避凶服务。

欲达此目的，最关键的问题是在示例中如何将《时空太乙》对于时间和空间的普适性确切的反映出来，从而形成一套准确的推演和简洁的解释自然变化、历史演进、人事兴衰、社会治乱的理念和方法。

《时空太乙》具有双重性，即追求对时间、空间的普适性和限定对预测内容的局限性。所谓时间上的普适性是指无论过去、现在、还是将来的时间皆可推演；所谓空间上的普适性是指无论中国、地球、还是宇宙皆可推演。所谓预测内容的局限性是指《时空太乙》功能主要是预测宇宙变化和社会发展的规律，基本不能预测其它内容。其它预测内容由《时空太乙》的姊妹篇《全息太乙》担任。《全息太乙》的内容主要包括太乙命法、太乙事法和太乙兵法等。

二、“六性”标准

实现“两个服务”的终极目的，绝非易事，因此要有较高的要求，严格的标准。“六性”标准就是追求的目标，奋斗的方向。

1. 观念上的创新性

观念的创新，是使《周易》与时俱进，发现新的卦爻象和发挥《周易》内部巨大的预测功能的根本动力，也是本书生命力的源泉。

观念上的创新内容主要是要充分认识到卦爻象探索的阶段性和无限

性，把阶段性和无限性有机的结合起来。

第一，从理论上分析，卦爻象具有无限性。

首先，从《周易》功能看

《周易》包罗万象，万象不是准确数字，而是言其多，言其无限性。正因为如此，宇宙间的一切学问、规律都包括在其中了。几千年来人们探索挖掘出了许多卦爻象，已经取得了阶段性的成果；但是距离卦爻象涵盖的宇宙万事万物之象还差的太远，可以说到现在为止人们对卦爻象的探索，只是万里长城走完了第一步。卦爻象探索的越多、越广，《周易》的预测功能才能发挥的越充分。

其次，从“三易”的“变易”看

变化是宇宙永恒的话题；宇宙间的一切都在发展变化中。卦爻象自然也不例外，也是在不断的发展变化中。“卦爻象到头论”显然是不符合事实的。

第二，从实践上看，已知的卦爻象确实存在着局限性

这就从另一个角度说明卦爻象发展的必然性。如斯大林当政三十年，行空卦否三十年。如果用已知否卦的卦爻象，则无法预测。但如果用否卦的关键之象：事倍功半，所得甚少来预测则极为精准。

探索发展新的卦爻象是个艰苦而长期的工作。本书除用已知卦爻象推演外，还尝试更新观念，解放思想，尝试用趋势之象、核心之象、关键之象、藏匿之象和启示之象等进行推演，收到了较好效果。

2. 思路上的开拓性

思路的开拓是探天测史再上一个台阶的前提，也是本书的前提。换句话说，没有思路上的开拓性，就没有《时空太乙》。

要想思路开拓，首先要充分认识《易经》的巨大预测功能和预测潜力。《四库全书》评《易经》是：“《易》道广大，无所不包（《钦定四库全书总目》，中华书局，1997 年版，第三页）。既然无所不包，我们的预测思路就不但要开阔，而且要开拓，要敢于想前人之未想，做前人之未做，开拓出一片新天地。

思想上的开拓性内容主要是开拓用活《易经》“循环往复”的原理和

卦的预测和太乙神数的预测有机结合起来这两个方面。

首先是在“推数法”中把循环往复原理具体化（到每一个周期）；数字化（以数字定周期）、固定化（此周期非彼周期，可以区别）、远景化（确定3000年以上直至天文数字的周期）。循环往复的原理是一个抽象的概念，把它变成看得见，摸得着，可操作，能预测的具体的循环；把循环往复的四个汉字变成数字；宇宙是无穷无尽的，数字必然是天文的，要树立宇宙的空间无限大，时间无限长的观念。

其次把卦的预测和太乙神数的推演有机的结合起来。《易经》和太乙神数都具有推天道明人事的功能。二者虽然预测手段不同，但在探天测史的功能上近似。“示例”中以推数法、推象法和推局法三法的结合，进行综合、立体、全方位的推演。推数法和推象法主要预测人类中长期的防灾减灾问题；推局法推演人类在一年之内的防灾减灾问题。

3. 方法上的多样性

方法的多样性是探天测史的保证，也是本书的保障。

探天测史的方法可以具有多样性。这里所述方法上的多样性既包括探天测史的多样性，也包括《时空太乙》方法的多样性。

第1、探天测史方法的多样性

现在，世界逐渐汇聚成两个主流文化：一种是以《易

经》为核心的玄学文化，一种是以欧洲文艺复兴为源头的科技文化。其实质就是《系辞》所说：“一阴一阳之谓道”。玄文化为阴；科技文化为阳。阴与阳的发展变化及其功能就能弥伦“天地之道”。

首先，科技文化

如“量天”，即探索宇宙的空间尺度和结构方面。科技方面的量天若从公元前2世纪托勒密的“地心说”算起，可归纳为四部曲：公元前2世纪托勒密的“地心说”、16世纪哥白尼的“日心说”、18世纪发现银河系、20世纪二、三时年代发现河外星系，用了2000多年才完成了量天工作。1961年4月12日，苏联宇航员加加林少校第一次实现了人类的飞天梦想，使科技文化在穷宇宙之际方面进入一个新的阶段。

再如数理化反面对宇宙的探索，在一定程度上揭开了宇宙的部分神秘

面纱。

但是，现代科技证明科技文化并非全能，也只能揭开宇宙的一小部分秘密，更多的秘密可能要靠玄学文化了。

其次，玄学文化

一是佛家的探天。佛家有“三千大千世界”的说法。同一日月所照的天下构成一个“小世界”（相当于太阳系）；一千个“小世界”为一“小千世界”，一千个“小千世界”为一“中千世界“，一千个“中千世界”为一“大千世界”。因“大千世界”有小中大三种，故称“三千大世界”。现代天文学量天的结果基本与此相同。两千多年前既无望远镜也无探测器，更不如现代科技发达，是如何量的天？

二是《易经》的探天测史。《易经》是以符号的方式，既阴爻、阳爻及其不同的排列组合方式来揭示整个宇宙的奥秘。《易经》编码遵循严密的相似论、相应论、相关论、相对论规律，运用简单卦符系统对宇宙万物发展变化规律进行模拟，找到了事物的抽象关联，比之研究具象关联的现代科学，可谓是一个全新的领域。这就是《易经》的科学内涵，其中的奥妙至今仍值得深入研究。

三是周易术数学的探天测史

历史上不少易学大家利用周易术数学探天测史，

如东汉的易学大师郑玄，利用“爻辰说”和星相学来探天测史，以史注《易》，以史证《易》。

又如术圣邵雍以“元会运世”的模式推步天道、历史。一元十二会，360运，4320世，129600年。一元十二会与十二辟卦相配。

一会之中有5个正卦，十二会有60个正卦，其排列顺序依伏羲64卦圆图顺延。

一运卦统360年，一个运卦变6个世卦，一个世卦统60年，一个世卦包括两个世。

一个世卦变6卦，每卦10年，称旬卦。

值得探讨的是，《四库全书》本《皇极经世书》并没有逐年配卦，给元会运世配卦的是后世易学家所为。那么，后世易学家所配之卦是否为邵雍本意？这是值得探讨的问题。

再如明末易学大家黄道周，其探天测史的最大特点是以历法论易，并主张以易为历法、吕律的根本，力图把易、历、律三者统一起来。

四是以撰史的手段“究天人之际，通古今之变”。司马迁撰《史记》，其要旨三题为“究天人之际，通古今之变，承一家之言”。书中有许多周易术数学方面的内容，已有介绍不赘。《史记》体制为后代史家沿用，25正史中的天文学三志：天文志、五行志、律历志。便是从《史记》八书中的律书、历书、天官书演绎而成的。二十五部正史有18史有志，这也是探天测史的重要文献。

总之，人生在天地间，好奇心和实用性促使人类几千年来不断探索宇宙的奥秘，其方法多种多样，但目的都是企图揭开宇宙的神秘面纱。既然科技文化和玄学文化都可以穷宇宙之际，就说明这两种文化在探天测史中如人之双足，鸟之双翼，缺一不可。应该是两手都要抓，两手都要硬。两种文化，两个方面都要用，开拓出更多的方法探天测史。方法上的多样性和目的上的单一性应该是统一的。现在的问题是不是方法太多，而是太少了。多法并举，齐力测天，将大大有助于人类对宇宙的认识。

其次，时空太乙方法的多样性。本书属玄学文化范畴。它的推演也不止用一法，而是推数、推象、推局三法综合使用，且既用《易经》符号法，又尝试将周易术数学的太乙神数与《易经》结合，算是摸着石头过河。

4. 时空上的普适性

这是《时空太乙》的灵魂。

时间和空间是宇宙的代名词，换句话说宇宙只是指时间和空间。《易经》的卦和爻是时空的符号，而本书既要运用易经的原理预测，又要运用周易术数学的原理推演，因此应该包括宇宙所有的时空。时间上应该是“古往今来”、空间上应该说“上下四方”。如果预测的时间仅是一段时间或是很短的时间；空间仅能推演中国的事，这就人为的降低了《易经》和周易术数学的功能。

前面有述，玄学文化是以《易经》为核心的。为什么《易经》是核心呢？主要是因为它有全息的时空观。它是中国先民创造的一部伟大的经典。它蕴含着深奥的哲学、方法论思想和古典数论雏形和自然的全息观念。易卦及其变换方式从逻辑的观点来看，反映了原始的正反二元消长规律；从系统论的观点来看，表现了天地人系统的功能组合和演化。几千年来中国人民用《易经》的思想去解决天道、地道、人道问题，解决复杂的社会伦理道德问题，预测未来，决断事物，为人、自然、社会的系统和谐发展做出了贡献。

许多事实表明，世界近代一些重大的自然科学进展都与《易经》的思想有密切的联系，而《易经》的一些基本范畴，如太极、阴阳、八卦、五行、天干、地支等已开始得到一些有确凿科学依据的解释。因此有一定依据可以推测：以《周易》为代表整体自然观，对解决人类社会发展中存在的复杂问题，将会做出贡献。这说明《周易》已经走向了世界，走进了哲学、社会科学和自然科学的一切人类科学领域。因此《易经》虽然是我国先民的伟大创造，但已是全人类的珍贵文化遗产，确实涵盖了整个宇宙的学问。

毫无疑问，《易经》的时空具有普适性，但推演中能否做到这一普适性，则是另外一个问题。为了尽力达到时空普适性这一标准，推演模式采取7层宝塔式架构，从宏观、中观、微观三个层面尝试做到时空的普适性。“示例”所推演的中国和世界史的周期之灾厄以及简单勾勒推演苏联历史的全过程，比较准确。至于宇宙大尺度空间和中长期的周期之灾厄，只给出了部分周期，至于周期之灾厄有、无、大、小，现在难下定论，还有待时间的验证。

5. 实践上的简洁性

这是《时空太乙》应用的关键。

简洁，则易懂，易懂，则应用广泛；繁琐，则难懂，难懂，则应用面窄。

《四库全书》在易类小序中说：“又《易》道广大，无所不包，旁及天文、地理、乐律、兵法、韵学、算术，以逮方外之炉火，皆可援《易》以为说，而好异者又援以入《易》，故《易》说愈繁”（《钦定四库全书总目》，中华书局，1997年版，第三页）。此评十分恰当。尤其是推步历史者，往往把《易经》“三易”中的“简易”演绎成“繁易”。

为什么想到在实际操作上要简洁呢？黄道周先生制作易学教具之“简”和推步历史之“繁”，给了有益的启示。

首先，反映易学精髓的易学教具之“简”。

黄道周纪念馆坐落在福建漳浦县东郊石寨村。

网上说：“馆中有他制作的天地盘，由两层石板重叠构成，正方形，盘面刻有16384个方格和8个直径不等同心圆，谓之‘天圆地方，方圆相削，凡18遍而返于原。’天地盘石案是他释天论地，研究和讲授易学数理的仪器，是稀世罕见的科技史信物，其中的奥秘至今无人能解”。

实际上不是无人能解，已有一些学者予以破解，如古天文学家伊世同，黄云生和黄文东等先生，他们的解读都有依据和道理并具启发性。

笔者尝试与他们不同的角度去破解，简述如下：易学教具天地盘以最简洁的形式，反映了《易经》的三大原则，也是《易经》之精髓的“三易，即变易、简易、不易。

一是变易

易学教具天地盘中有16384个方格。可分解为4096＊4＝16384，8（卦）＊8＝64（卦）＊64＝4096（卦）。

表明，4096卦乃8卦变化之结果（始于汉焦延寿易林以64卦变而为4096卦）。

4：第一表示四方，即是空间，示以空间在变；

第二表示春夏秋冬四时，即是说的时间，示以时间也在变。

时间和空间就是宇宙的代表，他们都是发展变化的。所以16384告诉我们，宇宙的万事万物，没有一样东西是不变的，即《易经》三大原则之一的“变易”。

二是简易

易学教具天地盘有8个直径不等的同心圆。“8”可解释为宇宙的古今，上下四方，八个要素，即可解释为天，为宇宙。8个同心圆显示的应该是《易经》循环往复的原理。老子说：“道”是“周行而不殆”（《诸子集成》.上第439页，广西教育出版社，陕西人民教育出版社，广东教育出版社，2006年版）的“周”是圆圈，是循环的意思。“周行”是循环运动。“不殆”是生生不息，无始无终。不论《易经》多么复杂，多么深奥，多么玄秘，但原理只有一个，即循环往复，非常简单，非常平凡。

三是不易

凡18遍而返于原。什么不易？“道”不易。万事万物随时随地都在变，但能变出万象的“道”是不变的。“原”就是“道｜”。《系辞》说：“十有八变而成卦”，就是说三变成一爻，一卦六爻需要18变。卦的爻为阴、阳两种，“一阴一阳之谓道”，返到卦，就是返到了阴阳，就是返到了“道”。“道”是不变的，即“不易”。

《易象正》说：“凡天地之道，始于易简，究于变赜。易简之道，自一画十八变为262144，参伍错综，成文定象，是圣人所谓一贯者也”（中华书局，第67页）。黄道周早在《三易洞玑》也说：“《易》之为道，3＊6爻而十有八变，262144”（台湾新文丰出版公司，第94页）。

总之，易学教具天地盘展示了古代天圆地方的宇宙架构学说，展示了《易经》“三易”原则，展示了《易经》的精髓。不深知《易经》的精髓，是搞不出如此简洁而实用，深奥而精巧的设计的。群经之首，博大精深，涵盖宇宙的《易经》精髓，竟被黄道周先生用石制的易学教具反映出来，构思巧极，简洁至极，实用至极！

其次，推步历史之“繁”

我国历史上推步历史的，成功者不多。成功且出类拔萃者，当属邵雍和黄道周二位先生。但后学者真正知其要旨，懂其神趣者寥寥无几。懂得黄道周推步之法的凤毛麟角，比邵雍先生的更加一个难。黄道周有《易本象》、《三易洞玑》、《易象正》三部易学专著。其中以《易象正》最为重要，是其易学思想的代表作。主要有两方面的内容，一是变卦解易；二是推步历史。要想学懂他这三部书，至少要过“五关”。

第一关，学问关。

他的才气太高了，学问太大了。这三部书虽然称不上如《史记》和《红楼梦》百科全书式的，但黄先生确是才高八斗，学富五车之人。他的易学精深独特，综合继承了汉易和宋易两个系统，又有所创新，形成了自己的特点。其最大特点就是企图最大限度的以易学去贯通天文、历法、星象、律吕、中医、风水等多种学问，当然还必须有扎实的中国历史知识。

这是他推步历史最繁琐的地方。只要你不懂得其中的任何一门学问，就休想学懂他的推步之法。如黄道周推步历史思想的根源在于天道，其天道具体表现为日月运行，交食情况，五大行星的运行情况以及彗星、孛星等罕见星象的出没情况，他认为这些天象和人事治乱关系甚大。同时他也用到了星象分野说，还大量以易象数来论《春秋》和《诗经》，企图从象数的角度把《易经》、《诗经》和《春秋》统一起来。在乐律方面，几经周折形成了自己独特的律吕思想，很是复杂。

第二关，用卦关

在《三易洞玑》中，他打破了通行本《易经》卦序，按照他自己的卦序来推步。《易象正》以变卦来解爻辞。如在《大象十二图》中，讲卦分64体卦和72用卦、又有8体卦、8分卦；又将通行本64卦序以3种新的组合方式，即衡交、倚交、环交，谓之“三交”。看上去有些眼花缭乱。

第三关，易图关

郭彧在“黄道周的《易象正》诸图”中说：“……，以《河图》、《洛书》、《序卦》、《杂卦》、《先天图》等衍生出诸多意图，主动爻说，以之卦观其变。卷初上列“大象十二图”，卷初下列“历年十二图”，卷终上列“先天”、“中天”、“后天”、“杂卦”、“畴象”等七十二图，卷终下列“大象本河图”、“诗斗差图”、“春秋元差图”、“天方图”等十二图（《易图讲座》，华夏出版社，2007年版，第188页）。这仅是易象正的易图。《三易洞玑》中还有大量图，如十六卷的后七卷中《杂图》上、中、下三卷等。《皇极经世书》无图；黄道周推步多图。不但图多且大部分较复杂。

第四关，统时关

“统时”，就是一卦所主的时间。在《三易洞玑》中，黄道周以一杂卦统64年，64杂卦则为4096年；杂卦64年的每一年又用64杂卦来表示。这还比较好理解。《易象正》中的卦统时就麻烦了。如《历年十二图》，要清楚6种积年组合。体卦64，自乘得4096，再乘以6得24576；用卦72，自乘得5184，再乘以6得31104。24576和31104在分别各除以岁实年日数365.25和期年数360，分别得体卦和用卦一卦岁实和通期的年数：67.28542094年、68.26666667年，85.15811088年、86.4年。再以类似的方法可以得到体用相乘一卦岁实和通用的年数：75.69609856年、76.8

年。这6个数再分别和64卦限、32卦限、31卦限、72卦限等相乘就是“历年十二图”推步历史治乱兴衰所用的基本积年数。

第五关，常数关

在他的易学体系中始终贯穿着两个非常重要的常数：262144，是由64*64*64得来和531441，是由81*81*81得来。他把这两个常数放在一个体系里相互诠释（牛顿的万有引力定律才设了一个引力常数，黄先生设了两个，而且理解难，运用更难）。262144常数称为“大象”或“象周”；531441常称为“大数”或“数周”。531441除以2为265720.5，减去大象262144为3576.5，以十约之为357.65，这和历法上的交终度（357度64刻75分）较为接近。这些数都是两部书经常讨论的常数。通过这些，他试图用易象数把表面纷繁复杂的各种历法常数给统一起来，理想浪漫，精神可嘉。

其繁难绝不仅以上五关，仅是勾勒一下大概而已。

历史上对黄道周的易学褒贬不一，有高度肯定者，也有很多批评，对他的繁、怪的批评当属清朝易学大家李光地最为尖锐。在李光地看来，黄道周的易学有些古怪，不可能是本人之作，是有异人传授。他说：“黄算命果验。其生平著书，绝不可晓，盖必得异人传授”（《榕村续语录》，陈祖武点校，中华书局，1995年版，第579页）。李光地还说他老家有一秀才，想把《三易洞玑》里的数都推算明白，结果弄得精神失常：“敝乡有一秀才，于石斋先生《三易洞玑》极意殚精，必求其解，遂至失心，退坐此也”（《榕村语录》，陈祖武点校，中华书局，1995年版，第423页）。

再次，《时空太乙》弃繁就简

本书决心向黄道周制作易学教具天地盘的简而赅的精神学习，弃繁就简。如何体现呢？可用“依模式，用三法”6个字概括之。照此6字推演还是比较简洁的。但是这里的简洁性只是相对而言的。探天测史极难，人类几千年的探天所知，不过冰山之一角。这里，我们不是把本来就复杂、深奥的问题更加繁琐、复杂化、更加神乎其神，而是尽力把复杂的问题简单化，深奥的问题浅显化，使其更具有操作性、实用性。

6. 服务上的科学性

这是《时空太乙》的归宿。

著书要有用，有社会效应，要为祖国和人民的福祉做贡献。本书的终极目的是“两个服务”，要想达到这一目的，就要借鉴古代的预测手段，使预测再上一个台阶，使服务做到准确、及时、到位。古太乙神数是穿着卜筮外衣的哲学，有时会表现出随意性，不确定性。而《时空太乙》的目的是要客观反映从巫术文化向人文文化发展的轨迹，使穿卜筮外衣的哲学，变成哲学的卜筮，变成探索宇宙和社会历史发展变化规律的学问。

三、时空架构

时空架构就是推演的模式

采取“元时运空局”的模式进行具体运作。实际是七层宝塔式时空架构：顶层，太乙；第六层，阴阳；第五层，乾坤十二爻辰；第四层，运卦；第三层，空卦；第二层，候卦；第一层，年局。

（1）塔顶，太乙

在《时空太乙》中，以太乙为宇宙间的最高法则，时间和空间的代表为北斗七星和南斗六星。南斗即二十八宿中的斗宿，也就是北方玄武七宿的第一宿，因与北斗相对，故名南斗。道教《上清经》云：南斗六星第一天府宫，为司命星官；第二天相宫，为司禄星君；第三天梁宫，为延寿星君；第四天同宫，为益算星君；第五天枢宫，为度厄星君；第六天机宫，为上生星君，总称六司星君。北斗七星是上天的中央枢纽，阴阳二气的本元，所以在上天运行，而驾驭管理四方，确立四时，分配五行。北魁部分四颗星分别叫天枢、天璇、天玑、天权；斗杓部分的三颗星分别叫玉衡、开阳、摇光。南斗主生，为阳，为始，为南（先天八卦），为乾；北斗主死，为阴，为终，为北（先天八卦），为坤。太乙总统宇宙的时间和空间，总统宇宙一切，总统金字塔结构的以下六层。

《时空太乙》虽然不设置中国古代星象学和现代西方星象学的内容，但引入了他们关于星象学的理念，即：宇宙是诸神的星空和天人合一的理念。

（2）第六层，阴阳

此处的阴阳含义有二，一是表明《时空太乙》乃依据《周易》而创，就是具体推演宇宙自然变化和人类社会历史发展如何体现《周易》“一阴一阳之谓道”的宇宙间的大道理、普通道理。二是表明《周易》循环往复这一宇宙根本大规律。宇宙的运动就是“反者道之动”，就是“周行而不殆”，所以“万物并作”，人们就可以“观复”（《诸子集成·上》第436页，广西教育出版社，陕西人民教育出版社，广东教育出版社，2006年版）。《时空太乙》推演的结果雄辩地证明，无论宇宙自然还是人类社会，都是从阴到阳，从阳到阴……无穷无尽，无始无终的运动变化着。

从六十四卦方圆图中的圆图看，《易》根于乾坤，而生于复姤，阳交于阴而为复卦，阴交于阳而为姤卦，由复至乾，由姤至坤，长消循环不息，无有穷尽。

《时空太乙》示例中，此阴阳周期所统时间为138240年。

（3）第五层，乾坤十二爻辰

“十二辰”是指把黄道附近一周天的十二等份由东向西配以十二地支。其安排的方向正好和“十二星次”相反。所以用乾坤十二爻配十二辰，其目的是把推演和星神结合起来。在现代的全天88个星座中黄道十二宫是指：白羊座、金牛座、双子座、巨蟹座、狮子座、室女座、天秤座、天蝎座、人马座、摩羯座、宝瓶座和双鱼座十二个星座。在中国古代的预测学和世界西方现代星象学预测中，黄道十二宫占有极其重要的位置。《时空太乙》虽然不直接用星象学推演，但我们把乾坤十二爻和黄道十二星座结合，以及引入南斗和北斗诸星，既可以体现诸神的星空的宇宙观，又可以阐释天人合一的理念。

邵雍先生说：“辰数十二，日月交会谓之辰。辰，天之体也，天之体，无物之气也。”（《皇极经世书》第525页，中州古籍出版社，2007年版）此层以乾坤两卦十二爻当十二辰，又以十二辰分统138240年，故每个爻辰时所统时间为11520年。

（4）第四层，运卦

为太乙统六十四卦，行十二运之六十四运卦，每卦统180年，六十四运卦共统11520年。

（5）第三层，空卦

一运卦变六卦，六十四运卦共得空卦384。每一空卦统三十年，384个空卦共统 11520 年。

（6）第二层，候卦

每一空卦变六卦，384 空卦共得候卦 2304。每一候卦统 5 年，2304 候卦共统 11520 年。

（7）第一层，年局

即《时空太乙》岁计局，为太乙阳遁七十二局，一年一局，实装 4408 局（次）。

总之，选择太乙推演模式的总思路是：以太乙为宇宙的最高法则，第六层为太乙统天（即统治宇宙）理论，第五层为太乙统天道路，第一至第四层为太乙统天方略。

从时间的长短和空间的大小来分，第五、第六层为宏观推演；第四层为中观推演；第一至第三层为微观推演。

人类对老天爷也要知己知彼。《时空太乙》通过以上模式可以探知太乙统天的全部信息。这是因为《时空太乙》有正确的思路，坚实的理论，巧妙的方法，稳固的程序。《时空太乙》较为圆满地做到了六性：体现了时间的无穷性（无始无终，无终无始）；空间上的无限性（无边无际，无头无尾）；突出了预测手段的综合性（“三推”法）；表明了宇宙自然和人类历史秩序的简洁性（一阴一阳即为宇宙，其变化的根本大规律就是周期循环）；诠释了《周易》基本原理的普适性；落实了推演结果的准确性（推演的实践证明，并将在未来不断的证明《时空太乙》推演的准确性）。

由七层宝塔的推演架构可知，《时空太乙》不是平面易，而是立体易，多维易。可以从宏观、中观、微观的角度，全息、全方位地进行推演。可以把推演数、象、局三法统一于宝塔模式之中。以乾坤统甲元表示天尊地卑，乾坤定矣。天在上，地在下，天地与乾坤是对应的。由此乾坤之间的空间关系也就确定，这是一个相对稳定的静态空间。《系辞》说：“鼓之以雷霆，润之以风雨；日月运行，一寒一暑”，是在描述八卦也是六十四卦的作用形式，而六十四卦的作用形式、运动变化无疑是动态的，且处于天地这一相对稳定的静态框架之间。乾象和坤象形成，陈列在宇宙之中，于是易的道理和法则就确定于其中了。所以对事物而言，乾坤是源头，是根本，是依据，如果没有乾坤，就没有万物。乾坤与万物的这种关系，成为天地间一切现象的依据和基础，乾坤之间的关系法则成为了天地万物产生和变化的内在依据和法则。概言之，《时空太乙》中六十四卦与空间不仅存在平面对应形式，而且还存在着立体对应形式。两种对应形式互相补充，两种宇宙方位形式都表达着非常重要的内容。故《时空太乙》像一把金钥匙，可以帮助人类打开宇宙规律的大门，让人类得以窥探上天最高级的、最深层的、最机要的、最真实的奥秘，以便真正做到天人合一这一最伟大，也是最困难、最崇高的境界！

第二章　总说明

一、“示例”者，示范所举的例子而已。因为推演宇宙、历史发展规律，内容十分庞大，篇幅所限，只能“示例”。此示例尽量做到示范性、典型性、启发性和趋势性。让读者只要弄通了示例，即可自己推演。

二、对中国历史，不采取对每个朝代、每个帝王逐一推演法，而只推演一点重点、发展的趋势并简略的推演清朝历史的全过程。推演世界历史只推演周期灾厄和苏联历史的全过程。这样做并无其它原因，只是因为篇幅所限。

夏、商、周三朝的历史引用史书等书籍的原文多一点，原因是距今较远读者朋友熟悉程度差些；秦朝以后的历史基本不引用原文，理由为人们较熟悉，有的属于历史常识范畴。

三、示例中“中国历史年表”的重要参考之一就是邵雍先生的《皇极经世书》（据卫绍生校注，中州古籍出版社，2007 年版），但有几个问题需要特别加以说明。

1. 商朝、周朝“王”的数量问题。

《皇极经世书》中商朝二十八王，商汤以下无太子太丁（时为太子，未立而卒）和外丙、中壬二王。商朝应该三十一王（太子未立，也算一王）。这在司马迁《史记·殷本纪》中有详细的记载：“汤崩，太子太丁未立而卒，于是乃立太丁之弟外丙，是为帝外丙。帝外丙继位三年，崩，立外丙之弟中壬，是为帝中壬”《二十四史. 史记. 殷本纪》，中华书局，2005 年版，第 72 页）。而且在 1899 年王懿荣发现甲骨文后，一些金石、甲骨大家如罗振玉、王国维、刘鹗等先生，通过辨认、论证，证明了司马迁的说法是正确的。故《时空太乙》采取司马迁《史记》三十一王说。

《皇极经世书》中周朝三十四王。东周景王以下无悼王、哀王、思王。《史记·周本纪》载周为三十七王（同上书，《周本纪》中华书局，2005 年版，第 112－114 页)。目前史学界承认的也是三十七王，故采取三十七王说。

2. 中国文明史起始期问题。

在《皇极经世书》中，邵雍先生从唐尧元年（－2357 年）至宋仁宗天圣二年（1024 年)，共列 3382 年历史。《史记》却始自《五帝本纪》，即约始于公元前 3000 年左右。考古发现以及新发现的大量文献资料，已充分证明，司马迁不愧为史圣，他是一个非常严肃、负责任的史学大家。因此《史记》是可信的。此外，大量的考古发现也充分证明，中国的文明史下限是 5000 至 5500 年，至于上限，有的学者认为在一万年左右。如王大有先生认为是“9700 年文明大成”(《寻根万年中华》，中国时代经济出版社，2005 年版，第 2 页)。又说：“中华文明，既不是过去人们说的 4000 年，也不是现在认可的 5000 年，而是我们早就提出的 8000－10000 年”(《上古中华文明》，中国时代经济出版社，2006 年版，第 26 页)。基于以上这些事实，《时空太乙》推演中国历史始自－3657 年，为三皇末期，五帝初期，到 2011 年邵雍先生诞辰 1000 周年，共 5669 年。为示午辰时（11520 年）之全貌，将午辰时 2011 年后的 8372 年亦装时间，装卦，供读者朋友玩味。

3. 夏、商、周断代问题

《皇极经世书》列：夏朝始于－2224 年，商朝始于－1766 年，周朝始于－1122 年。1995 年国家启动了“夏商周断代工程”，至 2000 年完成。夏商周断代工程的断代是：夏朝始于－2070 年，商朝始于－1600 年，周朝始于－1046 年。这一结果是否准确可靠，学术界尚有争议。国家启动的夏商周断代工程把中国文明史没有向前推进，这与考古发现相矛盾。此外，邵雍先生的推算言之凿凿，历史人物、历史事件一一罗列，环环相扣，并非空穴来风。邵子是十分严谨的学者，其推演当是可信的。故本书在夏商周断代问题上取邵子说。

4. 干支纪年问题

《皇极经世书》推演－841 年前之干支纪年均与现在通行的不符。自庚申（－841 年，西周共和元年）以后皆符。本书取现代通行的干支纪年。

四、关于对中国历史一些问题的见解与观点

笔者对中国历史不是人云亦云，而是有自己的见解与观点，故在示例中阐述出来，与读者交流，一起讨论，取长补短，共同提高。

1. 通行的中国历史年表问题

有些年表不是很准确。如西汉立国为公元前206年是不准确的，应该是公元前202年。公元前206－公元前202年是西楚；刘邦登基做皇帝是公元前202年，而不是公元前206年；公元前206－公元前202年是项羽封刘邦为汉王。西汉末年有15年的新朝，为什么算在西汉？唐朝中间有15年大周朝，为什么算在唐朝？清朝亡国是公历1912年，不是1911年，等等还有许多这方面的问题，示例中做了更正。

2. 重要历史人物的评价问题

由于24部正史中（别史、野史也有）一些编撰者个人的偏见，歪曲或部分歪曲了一些重要的历史人物，谬种流传，影响深远，直至今日。如对吕后、武则天、慈禧太后三位中国历史上最著名的女政治家；秦始皇、李世民、明成祖、雍正等皇帝的不实之词，笔者在文字说明中表述了自己的见解和观点。

3. 重大历史事件的评价问题

如对中国历史的变法的评价问题以及最为著名的商鞅变法、王安石变法、戊戌变法的看法与评价问题；对封建社会盛世的看法及最为著名的文景之治、贞观之治、开元盛世、康雍乾盛世的看法与评价问题；对历史上两个统一的少数民族政权的评价问题等等，笔者亦是阐述了一己之见。

另，对世界历史没有表达更多的个人观点。原因是世界历史不是示例推演的重点。仅在“演苏联”中，对全世界争议较大、说法不一、盖棺尚不能定论的斯大林，表述了一点看法并勾勒了他一生的主要功绩。在笔者看来，斯大林虽有错误，但对他的评价及其逝世后的做法甚为不公。斯大林不仅是苏联的最高领导，而且是世界共产主义运动的领袖，公允、准确的评价斯大林，当是一项光荣而艰巨的任务。

五、关于设“子”位的问题

在公元前1年和公元1年之间，设一“子”位，与太乙年局第四十五局对应。其目的只是为入太乙年局计算的方便，并无其它功能。

六、每180年后，有简短推演内容的文字说明，包括三个部分：第一，自然变化。推演历史上有详细文字记载的297年自然灾害，包括地震、洪涝和旱灾等（以上自然灾害的依据是《人类灾难纪典》，以下不再一一出注）。第二，中国历史。发展大趋势以及部分重点人物和重大历史事件，清朝历史的全过程，并推演六十三个朝代的兴亡更替之事。以上360个自然灾害和朝代更替兴亡之事，本书推演一小部分，做为推局法的示例；其余部分，提供史实、资料，供读者自己推演。第三，世界历史粗略推演周期灾厄和苏联历史全过程。

七、示例“年局”栏内，每一栏提供四种信息：最上为公元纪年；第三层为干支纪年；第二层为在位帝王；第一层为太乙年局。

如：

—1122
己卯
周武王元年
3

再如：

627
丁亥
唐太宗贞观元年
24

八、虽为“示例”，但与《时空太乙》的普适性并不矛盾。这里再举三个现代科学与古老《易经》规律的一致性的例子，以为佐证。

一例，1967年遗传密码被美国学者尼父伯格和考拉那攻破。这个惊人的发现与《周易》六十四卦相吻合。体现了《周易》八卦原理的普遍意义。

二例，伏羲六十四卦次序长图的阴阳比例与化学元素周期表一样，都反映了一个阴阳消长的周期。表示最古老的原理与最现代的理论相启迪。

三例，玻尔，丹麦物理学家，量子力学的奠基人之一。他选用中国的太极图作为他的家族的族徽。他承认古代东方智慧与现代西方科学之间深刻的和谐一致。

九、书中表格参照杨景磐先生著《皇极经世演绎》一书中的表格。

十、此示例相对于宇宙时间和空间的天文数字以及漫漫历史的长河，太微不足道了。但是有了例子，就不愁全部；有了个别，就有一般；能推演历史，就能推演现在；能推演现在，就能推演未来。古往今来，上下四方，其理一也。但企点滴示例，能达示范启发，以冀抛砖引玉。

第三章　装五表

一、甲元乾坤十二爻辰时间分配表

卦名	爻名	辰名	时间段（年）
乾	初九	子辰（十一月）	－70257 至－58738
坤	六四	丑辰（十二月）	－58737 至－47218
乾	九二	寅辰（一月）	－47217 至－35698
坤	六五	卯辰（二月）	－35697 至－24178
乾	九三	辰辰（三月）	－24177 至－12658
坤	上六	巳辰（四月）	－12657 至－1138
乾	九四	午辰（五月）	－1137 至 10383
坤	初六	未辰（六月）	10384 至 21903
乾	九五	申辰（七月）	21904 至 33423
坤	六二	酉辰（八月）	33424 至 44943
乾	上九	戌辰（九月）	44944 至 56463
坤	六三	亥辰（十月）	56464 至 67983

二、甲元巳辰时本（运）卦所统时间分配表（部分）

卦名	所统时间段（年）	卦名	所统时间段（年）
归妹	－3657 至－3478	蛊	－2397 至－2218
随	－3477 至－3298	旅	－2217 至－2038
解	－3297 至－3118	贲	－2037 至－1858
困	－3117 至－2938	蹇	－1857 至－1678
涣	－2937 至－2758	蒙	－1677 至－1498
井	－2757 至－2398	睽	－1497 至－1318
渐	－2577 至－2398	革	－1317 至－1138

三、甲元午辰时本（运）卦所统时间分配表

卦名	所统时间段（年）	卦名	所统时间段（年）
乾	－1137 至－958	剥	4624 至 4803
坤	－957 至－778	谦	4804 至 4983
否	－777 至－598	小畜	4984 至 5163
泰	－597 至－418	姤	5164 至 5343
震	－417 至－238	同人	5344 至 5523
巽	－237 至－58	大有	5524 至 5703
恒	－57 至 123	夬	5704 至 5883
益	124 至 303	履	5884 至 6063
坎	304 至 483	解	6064 至 6243
离	484 至 663	屯	6244 至 6423
既济	664 至 843	小过	6424 至 6603
未济	844 至 1023	颐	6604 至 6783
艮	1024 至 1203	家人	6784 至 6963
兑	1204 至 1383	鼎	6964 至 7143
损	1384 至 1563	中孚	7144 至 7323
咸	1564 至 1743	大过	7324 至 7503
大壮	1744 至 1923	丰	7504 至 7683
无妄	1924 至 2103	噬嗑	7684 至 7863
需	2104 至 2283	归妹	7864 至 8043
讼	2284 至 2463	随	8044 至 8223
大畜	2464 至 2643	节	8224 至 8403
遁	2644 至 2823	困	8404 至 8583
观	2824 至 3003	涣	8584 至 8763
升	3004 至 3183	井	8764 至 8943
晋	3184 至 3363	渐	8944 至 9123
明夷	3364 至 3543	蛊	9124 至 9303
萃	3544 至 3723	旅	9304 至 9483

卦名	所统时间段（年）	卦名	所统时间段（年）
临	3724 至 3903	贲	9484 至 9663
豫	3904 至 4083	蹇	9664 至 9843
复	4084 至 4263	蒙	9844 至 10023
师	4264 至 4443	睽	10024 至 10203
比	4444 至 4623	革	10204 至 10383

四、甲元巳辰时本、变卦三层结构表（部分）

运次	运卦	空卦	候卦
第九运	归妹	解	归妹、豫、恒、师、困、未济
		震	豫、归妹、丰、复、随、噬嗑
		大壮	恒、丰、归妹、泰、夬、大有
		临	师、复、泰、归妹、节、损
		兑	困、随、夬、节、归妹、履
		睽	未济、噬嗑、大有、损、履、归妹
	随	萃	随、困、咸、比、豫、否
		兑	困、随、夬、节、归妹、履
		革	咸、夬、随、既济、丰、同人
		屯	比、节、既济、随、复、益
		震	豫、归妹、丰、复、随、噬嗑
		无妄	否、履、同人、益、噬嗑、随
	节	坎	节、比、井、困、师、涣
		屯	比、节、既济、随、复、益
		需	井、既济、节、夬、泰、小畜
		兑	困、随、夬、节、归妹、履
		临	师、复、泰、归妹、解、损
		中孚	涣、益、小畜、履、损、节
	困	兑	困、随、夬、节、归妹、履
		萃	随、困、咸、比、豫、否
		大过	夬、咸、困、井、恒、姤
		坎	节、比、井、困、师、涣
		解	归妹、豫、恒、师、困、未济
		讼	履、否、姤、涣、未济、困

运次	运卦	空卦	候卦
第十运	涣	中孚	涣、益、小畜、履、损、节
		观	益、涣、渐、否、剥、比
		巽	小畜、渐、涣、姤、蛊、井
		讼	履、否、姤、涣、未济、困
		蒙	损、剥、蛊、未济、涣、师
		坎	节、比、井、困、师、涣
	井	需	井、既济、节、夬、泰、小畜
		蹇	既济、井、比、咸、谦、渐
		坎	节、比、井、困、师、涣
		大过	夬、咸、困、井、恒、姤
		升	泰、谦、师、恒、井、蛊
		巽	小畜、渐、涣、姤、蛊、井
	渐	家人	渐、小畜、益、同人、贲、既济
		巽	小畜、渐、涣、姤、蛊、井
		观	益、涣、渐、否、剥、比
		遁	同人、姤、否、渐、旅、咸
		艮	贲、蛊、剥、旅、渐、谦
		蹇	既济、井、比、咸、谦、渐
	蛊	大畜	蛊、贲、损、大有、小畜、泰
		艮	贲、蛊、剥、旅、渐、谦
		蒙	损、剥、蛊、未济、涣、师
		鼎	大有、旅、未济、蛊、姤、恒
		巽	小畜、渐、涣、姤、蛊、井
		升	泰、谦、师、恒、井、蛊
	旅	离	旅、大有、噬嗑、贲、同人、丰
		鼎	大有、旅、未济、蛊、姤、恒
		晋	噬嗑、未济、旅、剥、否、豫
		艮	贲、蛊、剥、旅、渐、谦
		遁	同人、姤、否、渐、旅、咸
		小过	丰、恒、豫、谦、咸、旅
	贲	艮	贲、蛊、剥、旅、渐、谦
		大畜	蛊、贲、损、大有、小畜、泰
		颐	剥、损、贲、噬嗑、益、复
		离	旅、大有、噬嗑、贲、同人、丰
		家人	渐、小畜、益、同人、贲、既济
		明夷	谦、泰、复、丰、既济、贲

运次	运卦	空卦	候卦
第十一运	蹇	既济	蹇、需、屯、革、明夷、家人
		井	需、蹇、坎、大过、升、巽
		比	屯、坎、蹇、萃、坤、观
		咸	革、大过、萃、蹇、小过、遁
		谦	明夷、升、坤、小过、蹇、艮
		渐	家人、巽、观、遁、艮、蹇
	蒙	损	蒙、颐、大畜、睽、中孚、临
		剥	颐、蒙、艮、晋、观、坤
		蛊	大畜、艮、蒙、鼎、巽、升
		未济	睽、晋、鼎、蒙、讼、解
		涣	中孚、观、巽、讼、蒙、坎
		师	临、坤、升、解、坎、蒙
第十二运	睽	未济	睽、晋、鼎、蒙、讼、解
		噬嗑	晋、睽、离、颐、无妄、震
		大有	鼎、离、睽、大畜、乾、大壮
		损	蒙、颐、大畜、睽、中孚、临
		履	讼、无妄、乾、中孚、睽、兑
		归妹	解、震、大壮、临、兑、睽
	革	咸	革、大过、萃、蹇、小过、遁
		夬	大过、革、兑、需、大壮、乾
		随	萃、兑、革、屯、震、无妄
		既济	蹇、需、屯、革、明夷、家人
		丰	小过、大壮、震、明夷、革、离
		同人	遁、乾、无妄、家人、离、革

六、甲元午辰时本、变卦三层结构表（部分）

运次	运卦	空卦	候卦
第一运	乾	姤	乾、遁、讼、巽、鼎、大过
		同人	遁、乾、无妄、家人、离、革
		履	讼、无妄、乾、中孚、睽、兑
		小畜	巽、家人、中孚、乾、大畜、需
		大有	鼎、离、睽、大畜、乾、大壮
		夬	大过、革、兑、需、大壮、乾

运次	运卦	空卦	候卦
第一运	坤	复	坤、临、明夷、震、屯、颐
		师	临、坤、升、解、坎、蒙
		谦	明夷、升、坤、小过、蹇、艮
		豫	震、解、小过、坤、萃、晋
		比	屯、坎、蹇、萃、坤、观
		剥	颐、蒙、艮、晋、观、坤
	否	无妄	否、履、同人、益、噬嗑、随
		讼	履、否、姤、涣、未济、困
		遁	同人、姤、否、渐、旅、咸
		观	益、涣、渐、否、剥、比
		晋	噬嗑、未济、旅、剥、否、豫
		萃	随、困、咸、比、豫、否
	泰	升	泰、谦、师、恒、井、蛊
		明夷	谦、泰、复、丰、既济、贲
		临	师、复、泰、归妹、节、损
		大壮	恒、丰、归妹、泰、夬、大有
		需	井、既济、节、夬、泰、小畜
		大畜	蛊、贲、损、大有、小畜、泰
第二运	震	豫	震、解、小过、坤、萃、晋
		归妹	解、震、大壮、临、兑、睽
		丰	小过、大壮、震、明夷、革、离
		复	坤、临、明夷、震、屯、颐
		随	萃、兑、革、屯、震、无妄
		噬嗑	晋、睽、离、颐、无妄、震
	巽	小畜	巽、家人、中孚、乾、大畜、需
		渐	家人、巽、观、遁、艮、蹇
		涣	中孚、观、巽、讼、蒙、坎
		姤	乾、遁、讼、巽、鼎、大过
		蛊	大畜、艮、蒙、鼎、巽、升
		井	需、蹇、坎、大过、升、巽
	恒	大壮	恒、丰、归妹、泰、夬、大有
		小过	丰、恒、豫、谦、咸、旅
		解	归妹、豫、恒、师、困、未济
		升	泰、谦、师、恒、井、蛊
		大过	夬、咸、困、井、恒、姤
		鼎	大有、旅、未济、蛊、姤、恒

运次	运卦	空卦	候卦
第二运	益	观	益、涣、渐、否、剥、比
		中孚	涣、益、小畜、履、损、节
		家人	渐、小畜、益、同人、贲、既济
		无妄	否、履、同人、益、噬嗑、随
		颐	剥、损、贲、噬嗑、益、复
		屯	比、节、既济、随、复、益
	坎	节	坎、屯、需、兑、临、中孚
		比	屯、坎、蹇、萃、坤、观
		井	需、蹇、坎、大过、升、巽
		困	兑、萃、大过、坎、解、讼
		师	临、坤、升、解、坎、蒙
		涣	中孚、观、巽、讼、蒙、坎
	离	旅	离、鼎、晋、艮、遁、小过
		大有	鼎、离、睽、大畜、乾、大壮
		噬嗑	晋、睽、离、颐、无妄、震
		贲	艮、大畜、颐、离、家人、明夷
		同人	遁、乾、无妄、家人、离、革
		丰	小过、大壮、震、明夷、革、离
	既济	蹇	既济、井、比、咸、谦、渐
		需	井、既济、节、夬、泰、小畜
		屯	比、节、既济、随、复、益
		革	咸、夬、随、既济、丰、同人
		明夷	谦、泰、复、丰、既济、贲
		家人	渐、小畜、益、同人、贲、既济
	未济	睽	未济、噬嗑、大有、损、履、归妹
		晋	噬嗑、未济、旅、剥、否、豫
		鼎	大有、旅、未济、蛊、姤、恒
		蒙	损、剥、蛊、未济、涣、师
		讼	履、否、姤、涣、未济、困
		解	归妹、豫、恒、师、困、未济
	艮	贲	艮、大畜、颐、离、家人、明夷
		蛊	大畜、艮、蒙、鼎、巽、升
		剥	颐、蒙、艮、晋、观、坤
		旅	离、鼎、晋、艮、遁、小过
		渐	家人、巽、观、遁、艮、蹇
		谦	明夷、升、坤、小过、蹇、艮

运次	运卦	空卦	候卦
第二运	兑	困	兑、萃、大过、坎、解、讼
		随	萃、兑、革、屯、震、无妄
		夬	大过、革、兑、需、大壮、乾
		节	坎、屯、需、兑、临、中孚
		归妹	解、震、大壮、临、兑、睽
		履	讼、无妄、乾、中孚、睽、兑
	损	蒙	损、剥、蛊、未济、涣、师
		颐	剥、损、贲、噬嗑、益、复
		大畜	蛊、贲、损、大有、小畜、泰
		睽	未济、噬嗑、大有、损、履、归妹
		中孚	涣、益、小畜、履、损、节
		临	师、复、泰、归妹、节、损
	咸	革	咸、夬、随、既济、丰、同人
		大过	夬、咸、困、井、恒、姤
		萃	随、困、咸、比、豫、否
		蹇	既济、井、比、咸、谦、渐
		小过	丰、恒、豫、谦、咸、旅
		遁	同人、姤、否、渐、旅、咸
第三运	大壮	恒	大壮、小过、解、升、大过、鼎
		丰	小过、大壮、震、明夷、革、离
		归妹	解、震、大壮、临、兑、睽
		泰	升、明夷、临、大壮、需、大畜
		夬	大过、革、兑、需、大壮、乾
		大有	鼎、离、睽、大畜、乾、大壮
	无妄	否	无妄、讼、遁、观、晋、萃
		履	讼、无妄、乾、中孚、睽、兑
		同人	遁、乾、无妄、家人、离、革
		益	观、中孚、家人、无妄、颐、屯
		噬嗑	晋、睽、离、颐、无妄、震
		随	萃、兑、革、屯、震、无妄
	需	井	需、蹇、坎、大过、升、巽
		既济	蹇、需、屯、革、明夷、家人
		节	坎、屯、需、兑、临、中孚
		夬	大过、革、兑、需、大壮、乾
		泰	升、明夷、临、大壮、需、大畜
		小畜	巽、家人、中孚、乾、大畜、需

运次	运卦	空卦	候卦
第三运	讼	履	讼、无妄、乾、中孚、睽、兑
		否	无妄、讼、遁、观、晋、萃
		姤	乾、遁、讼、巽、鼎、大过
		涣	中孚、观、巽、讼、蒙、坎
		未济	睽、晋、鼎、蒙、讼、解
		困	兑、萃、大过、坎、解、讼
	大畜	蛊	大畜、艮、蒙、鼎、巽、升
		贲	艮、大畜、颐、离、家人、明夷
		损	蒙、颐、大畜、睽、中孚、临
		大有	鼎、离、睽、大畜、乾、大壮
		小畜	巽、家人、中孚、乾、大畜、需
		泰	升、明夷、临、大壮、需、大畜
	遁	同人	遁、乾、无妄、家人、离、革
		姤	乾、遁、讼、巽、鼎、大过
		否	无妄、讼、遁、观、晋、萃
		渐	家人、巽、观、遁、艮、蹇
		旅	离、鼎、晋、艮、遁、小过
		咸	革、大过、萃、蹇、小过、遁
第四运	观	益	观、中孚、家人、无妄、颐、屯
		涣	中孚、观、巽、讼、蒙、坎
		渐	家人、巽、观、遁、艮、蹇
		否	无妄、讼、遁、观、晋、萃
		剥	颐、蒙、艮、晋、观、坤
		比	屯、坎、蹇、萃、坤、观
	升	泰	升、明夷、临、大壮、需、大畜
		谦	明夷、升、坤、小过、蹇、艮
		师	临、坤、升、解、坎、蒙
		恒	大壮、小过、解、升、大过、鼎
		井	需、蹇、坎、大过、升、巽
		蛊	大畜、艮、蒙、鼎、巽、升
	晋	噬嗑	晋、睽、离、颐、无妄、震
		未济	睽、晋、鼎、蒙、讼、解
		旅	离、鼎、晋、艮、遁、小过
		剥	颐、蒙、艮、晋、观、坤
		否	无妄、讼、遁、观、晋、萃
		豫	震、解、小过、坤、萃、晋

运次	运卦	空卦	候卦
第四运	明夷	谦	明夷、升、坤、小过、蹇、艮
		泰	升、明夷、临、大壮、需、大畜
		复	坤、临、明夷、震、屯、颐
		丰	小过、大壮、震、明夷、革、离
		既济	蹇、需、屯、革、明夷、家人
		贲	艮、大畜、颐、离、家人、明夷
	萃	随	萃、兑、革、屯、震、无妄
		困	兑、萃、大过、坎、解、讼
		咸	革、大过、萃、蹇、小过、遁
		比	屯、坎、蹇、萃、坤、观
		豫	震、解、小过、坤、萃、晋
		否	无妄、讼、遁、观、晋、萃
	临	师	临、坤、升、解、坎、蒙
		复	坤、临、明夷、震、屯、颐
		泰	升、明夷、临、大壮、需、大畜
		归妹	解、震、大壮、临、兑、睽
		节	坎、屯、需、兑、临、中孚
		损	蒙、颐、大畜、睽、中孚、临
第五运	豫	震	豫、归妹、丰、复、随、噬嗑
		解	归妹、豫、恒、师、困、未济
		小过	丰、恒、豫、谦、咸、旅
		坤	复、师、谦、豫、比、剥
		萃	随、困、咸、比、豫、否
		晋	噬嗑、未济、旅、剥、否、豫
	复	坤	复、师、谦、豫、比、剥
		临	师、复、泰、归妹、节、损
		明夷	谦、泰、复、丰、既济、贲
		震	豫、归妹、丰、复、随、噬嗑
		屯	比、节、既济、随、复、益
		颐	剥、损、贲、噬嗑、益、复
	师	临	师、复、泰、归妹、节、损
		坤	复、师、谦、豫、比、剥
		升	泰、谦、师、恒、井、蛊
		解	归妹、豫、恒、师、困、未济
		坎	节、比、井、困、师、涣
		蒙	损、剥、蛊、未济、涣、师

运次	运卦	空卦	候卦
第五运	比	屯	比、节、既济、随、复、益
		坎	节、比、井、困、师、涣
		蹇	既济、井、比、咸、谦、渐
		萃	随、困、咸、比、豫、否
		坤	复、师、谦、豫、比、剥
		观	益、涣、渐、否、剥、比
	剥	颐	剥、损、贲、噬嗑、益、复
		蒙	损、剥、蛊、未济、涣、师
		艮	贲、蛊、剥、旅、渐、谦
		晋	噬嗑、未济、旅、剥、否、豫
		观	益、涣、渐、否、剥、比
		坤	复、师、谦、豫、比、剥
	谦	明夷	谦、泰、复、丰、既济、贲
		升	泰、谦、师、恒、井、蛊
		坤	复、师、谦、豫、比、剥
		小过	丰、恒、豫、谦、咸、旅
		蹇	既济、井、比、咸、谦、渐
		艮	贲、蛊、剥、旅、渐、谦
第六运	小畜	巽	小畜、渐、涣、姤、蛊、井
		家人	渐、小畜、益、同人、贲、既济
		中孚	涣、益、小畜、履、损、节
		乾	姤、同人、履、小畜、大有、夬
		大畜	蛊、贲、损、大有、小畜、泰
		需	井、既济、节、夬、泰、小畜
	姤	乾	姤、同人、履、小畜、大有、夬
		遁	同人、姤、否、渐、旅、咸
		讼	履、否、姤、涣、未济、困
		巽	小畜、渐、涣、姤、蛊、井
		鼎	大有、旅、未济、蛊、姤、恒
		大过	夬、咸、困、井、恒、姤
	同人	遁	同人、姤、否、渐、旅、咸
		乾	姤、同人、履、小畜、大有、夬
		无妄	否、履、同人、益、噬嗑、随
		家人	渐、小畜、益、同人、贲、既济
		离	旅、大有、噬嗑、贲、同人、丰
		革	咸、夬、随、既济、丰、同人

运次	运卦	空卦	候卦
第六运	大有	鼎	大有、旅、未济、蛊、姤、恒
		离	旅、大有、噬嗑、贲、同人、丰
		睽	未济、噬嗑、大有、损、履、归妹
		大畜	蛊、贲、损、大有、小畜、泰
		乾	姤、同人、履、小畜、大有、夬
		大壮	恒、丰、归妹、泰、夬、大有
	夬	大过	夬、咸、困、井、恒、姤
		革	咸、夬、随、既济、丰、同人
		兑	困、随、夬、节、归妹、履
		需	井、既济、节、夬、泰、小畜
		大壮	恒、丰、归妹、泰、夬、大有
		乾	姤、同人、履、小畜、大有、夬
	履	讼	履、否、姤、涣、未济、困
		无妄	否、履、同人、益、噬嗑、随
		乾	姤、同人、履、小畜、大有、夬
		中孚	涣、益、小畜、履、损、节
		睽	未济、噬嗑、大有、损、履、归妹
		兑	困、随、夬、节、归妹、履
第七运	解	归妹	解、震、大壮、临、兑、睽
		豫	震、解、小过、坤、萃、晋
		恒	大壮、小过、解、升、大过、鼎
		师	临、坤、升、解、坎、蒙
		困	兑、萃、大过、坎、解、讼
		未济	睽、晋、鼎、蒙、讼、解
	屯	比	屯、坎、蹇、萃、坤、观
		节	坎、屯、需、兑、临、中孚
		既济	蹇、需、屯、革、明夷、家人
		随	萃、兑、革、屯、震、无妄
		复	坤、临、明夷、震、屯、颐
		益	观、中孚、家人、无妄、颐、屯
	小过	丰	小过、大壮、震、明夷、革、离
		恒	大壮、小过、解、升、大过、鼎
		豫	震、解、小过、坤、萃、晋
		谦	明夷、升、坤、小过、蹇、艮
		咸	革、大过、萃、蹇、小过、遁
		旅	离、鼎、晋、艮、遁、小过

运次	运卦	空卦	候卦
第七运	颐	剥	颐、蒙、艮、晋、观、坤
		损	蒙、颐、大畜、睽、中孚、临
		贲	艮、大畜、颐、离、家人、明夷
		噬嗑	晋、睽、离、颐、无妄、震
		益	观、中孚、家人、无妄、颐、屯
		复	坤、临、明夷、震、屯、颐
第八运	家人	渐	家人、巽、观、遁、艮、蹇
		小畜	巽、家人、中孚、乾、大畜、需
		益	观、中孚、家人、无妄、颐、屯
		同人	遁、乾、无妄、家人、离、革
		贲	艮、大畜、颐、离、家人、明夷
		既济	蹇、需、屯、革、明夷、家人
	鼎	大有	鼎、离、睽、大畜、乾、大壮
		旅	离、鼎、晋、艮、遁、小过
		未济	睽、晋、鼎、蒙、讼、解
		蛊	大畜、艮、蒙、鼎、巽、升
		姤	乾、遁、讼、巽、鼎、大过
		恒	大壮、小过、解、升、大过、鼎
	中孚	涣	中孚、观、巽、讼、蒙、坎
		益	观、中孚、家人、无妄、颐、屯
		小畜	巽、家人、中孚、乾、大畜、需
		履	讼、无妄、乾、中孚、睽、兑
		损	蒙、颐、大畜、睽、中孚、临
		节	坎、屯、需、兑、临、中孚
	大过	夬	大过、革、兑、需、大壮、乾
		咸	革、大过、萃、蹇、小过、遁
		困	兑、萃、大过、坎、解、讼
		井	需、蹇、坎、大过、升、巽
		恒	大壮、小过、解、升、大过、鼎
		姤	乾、遁、讼、巽、鼎、大过
第九运	丰	小过	丰、恒、豫、谦、咸、旅
		大壮	恒、丰、归妹、泰、夬、大有
		震	豫、归妹、丰、复、随、噬嗑
		明夷	谦、泰、复、丰、既济、贲
		革	咸、夬、随、既济、丰、同人
		离	旅、大有、噬嗑、贲、同人、丰

第三章 装五表

运次	运卦	空卦	候卦
第九运	噬嗑	晋	噬嗑、未济、旅、剥、否、豫
		睽	未济、噬嗑、大有、损、履、归妹
		离	旅、大有、噬嗑、贲、同人、丰
		颐	剥、损、贲、噬嗑、益、复
		无妄	否、履、同人、益、噬嗑、随
		震	豫、归妹、丰、复、随、噬嗑

此表上接“四、甲元巳辰时本、变卦三层结构表（部分）”，正好是一个完整的“时”，11520 年，共 2752 卦；每一个“时”11520 年都可以循环往复使用。这是《易经》循环往复原理在推演中的具体体现。

第四章　实推演

一、巳辰时

此段为甲元巳辰时部分示例，包括从第九运的归妹开始到第十运的革卦，共十四卦，共统2520年。

第一节　巳辰时（1）

本节为甲元巳辰时第九运、第十运之八卦，共统1440年。

元	时	运	空		
甲	巳6	9、10	2221－2262		
符号	时爻	运卦	空卦	侯卦	年局
阴阳	坤上六爻	归妹、随、节、困、涣、井、渐七卦。	42个	252个	1260局（次）

三皇开天辟地，五帝立业奠基

说明：1. 上表为巳辰时第九运之归妹、随、节、困四卦和第十运之涣、井、渐三卦所统驭的。从－3657年到－2398年，共1260年，21个60甲子。

2. 此期历史约为三皇晚期到五帝初、中期。属于“史前史”史前史是指没有明确的文献资料记载以前所经历的历史阶段。我国夏代以前的历史称为史前史。史前史的研究主要依靠考古发现的人类遗存的实物资料，以及神话传说。

3. 北京大学教授、我国著名考古专家苏秉琦先生认为：古代有所谓三皇五帝之说，但具体哪是三皇哪是五帝，则往往有不同的说法。要之，三皇或类似三皇的说法应属后人对荒远古代的一种推想。而五帝则可能实有其人其事，所以司马迁著《史记》直接从《五帝本纪》开始，而于五帝以前的历史只字未提。

五帝的时代究竟相当于考古学上的哪个时代，现在尚无法定论，但从《五帝本纪》的记载和从考古学文化来看，约是仰韶文化的后期即大约相当于公元前3500年左右。也就是说，从现在考古发现和历史文献看，中华文明下限应在5500年左右。

4. 另据王大有先生在《三皇五帝时代》中的研究，五帝是指这五位先祖所代表的是一个时代，非仅指个人。他认为：黄帝时代为－4513年至－4050年；颛顼时代为－4050年至－3380年；帝喾、尧、舜时代为－3380至－2073年（《三皇五帝时代》，中国时代经济出版社，2005年版，第7页）。

5.《时空太乙》从－3657年到2011年（邵雍先生诞辰1000周年），共5669年。这与考古发现和历史文献及研究成果基本吻合。

6. 从七个卦象看，第九运归妹为浮云蔽日之卦，阴阳不交之象，到困卦仍未走出困境。第十运涣卦为恶事离身，患难将消之象，已初步摆脱困境。说明祖先的生存能力已有所提高；井卦为珠藏深渊之卦，守静安常之象，显示祖先的生产力仍十分低下；渐卦为高山植木之卦，积小成大之象，显示祖先的生存能力进一步提高。总之，从卦象看此期正是：远古史可歌可泣，华夏祖且艰且难。

元	时	运	空						
甲	巳6	10	2263—2268						
符号	时爻	运卦	空卦	候卦	年局				
阴阳	坤上六爻	蛊	大畜	蛊	—2397 甲子 24	—2396 乙丑 25	—2395 丙寅 26	—2394 丁卯 27	—2393 戊辰 28
				贲	—2392 已巳 29	—2391 庚午 30	—2390 辛未 31	—2389 壬申 32	—2388 癸酉 33
				损	—2387 甲戌 34	—2386 乙亥 35	—2385 丙子 36	—2384 丁丑 37	—2383 戊寅 38
				大有	—2382 已卯 39	—2381 庚辰 40	—2380 辛巳 41	—2379 壬午 42	—2378 癸未 43
				小畜	—2377 甲申 44	—2376 乙酉 45	—2375 丙戌 46	—2374 丁亥 47	—2373 戊子 48
				泰	—2372 已丑 49	—2371 庚寅 50	—2370 辛卯 51	—2369 壬辰 52	—2368 癸巳 53

元	时	运	空						
甲	巳 6	10	2263—2268						
符号	时爻	运卦	空卦	候卦	年局				
阴阳	坤上 六爻	蛊	艮	贲	—2367 甲午 54	—2366 乙未 55	—2365 丙申 56	—2364 丁酉 57	—2363 戊戌 58
				蛊	—2362 巳亥 59	—2361 庚子 60	—2360 辛丑 61	—2359 壬寅 62	—2358 癸卯 63
				剥	—2357 甲辰 唐尧 元年 64	—2356 乙巳 65	—2365 丙午 66	—2364 丁未 67	—2363 戊申 68
				旅	—2352 巳酉 69	—2351 庚戌 70	—2350 辛亥 71	—2349 壬子 72	—2348 癸丑 1
				渐	—2347 甲寅 2	—2346 乙卯 3	—2345 丙辰 4	—2344 丁巳 5	—2343 戊午 6
				谦	—2342 巳未 7	—2341 庚申 8	—2340 辛酉 9	—2339 壬戌 10	—2338 癸亥 11
阴阳	坤上 六爻	蛊	蒙	损	—2337 甲子 12	—2336 乙丑 13	—2335 丙寅 14	—2334 丁卯 15	—2333 戊辰 16
				剥	—2332 己巳 17	—2331 庚午 18	—2330 辛未 19	—2329 壬申 20	—2328 癸酉 21
				蛊	—2327 甲戌 22	—2326 乙亥 23	—2325 丙子 24	—2324 丁丑 25	—2323 戊寅 26
				未济	—2322 巳卯 27	—2321 庚辰 28	—2320 辛巳 29	—2319 壬午 30	—2318 癸未 31
				涣	—2317 甲申 32	—2316 乙酉 33	—2315 丙戌 34	—2314 丁亥 35	—2313 戊子 36
				师	—2312 巳丑 37	—2311 庚寅 38	—2310 辛卯 39	—2309 壬辰 40	—2308 癸巳 41

元	时	运	空						
甲	巳 6	10	2263－2268						
符号	时爻	运卦	空卦	候卦	年局				
阴阳	坤上六爻	蛊	鼎	大有	－2307 甲午 42	－2306 乙未 43	－2305 丙申 44	－2304 丁酉 45	－2303 戊戌 46
				旅	－2302 已亥 47	－2301 庚子 48	－2300 辛丑 49	－2299 壬寅 50	－2298 癸卯 51
				未济	－2297 甲辰 52	－2296 乙巳 53	－2295 丙午 54	－2294 丁未 55	－2293 戊申 56
				蛊	－2292 已酉 57	－2291 庚戌 58	－2290 辛亥 59	－2289 壬子 60	－2288 癸丑 61
				姤	－2287 甲寅 62	－2286 乙卯 唐尧 72 年 63	－2285 丙辰 虞舜 元年 64	－2284 丁巳 65	－2283 戊午 66
				恒	－2282 已未 67	－2281 庚申 68	－2280 辛酉 69	－2279 壬戌 70	－2278 癸亥 71
阴阳	坤上六爻	蛊	巽	小畜	－2277 甲子 72	－2276 乙丑 1	－2275 丙寅 2	－2274 丁卯 3	－2273 戊辰 4
				渐	－2272 己巳 5	－2271 庚午 6	－2270 辛未 7	－2269 壬申 8	－2268 癸酉 9
				涣	－2267 甲戌 10	－2266 乙亥 11	－2265 丙子 12	－2264 丁丑 13	－2263 戊寅 14
				姤	－2262 已卯 15	－2261 庚辰 16	－2260 辛巳 17	－2259 壬午 18	－2258 癸未 19
				蛊	－2257 甲申 20	－2256 乙酉 21	－2255 丙戌 22	－2254 丁亥 23	－2253 戊子 24
				井	－2252 已丑 25	－2251 庚寅 26	－2250 辛卯 27	－2249 壬辰 28	－2248 癸巳 29

元	时	运	空						
甲	巳6	10	2263—2268						
符号	时爻	运卦	空卦	候卦	年局				
阴阳	坤上六爻	蛊	升	泰	—2247 甲午 30	—2246 乙未 31	—2245 丙申 32	—2244 丁酉 33	—2243 戊戌 34
				谦	—2242 已亥 35	—2241 庚子 36	—2240 辛丑 37	—2239 壬寅 38	—2238 癸卯 39
				师	—2237 甲辰 40	—2236 乙巳 41	—2235 丙午 42	—2234 丁未 43	—2233 戊申 44
				恒	—2232 已酉 45	—2231 庚戌 46	—2230 辛亥 47	—2229 壬子 48	—2228 癸丑 49
				井	—2227 甲寅 50	—2226 乙卯 51	—2225 丙辰 虞舜 61年 52	—2224 丁巳 夏禹 元年 53	—2223 戊午 54
				蛊	—2222 已未 55	—2221 庚申 56	—2220 辛酉 57	—2219 壬戌 58	—2218 癸亥 59

大禹应象终立国，五帝得蛊始营华

此期从—2397年到—2218年，为巳辰时第十运之蛊卦统驭的180年。推演历史，蛊卦象征衰败时有新生力量，并最终使混乱的局面归于平静，开辟新天地。主要是尧舜时期和夏禹登基。尧帝在位72年，舜帝在位61年。五帝开创的事业是中华民族五千年文明的开端。五帝的传说，几千年来深深扎根于中华民族的心里，被尊崇为贤君圣主，成为楷模，历代传颂。炎黄子孙的称谓早已成为凝聚中华民族的亲切称呼。“人皆可以为尧舜”，“六亿神州尽舜尧”，也早已成为鼓励人们贤能为善的有力口号。

以卦推演尧舜之事，非常吻合。蛊卦象征惩弊治乱、革新。可见，尧当时是“受命于危难之际”，社会上出现了混乱的局面，而尧正是面对难题，坚定不移的惩弊，大刀阔斧的革新，开辟出了一片新天地。尧行空卦主要是艮、蒙、鼎三卦。艮卦象征稳重、静止、最突出的特点是“稳”，稳如泰山，静止不动，恒久不变，相当有定力。此正反映出尧面对困难所表现的坚定毅力和不屈不挠的精神，这是就思想意识方面来说的。蒙卦是说幼稚者需要启蒙、教育的问题。《史记·五帝本纪》载，尧教化初民以历法，从事生产的节令，告诫百官各尽职守，各种事情都办起来了（《二十四史．史记．五帝本纪》，中华书局，2000年版，第13页）。鼎卦象征王权的威严。鼎卦的要点在立不在破，在化不在变。变与破是化与立的基础。尧乃调和鼎鼎，去旧取新之高手。真正是“治大国如烹小鲜”。作为一代帝王，尧不但有定力、毅力，在治民上教化攻心，而且革故鼎新，手法高超，后世称其为伟大帝王，乃实至名归。

舜继位行姤卦。继位为什么行姤卦？原来是大有文章。姤卦指意外相遇。得姤卦者遇到机遇才能有所作为。这就要看舜为什么有机会为帝了。据《史记·五帝本纪》载：尧的晚年，为了能找到一个可靠的接班人而费尽心机。那时还不是父传子，家天下的时代。尧认为自己的儿子不能胜任帝王，打算从所有同姓和异姓，远近大臣和隐居者当中推举。舜正是在此时被推举出来为帝，又经过多年，许多事情的考验，然后才登位的（同上书，第17—23页）。所以说舜继位得姤卦，乃灵验之至。巽卦，随顺为巽，要顺从正人君子。此处指舜帝随顺尧帝，将尧帝之事业继续发扬光大，而且反复申明自己的命令，发展自己的宏大事业。升卦，指上升。得升卦都顺势而上，可以图谋发展。舜帝利用良好的机遇，既光大尧的事业，又将自己的志向行于天下，终于形成中国历史上极为罕见，代代向往，人人敬仰的尧舜盛世，流芳千古，而且为后代统治者树立了光辉的榜样。

禹是我国第一个奴隶制国家——夏朝的创立者。从此我们的先祖结束了原始社会的生活，步入了奴隶社会；结束了原始部落生活，步入了国家时代；结束了无阶级时代，步入了阶级社会。这是中华大地、中华民族的一个巨大变化，里程碑式的事件。详情将在下面继续推演。正是：祭炎黄寻根问祖，颂尧舜国泰民安。

第二节 巳辰时（2）

本节包括甲元巳辰时第十一运之旅、贲二卦，共统 360 年。

元	时	运	空						
甲	巳 6	10	2269—2274						
符号	时爻	运卦	空卦	候卦	年局				
阴阳	坤上 六爻	旅	离	旅	—2217 甲子 60	—2216 乙丑 61	—2215 丙寅 62	—2214 丁卯 63	—2213 戊辰 64
				大有	—2212 己巳 65	—2211 庚午 66	—2210 辛未 67	—2209 壬申 68	—2208 癸酉 69
				噬嗑	—2207 甲戌 70	—2206 乙亥 71	—2205 丙子 72	—2204 丁丑 1	—2203 戊寅 2
				贲	—2202 己卯 3	—2201 庚辰 4	—2200 辛巳 5	—2199 壬午 6	—2198 癸未 夏王 禹 27 年 7
				同人	—2197 甲申 夏启 元年 8	—2196 乙酉 9	—2195 丙戌 10	—2194 丁亥 11	—2193 戊子 12
				丰	—2192 己丑 13	—2191 庚寅 14	—2190 辛卯 15	—2189 壬辰 16	—2188 癸巳 夏太 康元 年 17

元	时	运	空						
甲	巳 6	10	2269－2274						
符号	时爻	运卦	空卦	候卦	年局				
阴阳	坤上六爻	旅	鼎	大有	－2187 甲午 18	－2186 乙未 19	－2185 丙申 20	－2184 丁酉 21	－2183 戊戌 22
				旅	－2182 己亥 23	－2181 庚子 24	－2180 辛丑 25	－2179 壬寅 26	－2178 癸卯 27
				未济	－2177 甲辰 28	－2176 乙巳 29	－2175 丙午 30	－2174 丁未 31	－2173 戊申 32
				蛊	－2172 己酉 33	－2171 庚戌 34	－2170 辛亥 35	－2169 壬子 36	－2168 癸丑 37
				姤	－2167 甲寅 38	－2166 乙卯 39	－2165 丙辰 40	－2164 丁巳 41	－2163 戊午 42
				恒	－2162 己未 43	－2161 庚申 44	－2160 辛酉 45	－2159 壬戌 夏仲康元年 46	－2158 癸亥 47
阴阳	坤上六爻	旅	晋	噬嗑	－2157 甲子 48	－2156 乙丑 49	－2155 丙寅 50	－2154 丁卯 51	－2153 戊辰 52
				未济	－2152 己巳 53	－2151 庚午 54	－2150 辛未 55	－2149 壬申 56	－2148 癸酉 57
				旅	－2147 甲戌 58	－2146 乙亥 夏相元年 59	－2145 丙子 60	－2144 丁丑 61	－2143 戊寅 62
				剥	－2142 己卯 63	－2141 庚辰 64	－2140 辛巳 65	－2139 壬午 66	－2138 癸未 67
				否	－2137 甲申 68	－2136 乙酉 69	－2135 丙戌 70	－2134 丁亥 71	－2133 戊子 72
				豫	－2132 己丑 1	－2131 庚寅 2	－2130 辛卯 3	－2129 壬辰 4	－2128 癸巳 5

元	时	运	空						
甲	巳 6	10	2269—2274						
符号	时爻	运卦	空卦	候卦	年局				
阴阳	坤上 六爻	旅	艮	贲	—2127 甲午 6	—2126 乙未 7	—2125 丙申 8	—2124 丁酉 9	—2123 戊戌 10
				蛊	—2122 已亥 11	—2121 庚子 12	—2120 辛丑 13	—2119 壬寅 14	—2118 癸卯 15
				剥	—2117 甲辰 16	—2116 乙巳 17	—2115 丙午 18	—2114 丁未 19	—2113 戊申 20
				旅	—2112 已酉 21	—2111 庚戌 22	—2110 辛亥 23	—2109 壬子 24	—2108 癸丑 25
				渐	—2107 甲寅 26	—2106 乙卯 27	—2105 丙辰 28	—2104 丁巳 29	—2103 戊午 30
				谦	—2102 已未 31	—2101 庚申 32	—2100 辛酉 33	—2099 壬戌 34	—2098 癸亥 35
阴阳	坤上 六爻	旅	遁	同人	—2097 甲子 36	—2096 乙丑 37	—2095 丙寅 38	—2094 丁卯 39	—2093 戊辰 40
				姤	—2092 已巳 41	—2091 庚午 42	—2090 辛未 43	—2089 壬申 44	—2088 癸酉 45
				否	—2087 甲戌 46	—2086 乙亥 47	—2085 丙子 48	—2084 丁丑 49	—2083 戊寅 50
				渐	—2082 已卯 51	—2081 庚辰 52	—2080 辛巳 53	—2079 壬午 夏少 康元 年 54	—2078 癸未 55
				旅	—2077 甲申 56	—2076 乙酉 57	—2075 丙戌 58	—2074 丁亥 59	—2073 戊子 60
				咸	—2072 已丑 61	—2071 庚寅 62	—2070 辛卯 63	—2069 壬辰 64	—2068 癸巳 65

元	时	运	空						
甲	巳 6	10	2269—2274						
符号	时爻	运卦	空卦	候卦	年局				
阴阳	坤上 六爻	旅	小过	丰	—2067 甲午 66	—2066 乙未 67	—2065 丙申 68	—2064 丁酉 69	—2063 戊戌 70
				恒	—2062 已亥 71	—2061 庚子 72	—2060 辛丑 1	—2059 壬寅 2	—2058 癸卯 3
				豫	—2057 甲辰 夏杼 元年 4	—2056 乙巳 5	—2055 丙午 6	—2054 丁未 7	—2053 戊申 8
				谦	—2052 已酉 9	—2051 庚戌 10	—2050 辛亥 11	—2049 壬子 12	—2048 癸丑 13
				咸	—2047 甲寅 14	—2046 乙卯 15	—2045 丙辰 16	—2044 丁巳 17	—2043 戊午 18
				旅	—2042 已未 19	—2041 庚申 20	—2040 辛酉 夏槐 元年 21	—2039 壬戌 22	—2038 癸亥 23

国家初创似旅卦，大禹治水如救星

此期从—2217年到—2038年为巳辰时第十运旅卦统驭的180年。主要是夏朝的前、中期。夏朝从—2224年到—1766年，共459年，历17王。

夏王朝不仅是中国历史上的第一个国家，而且是个非常独特的朝代。一是改变了中国的社会性质。由之前的原始社会过渡到了奴隶社会；二是改变了中国的社会组织性质。由部落联盟过渡到了国家；三是改变了所有制性质，由公有制过渡到私有制；四是改变了选举制度，由军事民主选举制过渡到君主世袭制的阶级社会。

由此，可以说夏朝及其五帝时期是中华文明的摇篮时期，首创之功，功不可没；中华先祖聪明睿智，中华文明到了商、周时期为大发展时期；到了秦、汉时期就比较成熟了。

万事开头难，小事尚且如此，国家大事首创者更难。这在卦象上颇有反映。夏朝行蛊卦之末尾以及候卦蛊，此180年又行运卦旅。蛊卦象征弊治乱、革新，推翻了原来的，开辟了新天地。夏朝之初行蛊卦，颇为贴切。旅卦象征旅途，不安定，居无定所。也可以看做是国家初创，因无先例，处处都要摸着石头过河，国家的政治、经济、军事、文化、制度等等方面都处于“不固定”状态，有如人在旅途之居无定所，不安定一样。草创国家的旅卦，就像万里长征刚起步，征程漫漫，甚至披荆斩棘，历经风霜雪雨，方能有所成就。

禹为夏朝的建立者。夏朝是中国历史上的第一个国家。夏禹最为典型的政绩一是建国；二是治水。在古代社会洪水和猛兽并提，洪水给社会和人民生命、生活、生产带来了巨大灾难，人们谈之色变。如果谁能治理洪水，谁就是人们心中的神人、大英雄。禹就是。他接受鲧治水失败的教训，立足于疏导，并亲临一线指挥，栉风沐雨，在外治水十三年，三过家门而不入，终于战胜了洪水。禹因为治水有功，被舜选为接班人。由卦象来看，大禹治水的美好传说，并非空穴来风。禹在位 27 年，行蛊尾旅头。此处之蛊卦象征洪水成灾，社会动乱，人民流离失所。蛊正是对当时洪水泛滥这一自然现象的符号显示。旅卦显示大禹治水奔波劳碌，现场指挥，居无定所的征象。旅一变为空卦离，统 30 年，也正应大禹治住洪水，给天下人民带来光明和生活安定之势。

夏王太康于公元前 2160 年崩。此年应入太乙岁计局第 45 局。太乙在八宫，客参将在正宫乾，主参将、客大将挟始击，在太乙格局中称为“提挟”。提挟为兼攻，并立挟制之象。人事遇提挟为情非所愿而逆理行事，受人牵制挟持，为祸乱之象。是年，后羿趁机拥兵自重，占据都城，立太康之子仲康为王，大权掌握在后羿手中，夏王仲康成了傀儡，悲愤而死。此即太乙提挟之验也。后又有后羿亲信寒浞之乱近 50 年。

夏王杼行空卦小过。曾率兵灭寒浞之子，彻底肃清了寒浞的残余势力。又出兵征伐东夷，兵锋直抵东海，使夏王朝的势力达到鼎盛阶段。后人认为夏王杼是和禹并称的人。小过象征小有过度、超越，为飞鸟遗音之卦，显示了夏王杼善于治国而且小有超越的成就。正是：太康得年局可断祸乱，夏杼行小过方显英姿。

元	时	运	空						
甲	巳 6	10	2275—2280						
符号	时爻	运卦	空卦	候卦	年局				
阴阳	坤上 六爻	贲	艮	贲	—2037 甲子 24	—2036 乙丑 25	—2035 丙寅 26	—2034 丁卯 27	—2033 戊辰 28
				蛊	—2032 己巳 29	—2031 庚午 30	—2030 辛未 31	—2029 壬申 32	—2028 癸酉 33
				剥	—2027 甲戌 34	—2026 乙亥 35	—2025 丙子 36	—2024 丁丑 37	—2023 戊寅 38
				旅	—2022 己卯 39	—2021 庚辰 40	—2020 辛巳 41	—2019 壬午 42	—2018 癸未 43
				渐	—2017 甲申 44	—2016 乙酉 45	—2015 丙戌 46	—2014 丁亥 夏芒 元年 47	—2013 戊子 48
				谦	—2012 己丑 49	—2011 庚寅 50	—2010 辛卯 51	—2009 壬辰 52	—2008 癸巳 53
阴阳	坤上 六爻	贲	大畜	蛊	—2007 甲午 54	—2006 乙未 55	—2005 丙申 56	—2004 丁酉 57	—2003 戊戌 58
				贲	—2002 己亥 59	—2001 庚子 60	—2000 辛丑 61	—1999 壬寅 62	—1998 癸卯 63
				损	—1997 甲辰 64	—1996 乙巳 夏泄 元年 65	—1995 丙午 66	—1994 丁未 67	—1993 戊申 68
				大有	—1992 己酉 69	—1991 庚戌 70	—1990 辛亥 夏不 降元 年 71	—1989 壬子 72	—1988 癸丑 1
				小畜	—1987 甲寅 2	—1986 乙卯 3	—1985 丙辰 4	—1984 丁巳 5	—1983 戊午 6
				泰	—1982 己未 7	—1981 庚申 8	—1980 辛酉 9	—1979 壬戌 10	—1978 癸亥 11

元	时	运	空						
甲	巳 6	10	2275—2280						
符号	时爻	运卦	空卦	候卦	年局				
阴阳	坤上 六爻	贲	颐	剥	—1977 甲子 12	—1976 乙丑 13	—1975 丙寅 14	—1974 丁卯 15	—1973 戊辰 16
				损	—1972 已巳 17	—1971 庚午 18	—1970 辛未 19	—1969 壬申 20	—1968 癸酉 21
				贲	—1967 甲戌 22	—1966 乙亥 23	—1965 丙子 24	—1964 丁丑 25	—1963 戊寅 26
				噬嗑	—1962 已卯 27	—1961 庚辰 28	—1960 辛巳 29	—1959 壬午 30	—1958 癸未 31
				益	—1957 甲申 32	—1956 乙酉 33	—1955 丙戌 34	—1954 丁亥 35	—1953 戊子 36
				复	—1952 已丑 37	—1951 庚寅 38	—1950 辛卯 39	—1949 壬辰 40	—1948 癸巳 41
阴阳	坤上 六爻	贲	离	旅	—1947 甲午 42	—1946 乙未 43	—1945 丙申 44	—1944 丁酉 45	—1943 戊戌 46
				大有	—1942 已亥 47	—1941 庚子 48	—1940 辛丑 49	—1939 壬寅 50	—1938 癸卯 51
				噬嗑	—1937 甲辰 52	—1936 乙巳 53	—1935 丙午 54	—1934 丁未 55	—1933 戊申 56
				贲	—1932 已酉 57	—1931 庚戌 58	—1930 辛亥 59	—1929 壬子 60	—1928 癸丑 61
				同人	—1927 甲寅 62	—1926 乙卯 63	—1925 丙辰 64	—1924 丁巳 65	—1923 戊午 66
				丰	—1922 已未 67	—1921 庚申 夏肩 元年 68	—1920 辛酉 69	—1919 壬戌 70	—1918 癸亥 71

元	时	运	空						
甲	巳 6	10	2275－2280						
符号	时爻	运卦	空卦	候卦	年局				
阴阳	坤上 六爻	贲	家人	渐	－1917 甲子 72	－1916 乙丑 1	－1915 丙寅 2	－1914 丁卯 3	－1913 戊辰 4
				小畜	－1912 已巳 5	－1911 庚午 6	－1910 辛未 7	－1909 壬申 8	－1908 癸酉 9
				益	－1907 甲戌 10	－1906 乙亥 11	－1905 丙子 12	－1904 丁丑 13	－1903 戊寅 14
				同人	－1902 已卯 15	－1901 庚辰 16	－1900 辛巳 夏厘 元年 17	－1899 壬午 18	－1898 癸未 19
				贲	－1897 甲申 20	－1896 乙酉 21	－1895 丙戌 22	－1894 丁亥 23	－1893 戊子 24
				既济	－1892 已丑 25	－1891 庚寅 26	－1890 辛卯 27	－1889 壬辰 28	－1888 癸巳 29
阴阳	坤上 六爻	贲	明夷	谦	－1887 甲午 30	－1886 乙未 31	－1885 丙申 32	－1884 丁酉 33	－1883 戊戌 34
				泰	－1882 已亥 35	－1881 庚子 36	－1880 辛丑 37	－1879 壬寅 夏孔 甲元 年 38	－1878 癸卯 39
				复	－1877 甲辰 40	－1876 乙巳 41	－1875 丙午 42	－1874 丁未 43	－1873 戊申 44
				丰	－1872 已酉 45	－1871 庚戌 46	－1870 辛亥 47	－1869 壬子 48	－1868 癸丑 49
				既济	－1867 甲寅 50	－1866 乙卯 51	－1865 丙辰 52	－1864 丁巳 53	－1863 戊午 54
				贲	－1862 已未 55	－1861 庚申 56	－1860 辛酉 57	－1859 壬戌 58	－1858 癸亥 59

六王兴夏得卦贲，一卦演盛乃神合

此期从－2037至－1858年为甲元巳辰时第十运之贲卦所统180年，主要是夏朝的中、后期。运卦为贲，贲卦表示装饰事物使人赏心悦目。为光明通泰之象。夏王朝自夏槐、夏芒、夏泄、夏不降、夏扃到夏廑，共六王，在位160年，皆是有为之主，乃夏之鼎盛时期。其中夏不降将夏王朝推向了巅峰。此为光明通泰之象，真正的使人赏心悦目。

空卦行艮、大畜、颐、离、家人、明夷六卦。艮为游鱼避网之卦，积小成高之象。主要是指夏槐王。其上有少康王，在位22年，颇多建树，史称"少康中兴"。夏槐继之并发扬光大。大畜为大的积蓄，刚健厚安，放射新的光辉，也有积小成高之象，主要指夏芒、夏泄、夏不降前期。颐、离二卦主要指夏不降。颐卦为近善远恶之象，显示夏不降亲贤臣远小人，且注重全国人民从精神上的颐养。离卦象征无限光明，乃大明当天之象。夏不降在位59年，将夏朝推向了盛世，正象如日中天之离卦。家人卦乃开花结籽之象，主要指夏扃、夏廑二王。显示二位也是守成之主，在前人基础上开花结果，而且硕果丰盛。明夷卦象征天下昏暗，局势艰难。是出明入暗之象。主要是指孔甲。"昔孔甲乱夏，四世而陨"（《二十五别史. 国语. 周语下》，齐鲁书社，2000年版，第70页）。孔甲无德无才，任意胡为，夏之乱象由此而始。后孔甲更加荒淫无度，国力大衰，继之江河日下，夏之亡为期不远矣。自孔甲而皋、发、桀恰好四世而亡。正是：治世乱世循环不已，英主昏主轮流登台。

第三节　巳辰时（3）

本节包括甲元巳辰时第十一运之蹇、蒙二卦，共统360年。

元	时	运	空						
甲	巳6	10	2281—2286						
符号	时爻	运卦	空卦	候卦	年局				
阴阳	坤上 六爻	蹇	既济	蹇	—1857 甲子 60	—1856 乙丑 61	—1855 丙寅 62	—1854 丁卯 63	—1853 戊辰 64
				需	—1852 己巳 65	—1851 庚午 66	—1850 辛未 67	—1849 壬申 68	—1848 癸酉 夏皋 元年 69
				屯	—1847 甲戌 70	—1846 乙亥 71	—1845 丙子 72	—1844 丁丑 1	—1843 戊寅 2
				革	—1842 己卯 3	—1841 庚辰 4	—1840 辛巳 5	—1839 壬午 6	—1838 癸未 7
				明夷	—1837 甲申 夏发 元年 8	—1836 乙酉 9	—1835 丙戌 10	—1834 丁亥 11	—1833 戊子 12
				家人	—1832 己丑 13	—1831 庚寅 14	—1830 辛卯 15	—1829 壬辰 16	—1828 癸巳 17
阴阳	坤上 六爻	蹇	井	需	—1827 甲午 18	—1826 乙未 19	—1825 丙申 20	—1824 丁酉 21	—1823 戊戌 22
				蹇	—1822 己亥 23	—1821 庚子 24	—1820 辛丑 25	—1819 壬寅 26	—1818 癸卯 夏桀 元年 27
				坎	—1817 甲辰 28	—1816 乙巳 29	—1815 丙午 30	—1814 丁未 31	—1813 戊申 32
				大过	—1812 己酉 33	—1811 庚戌 34	—1810 辛亥 35	—1809 壬子 36	—1808 癸丑 37
				升	—1807 甲寅 38	—1806 乙卯 39	—1805 丙辰 40	—1804 丁巳 41	—1803 戊午 42
				巽	—1802 己未 43	—1801 庚申 44	—1800 辛酉 45	—1799 壬戌 46	—1798 癸亥 47

元	时	运	空						
甲	巳6	10	2281—2286						
符号	时爻	运卦	空卦	候卦	年局				
阴阳	坤上六爻	蹇	比	屯	-1797 甲子 48	-1796 乙丑 49	-1795 丙寅 50	-1794 丁卯 51	-1793 戊辰 52
				坎	-1792 已巳 53	-1791 庚午 54	-1790 辛未 55	-1789 壬申 56	-1788 癸酉 57
				蹇	-1787 甲戌 58	-1786 乙亥 59	-1785 丙子 60	-1784 丁丑 61	-1783 戊寅 62
				萃	-1782 已卯 63	-1781 庚辰 64	-1780 辛巳 65	-1779 壬午 66	-1778 癸未 67
				坤	-1777 甲申 68	-1776 乙酉 69	-1775 丙戌 70	-1774 丁亥 71	-1773 戊子 72
				观	-1772 已丑 1	-1771 庚寅 2	-1770 辛卯 3	-1769 壬辰 4	-1768 癸巳 5
阴阳	坤上六爻	蹇	咸	革	-1767 甲午 6	-1766 乙未 商汤 元年 7	-1765 丙申 8	-1764 丁酉 9	-1763 戊戌 10
				大过	-1762 已亥 11	-1761 庚子 12	-1760 辛丑 13	-1759 壬寅 14	-1758 癸卯 15
				萃	-1757 甲辰 16	-1756 乙巳 17	-1755 丙午 18	-1754 丁未 19	-1753 戊申 商太子 太丁未 立而卒 商外丙 元年 20
				蹇	-1752 已酉 21	-1751 庚戌 22	-1750 辛亥 商中 壬元 年 23	-1749 壬子 24	-1748 癸丑 25
				小过	-1747 甲寅 商太 甲元 年 26	-1746 乙卯 27	-1745 丙辰 28	-1744 丁巳 29	-1743 戊午 30
				遁	-1742 已未 31	-1741 庚申 32	-1740 辛酉 33	-1739 壬戌 34	-1738 癸亥 35

元	时	运	空						
甲	巳 6	10	2281－2286						
符号	时爻	运卦	空卦	候卦	年局				
阴阳	坤上六爻	蹇	谦	明夷	－1737 甲子 36	－1736 乙丑 37	－1735 丙寅 38	－1734 丁卯 39	－1733 戊辰 40
				升	－1732 已巳 41	－1731 庚午 42	－1730 辛未 43	－1729 壬申 44	－1728 癸酉 45
				坤	－1727 甲戌 46	－1726 乙亥 47	－1725 丙子 48	－1724 丁丑 49	－1723 戊寅 50
				小过	－1722 已卯 51	－1721 庚辰 52	－1720 辛巳 商沃丁元年 53	－1719 壬午 54	－1718 癸未 55
				蹇	－1717 甲申 56	－1716 乙酉 57	－1715 丙戌 58	－1714 丁亥 59	－1713 戊子 60
				艮	－1712 已丑 61	－1711 庚寅 62	－1710 辛卯 63	－1709 壬辰 64	－1708 癸巳 65
阴阳	坤上六爻	蹇	渐	家人	－1707 甲午 66	－1706 乙未 67	－1705 丙申 68	－1704 丁酉 69	－1703 戊戌 70
				巽	－1702 已亥 71	－1701 庚子 72	－1700 辛丑 1	－1699 壬寅 2	－1698 癸卯 3
				观	－1697 甲辰 4	－1696 乙巳 5	－1695 丙午 6	－1694 丁未 7	－1693 戊申 8
				遁	－1692 已酉 9	－1691 庚戌 商太庚元年 10	－1690 辛亥 11	－1689 壬子 12	－1688 癸丑 13
				艮	－1687 甲寅 14	－1686 乙卯 15	－1685 丙辰 16	－1684 丁巳 17	－1683 戊午 18
				蹇	－1682 已未 19	－1681 庚申 20	－1680 辛酉 21	－1679 壬戌 22	－1678 癸亥 23

行蹇卦显夏末之险，看卦象知商初之难

此期从－1857年到－1678年，为甲元巳辰时第十一运之蹇卦所统180年，主要是夏王朝晚期、商朝的前期。商朝从－1766年到－1122年，共645年，历31王。

本期以蹇卦统夏之末，商之初。虽然艰难并不是只用蹇卦显示，但此处行蹇卦其象十分明显。夏王朝晚期是指夏皋、夏发、夏桀最后三王，尤其是最后一王夏桀，是著名的暴君。宠妃妹喜，朝政荒废，虐政荒淫，任意屠杀百姓，破坏农业生产，百姓痛苦不堪。以蹇卦显示夏王朝晚期政权之摇摇欲坠，艰难苦撑的局面，极为吻合。商部落的首领成汤，顺天应人，伐夏救民。伐夏立商之年为－1766年，入太乙年局第七局。太乙在三宫，文昌在八宫迫太乙，主大将、主参将八宫、四宫迫太乙。主算八为无天之算（可视为人民已经不以夏桀为天子），客算二十五为杜塞无门之算。此局主夏桀有篡杀之厄，应夏朝灭亡。夏桀被放逐于南巢而死。商之初得蹇卦，其卦象也十分明显。商族是兴起于黄河中下游的一个部落，传说他的始祖契与夏禹同时。“商汤之初，其国并不大，后来由于四处征伐，灭掉许多小国，版图才逐渐扩大起来”（《中国通史》第三卷，第227页，上海人民出版社，1989年版）。“十一征而无敌于天下”（《诸子集成．孟子》，广西教育出版社，陕西人民教育出版社，广东教育出版社，2005年版，第152页）。

商第一王商汤在位十三年，行蹇之四变咸，咸之一、二、三变，为革、大过、萃三卦。革象征变革，指商汤灭夏乃革命之举。大过指商汤乃开国之王，灭夏建商乃大过之举。萃，象征会聚，天下会聚，顺利亨通。一是指会聚了以伊尹为代表的文臣武将，为打天下和治天下聚集了人才；二是指得民心，人民归附，万民称颂商汤之贤。史料的记载正应萃卦之象。如《商颂》五篇（《十三经．诗经》许嘉璐主编，广东教育出版社，陕西人民教育出版社，广西教育出版社，2005年版，第225－228页）。所记载的成汤事迹，不是歌颂他的丰功伟绩，就是称赞他的勇敢威武。司马迁在《史记·殷本纪》中，对商汤更是称赞有加。

蹇者，难也。商建国之初，一要安定人心；二要稳定政权；三是百废待兴。仅此三点，处处体现一个难字。而蹇卦最突出的卦象，体现在商朝前期屡屡迁都的进退两难方面。史学界对商朝究竟迁了多少次都，认识不一。但有一点是一致的，即屡迁其都。最多者有前八迁、后六迁之说。老百姓搬一次家都觉得操心、费事、很难，更何况一个国家屡屡迁都，其难可想而知。在中国历史八十三个朝代中，商朝迁都创下了之最——十四次，可谓难上加难。亚军是夏朝，九迁其都。商朝之所以频繁迁都，原因就是“内忧外患”，而内忧是其主要原因。成汤死后，商王朝的王位继承制度，以兄终弟及为原则。但是商太甲却没有遵照这个原则，自立为王。自此九代弟和子之间争夺王位，形成了“九世乱”。可见，王朝建立之初，王室内部斗争的尖锐和剧烈。结束了九世之乱，保证了王位由一个家族的父子世袭后，争夺王位的斗争再也没有出现过。“外患”主要是指为了更好的防御游牧民族的入侵。正是：上水下山已行蹇，内忧外患屡迁都。

元	时	运	空						
甲	巳 6	11	2287－2292						
符号	时爻	运卦	空卦	候卦	年局				
阴阳	坤上 六爻	蒙	损	蒙	－1677 甲子 24	－1676 乙丑 25	－1675 丙寅 26	－1674 丁卯 27	－1673 戊辰 28
				颐	－1672 己巳 29	－1671 庚午 30	－1670 辛未 31	－1669 壬申 32	－1668 癸酉 33
				大畜	－1667 甲戌 34	－1666 乙亥 商小 甲元 年 35	－1665 丙子 36	－1664 丁丑 37	－1663 戊寅 38
				睽	－1662 己卯 39	－1661 庚辰 40	－1660 辛巳 41	－1659 壬午 42	－1658 癸未 43
				中孚	－1657 甲申 44	－1656 乙酉 45	－1655 丙戌 46	－1654 丁亥 47	－1653 戊子 48
				临	－1652 己丑 49	－1651 庚寅 50	－1650 辛卯 51	－1649 壬辰 商雍 己元 年 52	－1648 癸巳 53

元	时	运	空						
甲	巳 6	11	2287—2292						
符号	时爻	运卦	空卦	候卦	年局				
阴阳	坤上六爻	蒙	剥	颐	—1647 甲午 54	—1646 乙未 55	—1645 丙申 56	—1644 丁酉 57	—1643 戊戌 58
				蒙	—1642 己亥 59	—1641 庚子 60	—1640 辛丑 61	—1639 壬寅 62	—1638 癸卯 63
				艮	—1637 甲辰 商太戊元年 64	—1636 乙巳 65	—1635 丙午 66	—1634 丁未 67	—1633 戊申 68
				晋	—1632 己酉 69	—1631 庚戌 70	—1630 辛亥 71	—1629 壬子 72	—1628 癸丑 1
				观	—1627 甲寅 2	—1626 乙卯 3	—1625 丙辰 4	—1624 丁巳 5	—1623 戊午 6
				坤	—1622 己未 7	—1621 庚申 8	—1620 辛酉 9	—1619 壬戌 10	—1618 癸亥 11
阴阳	坤上六爻	蒙	蛊	大畜	—1617 甲子 12	—1616 乙丑 13	—1615 丙寅 14	—1614 丁卯 15	—1613 戊辰 16
				艮	—1612 己巳 17	—1611 庚午 18	—1610 辛未 19	—1609 壬申 20	—1608 癸酉 21
				蒙	—1607 甲戌 22	—1606 乙亥 23	—1605 丙子 24	—1604 丁丑 25	—1603 戊寅 26
				鼎	—1602 己卯 27	—1601 庚辰 28	—1600 辛巳 29	—1599 壬午 30	—1598 癸未 31
				巽	—1597 甲申 32	—1596 乙酉 33	—1595 丙戌 34	—1594 丁亥 35	—1593 戊子 36
				升	—1592 己丑 37	—1591 庚寅 38	—1590 辛卯 39	—1589 壬辰 40	—1588 癸巳 41

元	时	运	空						
甲	巳 6	11	2287—2292						
符号	时爻	运卦	空卦	候卦	年局				
				睽	—1587 甲午 42	—1586 乙未 43	—1585 丙申 44	—1584 丁酉 45	—1583 戊戌 46
				晋	—1582 已亥 47	—1581 庚子 48	—1580 辛丑 49	—1579 壬寅 50	—1578 癸卯 51
				鼎	—1577 甲辰 52	—1576 乙巳 53	—1575 丙午 54	—1574 丁未 55	—1573 戊申 56
阴阳	坤上 六爻	蒙	未济	蒙	—1572 已酉 57	—1571 庚戌 58	—1570 辛亥 59	—1569 壬子 60	—1568 癸丑 61
				讼	—1567 甲寅 62	—1566 乙卯 63	—1565 丙辰 64	—1564 丁巳 64	—1563 戊午 66
				解	—1562 已未 商仲 丁元 年 67	—1561 庚申 68	—1560 辛酉 69	—1559 壬戌 70	—1558 癸亥 71
				中孚	—1557 甲子 72	—1556 乙丑 1	—1555 丙寅 2	—1554 丁卯 3	—1553 戊辰 4
				观	—1552 己巳 5	—1551 庚午 6	—1550 辛未 7	—1549 壬申 商外 壬元 年 8	—1548 癸酉 9
				巽	—1547 甲戌 10	—1546 乙亥 11	—1545 丙子 12	—1544 丁丑 13	—1543 戊寅 14
阴阳	坤上 六爻	蒙	涣	讼	—1542 已卯 15	—1541 庚辰 16	—1540 辛巳 17	—1539 壬午 18	—1538 癸未 19
				蒙	—1537 甲申 20	—1536 乙酉 21	—1535 丙戌 22	—1534 丁亥 商河 亶甲 元年 23	—1533 戊子 24
				坎	—1532 已丑 25	—1531 庚寅 26	—1530 辛卯 27	—1529 壬辰 28	—1528 癸巳 29

元	时	运	空	年					
甲	巳6	11	2287－2292						
符号	时爻	运卦	空卦	候卦	年局				
阴阳	坤上 六爻	蒙	师	临	－1527 甲午 30	－1526 乙未 31	－1525 丙申 商祖 乙元 年 32	－1524 丁酉 33	－1523 戊戌 34
				坤	－1522 已亥 35	－1521 庚子 36	－1520 辛丑 37	－1519 壬寅 38	－1518 癸卯 39
				升	－1517 甲辰 40	－1516 乙巳 41	－1515 丙午 42	－1514 丁未 43	－1513 戊申 44
				解	－1512 已酉 45	－1511 庚戌 46	－1510 辛亥 47	－1509 壬子 48	－1508 癸丑 49
				坎	－1507 甲寅 50	－1506 乙卯 商祖 辛元 年 51	－1505 丙辰 52	－1504 丁巳 53	－1503 戊午 54
				蒙	－1502 已未 55	－1501 庚申 56	－1500 辛酉 57	－1499 壬戌 58	－1498 癸亥 59

甲骨文大放异彩，山水蒙重教尊师

此期从－1677年到－1498年，为甲元巳辰时第十一运之蒙卦所统180年。主要是商朝的中期。

以蒙卦统商朝中期180年，其象如何？蒙卦为人藏禄宝之卦，万物始生之象。人藏禄宝当指甲骨文；万物始生应的是教育。蒙卦象征幼稚者需要启蒙教育。其一，象征蒙昧不明；其二，象征启蒙教育。在这里主要是指启蒙教育。看来商朝不但重视教育，商朝到－1677年仅建国89年。此期由于内斗和屡屡迁都，难以专心治理国家和教育人民。在夏朝灭亡和商朝建国的大转折时期，人民“不学而不知道义，谓之‘困蒙’”，“以此卦拟人事，有梦昧无知之象”（《高岛易断》，第41页，北京图书馆出版社，1997年版，）。又说：“以此卦拟国家，上卦之政府……；下卦之人民，有水之性，犹水之就下，……忘教育之道，不知国家为何物”（同上书，第41页）。可以看出商朝对商民教育的重要性，也可证明“万物始生”显示的是教育。而且做的不错。但教育的基础要有文字，“人藏禄宝”正是指甲骨文，这里不得不说一说甲骨文字。商代的文字以甲骨文为代表。甲骨文于1899年由清朝王懿荣发现，现已在河南省安阳市西北五华里小屯村考古出土甲骨卜辞约15万件，发现5000多个单字，已经是比较成熟的、系统的、稳定的文字。专家认为河南安阳考古发现的成就使中国信而可征的历史拓展了一千多年，并且把历史期间的史料和先史时代的地下材料做了强有力的链环。使此前一直对中国古代文化抱怀疑态度的西方学者哑然无语。甲骨文字的发现，使中国文字的起源至少可以上溯到三千多年以前的殷商时代，有了确实可靠的证据。象这样数千年来一脉相承，完善、系统、稳定、成熟的文字体系，在世界上，恐怕只有在中国文字中才能找到。世界上任何一种文字都不是一朝一夕形成的。甲骨文字虽然发现在殷墟小屯，但必定有一个漫长的形成过程，因此，我国文字的历史必定更早。虽然盘庚－1401年才迁都殷，但是可以断定整个商朝使用的文字就是甲骨文，所以在盘庚迁殷之前得蒙卦是顺理成章的事情。甲骨文的发现验证了蒙卦确实是人藏禄宝之卦。人藏禄宝的卦象也神奇的预示了甲骨文这一国宝的存在。

商朝中期最值得推演的是太戊王。他从－1637年登基，到－1563年，在位75年。政治清明，社会安定，诸侯归附，称为中兴之王。太戊王在位行运卦蒙，显示他注重教育，启发民智，取得民心，这是他成为中兴之主的根本举措。空卦行蒙卦之二变剥卦二十年，三变蛊卦三十年，四变未济卦二十五年。得剥卦者，衰势已成，不可逆转，卦象显示他接的是个烂摊子。太戊王继位之初，困难重重。因为雍己王在位时，商朝的统治已经衰落，甚至到了山穷水尽的地步。但是，太戊王能积蓄力量，等待时机，重整旗鼓，终于可以向柳暗花明的方向前进了。蛊卦象征在衰败时有新生力量诞生，卦象显示的是太戊王惩弊治乱，大胆启用伊陟（伊尹之子）为相，伊陟劝谏太戊王改革政治的弊端，并任用巫咸辅治国政，商朝国势复兴，诸侯归附，最终使混乱的局面归于平静，建立了新的功业，开辟了新的天地。得未济卦是一个新过程的开始，前途充满着发展的可能性，使人对未来产生希望。故从卦象看，太戊王确实称的上是“中兴之主”。正是：商重教育社稷本，人藏禄宝甲骨文。

第四节　巳辰时（4）

本节包括巳辰时第十二运之睽、革二卦，共统360年。

元	时	运	空						
甲	巳 6	10	2293—2298						
符号	时爻	运卦	空卦	候卦	年局				
阴阳	坤上 六爻	睽	未济	睽	—1497 甲子 60	—1496 乙丑 61	—1495 丙寅 62	—1494 丁卯 63	—1493 戊辰 64
				晋	—1492 己巳 65	—1491 庚午 66	—1490 辛未 商沃 甲元 年 67	—1489 壬申 68	—1488 癸酉 69
				鼎	—1487 甲戌 70	—1486 乙亥 71	—1485 丙子 72	—1484 丁丑 1	—1483 戊寅 2
				蒙	—1482 已卯 3	—1481 庚辰 4	—1480 辛巳 5	—1479 壬午 6	—1478 癸未 7
				讼	—1477 甲申 8	—1476 乙酉 9	—1475 丙戌 10	—1474 丁亥 11	—1473 戊子 12
				解	—1472 已丑 13	—1471 庚寅 14	—1470 辛卯 15	—1469 壬辰 16	—1468 癸巳 17
阴阳	坤上 六爻	睽	噬嗑	晋	—1467 甲午 18	—1466 乙未 19	—1465 丙申 商祖 丁元 年 20	—1464 丁酉 21	—1463 戊戌 22
				睽	—1462 已亥 23	—1461 庚子 24	—1460 辛丑 25	—1459 壬寅 26	—1458 癸卯 27
				离	—1457 甲辰 28	—1456 乙巳 29	—1455 丙午 30	—1454 丁未 31	—1453 戊申 32
				颐	—1452 已酉 33	—1451 庚戌 34	—1450 辛亥 35	—1449 壬子 36	—1448 癸丑 37
				无妄	—1447 甲寅 38	—1446 乙卯 39	—1445 丙辰 40	—1444 丁巳 41	—1443 戊午 42
				震	—1442 已未 43	—1441 庚申 44	—1440 辛酉 45	—1439 壬戌 46	—1438 癸亥 47

元	时	运	空						
甲	巳 6	10	2293—2298						
符号	时爻	运卦	空卦	候卦	年局				
阴阳	坤上 六爻	睽	大有	鼎	—1437 甲子 48	—1436 乙丑 49	—1435 丙寅 50	—1434 丁卯 51	—1433 戊辰 商南 庚元 年 52
				离	—1432 己巳 53	—1431 庚午 54	—1430 辛未 55	—1429 壬申 56	—1428 癸酉 57
				睽	—1427 甲戌 58	—1426 乙亥 59	—1425 丙子 60	—1424 丁丑 61	—1423 戊寅 62
				大畜	—1422 已卯 63	—1421 庚辰 64	—1420 辛巳 65	—1419 壬午 66	—1418 癸未 67
				乾	—1417 甲申 68	—1416 乙酉 69	—1415 丙戌 70	—1414 丁亥 71	—1413 戊子 72
				大壮	—1412 已丑 1	—1411 庚寅 2	—1410 辛卯 3	—1409 壬辰 4	—1408 癸巳 商阳 甲元 年 5
阴阳	坤上 六爻	睽	损	蒙	—1407 甲午 6	—1406 乙未 7	—1405 丙申 8	—1404 丁酉 9	—1403 戊戌 10
				颐	—1402 已亥 11	—1401 庚子 商盘庚 元年 12	—1400 辛丑 13	—1399 壬寅 14	—1398 癸卯 15
				大畜	—1397 甲辰 16	—1396 乙巳 17	—1395 丙午 18	—1394 丁未 19	—1393 戊申 20
				睽	—1392 已酉 21	—1391 庚戌 22	—1390 辛亥 23	—1389 壬子 24	—1388 癸丑 25
				中孚	—1387 甲寅 26	—1386 乙卯 27	—1385 丙辰 28	—1384 丁巳 29	—1383 戊午 30
				临	—1382 已未 31	—1381 庚申 32	—1380 辛酉 33	—1379 壬戌 34	—1378 癸亥 35

元	时	运	空						
甲	巳6	10	2293—2298						
符号	时爻	运卦	空卦	候卦	年局				
阴阳	坤上 六爻	睽	履	讼	—1377 甲子 36	—1376 乙丑 37	—1375 丙寅 38	—1374 丁卯 商小辛 元年 39	—1373 戊辰 40
				无妄	—1372 己巳 41	—1371 庚午 42	—1370 辛未 43	—1369 壬申 44	—1368 癸酉 45
				乾	—1367 甲戌 46	—1366 乙亥 47	—1365 丙子 48	—1364 丁丑 49	—1363 戊寅 50
				中孚	—1362 己卯 51	—1361 庚辰 52	—1360 辛巳 53	—1359 壬午 54	—1358 癸未 55
				睽	—1357 甲申 56	—1356 乙酉 57	—1355 丙戌 58	—1354 丁亥 59	—1353 戊子 60
				兑	—1352 己丑 商小乙 元年 61	—1351 庚寅 62	—1350 辛卯 63	—1349 壬辰 64	—1348 癸巳 65
阴阳	坤上 六爻	睽	归妹	解	—1347 甲午 66	—1346 乙未 67	—1345 丙申 68	—1344 丁酉 69	—1343 戊戌 70
				震	—1342 己亥 71	—1341 庚子 72	—1340 辛丑 1	—1339 壬寅 2	—1338 癸卯 3
				大壮	—1337 甲辰 4	—1336 乙巳 5	—1335 丙午 6	—1334 丁未 7	—1333 戊申 8
				临	—1332 己酉 9	—1331 庚戌 10	—1330 辛亥 11	—1329 壬子 12	—1328 癸丑 13
				兑	—1327 甲寅 14	—1326 乙卯 15	—1325 丙辰 16	—1324 丁巳 商武 丁元 年 17	—1323 戊午 18
				睽	—1322 己未 19	—1321 庚申 20	—1320 辛酉 21	—1319 壬戌 22	—1318 癸亥 23

争王位彼此反目，屡迁都国力大衰

此期从－1497 年到－1318 年为甲元巳辰时第十二运之睽卦所统 180 年。仍是商朝的中期。睽为反目，不可能成就大的事业。实际也是如此。商朝此时内斗不断，仲丁之后到阳甲已历九王，商朝大衰，由于兄弟、叔侄之间的争夺王位，王室内乱频仍，诸侯四分五裂。天灾不断，尤其是水灾频发，加上反复迁都，国力一衰再衰，所以此期不可能有大的作为。值得一说的是盘庚迁殷事。盘庚王从－1401 年登基，到－1375 年，在位 27 年。行空卦损和候卦颐、大畜、睽、中孚、临和空卦履之讼。阳甲崩，弟盘庚立，其时危机四伏，盘庚力排众议，决意迁都，从奄（今山东曲阜市）迁殷（今河南安阳小屯村）。此举遭到贵族、大臣的强烈反对。盘庚先后做诰三篇，晓以利害，劝告说服。同时大力改革，发展经济，抑制豪强，缓和矛盾，及时躲避了黄河决口之灾，从而使诸侯臣服，内斗止息，社会安定，殷亦复兴。讼为争讼，打官司。得讼卦者大都面临纷争之事，盘庚之迁都正应此象。讼者胜败都要回其家，盘庚化解了恩怨，转危为安，成功迁都。盘庚迁都卦象也有显示。盘庚先得空卦损，山泽为损，内卦泽的先天方位是东南，应此时商朝都城仍在山东曲阜。最后三年得候卦讼，天水为讼，内卦水的先天方位为西。正应此时盘庚已将都城迁至河南安阳，安阳正在曲阜西面。正是：坎显方位正西，泽示空间东南。

元	时	运	空						
甲	巳 6	12	2299－2304						
符号	时爻	运卦	空卦	候卦	年局				
阴阳	坤上六爻	革	咸	革	－1317 甲子 24	－1316 乙丑 25	－1315 丙寅 26	－1314 丁卯 27	－1313 戊辰 28
				大过	－1312 己巳 29	－1311 庚午 30	－1310 辛未 31	－1309 壬申 32	－1308 癸酉 33
				萃	－1307 甲戌 34	－1306 乙亥 35	－1305 丙子 36	－1304 丁丑 37	－1303 戊寅 38
				蹇	－1302 己卯 39	－1301 庚辰 40	－1300 辛巳 41	－1299 壬午 42	－1298 癸未 43
				小过	－1297 甲申 44	－1296 乙酉 45	－1295 丙戌 46	－1294 丁亥 47	－1293 戊子 48
				遁	－1292 己丑 49	－1291 庚寅 50	－1290 辛卯 51	－1289 壬辰 52	－1288 癸巳 53

元	时	运	空						
甲	巳6	12	2299－2304						
符号	时爻	运卦	空卦	候卦	年局				
阴阳	坤上 六爻	革	夬	大过	－1287 甲午 54	－1286 乙未 55	－1285 丙申 56	－1284 丁酉 57	－1283 戊戌 58
				革	－1282 巳亥 59	－1281 庚子 60	－1280 辛丑 61	－1279 壬寅 62	－1278 癸卯 63
				兑	－1277 甲辰 64	－1276 乙巳 65	－1275 丙午 66	－1274 丁未 67	－1273 戊申 68
				需	－1272 巳酉 69	－1271 庚戌 70	－1270 辛亥 71	－1269 壬子 72	－1268 癸丑 1
				大壮	－1267 甲寅 2	－1266 乙卯 3	－1265 丙辰 商祖庚 元年 4	－1264 丁巳 5	－1263 戊午 6
				乾	－1262 巳未 7	－1261 庚申 8	－1260 辛酉 9	－1259 壬戌 10	－1258 癸亥 商祖甲 元年 11
阴阳	坤上 六爻	革	随	萃	－1257 甲子 12	－1256 乙丑 13	－1255 丙寅 14	－1254 丁卯 15	－1253 戊辰 16
				兑	－1252 己巳 17	－1251 庚午 18	－1250 辛未 19	－1249 壬申 20	－1248 癸酉 21
				革	－1247 甲戌 22	－1246 乙亥 23	－1245 丙子 24	－1244 丁丑 25	－1243 戊寅 26
				屯	－1242 巳卯 27	－1241 庚辰 28	－1240 辛巳 29	－1239 壬午 30	－1238 癸未 31
				震	－1237 甲申32	－1236 乙酉 33	－1235 丙戌 34	－1234 丁亥 35	－1233 戊子 36
				无妄	－1232 巳丑 37	－1231 庚寅 38	－1230 辛卯 39	－1229 壬辰 40	－1228 癸巳 41

元	时	运	空						
甲	巳6	12	2299－2304						
符号	时爻	运卦	空卦	候卦	年局				
阴阳	坤上 六爻	革	既济	蹇	－1227 甲午 42	－1226 乙未 43	－1225 丙申 商廪辛 元年 44	－1224 丁酉 45	－1223 戊戌 46
				需	－1222 已亥 47	－1221 庚子 48	－1220 辛丑 49	－1219 壬寅 商康丁 元年 50	－1218 癸卯 51
				屯	－1217 甲辰 52	－1216 乙巳 53	－1215 丙午 54	－1214 丁未 55	－1213 戊申 56
				革	－1212 已酉 57	－1211 庚戌 58	－1210 辛亥 59	－1209 壬子 60	－1208 癸丑 61
				明夷	－1207 甲寅 62	－1206 乙卯 63	－1205 丙辰 64	－1204 丁巳 65	－1203 戊午 66
				家人	－1202 已未 67	－1201 庚申 68	－1200 辛酉 69	－1199 壬戌 70	－1198 癸亥 商武乙 元年 71
阴阳	坤上 六爻	革	丰	小过	－1197 甲子 72	－1196 乙丑 1	－1195 丙寅 2	－1194 丁卯 商太丁 元年 3	－1193 戊辰 4
				大壮	－1192 已巳 5	－1191 庚午 商帝乙 元年 6	－1190 辛未 7	－1189 壬申 8	－1188 癸酉 9
				震	－1187 甲戌 10	－1186 乙亥 11	－1185 丙子 12	－1184 丁丑 13	－1183 戊寅 14
				明夷	－1182 已卯 15	－1181 庚辰 16	－1180 辛巳 17	－1179 壬午 18	－1178 癸未 19
				革	－1177 甲申 20	－1176 乙酉 21	－1175 丙戌 22	－1174 丁亥 23	－1173 戊子 24
				离	－117 已丑 25	－1171 庚寅 26	－1170 辛卯 27	－1169 壬辰 28	－1168 癸巳 29

元	时	运	空						
甲	巳 6	12	2299－2304						
符号	时爻	运卦	空卦	候卦	年局				
阴阳	坤上 六爻	革	同人	遁	－1167 甲午 30	－1166 乙未 31	－1165 丙申 32	－1164 丁酉 33	－1163 戊戌 34
				乾	－1162 已亥 35	－1161 庚子 36	－1160 辛丑 37	－1159 壬寅 38	－1158 癸卯 39
				无妄	－1157 甲辰 40	－1156 乙巳 41	－1155 丙午 42	－1154 丁未 商纣王 元年 43	－1153 戊申 44
				家人	－1152 已酉 45	－115 庚戌 46	－1150 辛亥 47	－1149 壬子 48	－1148 癸丑 49
				离	－1147 甲寅 50	－1146 乙卯 51	－1145 丙辰 52	－1144 丁巳 53	－1143 戊午 54
				革	－1142 已未 55	－1141 庚申 56	－1140 辛酉 57	－1139 壬戌 58	－1138 癸亥 59

纣王万年遗臭，武丁一代明君

此期从－1317 到－1138 年为甲元巳辰时第十二运之革卦所统 180 年，为商朝中晚期。

推演历史，革卦为豹变为虎之卦，改旧从新之象。豹变为虎应武丁王大权旁落，受制于人到一代英主之事；改旧从新指商纣王昏庸无道，去旧从新乃大势所趋。

此期最著名商王为武丁。武丁从－1324 年登基到－1266 年，在位 59 年。行空卦归妹七年，咸卦三十年，夬卦二十二年；侯卦以兑卦开始，以大壮卦收尾。武丁乃盘庚弟小乙之子。初继位大权旁落，国家大事多由大臣说了算。后提拔民间的贤才，任用当时还为奴隶的傅说为相，任用祖已等贤臣为辅，整顿吏治，修明政事，施德重民，商国大治。武丁始行空卦归妹，得归妹卦者往往是一厢情愿，但也往往适得其反。这正应了武丁大权旁落之势。得咸卦者，依男女婚嫁之事而论，为两情相悦，心灵沟通，互补而双赢。就政事而言，其象显示的是武丁大胆任用贤才，君臣齐心，商国大治之势。夬卦象征决断，也象征清除歹人，果决的清除邪恶。武丁一面慧眼识才，连奴隶都大胆任用，且一步到位，提拔为相，君臣一心治国平天下；一面对于邪恶势力予以果决的清除。最后行候卦大壮，象征声势隆盛壮大，君子壮大，商国大治。武丁以后，商王朝的社会矛盾日趋尖锐，逐渐出现了衰败迹象。"帝甲乱亡，七世而陨"（《二十五别史. 国语. 周语夏》，第 70 页，齐鲁书社，2000 年版）。商朝自祖甲（帝甲）而廪辛、康丁、武乙、文丁、帝乙、帝辛（纣），正好七世而亡。

商纣王乃亡国之君。从－1154 年登基到－1122 年在位 33 年。不但是亡国之君，而且是中国历史上最著名的三大暴君（还有秦始皇、隋炀帝）之一。以下对这三大暴君我们将逐一推演。商纣王行运卦革之同人卦和运卦乾之姤卦。初看此二卦，其卦象似与纣王之所为不相符，但一深入分析却发现，其象十分吻合。卦象显示纣王之暴有四：

其一，历史上著名的暴君。运卦革、乾与空卦同人、姤，都是刚多柔少，而且稍一变动即为乾卦。如同人之二变和姤之一变以及三连互卦都是乾卦。两个运卦其中一个便是乾卦，故纣王在位刚多柔少，以暴政为主。如刚愎自用，对人民残酷剥削，刑罚苛重，做炮烙之刑，连续发动对东夷的战争等。这乃是卦象极为充分的表现出来的。此为卦象所显商纣王必暴君也。

其二，杀戮大臣。用人是为王者最基本的素质之一。纣王不但不能用人，而且视大臣为草芥，任意杀戮。如杀比干、鄂侯、九侯等即是。同人卦象征团结众人才能有所成就，得同人卦者要善于借船出海，借助他人的力量成事。虽然得同人卦但不能用人，则一事无成。所以，虽然都是同人卦，但是应该两方面看问题，辩证的分析卦象。如纣王不但不能用人，还大肆杀戮功臣，最后只能是众叛亲离。此为肆意杀戮之暴。

其三，沉溺酒色，荒淫奢靡。姤，女壮，勿用取如。卦辞以男女之事为喻，正应纣王宠妲己，祸乱朝纲之象。此为不能纳谏，贪图女色，荒废朝政之暴。

其四，西伯侯二分天下有其一。同人卦既是浮鱼从水之卦，又是二人分金之象。纣王在位，但天下诸侯却视西伯侯周文王为明主，纷纷归附，商之天下，文王据其半也。此为众叛亲离，反演其暴也。正是：三空卦演武丁伟业，二空卦断纣王暴君。

又：巳辰时尾推十四卦，坤上六末演五十六王。

二、午辰时

此段为甲元午辰时部分示例，包括从乾卦到无妄卦共十八卦，共统3240年。

第一节　午辰时（1）

本节包括甲元午辰时第一运之乾坤二卦，共统360年。

<table>
<tr><td>元</td><td>时</td><td>运</td><td>空</td><td colspan="6" rowspan="2"></td></tr>
<tr><td>甲</td><td>午7</td><td>1</td><td>2305—2310</td></tr>
<tr><td>符号</td><td>时爻</td><td>运卦</td><td>空卦</td><td>候卦</td><td colspan="5">年局</td></tr>
<tr><td rowspan="6">阴阳</td><td rowspan="6">乾九四爻</td><td rowspan="6">乾</td><td rowspan="6">姤</td><td>乾</td><td>—1137
甲子
60</td><td>—1136
乙丑
61</td><td>—1135
丙寅
62</td><td>—1134
丁卯
63</td><td>—1133
戊辰
64</td></tr>
<tr><td>遁</td><td>—1132
己巳
65</td><td>—1131
庚午
66</td><td>—1130
辛未
67</td><td>—1129
壬申
68</td><td>—1128
癸酉
69</td></tr>
<tr><td>讼</td><td>—1127
甲戌
70</td><td>—1126
乙亥
71</td><td>—1125
丙子
72</td><td>—1124
丁丑
1</td><td>—1123
戊寅
2</td></tr>
<tr><td>巽</td><td>—1122
己卯
周武王
元年
3</td><td>—1121
庚辰
4</td><td>—1120
辛巳
5</td><td>—1119
壬午
6</td><td>—1118
癸未
7</td></tr>
<tr><td>鼎</td><td>—1117
甲申
8</td><td>—1116
乙酉
9</td><td>—1115
丙戌
周成王
元年
10</td><td>—1114
丁亥
11</td><td>—1113
戊子
12</td></tr>
<tr><td>大过</td><td>—1112
己丑
13</td><td>—1111
庚寅
14</td><td>—1110
辛卯
15</td><td>—1109
壬辰
16</td><td>—1108
癸巳
17</td></tr>
</table>

元	时	运	空						
甲	午7	1	2305－2310						
符号	时爻	运卦	空卦	候卦	年局				
阴阳	乾九四爻	乾	同人	乾遁	－1107 甲午 18	－1106 乙未 19	－1105 丙申 20	－1104 丁酉 21	－1103 戊戌 22
				乾	－1102 已亥 23	－1101 庚子 24	－1100 辛丑 25	－1099 壬寅 26	－1098 癸卯 27
				无妄	－1097 甲辰 28	－1096 乙巳 29	－1095 丙午 30	－1094 丁未 31	－1093 戊申 32
				家人	－1092 已酉 33	－1091 庚戌 34	－1090 辛亥 35	－1089 壬子 36	－1088 癸丑 37
				离	－1087 甲寅 38	－1086 乙卯 39	－1085 丙辰 40	－1084 丁巳 41	－1083 戊午 42
				革	－1082 已未 43	－1081 庚申 44	－1080 辛酉 45	－1079 壬戌 46	－1078 癸亥 周康王 元年 47
阴阳	乾九四爻	乾	履	讼	－1077 甲子 48	－1076 乙丑 49	－1075 丙寅 50	－1074 丁卯 51	－1073 戊辰 52
				无妄	－1072 已巳 53	－1071 庚午 54	－1070 辛未 55	－1069 壬申 56	－1068 癸酉 57
				乾	－1067 甲戌 58	－1066 乙亥 59	－1065 丙子 60	－1064 丁丑 61	－1063 戊寅 62
				中孚	－1062 已卯 63	－1061 庚辰 64	－1060 辛巳 65	－1059 壬午 66	－1058 癸未 67
				睽	－1057 甲申 68	－1056 乙酉 69	－1055 丙戌 70	－1054 丁亥 71	－1053 戊子 72
				兑	－1052 已丑 周昭王 元年 1	－1051 庚寅 2	－1050 辛卯 3	－1049 壬辰 4	－1048 癸巳 5

元	时	运	空						
甲	午 7	1	2305—2310						
符号	时爻	运卦	空卦	候卦	年局				
阴阳	乾九 四爻	乾	小畜	巽	—1047 甲午 6	—1046 乙未 7	—1045 丙申 8	—1044 丁酉 9	—1043 戊戌 10
				家人	—1042 已亥 11	—1041 庚子 12	—1040 辛丑 13	—1039 壬寅 14	—1038 癸卯 15
				中孚	—1037 甲辰 16	—1036 乙巳 17	—1035 丙午 18	—1034 丁未 19	—1033 戊申 20
				乾	—1032 已酉 21	—1031 庚戌 22	—1030 辛亥 23	—1029 壬子 24	—1028 癸丑 25
				大畜	—1027 甲寅 26	—1026 乙卯 27	—1025 丙辰 28	—1024 丁巳 29	—1023 戊午 30
				需	—1022 已未 31	—1021 庚申 32	—1020 辛酉 33	—1019 壬戌 34	—1018 癸亥 35
阴阳	乾九 四爻	乾	大有	鼎	—1017 甲子 36	—1016 乙丑 37	—1015 丙寅 38	—1014 丁卯 39	—1013 戊辰 40
				离	—1012 已巳 41	—1011 庚午 42	—1010 辛未 43	—1009 壬申 44	—1008 癸酉 45
				睽	—1007 甲戌 46	—1006 乙亥 47	—1005 丙子 48	—1004 丁丑 49	—1003 戊寅 50
				大畜	—1002 已卯 51	—1001 庚辰 周穆王 元年 52	—1000 辛巳 53	—999 壬午 54	—998 癸未 55
				乾	—997 甲申 56	—996 乙酉 57	—995 丙戌 58	—994 丁亥 59	—993 戊子 60
				大壮	—992 已丑 61	—991 庚寅 62	—990 辛卯 63	—989 壬辰 64	—988 癸巳 65

元	时	运	空						
甲	午7	1	2305－2310						
符号	时爻	运卦	空卦	候卦	年局				
阴阳	乾九四爻	乾	夬	大过	－987 甲午 66	－986 乙未 67	－985 丙申 68	－984 丁酉 69	－983 戊戌 70
				革	－982 已亥 71	－981 庚子 72	－980 辛丑 1	－979 壬寅 2	－978 癸卯 3
				兑	－977 甲辰 4	－976 乙巳 5	－975 丙午 6	－974 丁未 7	－973 戊申 8
				需	－972 已酉 9	－971 庚戌 10	－970 辛亥 11	－969 壬子 12	－968 癸丑 13
				大壮	－967 甲寅 14	－966 乙卯 15	－965 丙辰 16	－964 丁巳 17	－963 戊午 18
				乾	－962 已未 19	－961 庚申 20	－960 辛酉 21	－959 壬戌 22	－958 癸亥 23

周文得乾创大业，周武行巽建周朝

此期从－1137 到－958 年，为甲元午辰时第一运之乾卦所统 180 年。为商朝最后十六年和周朝的前、中期。－1122 年，周武王联合西南各族举兵，攻打商朝于牧野，商军阵前倒戈，商纣王大败，逃回鹿台后自焚而死，商朝灭亡。此年当入太乙岁计局第三局。太乙在一宫，主大将囚太乙，文昌迫太乙，始击击太乙，主算一为无天之算。这些都是拘击、篡杀之意，为大凶，君主有灾，正应牧野之战周灭商和商纣王自焚而死之事。

周朝初期行运卦乾，乾卦所显示的卦象有三：一显开国有方，灭商兴周；二显为君有道，平安稳定。周武王成为后代帝王的楷模；三显周初社会大治，文化繁荣。在中国历史上周朝是一个极为重要的朝代。周朝治国的思路、理念、方略和制度等不但影响了以后各朝代，而且深刻影响了中国的传统文化，主要表现在以下三个方面。

一是周武王封邦建国。周朝建立后，所面临的政治形势相当严峻，周武王以小邦之诸侯王统治如此大的区域，担心诸侯叛乱。为了巩固政权，适应新形势的需要，武王决定按功行赏，调整统治集团的内部关系，实行以周王室为中心的分封政治制度。

二是周公姬旦奠定周礼。西周初年，实际掌握周朝大权的摄政周公姬旦制定了完整的周礼系统。这套系统的周礼将商人的宗教、政治制度和周民族自己的宗教、政体、信仰传统融为一体，将新石器时代以来中国大地上的以上帝天命为主导，以宗族、宗法为基础的文化发展到了顶峰。周礼的思想基础和核心是天命观，伦理观念是“德”。由这种天、德二元基础出发，形成了一系列伦理道德观念，成为周礼的精神和核心。在天命论基础和德的伦理观念之外，是一整套严格的社会制度。周人的政治、宗法制的统一表现为宗法制与分封制。此后，周礼影响了中国几千年，时至今日，世界公认中国为礼仪之邦，即由此而来。

三是设立宗庙祭祀体制。宗庙祭祀在周代成为国家政治活动的一项重要内容，形成了一整套完备的宗庙祭祀体制，为历代封建王朝延用和发展。周代设立的这套宗庙祭祀体制，作为礼制思想的外化，使宗法观念和礼制意识在一代人头脑中固定下来，并且一代一代延续，影响了几千年来中国社会和中国文化的发展。

周武王行侯卦巽和鼎。巽为风行草偃之卦，上行下效之象。一显示周朝的治国理念和制度，为后世树立了标杆，“上行下效”已 3000 多年。鼎为去旧取新之象，卦象显示周武王大刀阔斧的改革了夏、商二朝的制度以及治国理念，形成了周朝自己的文化、治国特色，为后世所仿效。正是：礼仪之邦源姬旦，文明古国溯三皇。

元	时	运	空						
甲	午 7	1	2311－2316						
符号	时爻	运卦	空卦	候卦	年局				
阴阳	乾九四爻	坤	复	坤	－957 甲子 24	－956 乙丑 25	－955 丙寅 26	－954 丁卯 27	－953 戊辰 28
				临	－952 己巳 29	－951 庚午 30	－950 辛未 31	－949 壬申 32	－948 癸酉 33
				明夷	－947 甲戌 34	－946 乙亥 周共王元年 35	－945 丙子 36	－944 丁丑 37	－943 戊寅 38
				震	－942 已卯 39	－941 庚辰 40	－940 辛巳 41	－939 壬午 42	－938 癸未 43
				屯	－937 甲申 44	－936 乙酉 45	－935 丙戌 46	－934 丁亥 周懿王元年 47	－933 戊子 48
				颐	－932 已丑 49	－931 庚寅 50	－930 辛卯 51	－929 壬辰 52	－928 癸巳 53
阴阳	乾九四爻	坤	师	临	－927 甲午 54	－926 乙未 55	－925 丙申 56	－924 丁酉 57	－923 戊戌 58
				坤	－922 已亥 59	－921 庚子 60	－920 辛丑 61	－919 壬寅 62	－918 癸卯 63
				升	－917 甲辰 64	－916 乙巳 65	－915 丙午 66	－914 丁未 67	－913 戊申 68
				解	－912 已酉 69	－911 庚戌 70	－910 辛亥 71	－909 壬子 周孝王元年 72	－908 癸丑 1
				坎	－907 甲寅 2	－906 乙卯 3	－905 丙辰 4	－904 丁巳 5	－903 戊午 6
				蒙	－902 已未 7	－901 庚申 8	－900 辛酉 9	－899 壬戌 10	－898 癸亥 11

元	时	运	空						
甲	午 7	1	2311－2316						
符号	时爻	运卦	空卦	候卦	年局				
阴阳	乾九 四爻	坤	谦	明夷	－897 甲子 12	－896 乙丑 13	－895 丙寅 14	－894 丁卯 周夷王 元年 15	－893 戊辰 16
				升	－892 已巳 17	－891 庚午 18	－890 辛未 19	－889 壬申 20	－888 癸酉 21
				坤	－887 甲戌 22	－886 乙亥 23	－885 丙子 24	－884 丁丑 25	－883 戊寅 26
				小过	－882 已卯 27	－881 庚辰 28	－880 辛巳 29	－879 壬午 30	－878 癸未 周厉王 元年 31
				蹇	－877 甲申 32	－876 乙酉 33	－875 丙戌 34	－874 丁亥 35	－873 戊子 36
				艮	－872 已丑 37	－871 庚寅 38	－870 辛卯 39	－869 壬辰 40	－868 癸巳 41
阴阳	乾九 四爻	坤	豫	震	－867 甲午 42	－866 乙未 43	－865 丙申 44	－864 丁酉 45	－863 戊戌 46
				解	－862 已亥 47	－861 庚子 48	－860 辛丑 49	－859 壬寅 50	－858 癸卯 51
				小过	－857 甲辰 52	－856 乙巳 53	－855 丙午 54	－854 丁未 55	－853 戊申 56
				坤	－852 已酉 57	－851 庚戌 58	－850 辛亥 59	－849 壬子 60	－848 癸丑 61
				萃	－847 甲寅 62	－846 乙卯 63	－845 丙辰 64	－844 丁巳 65	－843 戊午 66
				晋	－842 已未 67	－841 庚申 西周 共和 元年 68	－840 辛酉 69	－839 壬戌 70	－838 癸亥 71

元	时	运	空						
甲	午 7	1	2311－2316						
符号	时爻	运卦	空卦	候卦	年局				
阴阳	乾九 四爻	坤	比	坎	－837 甲子 72	－836 乙丑 1	－835 丙寅 2	－834 丁卯 3	－833 戊辰 4
				屯	－832 己巳 5	－831 庚午 6	－830 辛未 7	－829 壬申 8	－828 癸酉 9
				蹇	－827 甲戌 周宣王 元年 10	－826 乙亥 11	－825 丙子 12	－824 丁丑 13	－823 戊寅 14
				萃	－822 己卯 15	－821 庚辰 16	－820 辛巳 17	－819 壬午 18	－818 癸未 19
				坤	－817 甲申 20	－816 乙酉 21	－815 丙戌 22	－814 丁亥 23	－813 戊子 24
				观	－812 己丑 25	－811 庚寅 26	－810 辛卯 27	－809 壬辰 28	－808 癸巳 29
阴阳	乾九 四爻	坤	剥	颐	－807 甲午 30	－806 乙未 31	－805 丙申 32	－804 丁酉 33	－803 戊戌 34
				蒙	－802 己亥 35	－801 庚子 36	－800 辛丑 37	－799 壬寅 38	－798 癸卯 39
				艮	－797 甲辰 40	－796 乙巳 41	－795 丙午 42	－794 丁未 43	－793 戊申 44
				晋	－792 己酉 45	－791 庚戌 46	－790 辛亥 47	－789 壬子 48	－788 癸丑 49
				观	－787 甲寅 50	－786 乙卯 51	－785 丙辰 52	－784 丁巳 53	－783 戊午 54
				坤	－782 己未 55	－781 庚申 周幽王 元年 56	－780 辛酉 57	－779 壬戌 58	－778 癸亥 59

推历史忌得坤卦，演此期实为乱象

此期从－957到－778年为甲元午辰时第一运之坤卦所统180年，为西周中到晚期。

此期空卦以复始，以剥收。复卦象征万物在轮回中不断反复，为淘沙见金之卦，返复往来之象。得复卦者如同大病初愈，身体虚弱，但又充满生机。周穆王从－1001年登基到－947年在位55年，最后十一年行复卦，周共王继位也行复卦。周穆王依仗大国威势，对西戎过度用兵，乃至国库空虚，诸侯叛亡。不过周穆王晚年尚知修德以复宁，其子共王承其志，使西周又有了复兴之望。但周懿王之后，王室遂衰。周宣王自－827年登基到－782年，在位46年。先行空卦比，再行空卦剥。行比卦比喻君臣较为和睦，政治比较清明，社会安定，国运有所复兴。但周宣王晚年好大喜功，暴虐刚愎，诸侯离心，故中兴而又复衰，行剥卦。得剥卦者衰势已成，不可逆转。剥为去旧生新之卦，群阳剥尽之象。

推演历史的得坤卦，显示乱象已达极点，此180年正是运卦坤。《史记·周本纪》称：穆王之时“王道衰微”，懿王之时“王室遂衰”。中经孝王、夷王、此时戎狄开始入侵。至周厉王暴虐，以致国民暴动，有十四年共和。西周末年，人祸、天灾齐至。周幽王任用阿谀好利的虢石父执政，残酷剥削人民，加之地震和严重旱灾，人民痛苦不堪。又因为宠褒姒，烽火戏诸侯，被杀于骊山之下，西周灭亡。从国民暴动到幽王残虐，西周已乱至极，直至灭亡（《二十四史.史记》，中华书局，2005年版，第98－108页）。西周乱象，若从懿王开始，占此期的157年，故行坤卦。正是：搞“共和”史所罕见，戏诸侯别无它朝。

第二节　午辰时（2）

本节包括甲元午辰时第一运之否泰二卦，共统360年。

元	时	运	空						
甲	午7	1	2317—2322						
符号	时爻	运卦	空卦	候卦	年局				
阴阳	乾九 四爻	否	无妄	否	—777 甲子 60	—776 乙丑 61	—775 丙寅 62	—774 丁卯 63	—773 戊辰 64
				履	—772 己巳 65	—771 庚午 66	—770 辛未 东周 平王 元年 67	—769 壬申 68	—768 癸酉 69
				同人	—767 甲戌 70	—766 乙亥 71	—765 丙子 75	—764 丁丑 1	—763 戊寅 2
				益	—762 己卯 3	—761 庚辰 4	—760 辛巳 5	—759 壬午 6	—758 癸未 7
				噬嗑	—757 甲申 8	—756 乙酉 9	—755 丙戌 10	—754 丁亥 11	—753 戊子 12
				随	—752 己丑 13	—751 庚寅 14	—750 辛卯 15	—749 壬辰 16	—748 癸巳 17
阴阳	乾九 四爻	否	讼	履	—747 甲午 18	—746 乙未 19	—745 丙申 20	—744 丁酉 21	—743 戊戌 22
				否	—742 己亥 23	—741 庚子 24	—740 辛丑 25	—739 壬寅 26	—738 癸卯 27
				姤	—737 甲辰 28	—736 乙巳 29	—735 丙午 30	—734 丁未 31	—733 戊申 32
				涣	—732 己酉 33	—731 庚戌 34	—730 辛亥 35	—729 壬子 36	—728 癸丑 37
				未济	—727 甲寅 38	—726 乙卯 39	—725 丙辰 40	—724 丁巳 41	—723 戊午 42
				困	—722 己未 43	—721 庚申 44	—720 辛酉 45	—719 壬戌 周桓王 元年 46	—718 癸亥 47

元	时	运	空						
甲	午7	1	2317－2322						
符号	时爻	运卦	空卦	候卦	年局				
阴阳	乾九 四爻	否	遁	同人	－717 甲子 48	－716 乙丑 49	－715 丙寅 50	－714 丁卯 51	－713 戊辰 52
				姤	－712 己巳 53	－711 庚午 54	－710 辛未 55	－709 壬申 56	－708 癸酉 57
				否	－707 甲戌 58	－706 乙亥 59	－705 丙子 60	－704 丁丑 61	－703 戊寅 62
				渐	－702 己卯 63	－701 庚辰 64	－700 辛巳 65	－699 壬午 66	－698 癸未 67
				旅	－697 甲申 68	－696 乙酉 周庄王 元年 69	－695 丙戌 70	－694 丁亥 71	－693 戊子 72
				咸	－692 己丑 1	－691 庚寅 2	－690 辛卯 3	－689 壬辰 4	－688 癸巳 5
阴阳	乾九 四爻	否	观	益	－687 甲午 6	－686 乙未 7	－685 丙申 8	－684 丁酉 9	－683 戊戌 10
				涣	－682 己亥 11	－681 庚子 周釐王 元年 12	－680 辛丑 13	－679 壬寅 14	－678 癸卯 15
				渐	－677 甲辰 16	－676 乙巳 周惠王 元年 17	－675 丙午 18	－674 丁未 19	－673 戊申 20
				否	－672 己酉 21	－671 庚戌 22	－670 辛亥 23	－669 壬子 24	－668 癸丑 25
				剥	－667 甲寅 26	－666 乙卯 27	－665 丙辰 28	－664 丁巳 29	－663 戊午 30
				比	－662 己未 31	－661 庚申 32	－660 辛酉 33	－659 壬戌 34	－658 癸亥 35

元	时	运	空						
甲	午 7	1	2317－2322						
符号	时爻	运卦	空卦	候卦	年局				
阴阳	乾九四爻	否	晋	噬嗑	－657 甲子 36	－656 乙丑 37	－655 丙寅 38	－654 丁卯 39	－653 戊辰 40
				未济	－652 己巳 41	－651 庚午 周襄王元年 42	－650 辛未 43	－649 壬申 44	－648 癸酉 45
				旅	－647 甲戌 46	－646 乙亥 47	－645 丙子 48	－644 丁丑 49	－643 戊寅 50
				剥	－642 己卯 51	－641 庚辰 52	－640 辛巳 53	－639 壬午 54	－638 癸未 55
				否	－637 甲申 56	－636 乙酉 57	－635 丙戌 58	－634 丁亥 59	－633 戊子 60
				豫	－632 己丑 61	－631 庚寅 62	－630 辛卯 63	－629 壬辰 64	－628 癸巳 65
阴阳	乾九四爻	否	萃	随	－627 甲午 66	－626 乙未 67	－625 丙申 68	－624 丁酉 69	－623 戊戌 70
				困	－622 己亥 71	－621 庚子 72	－620 辛丑 1	－619 壬寅 2	－618 癸卯 周顷王元年 3
				咸	－617 甲辰 4	－616 乙巳 5	－615 丙午 6	－614 丁未 7	－613 戊申 8
				比	－612 己酉 周匡王元年 9	－611 庚戌 10	－610 辛亥 11	－609 壬子 12	－608 癸丑 13
				豫	－607 甲寅 14	－606 乙卯 周定王元年 15	－605 丙辰 16	－604 丁巳 17	－603 戊午 18
				否	－602 己未 18	－601 庚申 20	－600 辛酉 21	－599 壬戌 22	－598 癸亥 23

东周四方闭塞不通，春秋五霸事倍功半

此期从－777到－598年，为甲元午辰时第一运之否卦所统180年。为东周前、中期，春秋五霸早、中期。－770年东周王朝的建立，标志着中国历史从此进入了春秋时代。

此180年行运卦否，为何？

首先，否卦象征阴阳不交，闭塞不通。此时的东周王朝已是四方闭塞不通，日益衰微，诸侯兼并，大国争霸，政出方伯。周平王继位后，不思进取，迁都洛邑。其后之桓、庄、釐、惠、襄、定诸王也无甚作为，乱象日盛，王室日衰，任由诸侯摆布，王者之威荡然无存。

其次，得否卦者，事倍功半，所得甚少。春秋，因鲁国的编年史《春秋》而得名。从－770年到－476年止，共295年。此期为礼崩乐坏之时，突出特点是“乱”。东周日益衰弱，诸侯问鼎中原，称王称霸。周王室仅存“共主”的虚名，各诸侯国不再听从王室号令，大势已去的周王室就象一个小诸侯国，只能依附于强盛的诸侯国。先后出现了齐桓公、晋文公、宋襄公、楚庄王、秦穆公等五霸（还有一说为：齐桓公、晋文公、楚庄王、吴王阖闾、越王勾践）。在此诸侯林立的时代，成就了霸业的诸侯费尽心机，绞尽脑汁，投入了大量人力、物力、财力，好事、坏事都没少干；但打乱了当时的社会秩序，战争频繁，人民遭罪，有什么功可言呢?所以得否卦。

周期数显循环往复，衔时期推灾厄之年

这一段历史时期涉及到了周期数的灾厄问题。后面的示例涉及到了巳辰时和午辰时：巳辰时从－12657年到－1138年；午辰时从－1137年到10383年。这里出现了两个“时”的衔接问题，前面我们介绍为“衔时”。衔是连接；时是《时空太乙》的专用名词，一时为一元，一个周期11520年。衔时就是两个时的周期相互连接的时段，即上一时将出，下一时将入的灾厄时间。

已知：－1138年出巳辰时，入午辰时，其灾难之期在－1138年前后，灾难时间为11520年的百分之五到百分之十。

推演：中国历史。从－1198年商武乙登基到－221年秦朝统一全国，共978年。其间，虽有西周中、前期的治世（治世与乱世是相对而言的，治中有乱，乱中有治，皆非绝对），但有中国历史上乱象频仍的春秋战国时期。－475年到－221年为战国时期，春秋战国共约550年，从商纣王在位33年到春秋战国的500多年间，诸侯林立，战争频繁，社会动荡，人民遭殃。从－230年到－221年这十年间，秦始皇又进行了剿灭六国的战争。在中国军事史上，从公元前20世纪到1911年，共发生战争3806次。其中春秋为395次，战国为230次。春秋战国共发生战争625次（据《中国历代战争年表》之作战次数统计表，解放军出版社，中国军事史编写组，2003年版），占3806次的约16.5%。故说春秋战国“战争频仍”名副其实。这一时期较之后面的五胡十六国和五代十国等乱世，有过之而无不及。虽为乱世，仍有两缕阳光，一为西周初的治世，影响了中国几千年；一是文化上的百家争鸣，为中国传统文化的发展奠定了坚实的基础。春秋战国也有它的两面性：既是五霸七雄的战场，又是诸子百家的舞台。

世界历史。也同中国历史类似，以战争为手段，用武力征服他国，建立霸业，先后出现了三大帝国：公元前8世纪到公元前612年的亚述帝国；公元前550年到公元前330年的波斯帝国；公元前359年到公元前146年的亚历山大帝国。并出现了一系列比较著名的战争：如公元前12世纪的特洛伊战争；公元前740年到公元前640年两次，百年的美塞尼亚战争；公元前8世纪到公元前6世纪的希腊海外殖民活动；公元前6世纪到公元前345年，共200多年的印度列国争雄时代；公元前492年到公元前449年的希波战争；公元前431年到公元前404年的伯罗奔尼撒战争；公元前264年到公元前146年，共三次120多年的布匿战争等。

在示例中，我们推演周期数的四个灾难的例子：衔时、阳九、百六、阴十。虽然四个灾难期示例各有特色，但也有两个方面的共同特征：衔时和阴十所显示的灾难的共同特征是：战争。但这一战争非指一般的战争，其特点是规模大，时间长，地域广，灾难重。阳九和百六所显示的社会方面的灾难共同特征是：分裂。但这一分裂也非指一般的分裂，其特点是：时间长，地域广，小国多，灾难重。中国历史上最著名的两大分裂期，五胡十六国和五代十国都在此二灾难期中。

随着我们推演的进行，到了该历史阶段后，将较为详细的予以推演。正是：历史按规律发展，衔时演战争之灾。

元	时	运	空						
甲	午7	1	2323—2328						
符号	时爻	运卦	空卦	候卦	年局				
阴阳	乾九 四爻	泰	升	泰	—597 甲子 24	—596 乙丑 25	—595 丙寅 26	—594 丁卯 27	—593 戊辰 28
				谦	—592 己巳 29	—591 庚午 30	—590 辛未 31	—589 壬申 32	—588 癸酉 33
				师	—587 甲戌 34	—586 乙亥 35	—585 丙子 周简王 元年 36	—584 丁丑 37	—583 戊寅 38
				恒	—582 已卯 39	—581 庚辰 40	—580 辛巳 41	—579 壬午 42	—578 癸未 43
				井	—577 甲申 44	—576 乙酉 45	—575 丙戌 46	—574 丁亥 47	—573 戊子 48
				蛊	—572 已丑 49	—571 庚寅 周灵王 元年 50	—570 辛卯 51	—569 壬辰 52	—568 癸巳 53
阴阳	乾九 四爻	泰	明夷	谦	—567 甲午 54	—566 乙未 55	—565 丙申 56	—564 丁酉 57	—563 戊戌 58
				泰	—562 已亥 59	—561 庚子 60	—560 辛丑 61	—559 壬寅 62	—558 癸卯 63
				复	—557 甲辰 64	—556 乙巳 65	—555 丙午 66	—554 丁未 67	—553 戊申 68
				丰	—552 已酉 69	—551 庚戌 70	—550 辛亥 71	—549 壬子 72	—548 癸丑 1
				既济	—547 甲寅 2	—546 乙卯 3	—545 丙辰 4	—544 丁巳 周景王 元年 5	—543 戊午 6
				贲	—542 已未 7	—541 庚申 8	—540 辛酉 9	—539 壬戌 10	—538 癸亥 11

元	时	运	空						
甲	午7	1	2323－2328						
符号	时爻	运卦	空卦	候卦	年局				
阴阳	乾九 四爻	泰	临	师	－537 甲子 12	－536 乙丑 13	－535 丙寅 14	－534 丁卯 15	－533 戊辰 16
				复	－532 己巳 17	－531 庚午 18	－530 辛未 19	－529 壬申 20	－528 癸酉 21
				泰	－527 甲戌 22	－526 乙亥 23	－525 丙子 24	－524 丁丑 25	－523 戊寅 26
				归妹	－522 已卯 27	－521 庚辰 28	－520 辛巳 周悼王 元年 29	－519 壬午 周敬王 元年 30	－518 癸未 31
				节	－517 甲申 32	－516 乙酉 33	－515 丙戌 34	－514 丁亥 35	－513 戊子 36
				损	－512 已丑 37	－511 庚寅 38	－510 辛卯 39	－509 壬辰 40	－508 癸巳 41
阴阳	乾九 四爻	泰	大壮	恒	－507 甲午 42	－506 乙未 43	－505 丙申 44	－504 丁酉 45	－503 戊戌 46
				丰	－502 已亥 47	－501 庚子 48	－500 辛丑 49	－499 壬寅 50	－498 癸卯 51
				归妹	－497 甲辰 52	－496 乙巳 53	－495 丙午 54	－494 丁未 55	－493 戊申 56
				泰	－492 已酉 57	－491 庚戌 58	－490 辛亥 59	－489 壬子 60	－488 癸丑 61
				夬	－487 甲寅 62	－486 乙卯 63	－485 丙辰 64	－484 丁巳 65	－483 戊午 66
				大有	－482 已未 67	－481 庚申 68	－480 辛酉 69	－479 壬戌 70	－478 癸亥 71

元	时	运	空						
甲	午 7	1	2323－2328						
符号	时爻	运卦	空卦	候卦	年局				
阴阳	乾九 四爻	泰	需	井	－477 甲子 72	－476 乙丑 1	－475 丙寅 周元王 元年 2	－474 丁卯 3	－473 戊辰 4
				既济	－472 已巳 5	－471 庚午 6	－470 辛未 7	－469 壬申 8	－468 癸酉 周贞 定王 元年 9
				节	－467 甲戌 10	－466 乙亥 11	－465 丙子 12	－464 丁丑 13	－463 戊寅 14
				夬	－462 已卯 15	－461 庚辰 16	－460 辛巳 17	－459 壬午 18	－458 癸未 19
				泰	－457 甲申 20	－456 乙酉 21	－455 丙戌 22	－454 丁亥 23	－453 戊子 24
				小畜	－452 已丑 25	－451 庚寅 26	－450 辛卯 27	－449 壬辰 28	－448 癸巳 29
阴阳	乾九 四爻	泰	大畜	蛊	－447 甲午 30	－446 乙未 31	－445 丙申 32	－444 丁酉 33	－443 戊戌 34
				贲	－442 已亥 35	－441 庚子 周哀王 元年 周思王 元年 36	－440 辛丑 周考王 元年 37	－439 壬寅 38	－438 癸卯 39
				损	－437 甲辰 40	－436 乙巳 41	－435 丙午 42	－434 丁未 43	－433 戊申 44
				大有	－432 已酉 45	－431 庚戌 46	－430 辛亥 47	－429 壬子 48	－428 癸丑 49
				小畜	－427 甲寅 50	－426 乙卯 51	－425 丙辰 周 威烈王 元年 52	－424 丁巳 53	－423 戊午 54
				泰	－422 已未 55	－421 庚申 56	－420 辛酉 57	－419 壬戌 58	－418 癸亥 59

得泰卦非政治之泰，应卦象乃文化之象

此期从－597年到－418年，为甲元午辰时第一运之泰卦所统180年。为东周春秋晚期，战国初期。

首先，泰为中国传统文化之泰。推演历史，应该是有多方面的内容。因为历史是百科全书，有政治、经济、军事、文化、外交、科技、教育等等方面丰富内容的历史。因而推演历史不能仅限于政治，仅限于改朝换代，要推演丰富而立体的历史事实。上个180年行运卦否，主要是对东周王室说的，此180年行运卦泰，主要是就文化方面而言的。此180年行泰卦，非仅指此180年，而是以后几千年中国传统文化之泰。此期的泰卦对中国传统文化成为世界文化的一朵奇葩，有着至关重要的作用，卦象之显，可谓入木三分。此间中国出了老子和孔子两位伟大圣人；世界出现了释迦牟尼等伟人。仅就此三位世界级的伟人而言，行泰卦太贴切了。以前许多专家学者提出疑问：为什么这三位影响世界进程的伟人都是在公元前5世纪左右出现？百思不得其解。泰卦行此期，已有答案：天道如此，岂能违哉。

老子。姓李，名耳，伟大的哲学家、思想家，道家创始人。生卒年不详。比较一致的认识是大于孔子二十岁，即－571年左右出生。享年从百岁到近二百岁不等。按享年百岁论，其卒年当与孔子相仿，即－479年左右。

孔子。－551至－479年，思想家、教育家，儒家创始人。

二位圣人行泰卦之二变明夷卦，三变临卦，四变大壮卦。行空卦明夷，明夷卦的核心之象是出明入暗，凤凰垂翼。第一，出明入暗。卦象显示二人所处的社会环境，光明受损，社会黑暗，局势艰难。二位圣人都生长在春秋时期，此期周室衰微，诸侯争霸，战争频仍，政出方伯，正是礼崩乐坏之时，与卦象相符。第二，凤凰垂翼。二人皆是圣人、伟人，其志冲天，但生不逢时，演史明夷卦的藏匿之象是君子受厄，韬光养晦。二位圣人一生都很坎坷，无论是辞官归隐的老子也好，还是周游列国的孔子也罢，都是为了他们的伟大思想而韬光养晦。凤凰垂翼之卦象与实施极为吻合。象曰：明入地中，明夷。即太阳沉入地中，便是明夷。以明夷卦象显示二位圣人所处春秋乱世的社会环境，不但准确，而且生动。临卦为凤入鸡群之卦，以上临下之象。二位圣人乃人中之龙，人中之凤，他们所留下的伟大学说，宝贵思想正是“上”，后学者皆为“下”。大壮卦就是壮盛，声势隆重壮大，君子壮大。简而言之，是大有作为。此外，大壮卦还有蓄势待发的意思。他们的思想是中国文化的精髓，得到了最大的积蓄，当时是蓄势待发，现在已发了两千多年，仍是取之不尽，用之不竭的宝库。以大壮卦象显示二位圣人的博大精深，影响中国、世界历史的进程的伟大学说，贴切之至。

老子所创道家及其后以其思想为理论指导的道教和孔子所创儒家，深刻影响了中国社会几千年。加之史圣司马迁，此三人对中华文明成为世界上唯一没有没落的文明，起到了至关重要的作用。老子的最大本事是知宇宙，孔子的最大能量是研社会；而司马迁的最大特长是撰历史。

其次，变泰。泰卦为天地交泰，大吉大利。然而泰极则否至，要赤盈保泰，防止否至，乃是统一趋势之态，即由分裂到秦统一之泰。春秋时代最大特点是“乱”，战国时代最大特点是“变”，是大裂变、大分化、大改组的时期。“当禹之时，天下万国，至于汤而三千余国”（《吕氏春秋. 用民》，第 1279 页，上海古籍出版社，2002 年版），这种“国”是部落数字的减少；“周初号称千八百国，到了春秋时代仅余 148 国”（《中国通史》第三卷第 361 页，上海人民出版社，1994 年版）。到战国为七国（不止七国），这种“国”是诸侯国的减少，到战国最后由“七雄”变成了“一雄”，实现了中国封建社会的第一个大一统国家，故泰。此运卦泰为趋势之卦，用以显示此 180 年发展变化之大趋势为泰。正是：春秋时代出哲圣，中华文化世无双。

第三节　午辰时（3）

本节为甲元午辰时第二运之震、巽二卦，共统 360 年。

元	时	运	空						
甲	午7	2	2329－2334						
符号	时爻	运卦	空卦	候卦	年局				
阴阳	乾九四爻	震	豫	震	－417 甲子 60	－416 乙丑 61	－415 丙寅 62	－414 丁卯 63	－413 戊辰 64
				解	－412 已巳 65	－411 庚午 66	－410 辛未 67	－409 壬申 68	－408 癸酉 69
				小过	－407 甲戌 70	－406 乙亥 71	－405 丙子 75	－404 丁丑 1	－403 戊寅 2
				坤	－402 已卯 3	－401 庚辰 周安王 元年 4	－400 辛巳 5	－399 壬午 6	－398 癸未 7
				萃	－397 甲申 8	－396 乙酉 9	－395 丙戌 10	－394 丁亥 11	－393 戊子 12
				晋	－392 已丑 13	－391 庚寅 14	－390 辛卯 15	－389 壬辰 16	－388 癸巳 17
阴阳	乾九四爻	震	归妹	解	－387 甲午 18	－386 乙未 19	－385 丙申 20	－384 丁酉 21	－383 戊戌 22
				震	－382 已亥 23	－381 庚子 24	－380 辛丑 25	－379 壬寅 26	－378 癸卯 27
				大壮	－377 甲辰 28	－376 乙巳 29	－375 丙午 周烈王 元年 30	－374 丁未 31	－373 戊申 32
				临	－372 已酉 33	－371 庚戌 34	－370 辛亥 35	－369 壬子 36	－368 癸丑 周显王 元年 37
				兑	－367 甲寅 38	－366 乙卯 39	－365 丙辰 40	－364 丁巳 41	－363 戊午 42
				睽	－362 已未 43	－361 庚申 44	－360 辛酉 45	－359 壬戌 46	－358 癸亥 47

元	时	运	空						
甲	午7	2	2329—2334						
符号	时爻	运卦	空卦	候卦	年局				
阴阳	乾九四爻	震	丰	小过	—357 甲子 48	—356 乙丑 49	—355 丙寅 50	—354 丁卯 51	—353 戊辰 52
				大壮	—352 已巳 53	—351 庚午 54	—350 辛未 55	—349 壬申 56	—348 癸酉 57
				震	—347 甲戌 58	—346 乙亥 59	—345 丙子 60	—344 丁丑 61	—343 戊寅 62
				明夷	—342 已卯 63	—341 庚辰 64	—340 辛巳 65	—339 壬午 66	—338 癸未 67
				革	—337 甲申 68	—336 乙酉 69	—335 丙戌 70	—334 丁亥 71	—333 戊子 72
				离	—332 已丑 1	—331 庚寅 2	—330 辛卯 3	—329 壬辰 4	—328 癸巳 5
阴阳	乾九四爻	震	复	坤	—327 甲午 6	—326 乙未 7	—325 丙申 8	—324 丁酉 9	—323 戊戌 10
				临	—322 已亥 11	—321 庚子 12	—320 辛丑 周慎靓王元年 13	—319 壬寅 14	—318 癸卯 15
				明夷	—317 甲辰 16	—316 乙巳 17	—315 丙午 18	—314 丁未 周赧王元年 19	—313 戊申 20
				震	—312 已酉 21	—311 庚戌 22	—310 辛亥 23	—309 壬子 24	—308 癸丑 25
				屯	—307 甲寅 26	—306 乙卯 27	—305 丙辰 28	—304 丁巳 29	—303 戊午 30
				颐	—302 已未 31	—301 庚申 32	—300 辛酉 33	—299 壬戌 34	—298 癸亥 35

元	时	运	空						
甲	午7	2	2329—2334						
符号	时爻	运卦	空卦	候卦	年局				
阴阳	乾九四爻	震	随	萃	—297 甲子 36	—296 乙丑 37	—295 丙寅 38	—294 丁卯 39	—293 戊辰 40
				兑	—292 己巳 41	—291 庚午 42	—290 辛未 43	—289 壬申 44	—288 癸酉 45
				革	—287 甲戌 46	—286 乙亥 47	—285 丙子 48	—284 丁丑 49	—283 戊寅 50
				屯	—282 己卯 51	—281 庚辰 52	—280 辛巳 53	—279 壬午 54	—278 癸未 55
				震	—277 甲申 56	—276 乙酉 57	—275 丙戌 58	—274 丁亥 59	—273 戊子 60
				无妄	—272 己丑 61	—271 庚寅 62	—270 辛卯 63	—269 壬辰 64	—268 癸巳 65
阴阳	乾九四爻	震	噬嗑	晋	—267 甲午 66	—266 乙未 67	—265 丙申 68	—264 丁酉 69	—263 戊戌 70
				睽	—262 己亥 71	—261 庚子 72	—260 辛丑 1	—259 壬寅 2	—258 癸卯 3
				离	—257 甲辰 4	—256 乙巳 5	—255 丙午 6	—254 丁未 7	—253 戊申 8
				颐	—252 己酉 9	—251 庚戌 10	—250 辛亥 11	—249 壬子 12	—248 癸丑 13
				无妄	—247 甲寅 14	—246 乙卯 秦王政元年 15	—245 丙辰 16	—244 丁巳 17	—243 戊午 18
				震	—242 己未 19	—241 庚申 20	—240 辛酉 21	—239 壬戌 22	—238 癸亥 23

行震卦战国雷鸣电闪，应卦象百姓受怕担惊

此期从－417年到－238年为甲元午辰时第二运之震卦所统180年。为周朝末期，战国中、后期。－256年秦昭王灭周朝。东、西周立国867年，历37王。此年当入太乙岁计局五局。

此期行运卦震。得震卦都多有受惊、变动，人人恐惧，万物皆惧而知道戒备。总之行震卦一显震惊，二示多变。此期正为战国中后期，何为战国？因各诸侯国之间连年战争，故称为战国。可谓战云密布，杀声四起，小国战战兢兢，人民闻风丧胆，担惊受怕，东逃西散，背井离乡，妻离子散，此可谓既惊且恐，既恐且惧。因时有兼并之战，大国吃小国，强国并弱国，人所属之诸侯国随时有变动，地域有变动，人口有变动，总之是时时处处都在变，可谓动荡的时期，变化的年代。最后只剩下所谓战国七雄了。以运卦震行此期，至为恰当。

此期最值得推演的，当属商鞅变法。

中国历史上的变法屡见不鲜，但最著名的有四大变法：商鞅变法、王安石变法、戊戌变法和改革开放。对这著名的四大变法，我们将一一推演。

商鞅变法在中国历史和中华文明中占据十分重要的地位。因为商鞅实际上是给后世立法、立制，所以寻法之根，求制之源必须懂得商鞅变法。此外，探索秦朝为什么能统一全国，而不是其它六雄，也必须知道商鞅变法，因为是商鞅变法为秦朝打的基础和增强的国力。

商鞅在秦孝公的支持下实行变法。第一次变法是－356年，第二次变法是－350年。商鞅变法所行运卦为震，空卦为震之三变丰卦，候卦为丰卦之一变小过和二变大壮。震卦二变为归妹，归妹之六变为睽，睽卦统－362至－358年，即变法的前奏。睽为反目，象征离散。当时秦朝已积贫积弱，内斗不已。睽象显示了变法的原因。小过，一是较变法前已有小的收获，二是飞鸟遗音之卦，显示商鞅变法的决心和目的：干一番流芳百世的大事业。大壮卦一是说明变法硕果丰盛，二是藏匿之象为先顺后逆，卦象预示了商鞅变法的悲惨结局。

商鞅在秦国变法前后共21年，“无论是规划的完整性或实践的成果，商鞅的变法都算是完美而成功的。唯一的缺陷，是执行上过分严苛”（《大秦七百年王道盛衰》，台湾. 陈文德著，九州出版社，2006 年版，第 77 页)。因变法打击、惩治了既得利益者，群起而反商鞅，加之秦孝公已死，最后商鞅被车裂。

商鞅虽然被杀，但其法仍得以延续，人亡政存。一方面终于使秦国走上了日益强大的道路。可以说商鞅为秦灭六国，统一天下，创造了政治、经济、思想和军事等方面极为重要的基础条件。也可以说若无商鞅变法秦朝能否灭六国统一天下，另当别论。另一方面，其变法的主要内容，成为中国两千多年封建社会之法、之制。可以说商鞅为天下立法，为后世立制。正是：六国灭江山一统，一人死其法长存。这就是商鞅变法的特点。

就卦象所显，商鞅变法因睽而变，经小过而大壮，因大壮而震烁古今，商君也因之而万古流芳。

何为变法？字面意思就是改变或部分改变以前的治国方法。实际上是改变以往的治国理念，治国方略，治国道路和治国的方针政策等。在中国历史上，变法的类型主要有：一是春秋时期富国强兵的改革。如齐国的管仲改革。这次改革是奴隶主阶级进行的，使齐国确立了霸主地位。二是地主阶级封建化的改革。如商鞅变法。这是适应生产力发展的需要，对生产关系和上层建筑进行的调整和变革，确立了封建统治，是划时代的政治改革。三是封建统治者为挽救统治危机而调整统治政策的改革。如王莽改制，周世宗改革，王安石变法，张居正改革。这些改革多是对某些环节所做的一定调整。从整体上看，多数改革在一定程度上缓和了社会矛盾，暂时挽救了危机，是值得肯定的。但是这些改革不是从根本上触动生产关系，又受到既得利益集团的强烈反对，所以多是以失败而告终。四是少数民族为汉化而进行的改革。如北魏孝文帝改革，元、清两朝统治者的改革，加速了少数民族的封建化，促进了民族融合。五是开国的、相对贤明的君主对统治政策的调整和厘正。如汉高祖、光武帝、隋文帝、唐太宗、宋太祖、明太祖等对统治政策的调整。这些调整虽未直接名为改革或变法，但实质上也应视做改革。这些改革多发生在新王朝建立之初，统治者接受了前朝灭亡的教训，或经历了农民战争的情况下，由强有力的君主推行，因而取得的成效比较明显。

变法改革是历史发展的要求和产物，是推动历史前进的重要手段之一。故变法者绝大多数是对历史有贡献的，是历史的功臣。正是：战国杀戮惊天下，商鞅变法耀古今。

元	时	运	空						
甲	午7	2	2335－2340						
符号	时爻	运卦	空卦	候卦	年局				
阴阳	乾九四爻	巽	小畜	巽	－237 甲子 24	－236 乙丑 25	－235 丙寅 26	－234 丁卯 27	－233 戊辰 28
				家人	－232 己巳 29	－231 庚午 30	－230 辛未 秦灭韩 31	－229 壬申 32	－228 癸酉 秦灭赵 33
				中孚	－227 甲戌 秦灭燕 34	－226 乙亥 35	－225 丙子 36	－224 丁丑 秦灭魏 37	－223 戊寅 秦灭楚 38
				乾	－222 已卯 39	－221 庚辰 秦灭齐，称始皇帝 40	－220 辛巳 41	－219 壬午 42	－218 癸未 43
				大畜	－217 甲申 44	－216 乙酉 45	－215 丙戌 46	－214 丁亥 47	－213 戊子 48
				需	－212 已丑 49	－211 庚寅 50	－210 辛卯 51	－209 壬辰 秦二世元年 52	－208 癸巳 53

元	时	运	空						
甲	午 7	2	2335—2340						
符号	时爻	运卦	空卦	候卦	年局				
阴阳	乾九四爻	巽	渐	家人	—207 甲午 54	—206 乙未 西楚元年，汉王（刘邦）元年 55	—205 丙申 56	—204 丁酉 57	—203 戊戌 58
				巽	—202 已亥 西楚亡，汉高祖元年 59	—201 庚子 60	—200 辛丑 61	—199 壬寅 62	—198 癸卯 63
				观	—197 甲辰 64	—196 乙巳 65	—195 丙午 66	—194 丁未 汉惠帝元年 67	—193 戊申 68
				遁	—192 已酉 69	—191 庚戌 70	—190 辛亥 71	—189 壬子 72	—188 癸丑 1
				艮	—187 甲寅 吕后元年 2	—186 乙卯 3	—185 丙辰 4	—184 丁巳 5	—183 戊午 6
				蹇	—182 已未 7	—181 庚申 8	—180 辛酉 9	—179 壬戌 汉文帝元年 10	—178 癸亥 11

元	时	运	空						
甲	午7	2	2335—2340						
符号	时爻	运卦	空卦	候卦	年局				
阴阳	乾九四爻	巽	涣	中孚	—177 甲子 12	—176 乙丑 13	—175 丙寅 14	—174 丁卯 15	—173 戊辰 16
				观	—172 己巳 17	—171 庚午 18	—170 辛未 19	—169 壬申 20	—168 癸酉 21
				巽	—167 甲戌 22	—166 乙亥 23	—165 丙子 24	—164 丁丑 25	—163 戊寅 26
				讼	—162 己卯 27	—161 庚辰 28	—160 辛巳 29	—159 壬午 30	—158 癸未 31
				蒙	—157 甲申 32	—156 乙酉 汉景帝 元年 33	—155 丙戌 34	—154 丁亥 35	—153 戊子 36
				坎	—152 己丑 37	—151 庚寅 38	—150 辛卯 39	—149 壬辰 40	—148 癸巳 41
阴阳	乾九四爻	巽	姤	乾	—147 甲午 42	—146 乙未 43	—145 丙申 44	—144 丁酉 45	—143 戊戌 46
				遁	—142 己亥 47	—141 庚子 48	—140 辛丑 汉武帝 建元 元年 49	—139 壬寅 50	—138 癸卯 51
				讼	—137 甲辰 52	—136 乙巳 53	—135 丙午 54	—134 丁未 55	—133 戊申 56
				巽	—132 己酉 57	—131 庚戌 58	—130 辛亥 59	—129 壬子 60	—128 癸丑 61
				鼎	—127 甲寅 62	—126 乙卯 63	—125 丙辰 64	—124 丁巳 65	—123 戊午 66
				大过	—122 己未 67	—121 庚申 68	—120 辛酉 69	—119 壬戌 70	—118 癸亥 71

元	时	运	空					
甲	午7	2	2335－2340					
符号	时爻	运卦	空卦	候卦	年局			
阴阳	乾九四爻	巽	蛊	大畜	－117 甲子 72	－116 乙丑 1	－115 丙寅 2	－114 丁卯 3
					－113 戊辰 4			
				艮	－112 己巳 5	－111 庚午 6	－110 辛未 7	－109 壬申 8
					－108 癸酉 9			
				蒙	－107 甲戌 10	－106 乙亥 11	－105 丙子 12	－104 丁丑 13
					－103 戊寅 14			
				鼎	－102 己卯 15	－101 庚辰 16	－100 辛巳 17	－99 壬午 18
					－98 癸未 19			
				巽	－97 甲申 20	－96 乙酉 21	－95 丙戌 22	－94 丁亥 23
					－93 戊子 24			
				升	－92 己丑 25	－91 庚寅 26	－90 辛卯 27	－89 壬辰 28
					－88 癸巳 29			
阴阳	乾九四爻	巽	井	需	－87 甲午 30	－86 乙未 汉昭帝始元元年 31	－85 丙申 32	－84 丁酉 33
					－83 戊戌 34			
				蹇	－82 己亥 35	－81 庚子 36	－80 辛丑 37	－79 壬寅 38
					－78 癸卯 39			
				坎	－77 甲辰 40	－76 乙巳 41	－75 丙午 42	－74 丁未 43
					－73 戊申 汉宣帝本始元年 44			
				大过	－72 己酉 45	－71 庚戌 46	－70 辛亥 47	－69 壬子 48
					－68 癸丑 49			
				升	－67 甲寅 50	－66 乙卯 51	－65 丙辰 52	－64 丁巳 53
					－63 戊午 54			
				巽	－62 己未 55	－61 庚申 56	－60 辛酉 57	－59 壬戌 58
					－58 癸亥 59			

应卦象大落大起，行巽卦匆去匆来

此期从－237年到－58年，为甲元午辰时第二运之巽卦所统180年。为秦朝、西楚、西汉前、中期。为何行运卦巽？自有其道理。巽为风，其卦象一是风有风速，能聚能散，快聚快散，极不稳定。得巽卦者性格飘忽不定，做事无定性。此运应此卦象者不在少数，如秦始皇、西楚霸王项羽，西汉吕后、汉武帝等，读者可以自己推演之。二是无孔不入。此180年行运卦巽，演史重点是取其聚散皆快，大起大落，极不稳定之意，在历史事实上主要表现在两大方面：一方面是在短短的29年内，8个朝代三起三落，即十年内六国灭亡，十五年内秦朝灭亡，四年内西楚灭亡。第二方面是在116年内（－202到－87年）重大历史事件至少五起五落，即汉初父与子的大起大落；乱与治的大起大落；和与战的大起大落；道与儒的大起大落；无与有的大起大落。下面我们就运卦巽的这一卦象简略的推演一下。

首先要推演29年（－230—202年）内8个朝代（指：战国的齐、楚、燕、韩、赵、魏，统一后的秦朝，西楚）的三起三落。推演此期第一个要推演的就是秦始皇。他是一个典型的矛盾体：既是雄才大略的千古一帝，又是我国历史上著名的暴君。秦始皇（－259至－210年），－246年13岁继王位，－238年亲政，－221年统一天下，自号始皇帝，至－210年在位37年（25年王，12年始皇帝）。在位行运卦震9年。震在哪里？一是出身之震。名为秦庄襄王之子，实为吕不韦之儿。这在中国历史上的557位帝王中极为罕见。二是果决迅速镇压嫪毐叛乱。三是黜免相国吕不韦。吕不韦乃一代奇才、大才。他不但是政治大家，而且是经济学家。他以及他的门人所著《吕氏春秋》颇具水平，乃杂家代表之作。镇压嫪毐和罢黜吕不韦为其亲政扫清了障碍，可以放开手脚建丰功伟业，创不世之功。再行运卦巽28年。空卦为小畜，小畜之二变家人，三变中孚，四变乾。这三个候卦中，用十年灭了六国。家人都必团结一心，中孚者必有信，秦始皇亲政后此二点在秦国是具备的，到了候卦乾，创业达到了顶点。这就有了战国六国十年之内为秦所灭的第一个大起大落。

卦断暴君秦始皇。前面有述，秦始皇是中国历史上三大著名暴君之一。因行震卦，所做之事人人恐惧，此显一暴。得巽卦，做事无定性，有骤变，破坏力强，此显二暴。得小畜卦者，不可贪大，宜休养生息。因为小畜还表示企图心旺盛，但力量不足。秦朝正因为商鞅变法，休养生息以至国力强盛，十年内而吞六国。此时秦始皇本应休养生息，恢复国力；但其南辕北辙，想奇的，干大的，玩邪的，动真的，干了许多滥用民力，不得民心，国力不支的蠢事，此为三暴。

得乾卦者，虽有创业的本领，但缺守成的功夫。因为性格阳刚而成事，也会因为阳刚而败事。秦始皇虽然使江山一统，并为后世留下了很好的政治制度、法律制度和世界文化遗产等许多可以称为前无古人后无来者的丰功伟业，但终因刑法严苛，赋税繁重，人民痛苦不堪而二世而亡，仅存15年。立国虽短，意义重大。秦始皇对中华民族、中华文明的伟大贡献，功不可没！这就是第二个大起大落。

西楚霸王项羽勇冠三军，无敌天下，但勇有余而谋不足，而且是个很特别的人：他“攻而不守”（攻下城池不守），“得而不坐”（得天下不做皇帝，只做王），故楚汉相争仅四年，西楚灭亡，项羽自刎乌江，这就是第三次朝代的大起大落。

其次，推演西汉王朝116年内重大历史事件的五起五落。汉朝是中国历史上极为重要的朝代，汉族、汉字、汉文化皆由此来。巽卦显示，西汉前、中期许多是聚快散快，极为不稳，甚至反差极大。最主要的是在116年内重大历史事件的五起五落。

一是父与子反差的大起大落。刘邦乃开国皇帝，立国后实行中央集权制，减轻田租，打击商贾，发展农业生产，使社会经济逐步恢复，统一局面逐步稳固，可谓英武睿智，上马打天下，下马治国家。然而其子刘盈（汉惠帝）懦弱无能，智短才缺，而且胆小如鼠，在位七年其母吕后掌握实权，后竟因吕后控制朝政，残杀宗室忧疾而死，年仅20岁。父和子的才智形成了极大的反差。也正因为此，才有了中国历史上赫赫有名的吕后。中国历史上有为女性很多，女政治家也不少，但最著名的女政治家有三位：吕后，武则天、慈禧太后。在此推演吕后，以后将推演武则天和慈禧太后。吕后（－241至－180年），自－194到－180年，实际掌权16年。行候卦艮及蹇卦。得蹇卦者，进退两难，正合史实。当时吕姓与刘姓和功臣尖锐对立，虽然封了吕姓王，且欲将江山传给吕姓，但又顾虑重重；不传给吕姓，又怕她死后，吕家被灭族。进退两难，可谓蹇矣。－180年吕后病死，陈平、周勃等人一举剿灭诸吕，稳定了朝局。后世对吕后评价，其说不一。刘邦做皇帝仅八年，其子刘盈仁弱，又不具备当皇帝的素质，加之初建国政局不稳，西汉面临危局，这正给吕后以施展才能的机会。演史艮为游鱼避网之卦，积小成高之象。最突出的特点是稳。在汉初极其险恶的局势下，吕后稳住了刘家天下，能得艮卦说明上天对她的肯定。吕后不但巩固了新生的政权，而且实行休养生息的政策，发展生产，繁殖人口，为中国封建社会的第一个盛世"文景之治"打下了坚实的基础，是中历史上第一位执掌国家大权的伟大女性。历史的功绩应当给予恰当而公允的评价。

二是乱与治的大起大落。从秦始皇灭六国的十年战争，到秦始皇的暴政，再到秦末战争，楚汉战争，这 30 来年纯属乱世。刘邦的在位与吕后的掌权仅 23 年时间，可以视为由乱向治的过渡期。历史上称的上"某某之治"和"某某盛世"的寥寥无几。只有国泰民安的黄金时期才匹配。中国封建社会的第一个盛世"文景之治"，从－179 年到－141 年，共 39 年。中国封建社会的盛世最为著名的有四次：文景之治、贞观之治、开元盛世、康雍乾盛世，我们将逐一推演。

汉文帝（－202 到－157 年），－179 到－157 年在位，刘邦之子。汉景帝（－188 至－141 年），－156 至－141 年在位，汉文帝之子。汉文帝在位得空卦渐二年，说明文帝有高超的领导艺术，遵循规律，循序渐进。得涣卦 21 年，涣的藏匿之象是恶事离身，患难得消。涣卦凶中藏吉，同心同德则可化险为夷。文帝的恶事，主要的一是身份。为刘邦中子，本无登基的可能。二是政治环境。此时西汉立国仅 23 年，秦汉之际的战争，乱世，吕后、吕氏与皇室、功臣的斗争等等，留着许多难解之题，百孔千疮，百废待兴，弄不好皆有凶险之象。三是匈奴此时力量很强。直接威胁着国家的安全。文帝以宽厚的政治和恭俭的作风，君臣上下同心同德，终于使"恶事"离身。对匈奴亦战亦和的态度，争得了边疆上相对的安宁，使患难得消，开创了盛世。汉文帝行空卦姤 7 年。姤是个状况卦，有始料不及的事情发生。显示文、景二帝遇到了机遇，以示大有作为，始料不及的成为中国封建社会上的第一大盛世。文景之治始行候卦蹇二年，中经中孚、观、巽、讼、蒙、坎，到乾收。蹇为难。汉文帝刘恒乃一小宗主国代国的王，根本没有争夺皇位的念头，阴错阳差的当了皇帝。但是，皇帝位子是坐上了，能当长久吗？诸王服气吗？大臣们臣服吗？这些既是大难题，又是未知数。但在他和儿子刘启几十年卓有成效的治理下，终于行了乾卦：社会大治，政治巩固，社会安定，经济发展，国家呈现极为富庶的景象，国泰民安。

三是和与打的大起大落。文景之后是雄才大略的汉武帝（－156 至－87 年）。从－140 年登基到－87 年，在位 54 年，行空卦姤 23 年，益 30 年，井 1 年。得姤卦者，碰到机遇才能有所为。卦象显示，汉武帝本没有登基的机会，因为当时的太子是刘据。汉武帝虽然已经登基，但并无实权，到窦太后－129 年去世以后，才开始亲政。蛊为革新，惩弊治乱。汉武帝在位大刀阔斧的进行了改革。汉武帝的一生是改革的一生；是创新的一生；是吐故纳新的一生。总而言之，一生都在：标新立异！如在政治上。颁布“推恩令”，进一步削弱诸侯王和打击地方豪强，加强中央集权。经济上对商人征收资产税，将冶铁、煮盐、铸钱收归官营，实行均输平准政策等。思想上独尊儒术。外交上派张骞两次出使西域。军事上对匈奴转和为战，等等。井卦为应该善始善终，不可功败垂成。汉武帝因为不断用兵，赋役繁重，晚年各地曾暴发农民起义，被迫下“罪己诏”，调整治国方略，再次实行与民休息的政策。井卦卦象正显“罪己诏”之象。没有功败垂成，没有重蹈秦始皇的覆辙。汉初，匈奴屡犯边郡。汉高祖刘邦为羁縻匈奴，接受刘敬建议，以宗室女为长公主入嫁匈奴单于为妻，即和亲政策。汉武帝认为这是大汉的奇耻大辱，故转和为战。在长期而充分的准备下，曾多次派卫青、霍去病率兵进击匈奴。虽然加强了封建国家的统一，但因用兵次数过多、规模过大而使国库空虚，人民不堪重负。面临危机四伏的境地，汉武帝深感他的政策有改弦易辙的必要。《罪己诏》及政治上的一些改革，挽回了当时的局势，使汉朝没有陷入秦末的厄运。史家评汉武帝：有始皇之过，无始皇之失。井卦与这一历史事实相符。

四是道与儒的大起大落。汉武帝在思想上或说在理论上，治国理念上一改以往四位皇帝尊崇的黄老道家之学，而罢黜百家，独尊儒术。由道而儒，这在思想理论或观念上是反差极大的大起大落。客观的讲，用实践是检验真理的唯一标准来衡量，汉武帝的独尊儒术，对后世影响极大，在促进中国社会的发展，维护国家的统一，使中华文明成为世界上唯一没有没落的文明等方面都起到了很大的作用。其原因首先是儒学本身的伟大。其次是儒学极为适合封建统治者的口味。第三是没有统一的思想，就没有统一的行动。我国地域辽阔，民族多，人口众，如果没有一个统一信奉的思想，是很难聚集、生存、发展的。在这一点上，汉武帝功不可没。但是也因此在历代统治者的无限拔高之下，凭空抬高了儒家，盛名之下，其实难符。例如，儒家说“一事不知，儒家之耻”是不可能的；“半部《论语》打天下”是绝对办不到的；论认识宇宙的规律，孔子比老子相形见绌。

五是无与有的大起大落。司马迁是在中国历史乃至世界历史上都值得大书特书的千古不朽的人物。

司马迁的生卒年，学术界争论很大。根据王国维先生的考证，生于－145年，卒于－86年，一生与汉武帝相始终。因此其行卦与汉武帝相同。行空卦姤28年。得姤卦者要等待机会，才能有所作为。司马迁所遇到的机遇主要有两个方面。首先，客观机遇。他的前面是文景之治，生在宏阔厚重的汉武帝时代，是大环境的条件客观的机遇。其次，主观机遇，司马迁承袭其父之职，任太史令，有了著史的职务之便。这两个关键的机遇为他著史创造了极为有利的条件。行空卦蛊30年。如果说汉武帝的一生是标新立异的一生；那么司马迁的一生就是独树一帜的一生。司马迁在史学和文学上的创新，比起汉武帝在政治、军事、思想等方面的创新有过之而无不及。司马迁之前，仅有一些诸侯国的历史书，如《春秋》、《左传》、《国语》、《世本》、《战国策》等，但没有一部统一的、系统的史书。《史记》为司马迁始创的纪传体史书。虽然仅有五十多万字，但中华上下三千年尽收其中。《史记》中的要旨三题：“究天人之际，通古今之变，成一家之言”乃是前无古人之举，独辟蹊径之路。鲁迅先生评《史记》是“史家之绝唱，无韵之‘《离骚》’(《鲁迅全集》第九卷，第420页，人民文学出版社，1981年版)”，为何？创新既是司马迁品格的集中反映，也是《史记》的最大成功。这部巨著从内容到形式都是划时代的创新，具体的讲，创新有20多项，如首创纪传体史书；首创百科全书式的史书；首创冠通古今的通史；首创经济专史；首创军事专史；首创民族专史；首创各色人物传记；首创历史文学；首创外国史等。这些首创归纳为一句话，司马迁创造了纪传体通史，这是史学发展史上的一次划时代的创新，从此奠定了史学的独立地位（之前，史学只是经学的附庸）。司马迁的首创为后人树立了样板，这才有了中国赫赫有名的二十四史等，记录了五千年中华文明。撰《史记》首创之功唯史圣，修正史千载伟业仰司马。在中国浩如烟海的史籍中，被视为“正史”的二十四史，以其卷帙之浩繁，史料之鸿富，记载之翔实，将中华五千年滔滔历史长河凝聚为一座永恒的丰碑，以此饮誉古今中外，堪称文化史上的巅峰之作，堪称中华文明的百科全书，令人难以望其项背。二十四史所展示的中华民族精神和文化精髓，给我们以无穷的智慧和力量，去实现中华民族的灿烂辉煌和伟大复兴。司马迁最后行空卦井二年。为了善始善终，《史记》能够流传后世，他费尽心机，将《史记》“藏之名山，副在京师，俟后世圣人君子”（《二十四史. 史记》，第 2508 页，中华书局，2005 年版）。终得流传，行井卦正应此事。

《史记》这部两千多年前诞生在中国的鸿篇巨著，不但在中国史学史和文学史上雄居当世群峰之巅，而又永为后世景仰，在世界史学史和传记文学史上，也具有毋庸争议的人类文化瑰宝的历史地位。

从世界史学史上看，《史记》诞生之前，在古希腊虽已有希罗多德（约－484 到－430 年至－420 年之间）的《希腊波斯战争史》和修希底德（约－460 至－400 年）的《伯罗奔尼撒战争史》这两部史学巨著问世，但是，前者主要叙述发生于公元前 492 年到公元前 449 年的希腊与波斯之间的一场战争的历史，涵盖的历史时间仅 50 年左右；后者主要是叙述公元前 431 年到公元前 404 年间的古希腊以雅典为首的提洛同盟和以斯巴达为首的伯罗奔尼撒同盟这两大城邦集团之间的战争史，涵盖的历史时间仅 27 年。这两部古代史学巨著在世界史学史上虽拥有毋庸争议的历史地位，但都主要属于专题性的“事件性”著作，不是通史性著作。司马迁的《史记》约成书于公元前 1 世纪初，较前两部古希腊史学名著晚 300 年，但它却是一部囊括各个历史生活领域的一部十足的通史，涵盖的历史长达 3000 年。而且，它还不止是一部到中国成书之时的中国通史，还包含了当时中国人眼界所及的域外诸国诸族的历史，从这个意义上说，它还是一部当时的世界性通史。据此，可以说，《史记》是世界史学史上第一部通史记录。

从世界传记文学史上看，古罗马时代的希腊作家普鲁塔克（约 46－

120 年）写过一部《传记集》，其中包括希腊罗马名人传记 50 篇。在西方文学史上一向被誉为首屈一指的传记文学开山之作。但是，与作为传记体史书的《史记》相比，单从所包含的传记数量来看，《传记集》只有 50 篇传记，而在《史记》的 130 篇中，有 100 多篇传记，超过《传记集》的一倍。从问世时间上看，《传记集》比《史记》晚了 100 多年。据此，我们有理由说，《史记》称的上是世界传记文学史上第一部开山巨著。

作为炎黄子孙，我们实在有充分的理由，为我们中华民族有这样一位古代文化巨人，这样一部在世界文化史上占有如此突出位置的古典鸿篇巨著，而感到自豪。正是：史圣乃全球史圣，《史记》为世界《史记》。

此外，对司马迁和《史记》的评价，应该还涉及到术数问题。两千多年来，极少有评论家涉及这一话题。原因有的是不敢，有的是不能，有的是不愿。本书不可能展开论述，但在此简单触及一下这个问题，并阐明一个观点。《史记》中有术数的内容。如《天官书》实际是中国古代的星象学。《日者列传》，古代观天象以究人事的人被称为“日者”；《龟策列传》等。还有一些与术数直接相关的，如《律书》、《历书》、《封禅书》等。更值得深思的是，在《史记·老子韩非列传》中，有这样一段话：“……而史记周太史儋见秦献公曰‘始秦与周合，合五百岁而离，离七十岁而霸王者出焉。’或曰儋即老子，或曰非也，世莫知其然否”（《二十四史·史记》第 1703 页，中华书局，2005 年版）。此为推算国运，乃术数也。且不说推演的比较准（公元前 770 年，秦仲子（襄公）因功被封为诸侯，始立秦国，为“与周合”之始，到公元前 256 年秦灭周，约 500 年。周亡到秦亡，项羽公元前 206 年称霸王为 51 年）。值得分析的是司马迁为何写此事？再一次说明司马迁对术数的重视和认可。司马迁为什么在写 3000 年历史而文字又极为精炼的《史记》中，要写入术数内容呢？只能说明他认为术数是他的“究天人之际，通古今之变”不可替代的手段。有一本书叫《日者观天录》（重庆出版社，2008 年版），是从《二十四史》中节选的天象与历法。司马迁之后的所谓正史，在《史记》的指引和司马迁的示范影响下，记录了许多术数方面的内容，也是一部古代政治史和社会史。下文推演到宋朝时，还要推演沈括和《梦溪笔谈》。《梦溪笔谈》以全书近 19％的内容说象数，这是十分值得我们深思和探索的问题。司马迁、沈括为什么要写术数?《二十四史》为什么要写术数?其实他们都是为了“究天人之际,通古今之变”;而为了达到这一目的,术数是不可替代的重要手段。由此想到了近些年世界科学的发展:诺贝尔物理学奖得主李政道说:“宇宙里90%以上是暗物质”(《21世纪100个科学难题》导言,第4页,吉林人民出版社,1998年版)。我们现在所能看到的宇宙,只占整个宇宙的不到10%。这90%的暗物质和暗能量又怎样去发现呢?术数应该是其中的重要手段之一。现在,世界逐渐汇集成两个主流文化:一种是以《易经》为核心的玄学文化;一种是以欧洲文艺复兴为源头的科技文化。简言之,世界主要是这两种文化。既然我们用现代科技的手段探索宇宙的功能有限,为什么不能让术数一展身手呢?而且,在探索未知宇宙的进程中,术数的作用可能会更大些。本书所以提出了这一观点,是因为它太重要了,它关系到人类能否“究天人之际,通古今之变”,能否揭开宇宙神秘的面纱?!

—206秦朝灭亡,统一后立国15年,历三帝。此年入太乙岁计局55局。太乙在三宫艮,始击在和德,与太乙同宫,为掩杀,君弱臣强,为掩击劫杀之象。凡是始击掩太乙之年,其凶最烈。客大将与主参将关、囚。主秦王子婴投降刘邦,后为项羽所杀,秦朝灭亡之事。

—202年,西楚灭亡,立国4年,历一王。次年入太乙岁计局59局。

—184年(西汉吕后四年)秋天,河南发生大水,伊河、洛河同时涨水,洪水急流漂没1600多家。此年入太乙岁计局五局,主算二十五为杜塞无门,客算十四为无地之算,应此水灾。

—161年(西汉文帝后三年)秋天下大雨,连降35日不停,蓝田山水暴发,飘流900余家。是年入太乙岁计局二十八局,主算十四为无地之算,故有此灾。

—115年(西汉武帝元鼎二年)夏天发大水,黄河下游饿死者不可胜数,平原、渤海、太山、东郡等地区普遍遭灾。此年入太乙岁计局二局,客算一,为无天无地之算,应此灾。正是:史圣首创正史,《史记》精演中华。

第四节　午辰时（4）

本节为甲元午辰时第二运之恒、益二卦，共统360年。

元	时	运	空						
甲	午7	2	2341—2346						
符号	时爻	运卦	空卦	候卦	年局				
阴阳	乾九 四爻	恒	大壮	恒	—57 甲子 60	—56 乙丑 61	—55 丙寅 62	—54 丁卯 63	—53 戊辰 64
				丰	—52 己巳 65	—51 庚午 66	—50 辛未 67	—49 壬申 68	—48 癸酉 汉元帝 初元 元年 69
				归妹	—47 甲戌 70	—46 乙亥 71	—45 丙子 72	—44 丁丑 1	—43 戊寅 2
				泰	—42 已卯 3	—41 庚辰 4	—40 辛巳 5	—39 壬午 6	—38 癸未 7
				夬	—37 甲申 8	—36 乙酉 9	—35 丙戌 10	—34 丁亥 11	—33 戊子 12
				大有	—32 已丑 汉成帝 建始 元年 13	—31 庚寅 14	—30 辛卯 15	—29 壬辰 16	—28 癸巳 17

<table>
<tr><td>元</td><td>时</td><td>运</td><td>空</td><td colspan="8"></td></tr>
<tr><td>甲</td><td>午 7</td><td>2</td><td>2341－2346</td><td colspan="8"></td></tr>
<tr><td>符号</td><td>时爻</td><td>运卦</td><td>空卦</td><td>候卦</td><td colspan="6">年局</td></tr>
<tr><td rowspan="6">阴阳</td><td rowspan="6">乾九
四爻</td><td rowspan="6">恒</td><td rowspan="6">小过</td><td>丰</td><td>－27
甲午
18</td><td>－26
乙未
19</td><td colspan="2">－25
丙申
20</td><td>－24
丁酉
21</td><td>－23
戊戌
22</td></tr>
<tr><td>恒</td><td>－22
已亥
23</td><td>－21
庚子
24</td><td colspan="2">－20
辛丑
25</td><td>－19
壬寅
26</td><td>－18
癸卯
27</td></tr>
<tr><td>豫</td><td>－17
甲辰
28</td><td>－16
乙巳
29</td><td colspan="2">－15
丙午
30</td><td>－14
丁未
31</td><td>－13
戊申
32</td></tr>
<tr><td>谦</td><td>－12
已酉
33</td><td>－11
庚戌
34</td><td colspan="2">－10
辛亥
35</td><td>－9
壬子
36</td><td>－8
癸丑
37</td></tr>
<tr><td>咸</td><td>－7
甲寅
38</td><td>－6
乙卯
汉哀帝
建平
元年
39</td><td colspan="2">－5
丙辰
40</td><td>－4
丁巳
41</td><td>－3
戊午
42</td></tr>
<tr><td>旅</td><td>－2
已未
43</td><td>－1
庚申
44</td><td>(子)
45</td><td>1
辛酉
汉
平帝
元始
元年
46</td><td>2
壬戌
47</td><td>3
癸亥
48</td></tr>
</table>

元	时	运	空						
甲	午7	2	2341—2346						
符号	时爻	运卦	空卦	候卦	年局				
阴阳	乾九 四爻	恒	解	归妹	4 甲子 49	5 乙丑 50	6 丙寅 汉孺 子婴 居摄 元年 51	7 丁卯 52	8 戊辰 53
				豫	9 己巳 王莽 新朝 始建国 元年 54	10 庚午 55	11 辛未 56	12 壬申 57	13 癸酉 58
				恒	14 甲戌 59	15 乙亥 60	16 丙子 61	17 丁丑 62	18 戊寅 63
				师	19 已卯 64	20 庚辰 65	21 辛巳 66	22 壬午 67	23 癸未 更始帝 元年 68
				困	24 甲申 69	25 乙酉 东汉 光武帝 建武 元年 70	26 丙戌 71	27 丁亥 72	28 戊子 1
				未济	29 已丑 2	30 庚寅 3	31 辛卯 4	32 壬辰 5	33 癸巳 6

元	时	运	空						
甲	午7	2	2341—2346						
符号	时爻	运卦	空卦	候卦	年局				
阴阳	乾九 四爻	恒	升	泰	34 甲午 7	35 乙未 8	36 丙申 9	37 丁酉 10	38 戊戌 11
				谦	39 已亥 12	40 庚子 13	41 辛丑 14	42 壬寅 15	43 癸卯 16
				师	44 甲辰 17	45 乙巳 18	46 丙午 19	47 丁未 20	48 戊申 21
				恒	49 已酉 22	50 庚戌 23	51 辛亥 24	52 壬子 25	53 癸丑 26
				井	54 甲寅 27	55 乙卯 28	56 丙辰 29	57 丁巳 30	58 戊午 汉明帝 永平 元年 31
				蛊	59 已未 32	60 庚申 33	61 辛酉 34	62 壬戌 35	63 癸亥 36
阴阳	乾九 四爻	恒	大过	夬	64 甲子 37	65 乙丑 38	66 丙寅 39	67 丁卯 40	68 戊辰 41
				咸	69 己巳 42	70 庚午 43	71 辛未 44	72 壬申 45	73 癸酉 46
				困	74 甲戌 47	75 乙亥 48	76 丙子 汉章帝 建初 元年 49	77 丁丑 50	78 戊寅 51
				井	79 已卯 52	80 庚辰 53	81 辛巳 54	82 壬午 55	83 癸未 56
				恒	84 甲申 57	85 乙酉 58	86 丙戌 59	87 丁亥 60	88 戊子 61
				姤	89 已丑 汉和帝 永元 元年 62	90 庚寅 63	91 辛卯 64	92 壬辰 65	93 癸巳 66

<table>
<tr><td>元</td><td>时</td><td>运</td><td>空</td><td colspan="6" rowspan="2"></td></tr>
<tr><td>甲</td><td>午 7</td><td>2</td><td>2341—2346</td></tr>
<tr><td>符号</td><td>时爻</td><td>运卦</td><td>空卦</td><td>候卦</td><td colspan="5">年局</td></tr>
<tr><td rowspan="6">阴阳</td><td rowspan="6">乾九
四爻</td><td rowspan="6">恒</td><td rowspan="6">鼎</td><td>大有</td><td>94
甲午
67</td><td>95
乙未
68</td><td>96
丙申
69</td><td>97
丁酉
70</td><td>98
戊戌
71</td></tr>
<tr><td>旅</td><td>99
已亥
72</td><td>100
庚子
1</td><td>101
辛丑
2</td><td>102
壬寅
3</td><td>103
癸卯
4</td></tr>
<tr><td>未济</td><td>104
甲辰
5</td><td>105
乙巳
6</td><td>106
丙午
汉殇帝
延平
元年
7</td><td>107
丁未
汉安帝
永初
元年
8</td><td>108
戊申
9</td></tr>
<tr><td>蛊</td><td>109
已酉
10</td><td>110
庚戌
11</td><td>111
辛亥
12</td><td>112
壬子
13</td><td>113
癸丑
14</td></tr>
<tr><td>姤</td><td>114
甲寅
15</td><td>115
乙卯
16</td><td>116
丙辰
17</td><td>117
丁巳
18</td><td>118
戊午
19</td></tr>
<tr><td>恒</td><td>119
已未
20</td><td>120
庚申
21</td><td>121
辛酉
22</td><td>122
壬戌
23</td><td>123
癸亥
24</td></tr>
</table>

刘秀得恒恒吉，王莽用恒恒凶

此期从－57 年到 123 年为甲元午辰时第二运之恒卦所统 180 年。为西汉末年，王莽新朝和东汉前、中期。

恒卦藏匿之象为安静守常，举事有利。东汉光武帝刘秀坚守正道，坚持不懈，故得天下。王莽也行恒卦，但却是反其道而行之，即恒久的摇摆不定。身居高位，恒久的摇摆不定能有何作为？只能导致败亡。刘秀、王莽都行恒卦，但此恒非彼恒，同为一恒，结果两种。

西汉于公元 8 年灭亡，立国 210 年，历 15 主（包括吕后主政时期），公元八年入太乙岁计局五十三局，太乙在二宫，始击、主大将八宫格太乙，文昌七宫迫太乙，客算二十五为杜塞无门，有君死国亡之灾。

王莽新朝立国 15 年，历一帝，于公元 23 年灭亡。此年入太乙岁计局六十八局。太乙在八宫，始击与太乙同宫为掩击，客大将与太乙同宫，为囚，文昌与太乙对，客算八，为无天之算，主灭国之灾。

－30 年（汉成帝建始 3 年）夏，大水。京城一带大雨三十余日不停，十九个郡国普降暴雨，山谷水出，淹死4000余人。毁民房8.3万余所。如太乙岁计局十五局，主算九为无天之算，客算七也为无天之算，主大水之灾。

公元106年（东汉殇帝延平元年），六个州河水暴涨，淹没田野、庄稼，入太乙岁计局七局，主算八，为无天之算，客算二十五，为杜塞无门，应此灾。

公元107年（东汉安帝永初元年），全国四十一个郡，315个县暴雨，许多河水暴涨，淹没农田、城郭无数。入太乙岁计局八局，主算一为无天无地之算，应此灾。

东汉开国皇帝刘秀乃一代明主。公元25年登基，至57年，在位33年。行空卦解9年，行空卦升24年。得解卦者，可驱散乌云见太阳，全部烦愁瞬间消。西汉末年与其兄起兵，加入绿林起义军，历经险难，在昆阳之战中以少胜多，大败王莽军。又经营河北，击败王郎，收编铜马等起义军，力量逐渐强大，最终建立东汉政权。得升卦者乘势而上，可以图谋发展，可以利用良好的机遇，将志向行于天下。登基后，削平各地割据武装，统一全国。在位期间政治清明，社会安定，经济发展，史称“光武中兴”。尤其是在对待开国功臣方面，不但不加杀戮，反而加官晋级，礼遇有加。这在开国皇帝里极为难得，成为后世之楷模。最后行四年候卦井。帝王能行井卦，实在不容易。井水永远干净，象征美德。得井卦者，如同井水一样，不枯不竭，不满不溢；不通江河，却是活水；所求不多，只想持平；与世无争，没有风波。

王莽新朝存在15年，行候卦豫、恒、师三卦。豫象征一片和乐景象，得豫卦者，不要为物所累。经过多年苦心经营，举国上下对王莽一片赞扬之声。登基后要建立“大”而“全”的理想国度，因而操之过急的进行了一系列的根本改革，史称王莽改制。有人评价他是西汉时期的社会主义者，在一定意义上是对的。恒卦本是持之以恒，但王莽所行乃恒卦的上六爻：振恒，凶。上六爻在最上位，为卦之极点，摇摆不定，代表极端恒久，也违背常理。该爻又属阴爻，很难坚持，什么事也办不成，所以有凶险。王莽身居高位却摇摆不定，政策多变，如屡改币制，更改官制等等，朝令夕改，怎么会不凶险呢？师卦乃天马出群之卦，以寡伏众之象。象征引众犯险，带来伤亡。卦象应王莽被杀，新朝灭亡。正是：图远景恰失近位，治大国如烹小鲜。

元	时	运	空						
甲	午7	2	2347—2352						
符号	时爻	运卦	空卦	候卦	年局				
阴阳	乾九 四爻	益	观	益	124 甲子 25	125 乙丑 26	126 丙寅 汉顺帝 永建 元年 27	127 丁卯 28	128 戊辰 29
				涣	129 己巳 30	130 庚午 31	131 辛未 32	132 壬申 33	133 癸酉 34
				渐	134 甲戌 35	135 乙亥 36	136 丙子 37	137 丁丑 38	138 戊寅 39
				否	139 已卯 40	140 庚辰 41	141 辛巳 42	142 壬午 43	143 癸未 44
				剥	144 甲申 45	145 乙酉 汉冲帝 永熹 元年 46	146 丙戌 汉质帝 本初 元年 47	147 丁亥 汉桓帝 建和 元年 48	148 戊子 49
				比	149 已丑 50	150 庚寅 51	151 辛卯 52	152 壬辰 53	153 癸巳 54
阴阳	乾九 四爻	益	中孚	涣	154 甲午 55	155 乙未 56	156 丙申 57	157 丁酉 58	158 戊戌 59
				益	159 已亥 60	160 庚子 61	161 辛丑 62	162 壬寅 63	163 癸卯 64
				小畜	164 甲辰 65	165 乙巳 66	166 丙午 67	167 丁未 68	168 戊申 汉灵帝 建宁 元年 69
				履	169 已酉 70	170 庚戌 71	171 辛亥 72	172 壬子 1	173 癸丑 2
				损	174 甲寅 3	175 乙卯 4	176 丙辰 5	177 丁巳 6	178 戊午 7
				节	179 已未 8	180 庚申 9	181 辛酉 10	182 壬戌 11	183 癸亥 12

元	时	运	空						
甲	午 7	2	2347—2352						
符号	时爻	运卦	空卦	候卦	年局				
阴阳	乾九 四爻	益	家人	渐	184 甲子 13	185 乙丑 14	186 丙寅 15	187 丁卯 16	188 戊辰 17
				小畜	189 已巳 18	190 庚午 汉献帝 初平 元年 19	191 辛未 20	192 壬申 21	193 癸酉 22
				益	194 甲戌 23	195 乙亥 24	196 丙子 25	197 丁丑 26	198 戊寅 27
				同人	199 已卯 28	200 庚辰 29	201 辛巳 30	202 壬午 31	203 癸未 32
				贲	204 甲申 33	205 乙酉 34	206 丙戌 35	207 丁亥 36	208 戊子 37
				既济	209 已丑 38	210 庚寅 39	211 辛卯 40	212 壬辰 41	213 癸巳 42
阴阳	乾九 四爻	益	无妄	否	214 甲午 43	215 乙未 44	216 丙申 45	217 丁酉 46	218 戊戌 47
				履	219 已亥 48	220 庚子 魏文帝 黄初 元年 49	221 辛丑 蜀 昭烈帝 章武 元年 50	222 壬寅 吴大帝 黄武 元年 51	223 癸卯 蜀后主 建兴 元年 52
				同人	224 甲辰 53	225 乙巳 54	226 丙午 55	227 丁未 魏明帝 太和 元年 56	228 戊申 57
				益	229 已酉 58	230 庚戌 59	231 辛亥 60	232 壬子 61	233 癸丑 62
				噬嗑	234 甲寅 63	235 乙卯 64	236 丙辰 65	237 丁巳 66	238 戊午 67
				随	239 已未 68	240 庚申 魏齐王 正始 元年 69	241 辛酉 70	242 壬戌 71	243 癸亥 72

元	时	运	空						
甲	午7	2	2347—2352						
符号	时爻	运卦	空卦	候卦	年局				
阴阳	乾九四爻	益	颐	剥	244 甲子 1	245 乙丑 2	246 丙寅 3	247 丁卯 4	248 戊辰 5
				损	249 己巳 6	250 庚午 7	251 辛未 8	252 壬申 吴会稽王建兴元年 9	253 癸酉 10
				贲	254 甲戌 魏高贵乡公正元元年 11	255 乙亥 12	256 丙子 13	257 丁丑 14	258 戊寅 吴景帝永安元年 15
				噬嗑	259 己卯 16	260 庚辰 魏元帝景元元年 17	261 辛巳 18	262 壬午 19	263 癸未 三国蜀亡 20
				益	264 甲申 吴乌程侯元兴元年 21	265 乙酉 晋武帝泰始元年 三国魏亡 22	266 丙戌 23	267 丁亥 24	268 戊子 25
				复	269 己丑 26	270 庚寅 27	271 辛卯 28	272 壬辰 29	273 癸巳 30

元	时	运	空						
甲	午 7	2	2347—2352						
符号	时爻	运卦	空卦	候卦	年局				
阴阳	乾九四爻	益	屯	比	274 甲午 31	275 乙未 32	276 丙申 33	277 丁酉 34	278 戊戌 35
				节	279 已亥 36	280 庚子 三国 吴亡 37	281 辛丑 38	282 壬寅 39	283 癸卯 40
				既济	284 甲辰 41	285 乙巳 42	286 丙午 43	287 丁未 44	288 戊申 45
				随	289 已酉 46	290 庚戌 晋惠帝 永熙 元年 47	291 辛亥 48	292 壬子 49	293 癸丑 50
				复	294 甲寅 51	295 乙卯 52	296 丙辰 53	297 丁巳 54	298 戊午 55
				益	299 已未 56	300 庚申 57	301 辛酉 58	302 壬戌 59	303 癸亥 60

滴水天河西晋立，鸿鹄遇风四国亡

此期从 124 年到 303 年，为甲元午辰时第二运之益卦所统 180 年。为东汉中、末期，三国和西晋早、中期。

公元 220 年，东汉灭亡。立国 196 年，历 12 帝。此年入太乙岁计局第四十九局。

三国魏立国 46 年，历 5 帝，于公元 205 年灭亡。此年入太乙岁计局二十二局。

三国蜀立国 43 年，历 2 帝，于公元 263 年灭亡。其年入太乙岁计局二十局。

三国吴立国 59 年，历 4 帝，于公元 280 年灭亡。此年入太乙岁计局三十七局。太乙在六宫，文昌迫太乙，始击击太乙，主大将、客大将、客参将挟太乙，为四郭杜，关梁闭塞不通之象，应吴亡之事。

公元270年，三国魏连续遭暴雨袭击30余日，伊河、洛河、黄河、汉水同时涨水，冲毁4900余家，淹没农田1360余顷，2000多人丧生。入太乙岁计局二十七局，主算三十一，为无地之算，应此灾。

公元285年，北方十五个郡国大水，淹没农田、房屋无数，淹死人无数。此年当入太乙岁计局四十二局，客算十二，为无地之算，验此难。

公元286年，西方八个郡国大水，灾情十分严重。入太乙岁计局四十三局，主算八，为无天之算，应此灾。

益卦乃鸿鹄遇风之卦，滴水天河之象。此期东汉、三国灭亡，应鸿鹄遇风；西晋建立，应滴水天河。

诸葛亮（181－234年）我国著名的政治家、军事家和外交家。公元207年刘备三顾茅庐请他出山，行贲卦。贲为光明通泰之象，应孔明得其主。空卦行家人、无妄。家人象征一是和睦团结。刘备君臣的团结，特别是刘备与诸葛亮之间的鱼水之情，在专制、高度集权的封建社会十分难能可贵。二是开花结籽之象，显示刘备、诸葛亮以培养出了打天下的人才。如文有诸葛，武有五虎上将等。无妄卦一是办出人意料之事。诸葛亮善于用计，往往出奇兵，令人难以预料；二是藏匿之象为居安思危。刘备死后诸葛亮辅佐后主刘禅，担心蜀国偏安一隅，难以长久，便主动六出岐山，北伐曹魏，正应此象。正是：智慧化身诸葛亮，鞠躬尽瘁字孔明。

第五节　午辰时（5）

本节为甲元午辰时第二运之坎、离二卦，共统360年。

元	时	运	空						
甲	巳 7	2	2353—2358						
符号	时爻	运卦	空卦	候卦	年局				
阴阳	乾六四爻	坎卦	节	坎	304 甲子 十六国汉(前赵)立国 十六国成(汉)立国 61	305 已丑 62	306 丙寅 63	307 丁卯 晋怀帝永嘉元年 64	308 戊辰 65
				屯	309 己巳 66	310 庚午 67	311 辛未 68	312 壬申 69	313 癸酉 西晋愍帝建兴元年 70
				需	314 甲戌 前凉立国 71	315 乙亥 72	316 丙子 1	317 丁丑 东晋元帝建武元年 2	318 戊寅 3
				兑	319 己亥 十六国后赵立国 4	320 庚辰 5	321 辛巳 6	322 壬午 东晋明帝永昌元年 7	323 癸未 8
				临	324 甲申 9	325 乙酉 东晋成帝太宁元年 10	326 丙戌 11	327 丁亥 12	328 戊子 13
				中孚	329 己丑 十六国汉亡 14	330 庚寅 15	331 辛卯 16	332 壬辰 17	333 癸巳 18

元	时	运	空						
甲	巳 7	2	2353—2358						
符号	时爻	运卦	空卦	候卦	年局				
阴阳	乾六四爻	坎	比	屯	334 甲午 19	335 乙未 20	336 丙申 21	337 丁酉 十六国 前燕 立国 22	338 戊戌 23
				坎	339 己亥 24	340 庚子 25	341 辛丑 26	342 壬寅 27	343 癸卯 东晋 康帝 建元 元年 28
				蹇	344 甲辰 29	345 乙巳 东晋 穆帝 永和 元年 30	346 丙午 31	347 丁未 十六国 成亡 32	348 戊申 33
				萃	349 己酉 34	350 庚戌 十六国 前秦 立国 35	351 辛亥 十六国 后赵亡 36	352 壬子 37	353 癸丑 38
				坤	354 甲寅 39	355 乙卯 40	356 丙辰 41	357 丁巳 42	358 戊午 43
				观	359 巳未 44	360 庚申 45	361 辛酉 46	362 壬戌 东晋 哀帝 隆和 元年 47	363 癸亥 48

元	时	运	空					
甲	巳7	2	2353—2358					
符号	时爻	运卦	空卦	候卦	年局			
阴阳	乾六四爻	坎	井	需	364 甲子 49	365 乙丑 50	366 丙寅 东晋海西公太和元年 51	367 丁卯 52	368 戊辰 53
				蹇	369 己巳 54	370 庚午 55	371 辛未 东晋简文帝咸安元年 56	372 壬申 57	373 癸酉 东晋孝武帝宁康元年 58
				坎	374 甲戌 59	375 乙亥 60	376 丙子 十六国前凉亡 61	377 丁丑 62	378 戊寅 63
				大过	379 己卯 64	380 庚辰 65	381 辛巳 66	382 壬午 67	383 癸未 68
				升	384 甲申 十六国后秦、后燕立国 69	385 乙酉 十六国西秦立国 70	386 丙戌 十六国后凉立国 北朝北魏登国元年 71	387 丁亥 72	388 戊子 1
				巽	389 己丑 2	390 庚寅 3	391 辛卯 4	392 壬辰 5	393 癸巳 6

元	时	运	空						
甲	巳 7	2	2353—2358						
符号	时爻	运卦	空卦	候卦	年局				
阴阳	乾六四爻	坎	困	兑	394 甲午 十六国 前秦亡 7	395 乙未 8	396 丙申 9	397 丁酉 十六国 南凉 立国 东晋 安帝 隆安 元年 10	398 戊戌 十六国 南燕 立国 11
				萃	399 己亥 12	400 庚子 十六国 西凉 立国 13	401 辛丑 十六国 北凉 立国 14	402 壬寅 15	403 癸卯 十六国 后凉亡 16
				大过	404 甲辰 17	405 乙巳 18	406 丙午 19	407 丁未 十六国 夏、北燕 立国 十六国 后燕亡 20	408 戊申 21
				坎	409 己酉 北魏 永兴 元年 22	410 庚戌 十六国 南燕亡 23	411 辛亥 24	412 壬子 25	413 癸丑 26
				解	414 甲寅 27	415 乙卯 28	416 丙辰 29	417 丁巳 十六国 后秦亡 30	418 戊午 31
				讼	419 己未 东晋 恭帝 元熙 元年 32	420 庚申 南朝宋 武帝 永初 元年 33	421 辛酉 34	422 壬戌 35	423 癸亥 南朝宋 少帝 景平 元年 36

元	时	运	空						
甲	巳 7	2	2353－2358						
符号	时爻	运卦	空卦	候卦	年局				
阴阳	乾六 四爻	坎	师	临	424 甲子 南朝宋 文帝 元嘉 元年 北魏 太武帝 始光 元年 37	425 乙丑 38	426 丙寅 39	427 丁卯 40	428 戊辰 41
				坤	429 己巳 42	430 庚午 43	431 辛未 十六国 西秦亡； 夏亡 44	432 壬申 45	433 癸酉 46
				升	434 甲戌 47	435 乙亥 48	436 丙子 十六国 北燕亡 49	437 丁丑 50	438 戊寅 51
				解	439 己卯 十六国 北凉亡 52	440 庚辰 53	441 辛巳 54	442 壬午 55	443 癸未 56
				坎	444 甲申 57	445 乙酉 58	446 丙戌 59	447 丁亥 60	448 戊子 61
				蒙	449 己丑 62	450 庚寅 63	451 辛卯 64	452 壬辰 北魏 南安王 永平 元年； 北魏 文成帝 兴安 元年； 65	453 癸巳 66

元	时	运	空						
甲	巳7	2	2353—2358						
符号	时爻	运卦	空卦	候卦	年局				
阴阳	乾六四爻	坎	涣	中孚	454 甲午 南朝宋孝武帝孝建元年 67	455 乙未 68	456 丙申 69	457 丁酉 70	458 戊戌 71
				观	459 己亥 72	460 庚子 1	461 辛丑 2	462 壬辰 3	463 癸卯 4
				巽	464 甲辰 5	465 乙巳 南朝宋前废帝永光元年 南朝明帝泰始元年 6	466 丙午 北魏献文帝天安元年 7	467 丁未 8	468 戊申 9
				讼	469 己酉 10	470 庚戌 11	471 辛亥 北魏孝文帝延兴元年 12	472 壬子 13	473 癸丑 南朝宋后废帝元徽元年 14
				蒙	474 甲寅 15	475 乙卯 16	476 丙辰 17	477 丁巳 南朝宋顺帝昇明元年 18	478 戊午 19
				坎	479 己未 南朝宋亡；南朝齐高帝建元元年； 20	480 庚申 21	481 辛酉 22	482 壬戌 23	483 癸亥 齐武帝永明元年 24

行坎卦锦锈河山分崩离析，应卦象中华大地乱象丛生

此期从 304 年—483 年为甲元午辰时二运之坎卦所统 180 年。为西晋灭亡、东晋、五胡十六国、南北朝时南朝宋时期。

此期为中国历史上最为严重的两大分裂时期之一。坎卦为四大难卦（坎、屯、蹇、困）之一，水再加水，陷而又陷，难而又难。象征内忧外患，险难不绝。与此段历史极为吻合。316 年和 420 年西、东、晋灭亡；304 年至 439 年五胡十六国；420 年开始南北朝时期，南北对峙局面形成。观此 180 年非坎卦莫属。

西晋于公元 317 年灭亡，立国 53 年，历四帝。入太乙岁计局二局。太乙在一宫，客大将囚太乙，始击击太乙，文昌迫太乙，主算六，客算一，均为无天、无地之算，应西晋此劫。

东晋于公元 420 年灭亡，立国 104 年，历 11 帝。入太乙岁计局三十三局。太乙在三宫，始击掩击太乙，客大将囚太乙，极凶，应东晋之难。

从公元 304 年到 439 年的 136 年内，中国历史经历了五胡十六国时期。五胡十六国的灭亡皆可用太乙岁计局推演验证。

五胡十六国之汉（前赵）于公元 329 年灭亡，立国 26 年，历四主。入太乙岁计局十四局。

成（汉）于 347 年灭亡，立国 44 年，历五主。入太乙岁计局三十二局。

前凉于 376 年灭亡，立国 63 年，历七主。入太乙岁计局六十一局。

后赵立国 33 年，历五主，于公元 351 年灭亡。入太乙岁计局三十六局。

前燕立国 34 年，历三主，于公元 370 年灭亡。入太乙岁计局五十五局。

前秦立国 44 年，历六主，于公元 394 年灭亡。入太乙岁计局七局。

后秦立国 34 年，历三主，于公元 417 年灭亡。入太乙岁计局三十局。

后燕立国 24 年，历四主，于公元 407 年灭亡。入太乙岁计局二十局。

西秦立国 47 年，历四主，于公元 431 年灭亡。入太乙岁计局四十四局。

后凉立国 18 年，历三主，于公元 403 年灭亡。入太乙岁计局十六局。始击击太乙，文昌迫太乙，客大将、主参将格太乙。主算一，为无天之算，客算三十三为无地之算，应后凉灭亡。

南凉立国 18 年，历三主，于公元 414 年灭亡。入太乙岁计局二十七局。

南燕立国 13 年，历二主，于公元 410 年灭亡。入太乙岁计局二十三局。

西凉立国 22 年。历三主，于公元 421 年灭亡。入太乙岁计局三十四局。太岁格太乙，主大将格太乙，始击击太乙，客大将囚太乙，客算四，为无天之算，应西凉之亡。

夏立国 25 年，历三主，于公元 431 年灭亡。入太乙岁计局四十四局。

北燕立国 30 年，历三主，于公元 436 年灭亡。入太乙岁计局四十九局。

北凉立国 39 年，历二主，于公元 439 年灭亡。入太乙岁计局五十二局。

此期还有五次严重的洪涝之灾，也可以推演验证之。

公元 396 年，今江西境内大水，水深达五丈，人员、财产损失严重。入太乙岁计局九局，主算一，为无天之算。

公元 434 年，南方大水，入太乙岁计局三十七局，主算四，为无天之算。

公元 435 年，南方大水，入太乙岁计局四十八局，主算一，为无天之算。

公元 444 年，南朝刘宋京城再遭洪水袭击，连续大雨百余日，损失惨重。入太乙岁计局五十七局，客算二十五，为堵塞无门。正是，十六国忽亡忽建，西东晋可点可圈。

元	时	运	空						
甲	巳7	2	2359—2364						
符号	时爻	运卦	空卦	候卦	年局				
阴阳	乾六四爻	离	旅	离	484 甲子 25	485 乙丑 26	486 丙寅 27	487 丁卯 28	488 戊辰 29
				鼎	489 己巳 30	490 庚午 31	491 辛未 32	492 壬申 33	493 癸酉 34
				晋	494 甲戌 南齐 隆昌、 延兴、 建武 元年 35	495 乙亥 36	496 丙子 37	497 丁丑 38	498 戊寅 39
				艮	499 己卯 南齐 东昏侯 永元 元年 40	500 庚辰 北魏 宣武帝 景明 元年 41	501 辛巳 南齐 和帝 中兴 元年 42	502 壬午 南朝 齐亡， 南梁 武帝 天监 元年 43	503 癸未 44
				遁	504 甲申 45	505 乙酉 46	506 丙戌 47	507 丁亥 48	508 戊子 49
				小过	509 己丑 50	510 庚寅 51	511 辛卯 52	512 壬辰 53	513 癸巳 54

元	时	运	空						
甲	巳7	2	2359—2364						
符号	时爻	运卦	空卦	候卦	年局				
阴阳	乾六 四爻	离	大有	鼎	514 甲午 55	515 乙未 56	516 丙申 北魏 孝明帝 熙平 元年 57	517 丁酉 58	528 戊戌 59
				离	519 己亥 60	520 庚子 61	521 辛丑 62	522 壬寅 63	523 癸卯 64
				睽	524 甲辰 65	525 乙巳 66	526 丙午 67	527 丁未 68	528 戊申 北魏 孝庄帝 建义 元年 69
				大畜	529 己酉 70	530 庚戌 北魏 长广王 建明 元年 71	531 辛亥 北魏 节闵帝 普泰 元年， 北魏 安定王 中兴 元年 72	532 壬子 北魏 孝武帝 太昌 元年 1	533 癸丑 2
				乾	534 甲寅 北朝 北魏亡 东魏 孝静帝 天平 元年 3	535 乙卯 西魏 文帝 大统 元年 4	536 丙辰 5	537 丁巳 6	538 戊午 7
				大壮	539 巳未 8	540 庚申 9	541 辛酉 10	542 壬戌 11	543 癸亥 12

元	时	运	空						
甲	巳 7	2	2359－2364						
符号	时爻	运卦	空卦	候卦	年局				
阴阳	乾六四爻	离	噬嗑	晋	544 甲子 13	545 乙丑 14	546 丙寅 15	547 丁卯 16	548 戊辰 17
				睽	549 己巳 18	550 庚午 南梁简文帝大宝元年 北齐文宣帝天保元年 北朝东魏亡 19	551 辛未 20	552 壬申 南梁元帝承圣元年 西魏废帝元年 21	553 癸酉 22
				离	554 甲戌 西魏恭帝元年 23	555 乙亥 南梁敬帝绍泰元年 24	556 丙子 北朝西魏亡 25	557 丁丑 南朝梁亡 南陈武帝永定元年 北周孝闵帝元年 北周明帝元年 26	558 戊寅 27
				颐	559 己卯 28	560 庚辰 南陈文帝天嘉元年 北齐乾明、皇建元年 29	561 辛巳 北齐武成帝太宁元年 北周武帝保定元年 30	562 壬午 31	563 癸未 32
				无妄	564 甲申 33	565 乙酉 北齐后主天统元年 34	566 丙戌 35	567 丁亥 南陈废帝光大元年 36	568 戊子 37
				震	569 己丑 南陈宣帝太建元年 38	570 庚寅 39	571 辛卯 40	572 壬辰 41	573 癸巳 42

元	时	运	空						
甲	巳7	2	2359—2364						
符号	时爻	运卦	空卦	候卦	年局				
阴阳	乾六四爻	离	贲	艮	574 甲午 43	575 乙未 44	576 丙申 45	577 丁酉 北朝 北齐亡 46	578 戊戌 47
				大畜	579 己亥 北周 宣帝 大成 元年 北周 静帝 大象 元年 48	580 庚子 49	581 辛丑 北朝 北周亡， 隋朝 文帝 开皇 元年 50	582 壬寅 51	583 癸卯 南陈 后主 至德 元年 52
				颐	584 甲辰 53	585 乙巳 54	586 丙午 55	587 丁未 56	588 戊申 57
				离	589 己酉 南朝 陈亡 58	590 庚戌 59	591 辛亥 60	592 壬子 61	593 癸丑 62
				家人	594 甲寅 63	595 乙卯 64	596 丙辰 65	597 丁巳 66	598 戊午 67
				明夷	599 己未 68	600 庚申 69	601 辛酉 70	602 壬戌 71	603 癸亥 72

<table>
<tr><td>元</td><td>时</td><td>运</td><td>空</td><td colspan="6" rowspan="2"></td></tr>
<tr><td>甲</td><td>巳 7</td><td>2</td><td>2359—2364</td></tr>
<tr><td>符号</td><td>时爻</td><td>运卦</td><td>空卦</td><td>候卦</td><td colspan="5">年局</td></tr>
<tr><td rowspan="6">阴阳</td><td rowspan="6">乾六
四爻</td><td rowspan="6">离</td><td rowspan="6">同人</td><td>遁</td><td>604
甲子
1</td><td>605
乙丑
隋炀帝
大业
元年
2</td><td>606
丙寅
3</td><td>607
丁卯
4</td><td>608
戊辰
5</td></tr>
<tr><td>乾</td><td>609
己巳
6</td><td>610
庚午
7</td><td>611
辛未
8</td><td>612
壬申
9</td><td>613
癸酉
10</td></tr>
<tr><td>无妄</td><td>614
甲戌
11</td><td>615
乙亥
12</td><td>616
丙子
13</td><td>617
丁丑
隋恭帝
义宁
元年
14</td><td>618
戊寅
隋朝亡
唐朝
高祖
武德
元年
15</td></tr>
<tr><td>家人</td><td>619
己卯
16</td><td>620
庚辰
17</td><td>621
辛巳
18</td><td>622
壬午
19</td><td>623
癸未
20</td></tr>
<tr><td>离</td><td>624
甲申
21</td><td>625
乙酉
22</td><td>626
丙戌
23</td><td>627
丁亥
唐太宗
贞观
元年
24</td><td>628
戊子
25</td></tr>
<tr><td>革</td><td>629
己丑
26</td><td>630
庚寅
27</td><td>631
辛卯
28</td><td>632
壬辰
29</td><td>633
癸巳
30</td></tr>
</table>

元	时	运	空						
甲	巳7	2	2359—2364						
符号	时爻	运卦	空卦	候卦	年局				
阴阳	乾六 四爻	离	丰	小过	634 甲午 31	635 乙未 32	636 丙申 33	637 丁酉 34	638 戊戌 35
				大壮	639 己亥 36	640 庚子 37	641 辛丑 38	642 壬辰 39	643 癸卯 40
				震	644 甲辰 41	645 乙巳 42	646 丙午 43	647 丁未 44	648 戊申 45
				明夷	649 己酉 46	650 庚戌 唐高宗 永徽 元年 47	651 辛亥 48	652 壬子 49	653 癸丑 50
				革	654 甲寅 51	655 乙卯 52	656 丙辰 53	657 丁巳 54	658 戊午 55
				离	659 己未 56	660 庚申 57	661 辛酉 58	662 壬戌 59	663 癸亥 60

飞禽遇网南北朝　大明当天东西京

此期从484年到663年，为甲元午辰时二运之离卦所统180年。为南北朝、隋朝、唐朝初期。

离卦为大明当天之象，应开皇之治和贞观之治。离卦虽然象征光明，但是火焰要有所依附，依附正当则可以持续光明。南北朝各朝代互不服气，九个朝廷互不依附，光明岂能长久？故演历史，离卦应为飞禽遇网之卦。南北朝各国如走马灯一样，兴亡一瞬间。离卦第二层意思为文化之所，象征隋唐文明。隋朝主要是制度文明：三省六部制和科举制，是天才的构思，伟大的创举，百世的流芳。唐朝的文明是多方面的，是中华文明的巅峰期。如政治的兼容并包，有容乃大；书法之楷书和狂草，诗歌、史学、都是后世望尘莫及的；绘画、外交、科技、教育等文明也是中华文明之奇葩。总之，中华文明之自强不息，厚德载物这两大明显的特征，在唐朝都可以得到极好的诠释。隋唐两朝是对中华文明有巨大贡献的朝代，行离卦乃实至名归。

此期所涉及九个朝代，以及上期南朝宋的灭亡，都可用太乙岁计局推演之。

南朝宋立国 60 年，历八主，于公元 479 元灭亡。入太乙岁计局二十局。

南朝齐立国 24 年，历七主，于公元 502 年灭亡。入太乙岁计局四十三局。文昌八宫掩太乙，始击格太乙，主大将囚太乙，客参将挟太乙，主算八，为无天之算。

南朝梁立国 56 年，历四主，于公元 557 年灭亡。入太乙岁计局二十六局。

南朝陈立国 33 年，历五主，于公元 589 年灭亡。入太乙岁计局五十八局。太乙在四宫，客大将主参将并而格太乙，为四郭杜，且太岁在六宫格太乙。

北朝北魏立国 149 年，历十四帝，于公元 534 年灭亡。入太乙岁计局三局。

北朝东魏立国 17 年，历一帝，于公元 550 年灭亡。入太乙岁计局十九局。

北朝西魏立国 22 年，历三帝，于公元 556 年灭亡。入太乙岁计局二十五局。文昌迫太乙，始击击太乙，主大将格太乙。

北朝北齐立国 28 年，历六帝，于公元 577 年灭亡。入太乙岁计局四十六局。始击一宫格太乙，主算五为无天之算。

北朝北周立国 25 年，历五帝，于公元 581 年灭亡。入太乙岁计局五十局。

隋朝亡于 618 年，立国 38 年，历三帝。入太乙岁计局十五局。太岁格太乙，始击击太乙，客大将、主参将挟太乙。名为四郭固，主有改朝废篡之事。且主算九，客算七，均为无天之算。

此期有记载的大的洪涝灾害有七次，可用太乙岁计局推演验证之。

公元 564 年，山东大水，饿死者不可胜计。入太乙岁计局三十三局。主算二十五，为无地之算，客算三，为无天无地之算。

公元 567 年，山东大水，导致饥荒，到处可见僵尸满道的悲惨景象。入太乙岁计局三十六局。主算二十五，为杜塞无门。

公元598年（隋开皇18年），河南八州大水，达于沧海，重灾区达22个县。入太乙岁计局六十七局。主算二十五，杜塞无门。客算二，为无天之算。

公元602年（隋仁寿2年），河北、河南大水，损失惨重，入太乙岁计局七十一局。客算三十二，为无地之算。

公元607年（隋大业3年），河南、山东大水，淹没30多郡，民相卖为奴婢。入太乙岁计局四局。主算二十五，杜塞无门。

公元611年（隋大业7年），秋大水，河南、山东淹没30多郡。入太乙岁计局八局。主算一，无天无地之算，客算二十二，无地之算。

公元617年（隋义宁元年），春夏天下大旱，秋九月河南、山东大水，饿殍满野，饿死者日达数万。大水之后又旱，是年天灾人祸，民不聊生。入太乙岁计局第十四局主算十，为无人之算，客算九，为无天之算。

隋朝文帝和炀帝值得推演一下。

隋文帝（541－604年），581－604年。行运卦离和空卦贲。离为明，为文明之所。山火为贲，内卦也是离，卦象显示隋文帝对中国的传统文化有较大贡献。历史上的“开皇之治”主要指文化方面。隋朝继秦朝之后，为中国的第二次大统一，虽然立国仅38年，但如同秦朝立国时间短，而影响时间长一样，隋朝是一个非常了不起的朝代。隋文帝主要为后世留下了影响全国乃至全世界的两大制度。一是在中央设三省六部，以三省的最高长官为宰相；把地方原来的州、郡、县三级，减为州、县两级，加强中央对地方的控制，此制度之影响一直到清朝。二是实行科举制。这是在世界的文官选拔史上独一无二的，既是空前的，又是绝后的。从公元587年，正式形成科举制度，到1905年被废除，共实行1319年，为中国封建社会选拔了大批治国人才。这是对原来的察举制、征辟制、九品中正制的改革，又是一项伟大的创举。世界上将中国的科举制与中国的四大发明并列，称颂有加，赞叹不已。开皇之治还包括在经济上的改革。总之，隋文帝在位20多年里国家统一、政治安定，人民负担较轻，经济繁荣发展。至晚年元勋功臣或杀或黜，罕有存者；诸子之间，父子之间争斗不息；生活也不再节约，故从599至603年，行候卦明夷。

隋炀帝（569－618年），605—618年在位，是中国历史上著名的三大暴君之一，行运卦离，空卦同人和候卦遁、乾、无妄等卦。这些卦都是阳多阴少之卦，此为卦象显其一暴。离卦本为大明当天之象，但因其暴虐，故行了飞禽遇网之卦。同人卦显其杀戮功臣、兄弟、父亲，不能用人借船出海，又显示他的刚愎自用，此为二暴。乾卦显示他的阳刚太盛，而守业不足，此显三暴。无妄卦显示他的为政多出人意料。如开凿大运河；营建东都洛阳；三次发动对高丽的战争等，无止境的兵役和徭役，终于导致大规模的农民起义，隋朝的统治土崩瓦解。此显四暴。但是暴君不等于昏君、庸君。隋炀帝虽身为暴君，就象秦始皇一样，对中国的历史还是有所贡献的。如大运河，至今仍在使用，造福人民。

公元627年至649年，共23年，是我国封建社会四大著名盛世之一的贞观之治。此乃唐太宗李世民的大手笔，他创造了路不拾遗，夜不闭户的盛世，成为中国历史上最值得称道的治世。为后世称赞有加。贞观之治行空卦同人七年，行空卦丰十六年。行候卦离、革、小过、大壮、震和明夷一年。

唐太宗（599－649），626－649年在位23年。是中国历史上几乎完美的帝王。也是后世帝王学习的榜样。在位期间推行均田制、租庸调法和府兵制，整齐三省六部，发展科举，注重对地方官的精选和考核。贞观四年击败东突厥，被少数民族尊为天可汗。以文成公主出嫁吐蕃，发展西域交通，加强了国内民族间友好关系和国际上经济文化交流。他常以亡隋为戒，用人、纳谏两方面尤为突出，很少有古代帝王与之可比。《御制贞观政要序》说："太宗在唐为一代英明之君，其济世康民，伟有成烈，卓乎不可及已"（《二十五别史》第十二，齐鲁书社，1998年版，第一页）。编撰者吴兢在《贞观政要序》中也说："太宗时政化，良足可观，振古而来，未之有也"（同上书，第一页）。统治期间政局稳定，社会经济恢复明显。晚年接连用兵，人民负担加重。

得同人卦，象征聚集众人，得民心，和睦和平。此卦尤其象征唐太宗的用人和纳谏，因为只有用贤纳谏才能君臣一心，全国一心。得丰卦者一切都得到了满足。此卦象象征唐太宗在政治、社会、经济、外交等方面取得的丰硕成果。唐太宗一手缔造了伟大的盛世，为何还要行明夷卦一年？此卦显示唐太宗晚年用兵较多，人民负担加重之事。

不知读者注意到没有：凡卦皆非绝对，均是相对而言。故说起“相对论”，按照南怀瑾和王大有先生的研究，中国至少比爱因斯坦早了八、九千年。如汉武帝雄才大略，但晚年行井卦一年；李世民，帝王之楷模，但也不是完人，晚年行明夷卦一年。所以学《易》不知相对论，则绝对弄不懂《易》的。正是：大明当天二治世，互不依附九朝廷。

百六之厄主分裂，卅一朝代盼统一

下面我们应该推演一下“百六”之灾了。

从 220 年到 589 年隋灭陈这 370 年，为中国历史上出现的第一次大分裂时期。但仅从卦象上很难推演。只有用周期数的灾厄年来推演才能高瞻远瞩，看清历史发展数百年的大趋势，大灾难。

已知：百六上一大元，从公元前 3967 年到公元 353 年，为 4320 年。也就是说，公元 353 年出上一大元，并进入下一大元（354 年至 4673 年）。其灾厄之期应在公元 353 年前后，时间约为 4320 年的 5％－10％。

推演：

从中国历史看。此段正是我国历史上最为明显的两大分裂时期之一。那么灾难之年从何算起呢？应从 220 年开始的三国算起到 589 年隋朝灭陈，共 370 年。三国时代（公元 220 年到 265 年），东汉的疆域已是一分为三，这在我国的历史上属首次，从未出现过。春秋战国时代，虽然“国”多，但彼国非此国，那是周天子统治的天下，所谓国乃是诸侯国，都尊奉周天子为最高统治者。但三国时代的国，就是真正的朝代了，各有各的皇帝、疆域、子民、政令。因此，中国历史上自夏朝开始，真正的分裂从三国时代开始。西晋仅有短暂的统一（从 265－304 年），东晋王朝更是在东南一隅。从公元 304 年匈奴贵族刘渊建立汉国起，到南朝宋文帝元嘉 16 年（公元 439 年）北魏统一北方止，中国北方少数民族和汉族上层分子先后建立了十六国政权。大多是匈奴、羯、鲜卑、氐、羌五个少数民族上层分子所建，所以，历史上又称五胡十六国。从东晋恭帝元熙元年（公元 420 年）东晋灭亡，到陈后主祯明元年（公元 589 年）隋灭陈，统一全国期间，中国历史上形成南北对峙局面，史称南北朝。南朝共 170 年，先后有宋、齐、梁、陈四个朝代。北朝共 196 年。先有北魏；后有北魏分裂的东魏、西魏，东魏为北齐所代，西魏为北周所代；北周又灭北齐。最后，北周为隋朝所代。隋又灭陈和后梁（南朝梁的残余），南北对峙局面结束。

前面已说，百六之灾，突出特点是分裂，但绝不是一般意义上的分裂，其时间之长，地域之广，灾难之重，十分严重。此期在短短的370年中，经历31个朝代，平均不到12年一个朝代。如果西晋、东晋156年单独计算，那么其余29个朝代平均每个朝代约7年多点的寿命。这不仅在中国历史上，就是在世界历史上也属罕见。

从世界历史看。也是大分裂、大改组时期。此期从公元200年左右的匈奴西迁开始，到568年日耳曼人的迁徙运动，共369年。此期历史事实较多，今举几例说明：

匈奴西迁。匈奴西迁是个漫长的过程，主要是从200年开始大规模的西迁，到453年引起了欧洲历史上的民族大迁徙，对欧洲的历史产生了重大影响。是世界历史上的一件大事。匈奴是中国北方蒙古高原上的一个古老的游牧民族，早在东汉时，与汉朝敌对的北匈奴在内外夹击下，向西逃遁。这就开始了匈奴西迁的历史。但是真正大规模的西迁是从约200年到453年这250多年。它加速了东罗马的衰落和西罗马的灭亡，推动了日尔曼民族的大迁徙运动，打破了原有的政治格局，现代欧洲民族的地理分布状况，就是在这次由匈奴西迁而造成的社会大变革中形成的。有学者认为，匈奴人就是匈牙利民族的祖先。

日尔曼人的迁徙运动，此是指370到568年，日尔曼诸部落从多瑙河以北、莱茵河以东的广大区域，大规模地向罗马帝国境内迁徙的过程。它不但加速了西罗马帝国的灭亡，而且从历史到现在，影响着欧洲民族的地理分布状况。日尔曼是古代欧洲民族的一支，日尔曼人与欧洲大陆早期居民结合，成为近代德意志、奥地利、荷兰、英吉利、法国、瑞典、挪威、丹麦等的祖先。如法国，国名由法兰克部落名称演变而来，该部落属日尔曼族。法兰克在日尔曼语中意为勇敢的、自由的。又如荷兰在日尔曼语中意为森林之地。

罗马帝国分裂。395年强大的、不可一世的罗马帝国分成东、西两部分，从此统一的帝国不复存在。同时也预示着罗马帝国的末日即将来临。

西罗马帝国的灭亡。476年，日尔曼人雇佣兵首领奥多亚克废黜了西罗马最后一个皇帝，西罗马帝国灭亡。它标志着西欧奴隶制社会的基本结束。并使得日尔曼人的解体的公社制因素与罗马内部萌发的封建因素结合起来，逐渐演变为西欧中古时代的封建制度。正是：治世乱世世皆有，中国外国国界无。

第六节　午辰时（6）

本节为甲元午辰时第二运之既济、未济二卦，共统360年。

元	时	运	空						
甲	巳7	2	2365－2370						
符号	时爻	运卦	空卦	候卦	年局				
阴阳	乾六四爻	既济	蹇	既济	664 甲子 61	665 乙丑 62	666 丙寅 63	667 丁卯 64	668 戊辰 65
				井	669 己巳 66	670 庚午 67	671 辛未 68	672 壬申 69	673 癸酉 70
				比	674 甲戌 71	675 乙亥 72	676 丙子 1	677 丁丑 2	678 戊寅 3
				咸	679 己卯 4	680 庚辰 5	681 辛巳 6	682 壬午 7	683 癸未 8
				谦	684 甲申 唐中宗嗣圣元年 唐睿宗文明元年 武后光宅元年 9	685 乙酉 10	686 丙戌 11	687 丁亥 12	688 戊子 13
				渐	689 己丑 14	690 庚寅 武后改国号为周，天授元年 15	691 辛卯 16	692 壬辰 17	693 癸巳 18

元	时	运	空						
甲	巳 7	2	2365—2370						
符号	时爻	运卦	空卦	候卦	年局				
阴阳	乾六 四爻	既济	需	井	694 甲午 19	695 乙未 20	696 丙申 21	697 丁酉 22	698 戊戌 23
				既济	699 己亥 24	700 庚子 25	701 辛丑 26	702 壬寅 27	703 癸卯 28
				节	704 甲辰 29	705 乙巳 唐中宗 复唐国 号，神 龙元年 30	706 丙午 31	707 丁未 32	708 戊申 33
				夬	709 己酉 34	710 庚戌 唐睿宗 景云 元年 35	711 辛亥 36	712 壬子 唐玄宗 先天 元年 37	713 癸丑 唐玄宗 开元 元年 38
				泰	714 39	715 40	716 丙辰 41	717 丁巳 42	718 戊午 43
				小畜	719 巳未 44	720 庚申 45	721 辛酉 46	722 壬戌 47	723 癸亥 48
阴阳	乾六 四爻	既济	屯	比	724 甲子 49	725 乙丑 50	725 丙寅 51	727 丁卯 52	728 戊辰 53
				节	729 己巳 54	730 庚午 55	731 辛未 56	732 壬申 57	733 癸酉 58
				既济	734 甲戌 59	735 乙亥 60	736 丙子 61	737 丁丑 62	738 戊寅 63
				随	739 己卯 64	740 庚辰 65	741 辛巳 唐玄宗 开元 29 年 66	742 壬午 唐玄宗 天宝 元年 67	743 癸未 68
				复	744 甲申 69	745 乙酉 70	746 丙戌 71	747 丁亥 72	748 戊子 1
				益	749 己丑 2	750 庚寅 3	751 辛卯 4	752 壬辰 5	753 癸巳 6

元	时	运	空						
甲	巳7	2	2365—2370						
符号	时爻	运卦	空卦	候卦	年局				
阴阳	乾六四爻	既济	革	咸	754 甲午 7	755 乙未 8	756 丙申 唐肃宗至德元年 9	757 丁酉 10	758 戊戌 11
				夬	759 己亥 12	760 庚子 13	761 辛丑 14	762 壬寅 唐代宗宝应元年 15	763 癸卯 16
				随	764 甲辰 17	765 乙巳 18	766 丙午 19	767 丁未 20	768 戊申 21
				既济	769 己酉 22	770 庚戌 23	771 辛亥 24	772 壬子 25	773 癸丑 26
				丰	774 甲寅 27	775 乙卯 28	776 丙辰 29	777 丁巳 30	778 戊午 31
				同人	779 己未 32	780 庚申 唐德宗建中元年 33	781 辛酉 34	782 壬戌 35	783 癸亥 36

元	时	运	空						
甲	巳7	2	2365—2370						
符号	时爻	运卦	空卦	候卦	年局				
阴阳	乾六 四爻	既济	明夷	谦	784 甲子 37	785 乙丑 38	786 丙寅 39	787 丁卯 40	788 戊辰 41
				泰	789 己巳 42	790 庚午 43	791 辛未 44	792 壬申 45	793 癸酉 46
				复	794 甲戌 47	795 乙亥 48	796 丙子 49	797 丁丑 50	798 戊寅 51
				丰	799 己卯 52	800 庚辰 53	801 辛巳 54	802 壬午 55	803 癸未 56
				既济	804 甲申 57	805 乙酉 唐顺宗 永贞 元年 58	806 丙戌 唐宪宗 元和 元年 59	807 丁亥 60	808 戊子 61
				贲	809 己丑 62	810 庚寅 63	811 辛卯 64	812 壬辰 65	813 癸巳 66
阴阳	乾六 四爻	既济	家人	渐	814 甲午 67	815 乙未 68	816 丙申 69	817 丁酉 70	818 戊戌 71
				小畜	819 己亥 72	820 庚子 1	821 辛丑 唐穆宗 长庆 元年 2	822 壬辰 3	823 癸卯 4
				益	824 甲辰 5	825 乙巳 唐敬宗 宝历 元年 6	826 丙午 唐文宗 元年 7	827 丁未 8	828 戊申 9
				同人	829 己酉 10	830 庚戌 11	831 辛亥 12	832 壬子 13	833 癸丑 14
				贲	834 甲寅 15	835 乙卯 16	836 丙辰 17	837 丁巳 18	838 戊午 19
				既济	839 己未 20	840 庚申 21	841 辛酉 唐武宗 会昌 元年 22	842 壬戌 23	843 癸亥 24

行既济防物极必反　治国家应居安思危

此期从664年到843年为甲元午辰时，第二运之既济卦所统180年，为唐朝中期。

既济卦的藏匿之象是所求必从，所欲必遂。得此卦者处于完美状态中，正应唐朝强盛、显赫、开放、包容世界的第一大帝国之象。但是完美时容易陷入懈怠，混乱。唐玄宗懈怠而出现安史之乱；大唐后期懈怠，藩镇割据尾大不掉，宦官干政，终至灭国。

此段有记载的洪涝大灾有4次。

公元726年，全国50个州大水灾，洪水遍及今河南、河北、陕西、江苏、福建等广大地区，损失惨重。入太乙岁计局五十一局，主算十五，杜塞无门，客算十三为无地之算。

公元727年，全国63州发大水，关中及东都洛阳附近灾情最为严重，入太乙岁计局52局，客算三十一，为无地之算。

公元767年，全国55州大水，水灾遍及今湖南、山西、河南、河北、安徽、江苏、浙江、江西、福建等广大地区。入太乙岁计局二十局。主算七为无天之算。

公元792年，河南、河北、山南、江淮等地40余州大水，死亡20000余人。其中郑州、蓟州、涿州、平州等地，水深达1.5丈，庄稼淹没，房屋荡尽，入太乙岁计局四十五局，主算四十二，无地之算，客算七，为无天之算。

武则天（624—705年）是中国历史上三大最著名的女政治家之一。她延续了贞观之治的辉煌。她象一道亮丽的彩虹，大唐在她手中如日中天，她引领了一个时代，这在世界史上都非常罕见。武则天在唐太宗时入宫为才人。唐高宗复召入宫，公元655年立为皇后，参与政事。656年以后，实际掌握朝政。唐高宗死后，临朝称制，先后立、废唐中宗、唐睿宗。690年，改国号为周，自称神圣皇帝。在位期间，虽然任用酷吏，诛杀宗室、朝臣，但是能开创殿试，允许自举，多方收罗人才，重视农业和手工业，社会经济稳步上升，政治安定。唐高宗本无能力延续贞观之治的伟大成果，却因为中国历史上出了最为杰出的女性政治家武则天，而延续了贞观之治的辉煌。她实际掌权50余年，统治着当时世界上人口最多最为辉煌的唐帝国，为唐朝的发展做出了杰出的贡献。也为中国历史的发展做出了不可磨灭的贡献。她是中国历史上第一位，也是最后一位女皇帝，就凭此点，当流芳百世。死后恢复唐朝国号，传位唐中宗。自655年始行空卦丰、蹇、需。候卦从革卦开始，离、既济、井、比、咸、谦、渐、井、既济，最后行节卦两年。得丰卦者，一切都得到了满足。武则天从唐太宗时代的一个小才人，到唐高宗的皇后，虽然期间险象环生，一波三折，最后不但当上了皇后，而且逐步掌握了朝廷大权，可谓“丰”矣。蹇者，难也。唐高宗在位34年，武则天却掌实权，能不难吗？他有四个儿子，自己却当了皇帝，能不难吗？在封建社会，男尊女卑，所谓母鸡不能司晨，作为女性统治天下，简直难于上青天。候卦自革卦开始，革卦象征变革。在男人统治的社会里，武则天大胆、果断、彻底地进行了一系列改革，否则，她是站不住脚的。最后，行候卦节两年。节卦象征节制。到生命的最后她还是节制住了自己，恢复唐朝国号，传位给唐中宗，没有把江山留给武姓。武则天最后行空卦需。需卦的藏匿之象是：前有险阻，静观待变。需卦则要耐心等待时机，暗中积蓄力量。盲动则有危险，速进则会后悔。只能等待时机。这里需要“等待的哲学”。等待中武则天做出充分地舆论准备，自称是如来佛下界，在人间当皇帝是天经地义的；论证武姓即姬姓，周文王是其先祖；推行周朝的制度，如改六部官吏名称等一系列准备后，万事具备，690年改唐为周，自称皇帝。

713年—741年，这29年，再加上天宝13年，共42年，为开元盛世。是我国最著名的封建社会四大盛世的第三大盛世。开创者为唐玄宗李隆基。李隆基于710年同太平公主一起和谋剿灭韦后之乱，拥戴其父，睿宗即位，被立为太子。712年受禅改元。在位前期任用姚崇、宋璟为相，改革弊政，社会安定，经济文化持续发展，进入唐朝的全盛时期，号称开元盛世。后期任用李林甫，杨国忠为相，又沉湎于声色，官吏贪渎，政治腐败。天宝14年，发生安史之乱，次年逃往四川，太子李亨继位灵武，遥尊他为太上皇。返回长安后，抑郁而死。唐玄宗在位行空卦需、屯、革。需卦主要是积蓄力量，以便大展宏图。屯卦之象一是扎牢根基，二是聚积财富。显示已经胜利渡过困难重重的创业期，社会上积累了大量财富，人民生活显著提高。革卦显示晚年政治的腐败，故有安史之乱，不改革不行了。开始行候卦夬，泰，开元结束于既济、随二卦，尊太上皇时行咸卦。

夬卦象作决断，果决地清除邪恶。开元行夬卦一年，显示当时弊政多，而且非常严重。唐玄宗用姚崇、宋璟为相，大刀阔斧地进行革新，正应夬卦。接着行泰卦。泰象征阴阳交会，万事畅通，安如泰山，大吉大利。卦象显示了开元盛世经济发展，人民富庶，社会安定，国富民强的状况。开元末，先行既济卦，象征事业已经成功，得既济卦者处于完美的状态中。但 64 卦中，只有此卦 6 爻刚柔均当位。过于完整反而僵化，如不坚守正道继续努力，必将是开始吉祥，最终危乱。开元结束行随卦。开元盛世给国家带来了强大，给人民以幸福和安康，大得民心，所以，人民必然拥护并跟随唐玄宗。可见，卦象极应历史的事实。尊为太上皇时咸卦，前面我们曾介绍过，凡遇咸卦，一般人主昏庸，社会动乱，国运日衰，八年的安史之乱、与杨贵妃的风流韵事，以及不可一世的唐玄宗的可悲下场，极好地印证了咸卦。

颜真卿（708－784 年），唐代大书法家，以楷书和行书见长。楷书发展到唐代，几近完美。颜真卿就是唐代楷书的代表人物。他写正楷用篆书笔意，端庄雄伟，内涵筋骨，人称“颜筋”。《祭侄文稿》为天下第二行书。行空卦革和明夷，两卦之内卦皆为火，为文明之象，为文明之所，象征文化，应在颜真卿书法成就上。革卦象征革新，在书法上颜真卿大胆改革，终于形成自己的风格，其楷书后人望尘莫及。

怀素（725－785 年）唐代狂草大家。好饮酒，兴到运笔，如骤雨旋风飞动回转，“粉壁长廊数十间，兴来小豁胸中气，忽然绝叫三五声，满壁纵横千万字”（《怀素自叙帖书法析解》之怀素自叙帖真迹，第 25－26 页，冯景昶著，湖南美术出版社，1984 年版）。虽多变化，而法度具备，人称草圣。其狂草之成就后世直至现在难以企及。同颜真卿一样，行空卦革和明夷，应怀素在狂草上对中华文明的贡献。

杜甫（712－770 年）唐代诗人，人称诗圣。行空卦屯和革。屯有聚积，积累，存储的含义，此指杜甫知识、才华的聚积，积累；也指其从政之难和诗歌的天才主要在后世才被人们推崇。革内卦离，象征杜甫诗歌成就。769－770 年行候卦既济。象征杜甫的诗歌成就已达到完美的状态。正是：大唐帝国完美态，穷上反下乱象生。

<table>
<tr><td>元</td><td>时</td><td>运</td><td>空</td><td colspan="6"></td></tr>
<tr><td>甲</td><td>巳7</td><td>2</td><td>2371—2376</td><td colspan="6"></td></tr>
<tr><td>符号</td><td>时爻</td><td>运卦</td><td>空卦</td><td>候卦</td><td colspan="5">年局</td></tr>
<tr><td rowspan="6">阴阳</td><td rowspan="6">乾六
四爻</td><td rowspan="6">未济</td><td rowspan="6">睽</td><td>未济</td><td>844
甲子
25</td><td>845
乙丑
26</td><td>846
丙寅
27</td><td>847
丁卯
唐宣宗
大中
元年
28</td><td>848
戊辰
29</td></tr>
<tr><td>噬嗑</td><td>849
己巳
30</td><td>850
庚午
31</td><td>851
辛未
32</td><td>852
壬申
33</td><td>853
癸酉
34</td></tr>
<tr><td>大有</td><td>854
甲戌
35</td><td>855
乙亥
36</td><td>856
丙子
37</td><td>857
丁丑
38</td><td>858
戊寅
39</td></tr>
<tr><td>损</td><td>859
己卯
唐懿宗
大中
元年
40</td><td>860
庚辰
41</td><td>861
辛巳
42</td><td>862
壬午
43</td><td>863
癸未
44</td></tr>
<tr><td>履</td><td>864
甲申
45</td><td>865
乙酉
46</td><td>866
丙戌
47</td><td>867
丁亥
48</td><td>868
戊子
49</td></tr>
<tr><td>归妹</td><td>869
己丑
50</td><td>870
庚寅
51</td><td>871
辛卯
52</td><td>872
壬辰
53</td><td>873
癸巳
唐僖宗
咸通
元年
54</td></tr>
<tr><td rowspan="6">阴阳</td><td rowspan="6">乾六
四爻</td><td rowspan="6">未济</td><td rowspan="6">晋</td><td>噬嗑</td><td>874
甲午
55</td><td>875
乙未
56</td><td>876
丙申
57</td><td>877
丁酉
58</td><td>878
戊戌
59</td></tr>
<tr><td>未济</td><td>879
己亥
60</td><td>880
庚子
61</td><td>881
辛丑
62</td><td>882
壬寅
63</td><td>883
癸卯
64</td></tr>
<tr><td>旅</td><td>884
甲辰
65</td><td>885
乙巳
66</td><td>886
丙午
67</td><td>887
丁未
68</td><td>888
戊申
69</td></tr>
<tr><td>剥</td><td>889
己酉
唐昭宗
龙纪
元年
70</td><td>890
庚戌
71</td><td>891
辛亥
72</td><td>892
壬子
1</td><td>893
癸丑
2</td></tr>
<tr><td>否</td><td>894
甲寅
3</td><td>895
乙卯
4</td><td>896
丙辰
5</td><td>897
丁巳
6</td><td>898
戊午
7</td></tr>
<tr><td>豫</td><td>899
巳未
8</td><td>900
庚申
9</td><td>901
辛酉
10</td><td>902
壬戌
十国
吴立国
11</td><td>903
癸亥
12</td></tr>
</table>

元	时	运	空						
甲	巳7	2	2371—2376						
符号	时爻	运卦	空卦	候卦	年局				
阴阳	乾六四爻	未济	鼎	大有	904 甲子 唐哀帝 天祐 元年 13	905 乙丑 14	906 丙寅 15	907 丁卯 五代后梁太祖开平元年 辽太祖 元年 十国楚、 前蜀、 吴越 立国 16	908 戊辰 17
				旅	909 己巳 十国 闽立国 18	910 庚午 19	911 辛未 20	912 壬申 21	913 癸酉 后梁 末帝 乾化 元年 22
				未济	914 甲戌 23	915 乙亥 24	916 丙子 25	917 丁丑 十国 南汉 立国 26	918 戊寅 27
				蛊	919 己卯 28	920 庚辰 29	921 辛巳 30	922 壬午 31	923 癸未 五代 后梁亡 后唐 庄宗 同光 元年 32
				姤	924 甲申 十国 荆南 立国 33	925 乙酉 十国 前蜀亡 34	926 丙戌 后唐 明宗 天成 元年 35	927 丁亥 辽太宗 元年 36	928 戊子 37
				恒	929 己丑 38	930 庚寅 39	931 辛卯 40	932 壬辰 41	933 癸巳 42

元	时	运	空						
甲	巳7	2	2371—2376						
符号	时爻	运卦	空卦	候卦	年局				
阴阳	乾六四爻	未济	蒙	损	934 甲午 后唐闵帝应顺元年 后唐末帝清泰元年 十国后蜀立国 43	935 乙未 44	936 丙申 五代后唐亡 后晋高祖天福元年 45	937 丁酉 十国南唐立国 十国南吴亡 46	938 戊戌 47
				剥	939 己亥 48	940 庚子 49	941 辛丑 50	942 壬寅 后晋出帝元年 51	943 癸卯 52
				蛊	944 甲辰 53	945 乙巳 十国闽亡 54	946 丙午 55	947 丁未 五代后晋亡后汉高祖天福元年辽世宗天禄元年 56	948 戊申 后汉隐帝乾祐元年 57
				未济	949 己酉 58	950 庚戌 五代后汉亡 59	951 辛亥 十国楚亡后周太祖广顺元年 辽穆宗应历元年 十国北汉立国 60	952 壬子 61	953 癸丑 62
				涣	954 甲寅 后周显德元年 63	955 乙卯 64	956 丙辰 65	957 丁巳 66	958 戊午 67
				师	959 己未 后周恭帝元年 68	960 庚申 北宋太祖建隆元年 五代后周灭亡 69	961 辛酉 70	962 壬戌 71	963 癸亥 十国南平亡 72

元	时	运	空						
甲	巳 7	2	2371—2376						
符号	时爻	运卦	空卦	候卦	年局				
阴阳	乾六 四爻	未济	讼	履	964 甲子 1	965 乙丑 十国 后蜀亡 2	966 丙寅 3	967 丁卯 4	968 戊辰 5
				否	969 己巳 辽景宗 保宁 元年 6	970 庚午 7	971 辛未 十国 南汉亡 8	972 壬申 9	973 癸酉 10
				姤	974 甲戌 11	975 乙亥 十国 南唐亡 12	976 丙子 宋太宗 太平 兴国 元年 13	977 丁丑 14	978 戊寅 十国 吴越亡 15
				涣	979 己卯 十国 北汉亡 16	980 庚辰 17	981 辛巳 18	982 壬午 辽圣宗 乾亨 元年 19	983 癸未 20
				未济	984 甲申 21	985 乙酉 22	986 丙戌 23	987 丁亥 24	988 戊子 25
				困	989 己丑 26	990 庚寅 27	991 辛卯 28	992 壬辰 29	993 癸巳 30

元	时	运	空						
甲	巳 7	2	2371—2376						
符号	时爻	运卦	空卦	候卦	年局				
阴阳	乾六 四爻	未济	解	归妹	994 甲午 31	995 乙未 32	996 丙申 33	997 丁酉 34	998 戊戌 宋真宗 咸平 元年 35
				豫	999 己亥 36	1000 庚子 37	1001 辛丑 38	1002 壬辰 39	1003 癸卯 40
				恒	1004 甲辰 41	1005 乙巳 42	1006 丙午 43	1007 丁未 44	1008 戊申 45
				师	1009 己酉 46	1010 庚戌 47	1011 辛亥 48	1012 壬子 49	1013 癸丑 50
				困	1014 甲寅 51	1015 乙卯 52	1016 丙辰 53	1017 丁巳 54	1018 戊午 55
				未济	1019 己未 56	1020 庚申 57	1021 辛酉 58	1022 壬戌 59	1023 癸亥 宋仁宗 天圣 元年 60

山河破碎人心散　英主立业神州新

此期从 844 年到 1023 年为甲元午辰时，第二运之未济卦所统 180 年。为唐朝晚期、五代十国和北宋初期，辽国初、中期。

未济卦为竭海求珠之卦，忧中望喜之象。得此卦者虽然混乱无序，但此时也是一个新开始的过度段。唐朝晚期，五代十国都是混乱无序；北宋结束了五代十国的混乱分裂局面，统一了全国。正应忧中望喜。

公元 907 年，唐朝灭亡，立国 275 年，历 20 帝（大周朝 15 年，历 1 帝）。907 年入太乙岁计局十六局。

五代后梁国立国 17 年，历 3 帝，于 923 年灭亡，入太乙岁计局三十二局。太岁格太乙，始击击太乙，客大将、客参将挟太乙，主算二十五，杜塞不通。客算八，无人之算。

五代后唐立国 14 年，历 4 帝，于 936 年灭亡，入太乙岁计局四十五局。文昌迫太乙，客参将在正宫乾挟太乙，主参将、客大将挟始击，为提挟。

五代后晋立国 11 年，历 2 帝，于 946 年灭亡，入太乙岁计局五十五局，始击掩太乙，客大将囚太乙，主参将挟太乙，客算三为无天之算。

五代后汉立国 4 年，历 2 帝，于 950 年灭亡，入太乙岁计局五十九局。

五代后周立国 10 年，历 3 帝，于 960 年灭亡，入太乙岁计局六十九局。

十国前蜀立国 19 年，历 2 主，于 925 年灭亡，入太乙岁计局三十四局。

十国后蜀立国 33 年，历 2 主，于 965 年灭亡，入太乙岁计局二局。

十国吴（南吴）立国 36 年，历 4 主，于 937 年灭亡，入太乙岁计局四十六局。

十国南唐立国 39 年，历 3 主，于 975 年灭亡，入太乙岁计局十二局。

十国闽立国 37 年，历 5 主，于 951 年灭亡，入太乙岁计局六十四局。

十国荆南（南平）立国 40 年，历 5 主，于 963 年灭亡，入太乙岁计局四局。

十国南汉立国 55 年，历 4 主，亡于 971 年，入太乙岁计局十二局。

十国吴越立国 72 年，历 5 主，于 978 年灭亡，入太乙岁计局十九局。客大将、客参将格，并同太岁格，始击击太乙，主算八为无天之算。

十国北汉立国 29 年，历 4 主，于 979 年灭亡，入太乙岁计局二十局。

此期应该推演一下宋太祖（927 年－976 年）。他是毛泽东佩服的五大帝王之一（指：秦皇汉武，唐宗宋祖，成吉思汗）

宋太祖在后周时期任殿前都点检，960 年在陈桥驿发动兵变，皇袍加身，当了皇帝。次年，以“杯酒释兵权”的手段解除了石守信等禁兵将领的兵权。又先后平定南方诸割据政权，并派大将镇守北边、西边，抵御辽国、西夏的进攻。在用人上让文官出任州县长官，设立转运使掌管地方财政，设参知政事为副宰相，以枢密使掌兵，三司使理财，分宰相之权。选精兵为中央禁军，立更戍法，使兵不知将，将不知兵。惩治贪官，兴修水利，奖励农桑，推行科举制度，为一代雄主。960年—976年，在位17年。

在位行空卦蒙和讼。候卦从师起，而履、否、姤。得师卦者因众成势，但有隐忧，因为与聚众相比，服众更难。陈桥兵变众将领给宋太祖皇袍加身，也正因为皇帝来得太容易，因而成了宋太祖的一块心病，总担心自己不能服众，其他将领也会学自己皇袍加身，这才有了中国历史上乃至世界历史上极为罕见的“杯酒释兵权”。甚至连地方的军权、政权、财权都上收，以加强皇权的统治。但是凡事都是双刃剑：杯酒释兵权防止了皇袍加身，却导致了军事、国防的衰弱。因而形成了宋、辽（金）、西夏、大理、吐蕃长期五足鼎立的局面，始终没有真正统一全国，南宋是偏安朝廷，更谈不上统一了。此外，因军权集于皇帝一人，使边关将帅处处受限制，上下离心，指挥失灵。因此，在辽、西夏、金等强敌面前屡屡败北，被迫纳贡求和，导致北方强敌坐大，而北宋的军事力量却每况愈下。此事在卦象上显示的很明显。讼卦上九：“或锡之鞶带，终朝三褫之”。即：受到君王赐给的腰带，一天之内就三次被夺。宋太祖几次三番夺取将帅之权，夺取地方官之权，而北方的虎狼之师始终威胁大宋。讼上九爻，正应此事。正是：讼上九出尔反尔，宋太祖进难退难。又：忧中望喜庆乱去，竭海求珠盼统一。

第七节　午辰时（7）

本节包括甲元午辰时第二运之艮、兑二卦，共统360年。

元	时	运	空						
甲	午7	2	2377—2382						
符号	时爻	运卦	空卦	候卦	年局				
阴阳	乾九四爻	艮	贲	艮	1024 甲子 61	1025 乙丑 62	1026 丙寅 63	1027 丁卯 64	1028 戊辰 65
				大畜	1029 己巳 66	1030 庚午 67	1031 辛未 辽兴宗景福元年 68	1032 壬申 69	1033 癸酉 70
				颐	1034 甲戌 71	1035 乙亥 72	1036 丙子 1	1037 丁丑 2	1038 戊寅 西夏景宗天授礼法延祚元年 3
				离	1039 已卯 4	1040 庚辰 5	1041 辛巳 6	1042 壬午 7	1043 癸未 8
				家人	1044 甲申 9	1045 乙酉 10	1046 丙戌 11	1047 丁亥 12	1048 戊子 13
				明夷	1049 已丑 西夏毅宗延嗣宁国元年 14	1050 庚寅 15	1051 辛卯 16	1052 壬辰 17	1053 癸巳 18

元	时	运	空						
甲	午 7	2	2377—2382						
符号	时爻	运卦	空卦	候卦	年局				
阴阳	乾九四爻	艮	蛊	大畜	1054 甲午 19	1055 乙未 辽道宗 清宁 元年 20	1056 丙申 21	1057 丁酉 22	1058 戊戌 23
				艮	1059 已亥 24	1060 庚子 25	1061 辛丑 26	1062 壬寅 27	1063 癸卯 28
				蒙	1064 甲辰 宋英宗 治平 元年 29	1065 乙巳 30	1066 丙午 31	1067 丁未 西夏 惠宗 乾道 元年 32	1068 戊申 宋神宗 熙宁 元年 33
				鼎	1069 已酉 34	1070 庚戌 35	1071 辛亥 36	1072 壬子 37	1073 癸丑 38
				巽	1074 甲寅 39	1075 乙卯 40	1076 丙辰 41	1077 丁巳 42	1078 戊午 43
				升	1079 已未 44	1080 庚申 45	1081 辛酉 46	1082 壬戌 47	1083 癸亥 48

元	时	运	空						
甲	午7	2	2377－2382						
符号	时爻	运卦	空卦	候卦	年局				
阴阳	乾九 四爻	艮	剥	颐	1084 甲子 49	1085 乙丑 50	1086 丙寅 宋哲宗 元祐 元年 西夏 崇宗 天仪 治平 元年 51	1087 丁卯 52	1088 戊辰 53
				蒙	1089 己巳 54	1090 庚午 55	1091 辛未 56	1092 壬申 57	1093 癸酉 58
				艮	1094 甲戌 59	1095 乙亥 60	1096 丙子 61	1097 丁丑 62	1098 戊寅 63
				晋	1099 已卯 64	1100 庚辰 65	1101 辛巳 宋徽宗 建中 靖国 元年 辽天祚 帝乾统 元年 66	1102 壬午 67	1103 癸未 68
				观	1104 甲申 69	1105 乙酉 70	1106 丙戌 71	1107 丁亥 72	1108 戊子 1
				坤	1109 已丑 2	1110 庚寅 3	1111 辛卯 40	1112 壬辰 5	1113 癸巳 6

元	时	运	空						
甲	午7	2	2377－2382						
符号	时爻	运卦	空卦	候卦	年局				
阴阳	乾九四爻	艮	旅	离	1114 甲午 7	1115 乙未 金太祖 收国 元年 8	1116 丙申 9	1117 丁酉 10	1118 戊戌 11
				鼎	1119 已亥 12	1120 庚子 13	1121 辛丑 14	1122 壬寅 15	1123 癸卯 16
				晋	1124 甲辰 17	1125 乙巳 18	1126 丙午 宋钦宗 靖康 元年 19	1127 丁未 南宋高 宗建炎 元年 20	1128 戊申 21
				艮	1129 已酉 22	1130 庚戌 23	1131 辛亥 24	1132 壬子 25	1133 癸丑 金太宗 天会 元年 26
				遁	1134 甲寅 27	1135 乙卯 金熙宗 元年 28	1136 丙辰 29	1137 丁巳 30	1138 戊午 31
				小过	1139 已未 32	1140 庚申 西夏 仁宗 大庆 元年 33	1141 辛酉 34	1142 壬戌 35	1143 癸亥 36

元	时	运	空						
甲	午 7	2	2377—2382						
符号	时爻	运卦	空卦	候卦	年局				
阴阳	乾九 四爻	艮	渐	家人	1144 甲子 37	1145 乙丑 38	1146 丙寅 39	1147 丁卯 40	1148 戊辰 41
				巽	1149 己巳 金海陵 王天德 元年 42	1150 庚午 43	1151 辛未 44	1152 壬申 45	1153 癸酉 46
				观	1154 甲戌 47	1155 乙亥 48	1156 丙子 49	1157 丁丑 50	1158 戊寅 51
				遁	1159 己卯 52	1160 庚辰 53	1161 辛巳 金世宗 大定 元年 54	1162 壬午 55	1163 癸未 南宋孝 宗隆兴 元年 56
				艮	1164 甲申 57	1165 乙酉 58	1166 丙戌 59	1167 丁亥 60	1168 戊子 61
				蹇	1169 己丑 62	1170 庚寅 63	1171 辛卯 64	1172 壬辰 65	1173 癸巳 66

元	时	运	空						
甲	午 7	2	2377—2382						
符号	时爻	运卦	空卦	候卦	年局				
阴阳	乾九四爻	艮	谦	明夷	1174 甲午 67	1175 乙未 68	1176 丙申 69	1177 丁酉 70	1178 戊戌 71
				升	1179 己亥 72	1180 庚子 1	1181 辛丑 2	1182 壬寅 3	1183 癸卯 4
				坤	1184 甲辰 5	1185 乙巳 6	1186 丙午 7	1187 丁未 8	1188 戊申 9
				小过	1189 己酉 10	1190 庚戌 南宋光宗绍熙元年 金章宗明昌元年 11	1191 辛亥 12	1192 壬子 13	1193 癸丑 14
				蹇	1194 甲寅 西夏桓宗天庆元年 15	1195 乙卯 南宋宁宗庆元元年 16	1196 丙辰 17	1197 丁巳 18	1198 戊午 19
				艮	1199 己未 20	1200 庚申 21	1201 辛酉 22	1202 壬戌 23	1203 癸亥 24

困阻应析局势，止行不失时机

此期从 1024 年到 1203 年，为甲元午辰时第二运之艮卦所统 180 年。为北宋中、晚期和南宋前、中期。西夏、金朝前、中期，辽国晚期。

北宋立国 168 年，历 9 帝，亡于 1126 年，入太乙岁计局 19 局。

辽国立国 219 年，亡于 1125 年，入太乙岁计局十八局，文昌掩太乙，主大将囚太乙，主算七，为无天之算。

此期有记录的大的洪涝灾害为1091年，北宋元祐六年，浙江、江苏大水灾，杭州死者达50余万人，苏州死者30余万人。入太乙岁计局五十六局。主算十五，杜塞无门。客算三十四，无地之算。

艮卦似人被困山中，是讲止的道理，也是停止，退守的意思。看此180年，实际上没有实现真正的统一。基本上是宋、辽（金）、西夏、土蕃、大理“五足鼎立”。几个国家之间打打杀杀，但该停止的时候便停止，该行动的时候就行动。如宋、辽之间甚至有100余年的和平时期。因此谁也消灭不了谁，各国均“艮”，又“不艮”，维系着几国并立的局面。所以，运卦为艮，以动、静两个方面的道理显示此期的史实，乃恰如其分。

王安石变法为我国历史上著名的四大变法之一。

王安石（1021－1086年），字介甫，北宋著名的政治家、思想家、文学家。举进士，历任州县官，嘉祐中，入朝为三司度支判官，上万言书要求变法，未被采纳。熙宁二年，以参知政事，设制置三司条例司，主持变法。1070年升为宰相。于1069到1075年进行变法。新法为司马光、文彦博、吕公著、程颐、程颢等人激烈反对。王安石以“天变不足畏，祖宗不足法，人言不足怕”的“三不足”思想进行反驳。变法后在政坛上起起落落，先罢相，后复相，再罢相，封荆国公。也是唐宋八大家之一。王安石变法以彻底失败而告终。其失败的根本原因是儒家正统思想的统治。具体的一是继任皇帝不支持；二是主要大臣激烈反对；三是用人不当；四是急于求成。

王安石变法期间行空卦蛊，候卦鼎、巽。蛊卦象征惩弊治乱，革新。鼎卦为去旧取新之想，得鼎卦者要吐故纳新。此二卦均为变法之象。变法结果如何？巽的卦象显示明显。巽的最大特征是能聚能散，快聚快散，极不稳定。其象所显示为变法来也匆匆，废也匆匆。

王安石变法虽然以彻底失败而告终，但他的改革精神，即“三不足”精神可与日月争辉。人类虽然一直沿着创新的路子在发展，但每一个被确认了的创新思想，又都会成为下一个创新思想的障碍。古圣贤的创新，一旦被世人接受，就会有三种结果表现出来：一是“这就是真理”。在中国传统说法里，真理被称为天道，天道在人世上又称为天命。二是将它认做价值标准来品评世事。这叫做人言。三是统治者将按照此种标准来立法，这就是“祖宗之法”。如果这三者都是牢不可破的话，就意味着对制度不能再做任何创新。所以，要创新，要变法，要改革，就要从思想上先摧毁这些障碍。孔子偏偏说了句“畏天命，畏祖宗，畏大人之言”。在儒家思想统治下的中国，就得信奉“三畏”了。从中国历史上若干变法来看，先秦时期成功的多，失败的少。如商鞅变法，李悝变法。秦及以后变法失败者多，成功者少。如王安石变法，戊戌变法。失败的根本原因是思想根源，就是因为“独尊儒术”。

北宋末，徽、钦二帝于1127年被金国掳到北国，坐井观天，并死于异国他乡。这就是所谓的“靖康之耻”，这是中国乃至世界历史极为罕见的耻辱。这一历史事件在中国乃至世界史均属凤毛麟角，既是稀罕事，又是重大历史事件。宋徽宗是治国无才，但艺术大成。所以也是重要且特殊的历史人物。中国历史上557位帝王，只有西晋的晋愍帝和晋怀帝能与徽、钦二帝“比美”。此二帝先后被五胡十六国的汉（前赵）皇帝刘聪俘虏，先后被毒死，一个三十岁，一个十八岁。此例行甲元午辰时第二运之艮卦（统1024至1203年，共180年）。艮四变为旅卦（统1114至1143年，共30年）。徽、钦二帝是1126年被金人俘虏，1127年押往北国，正应旅卦。旅卦之象为山上有火，山在下静止不动，火在上四处蔓延，到处流动，以火流动之象象征旅，也象征旅行的人。旅行最大特点是居无定所，寄人篱下，因而生活不安定，颠沛流离。皇帝如果行艮卦很正常，艮为止，象征皇帝深居皇宫，生活安定优裕；但却得旅卦，二位皇上这一旅就由河南旅到了黑龙江，由皇宫旅到了井下，由皇帝旅成了阶下囚。另，旅卦为如鸟焚巢之卦，乐极生悲之象，藏匿之象为羁旅栖栖，先喜后悲。此象与宋徽宗在位的统治以及亡国、被俘的历史事实极为吻合。宋徽宗（1082－1135年），北宋第八代皇帝，1100－1125年在位。在位期间任用奸臣，把持国政，滥增捐税，穷奢极欲，兴建华阳宫，设造作局、应奉局，供其玩乐享受，导致阶级矛盾激化。方腊、宋江等农民起义。宋徽宗治国无方，却擅长书法、绘画，一心只把艺术做为最大享乐，置国家、人民于不顾，但乐极生悲，金兵大举入侵，1126年攻陷汴京，正应“如鸟焚巢”之言，徽、钦二帝被俘，押往北国的五国城（今黑龙江依兰）受尽折磨而死。正是：亡命丢国古已有，断帝得旅世上奇。

北宋的沈括（1031－1095年），撰写了一部震惊世界的科学巨著《梦溪笔谈》，倍受世界的关注和称道。值得推演一下。在科学技术越来越重要，而且日新月异的现代，在全民族为实现四个现代化和实现民族伟大复兴梦想的今天，更值得推演一下。

沈括在中国历史和世界历史上，是一个成就卓著，贡献独特，扬名世界的伟大人物。过去一直宣传的不到位，评价不到位，认识不到位。中国古代科学家值得世界尊重，在世界科技史上声名显赫的，他是最突出的一个。这是中华民族的自豪和骄傲。充分说明历史上中国的科技世界一流，现在，聪明睿智的中国人仍然可以傲视群雄，站在世界科技的前列。

他33岁考中进士后，主要是从政，精研科学和探索术数三件事。就《梦溪笔谈》而言，至少有四个方面的特色：

一是全。指内容全。全书二十六卷，加上《补笔谈》三卷，《续笔谈》一卷，共三十卷，六百多条，内容涉及到天文、历法、气象、数学、地理与制图、地质与矿物、物理、化学、生物、医药、建筑、工程与冶金、农艺、灌溉与水利等自然科学的广阔领域；涉及术数、人类学、考古学、文学、语韵和音乐等方面；此外，还有关于朝廷与官员生活、法律与警务、军事、杂文与秩事等。

二是独。主要是指识见独到。书中在“笔谈”二十六卷中，用了两卷专门阐释术数，又在《补笔谈》卷二中写了术数的内容。“笔谈”中的‘乐律一’其实也是术数著作。术数部分的内容约占全书内容的19%。术数内容涉及《周易》、五星、三垣、二十八宿、太乙、奇门、六壬以及天文、历法、纳甲等，均为中国古代高层预测学范畴。《梦溪笔谈》是科学著作，加入了术数内容，充分说明沈括已经超前独特的认识到术数就是科学。这种认识是独一无二的，是前无古人，也可能是后无来者的。现代科学虽然高度发达，但最近遇到了目前很难逾越的障碍：暗物质、暗能量。我们看到的物质只占宇宙物质的5%，其余23%为暗物质，72%为暗能量。真正解决这些问题，只靠所谓的“现代科学”是办不全、办不好、办不了的。在人类探索宇宙的奥秘中，术数将发挥独特的、巨大的，甚至是关键的、主要的作用。我们认为《梦溪笔谈》最为独到的就是认为术数就是科学。沈括给了人类揭开宇宙神秘面纱的一把金钥匙。可惜的是，奇怪的也是，不可思议的仍是，至今认识到术数是科学的人还是凤毛麟角。难道这是不人类的悲哀吗？

在前面推演了史圣司马迁。他和沈括在对术数的认识上是一致的，司马迁不仅是史圣，还是预测大师。他的预测主要是宇宙自然和社会历史的大趋势，是宏观的预测。如见盛观衰，原始察终，天运4560年大变等等。司马迁究天人之际，通古今之变，也是术数和科学双管齐下的，这在前面也有所论述。

再如，明末清初大儒黄宗羲把太乙神数、六壬神课、皇极经世皆归于《易学象数论》一书。

术数在其发展的历程中，命运多舛，太过坎坷。顺境时也只是末流小技，不能成为主流意识，不能登大雅之堂。逆境时被斥为封建迷信，历史渣滓，妖言惑众，反动文化等。

我们应该发扬光大司马迁和沈括对术数的识见，在究天人之际，通古今之变的过程中，术数与科学如鸟之双翼，缺一不可。在人类探索宇宙奥秘的过程中，最起码应将科学与术数放到同一条起跑线上。

三是贵。中国虽然有二十四部正史，但却很少有科学方面的历史。最可悲的是最早的中国科学技术史不是中国人撰写的，而是英国人李约瑟博士撰写的。《梦溪笔谈》记载了我国十一世纪中叶以前的许多科技成果。这些成果多为民间发明，往往不见于官府修撰的正史，因此书中所记载的科学史料尤显珍贵。象我们熟知的四大发明中的活字印刷术、指南针、还有信州湿法炼钢、西夏冷锻铁甲、灌钢法等，都代表了当时世界的最高水平。

四是超。超越前人，超越世界，如首创的“十二气历”，达到了当时世界的最高水平。英国气象局直到十九世纪，才开始采用类似的肖伯纳历，晚了近900年。在地学方面，提出了海陆变迁的论断；正确解释了华北平原的成因，这种认识比意大利的达·芬奇早近400年。

从1082年遭贬后，精研科学，撰写《梦溪笔谈》始，到1095年去世，共14年，分别行候卦升、颐、蒙、艮。升卦为高山植木之卦，积小成大之象。得升卦者可乘势而上，利用良好的机遇将志向行于天下。政治上遭贬本是坏事，但对沈括来说恰恰给了他搞科学研究最为宝贵的时间，他抓住机遇，将自己在科学方面的雄心壮志付诸实践，行于天下。颐卦不单指物质方面饮食，还有精神方面的颐养，即传授知识，得到精神食粮。《梦溪笔谈》给中华民族及全世界人民留下的不正是宝贵的精神食粮吗？蒙卦代表启蒙教育，文化知识璞玉待雕。该书已经教育滋养了亿万人，并将继续给后人以知识和力量。艮卦为积小成高之象。象征稳重。沈括最后二年行艮卦，最突出的特点是稳，稳如泰山，恒久不变，相当有定力。积小成高显示经过艰苦努力撰成了巨著，其在中国历史和世界历史上的光辉形象稳如泰山，任何人也撼动不了。

行文到此，读者可能已有所疑问。为什么要阐述司马迁和沈括的术数思想？为什么要推崇邵雍先生为术圣？为什么要推演四大名著的术数内容？所以推演这些内容，实际是“项庄舞剑，意在沛公”：借历史上名垂千古的名人和家喻户晓的名著对术数的重视和论述，阐明本书的“二论”：术圣论和术数论。在中国历史上有不少的圣人，如文圣孔子、武圣孙子、智圣东方朔、谋圣张良、书圣王羲之、画圣吴道子、诗圣杜甫等等。术圣方面也应该有标杆，学习的榜样，以此引起人们的重视，使中国传统文化中的周易术数学奇葩更加绚丽多彩。能配术圣殊荣者，非邵子莫属。

前文以概说术数对于探索宇宙和历史规律的重要性，现在呼吁政府、有关部门、学术界、广大人民重视周易术数学，正应其时。所谓“正应其时”主要指两个方面，一方面世界现代科技成就证明，仅靠现代科技手段，已不能认识宇宙的全貌，急需其它行之有效的手段，周易术数学应该当仁不让。另一方面，在我国时逢盛世，思想的解放足以能给术数一席之地了。正是：高山仰止沈括，丰碑不朽奇书。又：积小成高金、夏成势，游鱼避网宋朝南迁。

元	时	运	空						
甲	午 7	2	2383－2388						
符号	时爻	运卦	空卦	候卦	年局				
阴阳	乾九 四爻	兑	困	兑	1204 甲子 25	1205 乙丑 26	1206 丙寅 西夏 襄宗 应天 元年 元太祖 元年 27	1207 丁卯 28	1208 戊辰 29
				萃	1209 己巳 金卫绍 王大安 元年 30	1210 庚午 31	1211 辛未 西夏 神宗 光定 元年 32	1212 壬申 33	1213 癸酉 金宣宗 贞佑 元年 34
				大过	1214 甲戌 35	1215 乙亥 36	1216 丙子 37	1217 丁丑 38	1218 戊寅 39
				坎	1219 已卯 40	1220 庚辰 41	1221 辛巳 42	1222 壬午 43	1223 癸未 西夏 献宗 乾定 元年 44
				解	1224 甲申 金哀宗 正大 元年 45	1225 乙酉 宋理宗 宝庆 元年 46	1226 丙戌 西夏 南平王 宝义 元年 47	1227 丁亥 48	1228 戊子 元拖雷 (监国) 49
				讼	1229 已丑 元太宗 元年 50	1230 庚寅 51	1231 辛卯 52	1232 壬辰 53	1233 癸巳 54

元	时	运	空						
甲	午7	2	2383－2388						
符号	时爻	运卦	空卦	候卦	年局				
阴阳	乾九四爻	兑	随	萃	1234 甲午 55	1235 乙未 56	1236 丙申 57	1237 丁酉 58	1238 戊戌 59
				兑	1239 已亥 60	1240 庚子 61	1241 辛丑 62	1242 壬寅 乃马真后（称制）元年 63	1243 癸卯 64
				革	1244 甲辰 65	1245 乙巳 66	1246 丙午 元定宗元年 67	1247 丁未 68	1248 戊申 69
				屯	1249 已酉 元海迷失后（称制）元年 70	1250 庚戌 71	1251 辛亥 元宪宗元年 72	1252 壬子 1	1253 癸丑 2
				震	1254 甲寅 3	1255 乙卯 4	1256 丙辰 5	1257 丁巳 6	1258 戊午 7
				无妄	1259 已未 8	1260 庚申 元世祖中统元年 9	1261 辛酉 10	1262 壬戌 11	1263 癸亥 12

元	时	运	空						
甲	午 7	2	2383—2388						
符号	时爻	运卦	空卦	候卦	年局				
阴阳	乾九四爻	兑	夬	大过	1264 甲子 13	1265 乙丑 宋度宗 咸淳 元年 14	1266 丙寅 15	1267 丁卯 16	1268 戊辰 17
				革	1269 己巳 18	1270 庚午 19	1271 辛未 20	1272 壬申 21	1273 癸酉 22
				兑	1274 甲戌 23	1275 乙亥 宋恭帝 德佑 元年 24	1276 丙子 宋端宗 景炎 元年 25	1277 丁丑 26	1278 戊寅 宋帝 昺祥兴 元年 27
				需	1279 已卯 28	1280 庚辰 29	1281 辛巳 30	1282 壬午 31	1283 癸未 32
				大壮	1284 甲申 33	1285 乙酉 34	1286 丙戌 35	1287 丁亥 36	1288 戊子 37
				乾	1289 已丑 38	1290 庚寅 39	1291 辛卯 40	1292 壬辰 41	1293 癸巳 42

<table>
<tr><td>元</td><td>时</td><td>运</td><td>空</td><td colspan="6"></td></tr>
<tr><td>甲</td><td>午 7</td><td>2</td><td>2383—2388</td><td colspan="6"></td></tr>
<tr><td>符号</td><td>时爻</td><td>运卦</td><td>空卦</td><td>候卦</td><td colspan="5">年局</td></tr>
<tr><td rowspan="6">阴阳</td><td rowspan="6">乾九
四爻</td><td rowspan="6">兑</td><td rowspan="6">节</td><td>坎</td><td>1294
甲午
43</td><td>1295
乙未
元成宗
元贞
元年
44</td><td>1296
丙申
45</td><td>1297
丁酉
46</td><td>1298
戊戌
47</td></tr>
<tr><td>屯</td><td>1299
已亥
48</td><td>1300
庚子
49</td><td>1301
辛丑
50</td><td>1302
壬寅
51</td><td>1303
癸卯
52</td></tr>
<tr><td>需</td><td>1304
甲辰
53</td><td>1305
乙巳
54</td><td>1306
丙午
55</td><td>1307
丁未
56</td><td>1308
戊申
元武宗
至大
元年
57</td></tr>
<tr><td>兑</td><td>1309
已酉
58</td><td>1310
庚戌
59</td><td>1311
辛亥
60</td><td>1312
壬子
元仁宗
皇庆
元年
61</td><td>1313
癸丑
62</td></tr>
<tr><td>临</td><td>1314
甲寅
63</td><td>1315
乙卯
64</td><td>1316
丙辰
65</td><td>1317
丁巳
66</td><td>1318
戊午
67</td></tr>
<tr><td>中孚</td><td>1319
已未
68</td><td>1320
庚申
69</td><td>1321
辛酉
元英宗
至治
元年
70</td><td>1322
壬戌
71</td><td>1323
癸亥
72</td></tr>
</table>

元	时	运	空						
甲	午 7	2	2383—2388						
符号	时爻	运卦	空卦	候卦	年局				
阴阳	乾九四爻	兑	归妹	解	1324 甲子 元泰定帝泰定元年 1	1325 乙丑 2	1326 丙寅 3	1327 丁卯 4	1328 戊辰 元天顺帝元顺元年 元文宗天历元年 5
				震	1329 己巳 元明宗元年 6	1330 庚午 7	1331 辛未 8	1332 壬申 元宁宗元年 9	1333 癸酉 元顺帝至顺元年 10
				大壮	1334 甲戌 11	1335 乙亥 12	1336 丙子 13	1337 丁丑 14	1338 戊寅 15
				临	1339 己卯 16	1340 庚辰 17	1341 辛巳 18	1342 壬午 19	1343 癸未 20
				兑	1344 甲申 21	1345 乙酉 22	1346 丙戌 23	1347 丁亥 24	1348 戊子 25
				睽	1349 己丑 26	1350 庚寅 27	1351 辛卯 28	1352 壬辰 29	1353 癸巳 30

元	时	运	空						
甲	午 7	2	2383—2388						
符号	时爻	运卦	空卦	候卦	年局				
阴阳	乾九 四爻	兑	履	讼	1354 甲午 31	1355 乙未 32	1356 丙申 33	1357 丁酉 34	1358 戊戌 35
				无妄	1359 已亥 36	1360 庚子 37	1361 辛丑 38	1362 壬寅 39	1363 癸卯 40
				乾	1364 甲辰 41	1365 乙巳 42	1366 丙午 43	1367 丁未 44	1368 戊申 明太祖 洪武 元年 45
				中孚	1369 已酉 46	1370 庚戌 47	1371 辛亥 48	1372 壬子 49	1373 癸丑 50
				睽	1374 甲寅 51	1375 乙卯 52	1376 丙辰 53	1377 丁巳 54	1378 戊午 55
				兑	1379 已未 56	1380 庚申 57	1381 辛酉 58	1382 壬戌 59	1383 癸亥 60

行兑卦昂扬进取，降雨泽天助功成

此期从 1204 年到 1383 年为甲元午辰时第二运之兑卦所统 180 年，为南宋晚期，西夏晚期，金晚期，元朝，明朝初年。

兑卦为江湖养物之卦，天降雨泽之象，利于上升进取。唐玄奘是中国历史上最富传奇色彩的高僧，去西天取经时占得此卦，虽历经坎坷，但都化险为夷，取得真经后回到唐朝。成吉思汗是中国历史上最富色彩的帝王之一，因为他踏出了中国的版图。朱元璋也是中国历史上最富传奇色彩的皇帝之一，因为他由放牛娃、小和尚而登九五之尊。这是兑卦利于上升进取最为有利的几个例子。

南宋立国153年，历9帝，亡于1279年。入太乙岁计局二十九局。

西夏立国190年，历10帝，亡于1227年，入太乙岁计局四十八局。

金朝立国120年，历9帝，亡于1234年，入太乙岁计局五十五局。始击掩太乙，客大将囚太乙，客算三，为无天之算。

元朝立国163年，历18主（又一说：从1271年忽必烈定国号为元开始，到1368年灭亡，立国98年，历11帝），亡于1368年，入太乙岁计局四十五局。客参将在正宫乾，主参将、客大将挟始击，为提挟，主大将格太乙，文昌迫太乙，客算七，为无天之算。

我国有关大地震的详细记载是从1303年开始的。1303年山西洪洞、赵县发生八级大地震。入太乙岁计局五十二局，客算三十一，为无地之算。始击在酉，对应山西。合神在申，为文昌掩太乙，地震发生时间当在农历七月。

1296年（元成宗元贞二年）九月，黄河决口，淹没数百里，溺死人无数。入太乙岁计局四十五局，主算三十二，为无地之算，客算七，为无天之算。

1324年（元泰定元年），全国各地发生大水灾，淹没庄稼、房屋无数，死亡几万人。入太乙岁计局二十一局，主算七，为无天之算，客算十三，为无地之算。

1344年（元至正元年），黄河决口，平地水深两丈，大饥，人相食。入太乙岁计局二十一局，主算二，为无天无地之算。

元太祖成吉思汗（1162至1227年），1206至1227年在位。行空卦困。困卦象征被困，困穷。元太祖得困卦主要是两个方面的原因。一是穷困潦倒，白手起家。本身生于贵族家庭，但九岁时父亲被仇人毒死，部众离散，母亲带着他和几个兄弟艰苦度日。他又多次遭仇敌的追捕，屡遭艰险。后在克烈部帮助下，收集其父旧部，才逐渐恢复了实力。二是其志太远，其盼太大。1206年统一蒙古草原，然后又攻夏，攻金，想统一中国，这都不过瘾，又杀出国门。1218至1223年，亲率蒙古军第一次西征，他在世建立了一个以和林为中心的横跨亚欧大陆的蒙古大汗国，奠定了后来四大汗国的基础。此两点就足以困难重重了。故元太祖必行困卦。

成吉思汗不仅是中国的，更是世界的，是世界级的伟大人物。行候卦兑、萃、大过、坎、解。兑卦，可以顺应天道，应和人心；萃卦，成吉思汗汇聚了许多盖世奇才；大过，其人其事皆为大过；坎卦，难也。少数民族不但要征服中国，还要征服世界，其艰难可想而知；解卦，为忧散喜生之象，得此卦者可以驱散乌云见太阳，全部烦愁瞬间消。成吉思汗绝非"只识弯弓射大雕"，其文治武功不仅彪炳史册，而且扬名世界历史。

元世祖忽必烈（1215 至 1294 年），1260 至 1294 年在位。成吉思汗之孙，元朝的建立者，乃雄才大略之明主。行空卦随和夬。随为拥护君王，跟随君王。1254 年灭大理，又攻武昌，得蒙哥汗死讯，引兵北归争夺汗位。他和弟弟都继了大汗位。后经四年争夺汗位的战争，于 1264 年忽必烈获胜，将都城迁至大都（今北京）。1271 年改国号为元，1279 年灭南宋，统一全国。夬卦为神剑斩蛟之卦，象征决断，果决的清除邪恶。在位期间大刀阔斧，雷厉风行，推行汉化政策，模仿汉族封建制度模式，实行政治、经济、交通运输和民族关系等方面的改革。晚年行候卦坎，显示了在民族关系上的问题。元世祖晚年实行民族分化政策，使民族阶级矛盾激化。

朱元璋（1328 至 1398 年），1368 至 1398 年在位，是明朝的创立者。初行空卦履。履象征君主言而有信，履行诺言，施恩泽于民众。初即位，在政治、思想、经济、军事、法律等方面加强君权，被称为武定祸乱，文致太平的皇帝，为明代社会安定，经济和文化的发展提供了条件，也算是有为的帝王。但最让后人瞧不起，甚至唾骂的是大肆杀戮开国元勋，几乎全部杀光。在中国的奴隶社会和封建社会帝王中，残害开国元勋为首屈一指，独一无二。在位后期行运卦损和候卦损：虽然损为损下益上，但在此应具体分析。此"下"应为朱元璋的臣下，是与朱元璋打天下的开国元勋；"上"当指朱元璋的孙子，后来的建文帝。可见，朱元璋大肆杀戮开国元郧，卦象已有明显的显示。杀戮开国元勋是中国历史的一个怪圈。打天下时的大杀、滥杀，杀的是敌人；刚坐天下小杀、重点杀，但杀的是开国元勋。在中国历史上，大部分开国皇帝都是这样。其原因一曰功高盖主。如刘邦杀异姓开国王；二曰拔刺清障。即为后代皇帝创造条件，朱元璋即是。但也有例外，如东汉光武帝，唐朝李渊、李世民就处理的较好。也有处理的半好的，如宋太祖"杯酒释兵权"，让开国元勋享清福，不给权。朱元璋在杀戮开国元勋上做过了，不是“小过”，而是“大过”！正是：上升进取征欧亚，天降雨泽润元明。

此期我们该推演阳九之灾了。

凡时间皆有阳九之厄，是空间并无半点不同

已知：一个阳九大元为4560年（152个30年周期），一小元为456年。公元前3487年入第一大元，公元1073年初第一大元，入第二大元（1074年至1633年）。那么阳九之灾应在1073年左右，灾厄时间是4560年的5％到10％。

推演：中国历史。其灾厄主要表现是分裂。此段是我国历史上最为明显的两大分裂期之一。公元907年，强大的唐帝国土崩瓦解，继之以分裂割据的五代十国。宋太祖和宋太宗虽然用了二十年时间灭了十国，但当时北方的辽、西夏却始终与北宋分庭抗礼，三足鼎立。到了南宋和金、西夏又是三足鼎立。就是说宋朝始终没有真正统一全国。直到1234年，蒙古人灭金，才结束了分裂局面。从907到1234年，共328年。

这样，中国历史的第二大分裂期的原因也清楚了：阳九之灾。阳九之灾，使中国社会动荡，国家分裂，王朝短命，更替频繁，人民处于水深火热之中。

世界历史。此期从1096年到1453年，共358年。其灾厄表现形式是战争，仅举例说明。

如十字军东侵。1096至1291年共发生了8次十字军东侵的近二百年的战争。连绵近两个世纪的十字军东侵，给巴勒斯坦、叙利亚、埃及和拜占庭等东方各国人民带来了沉重灾难，生产力倒退，文化大毁灭，人民被屠杀，大大阻碍了那里的历史发展。十字军也给西欧各国人民造成痛苦和不幸，几十万人死于非命，耗费资财难以胜数。8次十字军东侵其时间之长，为世界战争史之最；其规模之大，也数名列前茅；其灾难之重史所罕见。

再如，蒙古西征。十三世纪蒙古贵族发动三次西征。即成吉思汗西征（1219至1223年）；拔都西征（1236至1241年）和旭烈兀西征（1253至1258年）。蒙古的西征兵锋所指，庐舍为墟，给中亚、西亚、东欧各地人民带来深重的灾难，生产力遭到严重破坏，长期不能恢复。虽然也有架桥，铺路，设立驿站，保护商路，使东西交通畅通的作用，但终究是战争之灾。正是：中国史为分裂之祸，世界史乃战争之灾。

复如，英法百年战争。从1337—1453年，英法两国断断续续的进行了长达100多年的战争，史称“百年战争”。百年战争严重破坏了英法两国的社会生产力，给人民带来了巨大灾难，无数平民百姓死于非命。

第八节 午辰时（8）

本节包括甲元午辰时第二运之损、咸两卦，共统360年。

元	时	运	空						
甲	午7	2	2389—2394						
符号	时爻	运卦	空卦	候卦	年局				
阴阳	乾九四爻	损	蒙	损	1384 甲子 61	1385 乙丑 62	1386 丙寅 63	1387 丁卯 64	1388 戊辰 65
				剥	1389 己巳 66	1390 庚午 67	1391 辛未 68	1392 壬申 69	1393 癸酉 70
				蛊	1394 甲戌 71	1395 乙亥 72	1396 丙子 1	1397 丁丑 2	1398 戊寅 3
				未济	1399 己卯 明惠帝 建文 元年 4	1400 庚辰 5	1401 辛巳 6	1402 壬午 7	1403 癸未 明成祖 永乐 元年 8
				涣	1404 甲申 9	1405 乙酉 10	1406 丙戌 11	1407 丁亥 12	1408 戊子 13
				师	1409 己丑 14	1410 庚寅 15	1411 辛卯 16	1412 壬辰 17	1413 癸巳 18

元	时	运	空						
甲	午7	2	2389—2394						
符号	时爻	运卦	空卦	候卦	年局				
阴阳	乾九 四爻	损	颐	剥	1414 甲午 19	1415 乙未 20	1416 丙申 21	1417 丁酉 22	1418 戊戌 23
				损	1419 己亥 24	1420 庚子 25	1421 辛丑 26	1422 壬寅 27	1423 癸卯 28
				贲	1424 甲辰 29	1425 乙巳 明仁宗 洪熙 元年 30	1426 丙午 明宣宗 宣德 元年 31	1427 丁未 32	1428 戊申 33
				噬嗑	1429 己酉 34	1430 庚戌 35	1431 辛亥 36	1432 壬子 37	1433 癸丑 38
				益	1434 甲寅 39	1435 乙卯 40	1436 丙辰 明英宗 正统 元年 41	1437 丁巳 42	1438 戊午 43
				复	1439 己未 44	1440 庚申 45	1441 辛酉 46	1442 壬戌 47	1443 癸亥 48
阴阳	乾九 四爻	损	大畜	蛊	1444 甲子 49	1445 乙丑 50	1446 丙寅 51	1447 丁卯 52	1448 戊辰 53
				贲	1449 己巳 54	1450 庚午 明代宗 景泰 元年 55	1451 辛未 56	1452 壬申 57	1453 癸酉 58
				损	1454 甲戌 59	1455 乙亥 60	1456 丙子 61	1457 丁丑 明英宗 天顺 元年 62	1458 戊寅 63
				大有	1459 己卯 64	1460 庚辰 65	1461 辛巳 66	1462 壬午 67	1463 癸未 68
				小畜	1464 甲申 69	1465 乙酉 明宪宗 成化 元年 70	1466 丙戌 71	1467 丁亥 72	1468 戊子 1
				泰	1469 己丑 2	1470 庚寅 3	1471 辛卯 40	1472 壬辰 5	1473 癸巳 6

元	时	运	空						
甲	午 7	2	2389—2394						
符号	时爻	运卦	空卦	候卦	年局				
阴阳	乾九 四爻	损	睽	未济	1474 甲午 7	1475 乙未 8	1476 丙申 9	1477 丁酉 10	1478 戊戌 11
				噬嗑	1479 已亥 12	1480 庚子 13	1481 辛丑 14	1482 壬寅 15	1483 癸卯 16
				大有	1484 甲辰 17	1485 乙巳 18	1486 丙午 19	1487 丁未 20	1488 戊申 明孝宗 弘治 元年 21
				损	1489 已酉 22	1490 庚戌 23	1491 辛亥 24	1492 壬子 25	1493 癸丑 26
				履	1494 甲寅 27	1495 乙卯 28	1496 丙辰 29	1497 丁巳 30	1498 戊午 31
				归妹	1499 已未 32	1500 庚申 33	1501 辛酉 34	1502 壬戌 35	1503 癸亥 36
阴阳	乾九 四爻	损	中孚	涣	1504 甲子 37	1505 乙丑 38	1506 丙寅 明武宗 正德 元年 39	1507 丁卯 40	1508 戊辰 41
				益	1509 已巳 42	1510 庚午 43	1511 辛未 44	1512 壬申 45	1513 癸酉 46
				小畜	1514 甲戌 47	1515 乙亥 48	1516 丙子 49	1517 丁丑 50	1518 戊寅 51
				履	1519 已卯 52	1520 庚辰 53	1521 辛巳 54	1522 壬午 明世宗 嘉靖 元年 55	1523 癸未 56
				损	1524 甲申 57	1525 乙酉 58	1526 丙戌 59	1527 丁亥 60	1528 戊子 61
				节	1529 已丑 62	1530 庚寅 63	1531 辛卯 64	1532 壬辰 65	1533 癸巳 66

元	时	运	空						
甲	午7	2	2389－2394						
符号	时爻	运卦	空卦	候卦	年局				
阴阳	乾九四爻	损	临	师	1534 甲午 67	1535 乙未 68	1536 丙申 69	1537 丁酉 70	1538 戊戌 71
				复	1539 已亥 72	1540 庚子 1	1541 辛丑 2	1542 壬寅 3	1543 癸卯 4
				泰	1544 甲辰 5	1545 乙巳 6	1546 丙午 7	1547 丁未 8	1548 戊申 9
				归妹	1549 已酉 10	1550 庚戌 11	1551 辛亥 12	1552 壬子 13	1553 癸丑 14
				节	1554 甲寅 15	1555 乙卯 16	1556 丙辰 17	1557 丁巳 18	1558 戊午 19
				损	1559 已未 20	1560 庚申 21	1561 辛酉 22	1562 壬戌 23	1563 癸亥 24

一损卦凿石见玉，两明祖握土为山

此期从1384年到1563年，为甲元午辰时第二运之损卦所统180年。为明朝早、中期。

运卦损为凿石见玉之卦，握土为山之象。总体评价，明朝的皇帝勤政差些。或几十年不上朝；或四处游龙戏凤；或醉心当小木匠。但在十六位帝王中，有两朵奇葩，明太祖朱元璋和明成祖朱棣。朱元璋由放牛娃、小和尚而当皇帝，可谓凿石见玉，握土为山；朱棣以燕王而登大宝，且雄才大略，一代英主，也是凿石见玉，握土为山。损卦象征损失，为了根本利益就要做出牺牲。朱元璋为了给其孙建文帝扫除经“荆棘”，大开杀戒，大杀功臣，其杀戮功臣之多，之残忍为历代帝王之冠。这是明初人才的大损失。明成祖置儒家正统思想于不顾，宁可损失名声，也要靖难夺天下。丢失正统思想和名声，这对明成祖也是重大损失。损卦山与泽互相减损，一方受损，则另一方受益。如郑和七下西洋，损失了物质，却得到了精神，得到了各国的赞誉，宣扬了大明国威，提高了国际地位。

此期有记载的七级以上地震两次。

1411年，西藏当雄发生八级大地震。入太乙岁计局十六局，主算一，为无天无地之算，客算三十三，为无地之算。

1556年1月23日，陕西华县发生八级大地震，入太乙岁计局十七局，主算七，为无天之算，天地不交，主有灾变。另从格局看，文昌掩太乙，主大将、客大将囚太乙，格局不吉，有灾。

此期有详细记载的洪涝大灾9次。

1448年（明正统13年），黄河大水灾。五月河水暴涨决口，堵后复决，决口长达300多里。五月到六月，久雨不停，秋七月，黄河又决口，涉及山东、河南，淹没田地数十万顷，人民流离失所，死伤无数。入太乙岁计局五十三局，客算二十五，杜塞无门。

1456年，我国多地大水灾。山东、山西、河南、河北等地边看遭受水旱灾害，造成大规模饥荒，农民起义此起彼伏。连号称鱼米之乡的苏州、常州、镇江等地饿殍不可胜计。加上严寒雨雪，湖广，江苏等地冻死人民无数。祸不单行，六月黄河又决口于开封，水灾遍及河北、安徽、浙江、江西、湖南、湖北等广大地区，许多县都有人相食或父子相食的记载。入太乙岁计局六十一局，主算三十三，客算三十四，皆为无地之算。

1472年（明成化8年），江浙大水灾，强烈的暴风雨与海啸等灾害袭击了江浙沿海一带。南京的天地坛，孝陵庙宇，皇陵城墙多损坏，漂毁官民庐舍、牲畜难以数计，死者达28470人，入太乙岁计局五局，主算二十五，杜塞不通，客算十四，无地之算。

1482年（明成化18年），黄河、海河特大水灾。黄河中游的各条支流以及海河流域的广大地区均河水泛滥。五月以后，骤雨连绵加上河水泛滥，平陆成川，禾稼漂没，人畜漂流，死者不可胜计，灾情极为严重。仅洛阳官民房、庙宇大部坍塌，共31.4万间，淹死军民11857人，漂流马骡185469口。入太乙岁计局15局。主算九，客算七，皆无天之算。

1489年（明弘治2年），黄河水灾，入太乙岁计局二十二局，客算三十一，无地之算。

1510年（明正德5年），安徽大水灾，死亡达2.3万多人。入年局四十三局，主算八，无天之算。

1517年（明正德12年），多地大水灾，水灾遍及全国各地，连绵阴雨，少则几十天，多则三个月，灾情尤为严重。入年局五十局，客算十五，杜塞不通。

1553年，黄淮海地区大水灾，入年局十四局，客算九，无天之算。

1560年（明嘉靖39年），湖南水灾。大雨正遇长江洪峰，引发山洪暴发，此次水灾为古今罕见。入年局二十一局，主算二，无天无地之算。

此期有详细记载的旱灾5次。

1472年（明宪宗成化8年），华北旱灾。冀、晋、鲁、豫四省的部分地区出现了春、夏、秋三连旱，旱情十分严重，入年局五局，主算二十五，杜塞无门，客算十四，无地之算。

1484年（明宪宗成化20年），北方大旱灾。旱灾范围面积甚广，几乎覆盖冀、晋、鲁、豫、陕五省。与旱灾发生的同时，山西省瘟疫流行，人民苦不堪言。入年局十七局，主算七，为无天之算。

1487年（明宪宗成化23年），浙、赣、闽大旱灾。入年局二十局，主算七，无天之算。

1523年（明嘉靖2年），长江中下游及淮河中游大旱灾。入年局五十六局，主算十五，杜塞不通，客算三十四，无地之算。

1526年（明嘉靖5年），华东及华南大旱灾。共涉及9个省、79个县，许多地方因旱灾颗粒无收，入年局五十九局，主算十二，为无地之算。

明成祖朱棣（1360至1424年），1403至1424年在位，乃一代雄主，为世人、为中华民族留下了许多津津乐道，或颇值称道的事迹。明成祖智勇双全，雄才大略，善于用人。初封燕王，镇守北平。建文元年，起兵反对建文帝，四年攻占南京，夺取帝位。虽在位仅22年，但励精图治，开创了明史的鼎盛时期。在位期间做了若干惊天动地的大事。一是迁都北京；二是派郑和七下西洋；三是编纂《永乐大典》；四是大手笔建设的大工程，如北京故宫、天坛、明长城、明十三陵，这些都已列入世界文化遗产名录，给中国、给中国人民、给中国五千年古老文明大增其光；五是捍卫主权，维护国家的统一。如设立奴尔干都司，管辖今黑龙江、乌苏里江、松花江流域和库页岛等地。屡次出兵打击蒙古贵族势力等等。仅在位22年的皇帝，以上几件事如能做上一两件，就可以称的上是励精图治，大有作为的皇帝了。

明成祖在位行空卦蒙和颐。在位之初行蒙卦，蒙卦代表文化教育。因为演史蒙卦为万物始生之象，始生则蒙昧，蒙昧则要教育。明成祖在文化教育上的成就颇丰。无论是康熙朝《古今图书集成》还是乾隆朝的《四库全书》，都是学的《永乐大典》，是明成祖给他们树的标杆。蒙卦还为人藏禄宝之卦。明成宜给中华民族藏了哪些禄宝呢？北京故宫、天坛、明长城、明十三陵等世界文化遗产皆是禄宝，这些是花钱都买不来的国之瑰宝。给中国人民增光长脸，没有朱棣办的到吗？但现在有一些人一面欣赏、赞叹这些世界文化遗产，一面大骂、大批明成祖所谓的“篡位”，实在是荒谬至极而且不可理喻。“王侯将相宁有种乎”？古代虽然是家天下，但是哪里规定天下就永远是某家的；皇帝让能者、贤者居之，有何不可，有何不对，有何非议。不就是所谓的儒家的正统思想在作怪吗？广义的说，郑和下西洋也有文化建设的内容。直到今日，我们对海洋文化的认识有几个赶上明成祖？如果中华民族按照明成祖的“海洋战略”坚持走下去，海洋第一大强国还有别的国家份吗？

老祖宗做了那么多大长民族志气的事，有的人不但不好好学习，发扬光大，反而指手划脚，说三道四，评头品足，岂非咄咄怪事。

明成祖行颐卦就更有意思了。颐为颐养，一方面使我们领悟到饮食的重要性，即可以颐养身体；另一方面，颐的功能是传授知识以及得到精神食粮，颐养人才。明成祖给中华民族留下的这些世界文化遗产，已经颐养了华夏精神近600年，今后将世世代代的颐养着华夏人民的灵魂。颐养身体是为了身体健康；颐养灵魂则是为了活的更有意义。明成祖得颐卦，正与历史事实吻合。颐卦还为龙隐深潭之卦，近善远恶之象。朱棣是当皇帝的材料，但却不能按儒家一套名正言顺的即位。朱元璋在位，他要“隐深潭”，朱元璋死后传位给孙子，他也只好“龙隐深潭”。“近善”之近，为明成祖在位或整个明朝时期，自然是被歌功颂德，皇上圣明。以后，随着历史的演进，就开始了对他的非难、批判，一直到现在，可谓“远恶”也。那么，明成祖最后能落个什么结果呢？《周易全书》易林注释与讲解（即所做4096卦）中，对“损之颐”的解释是，“十丸同投，为雉所维，独得逃脱，完全不亏（《周易全书》，林之满主编，中国戏剧出版社，2004年版，第810页）”。预示众人遭难，只有一个人逃出去了。由此象可以推知，历史虽然对明成祖有所责难，但同其对历史的重大贡献，尤其是他亲手创造了让全世界震惊的事：一是众多的世界文化遗产；二是派遣郑和七下西洋，必然得到客观、公允的评价。现在，随着世界各国对海洋战略、海洋经济、海洋文明的高度重视，今后我国将大力实施海洋战略，由海洋大国变成海洋强国。这样不但中国人民，世界人民也同样会记住明成祖朱棣这个名字。历史最终将给予积极肯定而且极高的评价，使之百世留芳。

推演着明成祖，想起了唐太宗，因为二人有太多的相似之处。一是在位时间相似。唐太宗 23 年，明成祖 22 年。二是历史功绩相似。虽然在位期间不算太长，但却都干了惊天动地的大事。不要说干若干件，就是能干一两件，就已经是大有作为的皇帝了。三是历史对他们的非难相似。二位都被指控篡权，对二位的历史评价，时至今日仍是其说不一，非难者大有人在。唐太宗创造的贞观之治，名扬古今中外；其实明成祖也创造了永乐盛世，和贞观之治相比，虽各有特色，但毫不逊色。只是由于历史的偏见，对永乐盛世宣传的不到位罢了。

所以重提二位皇帝，是因为涉及到了一个重大的历史问题：对历史人物的评价问题。根本问题是标准问题。如果按儒家的所谓正统思想评价，二位确实有问题。但是按儒家思想标准评价历史人物，今天是不足取的。实践才是评价历史人物的唯一标准。舍此，不应有任何其它标准。正是：蒙登世遗名录，颐养华夏精神。

郑和（1371－1435 年），明代宦官，杰出的航海家。本姓马，小字三保，回族，云南昆阳（今晋宁）人。祖父和父亲都朝拜过伊斯兰圣地麦加，从小受家庭探险精神熏陶。1381 年明军征云南被掳，回南京后入宫为宦，不久被赐给燕王朱棣。后在“靖难之役”中立功，朱棣即位后，赐姓郑，名和，称三宝太监或三保太监。被提升为内宫监太监，并经道衍和尚召引，受菩萨戒，皈依佛教。因其才能出众，又兼有伊斯兰教徒和佛门弟子两种身份，1405 年明成祖命他率船队出使西洋，到 1433 年的 28 年内，出海七次，历经 30 多个国家和地区，最远到达非洲东海岸和红海沿岸，促进了我国同亚非各国友好往来。第六次航海回国后，曾任守备南京太监，最后一次航海回国后不久病逝。

郑和行运卦损。损卦为善吃小亏，占大便宜。郑和七下西洋，就物质而论，大明朝有损失，但却在世界30多个国家和地区扬了大明朝的国威，传播了五千年的中华文明，交了朋友，并受到了普遍赞誉，损失了物质却“益”了精神，“益”了人心。行空卦蒙和颐。蒙卦为人藏禄宝之卦，卦图为一条船在水中航行，船上载有珠宝，为顺风利财之兆。此象显郑和带领庞大船队，满载珠宝下西洋事。颐卦一为注重饮食的养生之道，另一个功能是传授知识，得到精神食粮。郑和之颐主要指后者。郑和下西洋主要是扬国威，传文明，也有学习他国、教化他国之意，主要指精神方面。

1405年行候卦涣。风在水上为涣卦。卦辞说：“亨，王假有庙，利涉大川，利贞。”意思是涣卦亨通，君王来到庙宇祭祀先祖，有利于跋涉大川，有利于坚守正道。涣卦为顺水行舟之卦，大风吹雾之象，显示郑和不但要去航海，而且航海是顺利的。涣卦所描述的是人类大迁移的场面，远古人类发明了舟楫，于是离开故居，漂洋过海，流散到世界各地。迁移更有利于生存，所以亨通。卦象同时还显示了郑和航海的必要性和重大意义。候卦中经师、剥、损、贲到噬嗑，象征铲除障碍才能亨通。卦象显示的是1424年明成祖逝世以后，对郑和航海颇多指责，不扫清障碍将不能顺利进行。1434到1435年行候卦益，启示之象为受他人相助而得利。正是明成祖慧眼识英雄，给了郑和下西洋的用武之地，才使一个太监万人仰慕且名垂千古。

现在推演郑和下西洋之事，颇有些现实意义。海洋是二十一世纪国家的重点战略，甚至在今后若干个世纪都将是国家的重大战略。无论从军事、经济、科学技术，还是政治方面考虑，都应该如此。地球70%是水，在陆地资源日益贫乏的今天，大力发展海洋经济，自然而然的成为国家的战略重点。海洋军事涉及到国防安全，因而涉及到政治问题。国家最高领导者如果能象明成祖那样高瞻远瞩的决策下西洋问题，并象郑和那样敢于而且善于航海的精神，将是一个国家在二十一世纪乃至更远的将来生存和发展的战略问题。我国不但地大物博，而且海大物博，约有300多万平方千米的海洋面积，这是我国发展海洋战略的得天独厚的有利条件。如果能够充分利用这一优越条件，大力发展中华民族的海洋文明，必将使中华文明在世界主文明中更加绚丽多姿。正是：郑和航海史无前例，朱棣决策高屋建瓴。

元	时	运	空						
甲	午7	2	2395—2400						
符号	时爻	运卦	空卦	候卦	年局				
阴阳	乾九 四爻	咸	革	咸	1564 甲子 25	1565 乙丑 26	1566 丙寅 27	1567 丁卯 明穆宗 隆庆 元年 28	1568 戊辰 29
				夬	1569 己巳 30	1570 庚午 31	1571 辛未 32	1572 壬申 33	1573 癸酉 明神宗 万历 元年 34
				随	1574 甲戌 35	1575 乙亥 36	1576 丙子 37	1577 丁丑 38	1578 戊寅 39
				既济	1579 已卯 40	1580 庚辰 41	1581 辛巳 42	1582 壬午 43	1583 癸未 44
				丰	1584 甲申 45	1585 乙酉 46	1586 丙戌 47	1587 丁亥 48	1588 戊子 49
				同人	1589 已丑 50	1590 庚寅 51	1591 辛卯 52	1592 壬辰 53	1593 癸巳 54
阴阳	乾九 四爻	咸	大过	夬	1594 甲午 55	1595 乙未 56	1596 丙申 57	1597 丁酉 58	1598 戊戌 59
				咸	1599 已亥 60	1600 庚子 61	1601 辛丑 62	1602 壬寅 63	1603 癸卯 64
				困	1604 甲辰 65	1605 乙巳 66	1606 丙午 67	1607 丁未 68	1608 戊申 69
				井	1609 已酉 70	1610 庚戌 71	1611 辛亥 72	1612 壬子 1	1613 癸丑 2
				恒	1614 甲寅 3	1615 乙卯 4	1616 丙辰 清太祖 天命 元年 5	1617 丁巳 6	1618 戊午 7
				姤	1619 已未 8	1620 庚申 明光宗 泰昌 元年 9	1621 辛酉 明熹宗 天启 元年 10	1622 壬戌 11	1623 癸亥 12

元	时	运	空						
甲	午7	2	2395—2400						
符号	时爻	运卦	空卦	候卦	年局				
阴阳	乾九 四爻	咸	萃	随	1624 甲子 13	1625 乙丑 14	1626 丙寅 15	1627 丁卯 清太宗 天聪 元年 16	1628 戊辰 明思宗 崇祯 元年 17
				困	1629 己巳 18	1630 庚午 19	1631 辛未 20	1632 壬申 21	1633 癸酉 22
				咸	1634 甲戌 23	1635 乙亥 24	1636 丙子 25	1637 丁丑 26	1638 戊寅 27
				比	1639 已卯 28	1640 庚辰 29	1641 辛巳 30	1642 壬午 31	1643 癸未 32
				豫	1644 甲申 清顺治 元年 33	1645 乙酉 34	1646 丙戌 35	1647 丁亥 36	1648 戊子 37
				否	1649 已丑 38	1650 庚寅 39	1651 辛卯 40	1652 壬辰 41	1653 癸巳 42
阴阳	乾九 四爻	咸	蹇	既济	1654 甲午 43	1655 乙未 44	1656 丙申 45	1657 丁酉 46	1658 戊戌 47
				井	1659 已亥 48	1660 庚子 49	1661 辛丑 50	1662 壬寅 清康熙 元年 51	1663 癸卯 52
				比	1664 甲辰 53	1665 乙巳 54	1666 丙午 55	1667 丁未 56	1668 戊申 57
				咸	1669 已酉 58	1670 庚戌 59	1671 辛亥 60	1672 壬子 61	1673 癸丑 62
				谦	1674 甲寅 63	1675 乙卯 64	1676 丙辰 65	1677 丁巳 66	1678 戊午 67
				渐	1679 已未 68	1680 庚申 69	1681 辛酉 70	1682 壬戌 71	1683 癸亥 72

元	时	运	空						
甲	午7	2	2395—2400						
符号	时爻	运卦	空卦	候卦	年局				
阴阳	乾九四爻	咸	小过	丰	1684 甲子 1	1685 乙丑 2	1686 丙寅 3	1687 丁卯 4	1688 戊辰 5
				恒	1689 己巳 6	1690 庚午 7	1691 辛未 8	1692 壬申 9	1693 癸酉 10
				豫	1694 甲戌 11	1695 乙亥 12	1696 丙子 13	1697 丁丑 14	1698 戊寅 15
				谦	1699 已卯 16	1700 庚辰 17	1701 辛巳 18	1702 壬午 19	1703 癸未 20
				咸	1704 甲申 21	1705 乙酉 22	1706 丙戌 23	1707 丁亥 24	1708 戊子 25
				旅	1709 已丑 26	1710 庚寅 27	1711 辛卯 28	1712 壬辰 29	1713 癸巳 30
阴阳	乾九四爻	咸	遁	同人	1714 甲午 31	1715 乙未 32	1716 丙申 33	1717 丁酉 34	1718 戊戌 35
				姤	1719 已亥 36	1720 庚子 37	1721 辛丑 38	1722 壬寅 39	1723 癸卯 清雍正 元年 40
				否	1724 甲辰 41	1725 乙巳 42	1726 丙午 43	1727 丁未 44	1728 戊申 45
				渐	1729 已酉 46	1730 庚戌 47	1731 辛亥 48	1732 壬子 49	1733 癸丑 50
				旅	1734 甲寅 51	1735 乙卯 52	1736 丙辰 清乾隆 元年 53	1737 丁巳 54	1738 戊午 55
				咸	1739 已未 56	1740 庚申 57	1741 辛酉 58	1742 壬戌 59	1743 癸亥 60

演历史一家满蒙，行咸卦二朝兴亡

此期从 1564 年到 1743 年，为甲元午辰时第二运之咸卦所统 180 年。为明朝晚期，清朝前、中期。

明朝立国 277 年，历 16 帝，亡于 1644 年，入太乙年局三十三局。

清入关行运卦咸。咸卦为山泽通气之卦，至诚感神之象。得此卦者，大多为两情相悦，互补而双赢。此卦象显示的是满汉两族的关系。清朝统治者比较正确的处理了与汉族的关系，这也正是清朝立国时间比较长的根本原因。满汉两族比较融洽的关系，到了康熙、乾隆朝，处理的更加融洽。咸卦的藏匿之象是天下和平。咸卦到康雍乾盛世的乾隆盛世前期，相比较而言，是中国封建社会和平发展的较好时期。

此外，咸卦的另一卦象是：凡逢咸卦，一般是人主昏庸，社会动荡，国运日衰，乃至亡国。明朝虽然亡在崇祯之手，实自万历帝始衰，自万历帝后，经泰昌、天启、崇祯共四帝，72 年（1573 至 1644 年）而亡，乃咸卦卦象之显。虽一咸卦，结果两样，清兴明亡。

清朝是中国封建社会的最后一个王朝，因此有必要推演一下清朝历史的完整过程。但限于篇幅，只能粗线条的、简略的推演一下清朝发展变化的全过程。

清朝是中国历史上仅有的两个统一的少数民族政权之一。在我国的历史上，真正实现了大一统的朝代，屈指可数：如果不计夏、商、周，仅秦、汉、隋、唐、元、明、清，这七个。西晋与东晋，北宋与南宋，始终没有实现真正的统一。这样算来，两个大一统的少数民族政权占了大一统朝代的 28.6%。相比它们百分之儿的人口，实在是伟大了。汉族打天下难，坐天下更难。少数民族打天下更难，坐天下难上加难。就象做了不起的男人难，做了不起的女人更难一样。蒙古族和满族是两个了不起的民族，是伟大的民族。在我们这个多民族的国家，有着 5000 年文明的国家，这两个民族独树一帜，值得大书特书。比较一下，清朝的统治者要比元朝的统治者技高一筹。元朝实际立国仅 90 年，而清朝实际立国 269 年（从 1644 年入关，即顺治元年到 1912 年 2 月 12 日）。这是清朝立国的准确时间。有的书上说清朝亡于 1911 年，是错误的。因为：隆裕太后于辛亥年农历十二月二十五日宣布的“退位诏书”，宣统皇帝正式退位。公历为 2 月 12 日。说清亡于辛亥年，对；但说亡于 1911 年，错。

清入关行空卦萃，候卦豫。雷地为豫。雷者震也，先天八卦方位为东北，显示满族兴起于东北（满族在关外东北一隅，对应外卦）；地为坤，方位正北。显示明朝都城在北京（明朝统治重点此时在关内，对应内卦）。

清朝发迹于我国东北。清太祖努尔哈赤（1559－1626 年），1616 年至 1626 年在位，1616 年建金国，史称后金。行空卦大过和萃。努尔哈赤是名符其实的大过之人，干了大过之事。19 岁分家自立，后用 16 年统一了建州女真各部，又继续统一其它部落女真。统一过程中，创建八旗制度，命人用蒙古文字母创制满文。自 1618 年起，大举伐明，都城屡迁至沈阳，为统一全国奠定了基础。萃卦指聚集，聚集了打天下的人才、物资、土地和人民。努尔哈赤所行之事，所创基业，可谓萃矣。

在位行候卦恒、姤、随。恒卦的启示之象为守持正道，坚持不懈。显示了他的决心和毅力。得姤卦者，碰到机遇才能有所为。明末之腐败不堪，烽烟四起正是大好机遇。随卦是天下人因喜欢他的言行而随从之。

清太宗皇太极（1592－1643 年），1627 至 1643 年在位。行空卦萃。象征汇聚，天下汇聚，顺利亨通。在位期间重视改革，政治上注重选拔人才，改革机构；经济上重视农业生产和改进手工业技术；军事上笼络联合蒙古各部，重用汉族人才，同时几次派兵攻入长城以内。1635 年改女真族为满族，1636 年在盛京称帝，改国号清，之后继续对明朝用兵。皇太极时期，在人才、物资、人口、土地等方面在太祖“萃”的基础上得到了进一步的汇聚。在位候卦由随始，以比收。随卦之意如上。比卦的关键之象为君臣相亲，上下和谐。卦象显示了皇太极的英武睿智和此时大清的勃勃生机。正是：行大过太祖沉舟破釜，得萃卦太宗锐意图强。

虽然努尔哈赤和皇太极为统一天下在东北打下了基础，但离真正夺取天下还相差甚远。真正夺得清朝天下的既不是努尔哈赤和皇太极，更不可能是当时只有八岁的顺治，而是多尔衮。夺天下而未坐天下，所以多尔衮是清朝历史上特别重要，十分特殊的一个人物，值得一推。

多尔衮行空卦萃。萃卦的关键之象为精华聚集，鱼跳龙门。精华集聚当指文武大臣，八旗子弟，都是争夺天下的人才，于 1644 年终于战胜了所有敌人，夺得天下，当为鱼跳龙门。（1612－1650 年），努尔哈赤第十四子，不到 15 岁就统领满州正白全旗，深受其父的器重与钟爱。皇太极时受命掌吏部，先后受封贝勒、和硕睿亲王，其地位跃居诸王之上。皇太极死后，顺治在沈阳即位，多尔衮为摄政王，总揽政治、军事等一切大权。由于他的深谋远虑和杰出的军事才能，1644 年 4 月在山海关招降吴三桂，击败李自成农民起义军，顺利入关。接着又调兵遣将，镇压各地农民起义军和各地的抗清义军。入关后他以皇叔身份执政，称摄政王，独揽大权，创设了入关后清朝的多项制度。

多尔衮 1644－1648 年行候卦豫。豫卦的卦辞是：利建侯行师。意思是有利于建立王侯大业，出兵征伐。正就多尔衮入关夺天下，封王建大业。豫卦给我们的启示之象是：有住居不安之象，也有重新谋事之象。面对自己打下的天下，却让 8 岁的小孩坐天下，多尔衮心有不甘。多尔衮想做皇帝，曾经绞尽脑汁，反复权衡，也想“重新谋事”，但最终未能如愿，正应此启示之象。

1649－1650 年行候卦否。否为阴阳不交，闭塞不通之象。得否卦者凶，事倍功半，所得甚少。多尔衮打下的天下，但未坐天下。不坐皇帝也就罢了，但在 1650 年 12 月病死后，还被贬削爵，财产籍没。多尔衮太冤了；得否卦太灵了。直到 1778 年乾隆皇帝才下诏为其昭雪。正是：多尔衮奇人打天下，乾隆帝睿智昭奇冤。

接着，顺治（1638－1661 年），1644 至 1661 年在位。始行空卦萃 10 年，关键之象为精华聚集，鱼跳龙门。卦象主要显示顺治入关登大宝。多尔衮得萃卦，显示其夺得天下；顺治行萃卦，显示他入关为九五之尊。二人都行萃卦，都极灵验。康熙（1654－1722 年），1662 至 1722 年在位，行空卦蹇。蹇者难也。顺治和康熙初年，确实难，而且太难。顺治之难，一是尚未统一。虽然入关为皇帝，但是明朝还统治着许多地方，尤其是南方。弄的好可以统一全国；弄不好还得回东北老家。二是皇位不稳。此时实际上掌权的是摄政王多尔衮。清朝的天下，奠基者是努尔哈赤和皇太极，但最后打下江山的是多尔衮。多尔衮要想当皇帝，此时易如反掌。三是汉族不服。满族统治全国，汉族是不能接受，也不能容忍的，所以，反清复明也好，打倒满清也好，在全国此起彼伏。四是儒家难容。从思想意识上说，儒家思想统治中国两千多年，儒家称少数民族为蛮族，不开化的蛮族统治中国，岂非天大的笑话，绝对不行。仅从以上四点看，顺治确实够难。康熙八岁登基，也难。一是大权旁落。当时政权握在鳌拜等人手中。鳌拜篡权欲望极强，因此康熙的皇位岌岌可危。二是年幼无知。八岁的小孩，人间之事都不清楚，何谈治国？三是拥兵割据的三藩势力。四是台湾和广大边疆地区还未统一。五是汉人反满情绪仍十分强烈。六是百废待兴。经济、财政、金融都困难重重。明朝之衰，起自万历，至清初已六、七十年，积弊甚多，痼疾不少。顺治六岁登基，虽然当了18年皇帝，但建国之初，难题太多，所以一大堆难题留给了康熙。仅从以上六点说，康熙也实在够难。所以二位皇帝行空卦蹇，名符其实。

前面已述，中国封建社会最著名的盛世有四个，文景之治、贞观之治、开元盛世，这三个盛世已经推演，清朝的康雍乾盛世就是第四大盛世。这一盛世的时间比前三个盛世的时间之和（文景之治39年，贞观之治23年，开元盛世约42年，三盛世之和仅百年有余）还要长。所谓康雍乾盛世是指，大清朝康熙（1654至1722年，1662至1722年在位）、雍正（1678至1735年，1723至1735年在位）、乾隆（1711至1799年，1736至1795年在位）祖孙三位皇帝统治时期，被史家称为康雍乾盛世。

康雍乾盛世若从历史年表计算，应从1662年（康熙元年）到1795年（乾隆60年），共134年。但是如果按照实际史实论，起点应是1684年（康熙23年），终点是1803年（嘉庆8年），共120年。为何把康熙23年做为盛世的起点呢？因为康熙即位时只是个八岁的孩子，还管不了国家大事，而且还存在着上面所述的6个大难题。经过二十几年卓有成效的努力，到1683年情况有了根本变化。三藩之乱平定了，台湾统一了，汉族知识分子大体认同了满族的统治，经济发展了，社会安定了，康熙的权威也树立起来了等等。那么终点为何不是乾隆60年，而是嘉庆8年呢？因为嘉庆朝的前四年国家大权仍牢牢掌握在太上皇手里，嘉庆真正掌权后又好了几年。这在卦象上均有所显示。康熙行空卦蹇到1683年结束，即显示康熙时代最困难的时期结束了，然后从1684年始行空卦小过，显示盛世开始有所成就。乾隆、嘉庆行空卦丰，到1803年结束，象征盛世结束。接着是空卦归妹，推演历史，归妹为浮云蔽日之卦，阴阳不交之象，象征开始走下坡路了。故史实与卦象完全相符，康雍乾盛世不是134年，应定为120年。

康雍乾盛世是清代269年历史最辉煌的时期，也是中国古代最后一个盛世，还是中国古代历时最长的一个盛世。

为什么康雍乾时代的中国称为盛世？主要有以下六个方面的理由。一是国家大一统局面的实现，持续百年的政治安定和社会稳定局面的形成；二是人口突破三亿，达到历史上的最高峰值；三是经济发展，城镇繁荣，在世界经济格局中，中国经济总量长期处于领先地位。那时中国的国内生产总值在世界份额中占到近三分之一，而现在美国在世界国内生产总值所占份额不过30%；四是国家财政储备雄厚，盛世巅峰期户部银库所存白银长年在六、七千万两以上（当时大清朝年财政收入约白银四千多万两）；五是《四库全书》等著名大型文化工程完成；六是当时的中国在周边和世界都具有很高的地位和美好形象。

对康雍乾盛世卦象之显极为清晰。

首先看运卦。康雍乾盛世120年行运卦咸和大壮。就一般而论，得咸卦者大多是两情相悦，心灵沟通，互补而双赢。推演历史咸卦为山泽通气之卦，至诚感神之象。其象显示满族和汉族的关系问题。在中国，少数民族建立大一统的国家，统治中华，统治汉族，要想成功，难于上青天。汉族不容，传统不容，儒家道家皆不容。处理好了就成为成功者，处理不好就是失败者。蒙古族建立的元朝同汉族关系处理的较为融洽，但不理想，所以只立国90年。满族统治者在这方面高明。他们先是在实践中认识到了这一问题的重要性，接着是列入治国方略并采取一系列有效措施，较好地解决了这一大问题。前面的顺治、康熙二位皇帝所行空卦蹇主要就难在处理同汉族的关系方面。卦象一显，即至盛世。满族“至诚感神”，满汉之间“山泽通气”，汉族基本认同了满族的统治。这是盛世的前提。因为这一问题处理不好就要导致政局不稳，社会动荡，何来盛世？大壮卦为先顺后逆之象。大壮卦统到1923年，盛世止于1803年，说明盛世皆在“先顺”时间之内。咸卦过后就是壮盛，就是顺了，极显盛世之“盛”。

其次演空卦。行空卦小过、遁、恒、丰四卦。由于较好的处理了“蹇”的问题，所以有了小的跨越，取得了一定成就，比一般的治世要好，但尚不如极盛之世，谓之小过。小过的另一卦象是显示康熙晚年积累了一些社会问题。《清史通鉴》第三卷说：“由于康熙在位61年，作为一个久掌大权的皇帝，康熙非常钦佩汉文臣施恩于民，尽力不扰民的统治方针。于是，晚年的康熙不免要恩泽天下，来博得为政宽仁的美名”。又说：“但社会的发展并不依赖个人的想法，一味的宽容，给社会带来了很多负面影响，在此指引下，康熙末年的社会积弊十分多”（彭钟麟主编，光明日报出版社，2002年版，第32页）。如吏治腐败、皇位继承、经济政策、税收制度等方面有了一些过错，但尚不严重，谓之小过。遁卦一显雍正帝“为父隐”，必遁。虽然是康熙的过错，但雍正不能说，只能隐而纠之。二显积蓄力量，推此段历史，遁卦主要象征雍正的积蓄力量。为了更大的发展，雍正隐而不露的出思路，搞改革，建制度，积蓄力量，“尺蠖之屈，以求伸也”。雍正是康熙与乾隆之间的桥梁，承前启后，即继承了康熙盛世，又为乾隆朝的极盛打下了基础。遁卦的二显正象征了此段历史事实。恒的卦辞指出了恒的两重含义：

第一、守持正道不动摇。一是完善政治体制不动摇。三位皇帝百年相承，精心完善专制主义中央集权的政治体制，使朝廷统治效能空前提高了。奏折制度、军机处以及秘密立储等创建并顺利有效的运行，标志着中国古代专治主义中央集权制达到了完备程度。二是坚持务实作风不动摇。较之历代汉族皇帝，有一个明显的重要的区别，那就是他们有较多一点重视实践的崇实务实作风。把实行与武略并列为满族无敌天下的两大法宝，而且把实行赫然列在武略之前。三是胸怀带有连续性的、明细的治国方略不动摇。如基于国家全局安定考虑的“西师”和“南巡”的政治大战略；在吏治上的整饬思想与严惩贪污战略。四是紧抓思想统一不动摇。如崇拜并推行汉文化。《明史》、《古今图书集成》、《四库全书》等都是留给世人的丰厚的文化遗产。

第一，坚持不懈。一是显示三位皇帝对治国的决心、雄心和毅力，坚持不懈；二是显示三位皇帝坚持不懈的勤政。清朝皇帝大多数勤政不息，明朝皇帝大多数懒于理政。三位皇帝都是数十年如一日，殚精竭虑，持之以恒。此三位皇帝勤政之德，在中国甚至全世界可首屈一指，正是：有恒出康乾盛世，不懈创伟业丰功。

演历史丰卦为日丽中天之卦，背明向暗之象。丰的引申义为盛大，但此盛大非同一般。他是一种无与伦比的绝对盛大。清朝此时已到乾隆鼎盛之世，以丰之卦象显示，正合其实。正是：丰卦极显盛世之盛，归妹昭示明将不明。

再次推离卦。1799 至 1803 年为候卦离，颇有深意，耐人寻味，当推演一二，且多说几句，因为此卦和我们中华民族的伟大梦想、伟大复兴直接相关。离卦为飞禽遇网之卦，大明当天之象。两层意思，一层是象征无限光明，即“大明当天”，因为此时还算康雍乾盛世。第二层是“飞禽遇网”，显示国家要有大麻烦，“飞禽”遇到了“网”，太危险了。为什么大明当天了还要飞禽遇网呢？这就是深意了。原来大明当天是有条件的，就是火焰要有所依附，依附的正当才能持续光明；反之，依附的不正当，则不能持续光明了。离卦强调一方密切的依附于另一方，侧重于主从之间的依附关系。这就涉及到世界上事物与事物的普遍联系及互相影响，互为因果的问题了。我们今天推演康雍乾盛世，要延伸开来，要有一个全球的视角。这就像后面推演的苏联一样，没有全球的视野，仅限于中国或周边的视野，是无法准确推演的。因为自地理大发现，航海时代开始以来，中国国势的盛衰，不仅和周边国家，而且主要和远隔重洋的西方国家的盛衰息息相关，和这些西方国家之间的迭相兴衰也不无某种关系。所以看康乾盛世不能象推演文景之治、贞观之治和开元盛世那样，只考察周边民族和国家就行了，还要把眼光放开，看整个世界。由此可知，此时的清朝和世界各国，尤其是各列强国都存在着一定的联系、依赖，互为因果，互相影响的关系。不知道这种联系，不愿意接受之，或者不能妥善处理，都是灾难性的。我们已经被造物主无情的置于一个你死我活的世界大竞技场中。自欺欺人，闭关锁国也是办不到的。自十五世纪末到十八世纪，欧洲列强借助帆船、大炮和商业的实力，迅速向东方进行殖民扩张。他们信奉的是优胜劣汰、弱肉强食的哲学，古老的中国开始领教与“温良恭俭让”大异其趣的西方文明的威胁。十六世纪中，葡萄牙人从海上侵占了中国的澳门，十七世纪初叶，荷兰侵占了中国的台湾。俄国则经陆路从北方向中国进行包抄和蚕食。进入十八世纪中叶以后，英国取代了西班牙、葡萄牙、荷兰、法国等早期西方殖民列强，并打着“贸易自由”和“主权国家平等”的旗号，对清朝统治下中国的主权开始进行试探性的冲击。不过，那时还没有任何一个西方强国具备发动越洋战争、打败中国的实力。这一有利的国际环境是康雍乾盛世出现的又一个不能忽视的外部原因。但是到了十八世纪末，也就是康雍乾盛世已成为昨日黄花，中国社会内部危机逐渐暴露出来的时候，中国与欧洲大国间的战略均势的天平就开始显现出向西方偏斜的趋势。所以康雍乾盛世后不久，就有了百年国耻。国耻主要是耻在西方列强和俄国、日本等蚕食、瓜分、殖民中国、侵吞主权上。由此我们更可以理解邓小平改革开放的英明。时下，国家欲强盛，只提改革是不全面的，还必须要开放，否则是不能成功的。由此我们对离卦又有了更深刻的理解。在康雍乾盛世最后（1799 至 1803 年），上天行候卦离，已然警示，但统治者不知、不觉、不办，奈何？正是：伟哉康乾盛世，至矣世界之巅。

康雍乾盛世还有三个问题值得推演一下。一是康熙时期编纂的《全唐诗》、《康熙字典》和《古今图书集成》，这是康熙留给后人的丰硕的文化遗产。二是雍正帝在康雍乾盛世中的作用。过去，一般说“康乾盛世”，没有雍正皇帝的份，这是不妥当的，也是极不公允的。康熙朝晚期，遗留了一系列社会问题，有些问题甚至是积重难返。如皇位继承问题，税收问题等。妥善的、果断的、及时的解决这些问题的正是雍正皇帝。他在政治、经济等方面实行了一系列改革，如秘密立储制、设立军机处、惩治腐败、整顿吏治，税收上实行摊丁入亩的同时，征收统一的地丁银，增加了国家的收入。虽然在位仅短短的 13 年，但为乾隆朝的鼎盛奠定了基础。也就是说，中间没有雍正帝，就没有康雍乾盛世。雍正帝在这一盛世中的作用，就象武则天继续了贞观之治，并为开元盛世打下了基础；汉朝吕后无为而治，与民休息，不但使西汉站稳了脚根，而且为文景之治打下了基础一样，是十分关键的一帝。雍正帝不但政绩卓著，而且十分勤政。在中国近 600 位的帝王中，他的勤政当得冠军。历史应当给以客观而公正的评价。三是乾隆帝时编纂的《四库全书》，这是乾隆帝留给后人的最伟大、最光辉、最值得称道的文化遗产。

康熙帝行空卦小过。小过卦为飞鸟遗音之卦。过乃过度、超越之意。我们后人看到《全唐诗》、《康熙字典》、《古今图书集成》就想到了康熙帝，因为这是他的“遗音”；这些“遗音”超越了历史。雍正帝行候卦否、渐。否为天地不交之卦。正应雍正在康熙遗留许多难题时登基。渐卦象征缓慢的前进，向上发展，为积小成大之象。虽登基为否，但在位而渐。乾隆帝，1799年去世，行离卦。离卦的藏匿之象为文化之所，文明之象。离卦断为文化、文明之事，较难理解，但有先例。《孔子家语》中有这样一个故事。孔子自己算命得贲卦，非常不高兴。子张问孔子为什么悲伤，孔子回答说：因为卦中有离。贲卦内卦为离，离为火，为明，占人事为文化之所；外卦为艮，艮为山，为止，占人事为阻隔。因此卦象显示：文明于内，而不显于外，即孔子的思想向外推广有较大困难。占得贲卦，对于一般筮者来说，表示有小利而前往，为比较顺利的卦象。但对孔子来说，没有占得可干大事业的乾坤之类的正卦，却得此小利之贲卦，显然属于不吉之兆，孔子自然会有忧愁之色（《周易占卜故事》，清. 尚秉和编撰，中央编译出版社，2011年版，第8—9页）。据此，乾隆行离卦，正是象征他留给后人的丰盛的文化遗产。

清朝的其它事情，我们下一步接着推演。正是：推咸卦男女相悦，演清朝满汉尚和。

此期发生的有详细记载的七级以上的地震共6次。这里只提供信息，不再具体推演。

1604年12月9日，福建泉州以东海域发生八级大地震，入太乙年局六十五局。1654年7月21日，甘肃天水大地震，入太乙年局四十三局。1668年，山东郯城发生8.5级大地震，入太乙年局五十七局。1679年9月2日，三河——平谷发生八级大地震，入太乙年局六十八局。1695年5月18日，山西临汾八级大地震，入太乙年局十二局。1739年1月3日，宁夏银川——保丰发生八级大地震，入太乙年局五十六局。

此期发生的有详细记载的大水灾共11次。

1568年（明隆庆2年），浙江台州大水灾。浙江台州受台风和暴雨袭击，导致山洪暴发，洪水淹没城池，溺死三万多人，淹没土地15万亩，房屋五万多户，全城仅剩18家，入太乙年局二十九局。

1569年（明隆庆3年），海河大水灾，海河流域50多个县受灾，入太乙年局三十局。

1583年（明万历11年），汉口水灾，此年汉江流域发生了罕见大水灾，为900年来汉江流域最大的一次。沿江上下，千余公里，所有城镇皆遭严重灾害。范围之广，灾情之重，在汉江历史上是少见的。入太乙年局四十四局。

1593 年（明万历 21 年），淮河大水灾，自 3 月到 8 月，淮河流域及山东省广大地区，连续普降大雨，又受黄河水顶托，排泄不畅，淮河上下一片汪洋，出现了房屋倒，五谷没，人相食的惨况，入太乙年局五十四局。

1603 年（明万历 31 年），山东大水灾，导致全省大规模饥荒，入太乙年局六十四局。

1607 年（明万历 35 年），海河大水灾，海河流域遭遇了一次特大洪水之灾。连续降雨四十余日到两个月，六十多州、县受灾，如永清县淫雨四十余日，城墙堤坝俱倒塌，难民昼夜立于水中，几至不能存活。入太乙年局六十八局。

1608 年（明万历 36 年），江苏大水灾。自 3 月至 6 月连续暴雨，平地水深数丈，房屋、村庄被大量冲毁，以致数百里之内看不见人间烟火。当时记载称为二百年来未遇之奇灾。入太乙年局六十九局。

1609 年（明万历 37 年），福建山洪灾难。此次灾难突发性强，规模大，损失惨重，入太乙岁计局七十局。

1662 年（清康熙元年），黄河流域及近邻大水灾。7、8、9 三月黄河连续决堤，四野泛滥，为近三百年罕见的跨流域大洪水。入太乙年局五十一局。

1686 年（清康熙 25 年），浙江大水灾。入太乙年局三局。

1730 年（清雍正 8 年），山东等地大水灾。这次水灾在《清史稿》、《清实录》及各地的地方志中，都有广泛的记载。入太乙年局四十七局。

此期关于大旱灾的详细记载有 16 次，只介绍信息，不做具体推演。

1568 年（明隆庆 2 年），山西、陕西大旱灾。入太乙年局二十九局。1582 年（明万历 10 年），黄河中上游大旱灾，入太乙年局四十三局。1609 年（明万历 37 年），北方大旱灾，入太乙年局七十局。1646 年（清顺治 3 年），浙、赣大旱灾，入太乙年局三十五局。1665 年（清康熙 4 年），粤、闽、湘、赣大旱灾，入太乙年局五十四局。1670 年（清康熙 9 年），冀、鲁、豫大旱灾，入太乙年局五十九局。1671 年（清康熙 10 年），东部地区大旱灾和饥荒，入太乙年局六十局。1679 年（清康熙 18 年），长江中下游大旱灾、蝗灾和饥荒，入太乙年局六十八局。1689 年（清康熙 28 年）冀、豫旱灾，入太乙年局六局。1690 年（清康熙 29 年），湖南、湖北大旱灾，入太乙年局七局。1691 年（清康熙 30 年），河南、山西、陕西大旱灾和蝗灾，入太乙年局八局。1693 年（清康熙 32 年），长江下游大旱灾，入太乙年局十局。1707 年（清康熙 46 年），长江下游大旱灾，入太乙年局二十四局。1738 年（清乾隆 3 年），苏、皖大旱灾，入太乙年局五十五局。

第九节　午辰时（9）

本节包括甲元午辰时第三运之大壮卦和无妄卦的前 88 年，共统 268 年。

元	时	运	空						
甲	午 7	3	2401—2406						
符号	时爻	运卦	空卦	候卦	年局				
阴阳	乾九四爻	大壮	恒	大壮	1744 甲子 61	1745 乙丑 62	1746 丙寅 63	1747 丁卯 64	1748 戊辰 65
				小过	1749 己巳 66	1750 庚午 67	1751 辛未 68	1752 壬申 69	1753 癸酉 70
				解	1754 甲戌 71	1755 乙亥 72	1756 丙子 1	1757 丁丑 2	1758 戊寅 3
				升	1759 己卯 4	1760 庚辰 5	1761 辛巳 6	1762 壬午 7	1763 癸未 8
				大过	1764 甲申 9	1765 乙酉 10	1766 丙戌 11	1767 丁亥 12	1768 戊子 13
				鼎	1769 己丑 14	1770 庚寅 15	1771 辛卯 16	1772 壬辰 17	1773 癸巳 18

元	时	运	空						
甲	午 7	3	2401—2406						
符号	时爻	运卦	空卦	候卦	年局				
阴阳	乾九四爻	大壮	丰	小过	1774 甲午 19	1775 乙未 20	1776 丙申 21	1777 丁酉 22	1778 戊戌 23
				大壮	1779 已亥 24	1780 庚子 25	1781 辛丑 26	1782 壬寅 27	1783 癸卯 28
				震	1784 甲辰 29	1785 乙巳 30	1786 丙午 31	1787 丁未 32	1788 戊申 33
				明夷	1789 已酉 34	1790 庚戌 35	1791 辛亥 36	1792 壬子 37	1793 癸丑 38
				革	1794 甲寅 39	1795 乙卯 40	1796 丙辰 清嘉庆 元年 41	1797 丁巳 42	1798 戊午 43
				离	1799 已未 44	1800 庚申 45	1801 辛酉 46	1802 壬戌 47	1803 癸亥 48
阴阳	乾九四爻	大壮	归妹	解	1804 甲子 49	1805 乙丑 50	1806 丙寅 51	1807 丁卯 52	1808 戊辰 53
				震	1809 己巳 54	1810 庚午 55	1811 辛未 56	1812 壬申 57	1813 癸酉 58
				大壮	1814 甲戌 59	1815 乙亥 60	1816 丙子 61	1817 丁丑 62	1818 戊寅 63
				临	1819 已卯 64	1820 庚辰 65	1821 辛巳 清道光 元年 66	1822 壬午 67	1823 癸未 68
				兑	1824 甲申 69	1825 乙酉 70	1826 丙戌 71	1827 丁亥 72	1828 戊子 1
				睽	1829 已丑 2	1830 庚寅 3	1831 辛卯 40	1832 壬辰 5	1833 癸巳 6

元	时	运	空						
甲	午 7	3	2401—2406						
符号	时爻	运卦	空卦	候卦	年局				
阴阳	乾九四爻	大壮	泰	升	1834 甲午 7	1835 乙未 8	1836 丙申 9	1837 丁酉 10	1838 戊戌 11
				明夷	1839 已亥 12	1840 庚子 13	1841 辛丑 14	1842 壬寅 15	1843 癸卯 16
				临	1844 甲辰 17	1845 乙巳 18	1846 丙午 19	1847 丁未 20	1848 戊申 21
				大壮	1849 已酉 22	1850 庚戌 23	1851 辛亥 清咸丰元年 24	1852 壬子 25	1853 癸丑 26
				需	1854 甲寅 27	1855 乙卯 28	1856 丙辰 29	1857 丁巳 30	1858 戊午 31
				大畜	1859 已未 32	1860 庚申 33	1861 辛酉 34	1862 壬戌 清同治元年 35	1863 癸亥 36
阴阳	乾九四爻	大壮	夬	大过	1864 甲子 37	1865 乙丑 38	1866 丙寅 39	1867 丁卯 40	1868 戊辰 41
				革	1869 已巳 42	1870 庚午 43	1871 辛未 44	1872 壬申 45	1873 癸酉 46
				兑	1874 甲戌 47	1875 乙亥 清光绪元年 48	1876 丙子 49	1877 丁丑 50	1878 戊寅 51
				需	1879 已卯 52	1880 庚辰 53	1881 辛巳 54	1882 壬午 55	1883 癸未 56
				大壮	1884 甲申 57	1885 乙酉 58	1886 丙戌 59	1887 丁亥 60	1888 戊子 61
				乾	1889 已丑 62	1890 庚寅 63	1891 辛卯 64	1892 壬辰 65	1893 癸巳 66

<table>
<tr><td>元</td><td>时</td><td>运</td><td>空</td><td colspan="6" rowspan="2"></td></tr>
<tr><td>甲</td><td>午 7</td><td>3</td><td>2401—2406</td></tr>
<tr><td>符号</td><td>时爻</td><td>运卦</td><td>空卦</td><td>候卦</td><td colspan="5">年局</td></tr>
<tr><td rowspan="6">阴阳</td><td rowspan="6">乾九
四爻</td><td rowspan="6">大壮</td><td rowspan="6">大有</td><td>鼎</td><td>1894
甲午
67</td><td>1895
乙未
68</td><td>1896
丙申
69</td><td>1897
丁酉
70</td><td>1898
戊戌
71</td></tr>
<tr><td>离</td><td>1899
已亥
72</td><td>1900
庚子
1</td><td>1901
辛丑
2</td><td>1902
壬寅
3</td><td>1903
癸卯
4</td></tr>
<tr><td>睽</td><td>1904
甲辰
5</td><td>1905
乙巳
6</td><td>1906
丙午
7</td><td>1907
丁未
8</td><td>1908
戊申
9</td></tr>
<tr><td>大畜</td><td>1909
已酉
清宣统
元年
10</td><td>1910
庚戌
11</td><td>1911
辛亥
12</td><td>1912
壬子
清朝
灭亡；
中华民
国元年
孙中山
代理大
总统；
袁世凯
大总统
13</td><td>1913
癸丑
14</td></tr>
<tr><td>乾</td><td>1914
甲寅
15</td><td>1915
乙卯
16</td><td>1916
丙辰
黎元洪
大总统
17</td><td>1917
丁巳
冯国璋
大总统
18</td><td>1918
戊午
徐世昌
大总统
19</td></tr>
<tr><td>大壮</td><td>1919
已未
20</td><td>1920
庚申
21</td><td>1921
辛酉
22</td><td>1922
壬戌
黎元洪
大总统
23</td><td>1923
癸亥
曹琨
大总统
24</td></tr>
</table>

举事有利地涉国内外，先顺后逆人议事吉凶

此期从 1744 年到 1923 年，为甲元午辰时第三运之大壮卦所统 180 年。为清朝中、晚期，民国初期。

运卦大壮统此期，很有意思，大壮卦象是先顺后逆之象。本期从 120 年康雍乾盛世的第 61 年，即 1744 年开始，到盛世结束的 1803 年，有 60 年时间。嘉庆皇帝从 1796 年到 1820 年，在位 25 年；接着是道光皇帝（1782 年—1850 年），从 1821 年到 1850 年在位 30 年，当中有 1840 年的第一次鸦片战争，因此道光帝所谓“顺”的时间约有十几年。以上三块加起来约 90 多年，大约占 180 年的一半，为“顺”，且是“先顺”。接着的另一半时间，一路“逆”了下来：第一、第二次鸦片战争，1851 年的太平天国农民起义，1883 年到 1885 年的中法战争，1894 年到 1895 年的中日甲午战争，义和团运动和 1900 年的八国联军入侵北京，1911 年的辛亥革命以及二次革命和护国运动，1916 年袁世凯恢复帝制的闹剧，袁世凯死后，开始了北洋政府的统治时期，此时正是军阀混战，天下大乱时期。正是：大壮卦先顺后逆，满清朝由盛而衰。

大壮卦的藏匿之象是举事有利。当应孙中山和袁世凯等。中国两千年封建帝制可谓根深蒂固，但孙中山领导辛亥革命经过艰苦卓绝的斗争，终于推翻了帝制，成为中国民主革命的伟大先行者。此时袁世凯行候卦大畜。大畜为积小成高之卦，龙潜大壑之象。袁世凯野心勃勃却深藏不露，正是龙潜大壑；小站练兵，北洋蓄势，终登大宝，应积小成高之象。总之，都是举事有利之象。举事有利不仅指中国的事，也指外国的事。如两次鸦片战争是英国举事有利；中日甲午战争是日本举事有利；1900 年八国联军入侵北京，是八个国家举事有利。

下面，我们接着上期，继续推演清朝的历史。

一般认为，清朝由盛而衰的分水岭是嘉庆皇帝。到康雍乾盛世中的 1789 年，就开始行候卦明夷了。明夷为出明入暗之象，显示盛世已经快到头了。到空卦丰之后，即开始行归妹卦。归妹卦为浮云蔽日之卦，阴阳不交之象。此时的归妹卦象，显示了清朝由盛大而衰的迹象。道光年间的 1840 年，第一次鸦片战争行候卦明夷，1856 年的第二次鸦战争行候卦需。需卦为云霭中天之卦，密云不雨之象。1860 年英法军队攻占京津，火烧世界名园圆明园，行候卦大畜，大畜卦象为龙潜大壑之象，应咸丰皇帝弃都逃到热河。

这里推演一下曹雪芹（约 1715 年或 1724 年至 1763 年），《红楼梦》的作者，世界级的伟大作家。他自已说《红楼梦》的写作“披阅十载，增删五次（《红楼梦》，金城出版社，1998 年版，第三页）”。时间约为 1751 年到 1761 年。行候卦小过、解、升。小过为飞鸟遗音之卦，应曹雪芹巅峰不朽之作《红楼梦》。解卦是忧散喜生之象，有难而能出是解，有难而止则是蹇。显其已摆脱思想的困扰和贫困潦倒的生活状况，全身心的投入到创作中。升卦为积小成大之象，丑小鸭此时已经变成了白天鹅。曹雪芹已经成了百世留芳的伟大作家。

慈禧太后（1835－1908年），1861年到1908年，掌大权达48年之久。是中国历史上最著名的三位女政治家之一。

咸丰（1831－1861年），1851年到1861年在位，咸丰元年初封懿贵人，懿嫔，后晋封懿妃，懿贵妃。其子同治帝（1856－1874年，1861到1874年在位）即位后，尊为皇太后。1861年发动“辛酉政变”，诛、罢载垣、肃顺等辅弼大臣，垂帘听政。依靠曾国藩等镇压太平天国运动和捻军起义。同治12年，归政于同治帝，次年同治帝卒，又册立五岁的光绪帝（1871－1908年），1875到1908年在位。复垂帘听政，仍握实权，反对光绪帝变法救亡。光绪24年复训政，囚光绪帝于瀛台。1900年八国联军攻占北京，逃往西安。在实际掌权期间，同外国列强签订了一系列不平等条约，割地赔款，丧权辱国。先后割让国土约160多万平方千米。尤其是《马关条约》，先后赔偿日本白银约十亿两，大大增强了日本的国力和军事实力，致使日本军国主义迅速崛起。为1931年及其以后入侵我国，客观上创造了条件。

1861至1863年行空卦大畜3年。大畜卦为龙潜大壑之象，得大畜卦者占据天时就会有很大的积蓄。积蓄不仅是钱、财、物的积蓄，政治资本同样可以积蓄。慈禧虽不能称为龙，但实质似龙潜伏着。接着30年行空卦夬，彖辞说空卦夬：“扬于王庭，柔乘五刚”。慈禧虽为太后，但是48年大权在握，扬于王庭符合事实。那么，乘哪五刚呢？道光皇帝虽然是其“公爹”，但慈禧1851年入宫时，道光已死；咸丰虽是其夫，但在位时仅封她为懿贵妃。所以依历史事实，所乘五刚应为：同治、光绪二位皇帝（因为惧怕历史的评判，慈禧采取的政治斗争策略）；恭亲王奕䜣（取得辛酉政变胜利的关键人物，且为前期主要辅政者）；曾国藩（镇压太平天国运动和捻军起义）；李鸿章（维系风雨飘摇的晚清统治的主要人物）。正是：行夬卦柔强刚弱，断慈禧阴盛阳衰。

接着行空卦大有15年。大有象征高高在上，拥有天下。得大有卦者，虽然当前的势头挺好，但结果却很难说。按照《易经》的观点，大有也可能成为一无所有。历史对慈禧太后是否定的。虽然不能说她是历史的罪人，起码是对不起中华后辈子孙的人。就这一意义上说，慈禧的大有，真的成了一无所有。大畜、夬、大有三个空卦，不但显示了她在位时的所作所为，而且连历史对她的评价都显露了出来，可谓一针见血。

以上所说是仅就慈禧在历史进程中的所作所为而言。就其它方面而论，她是可以和另外两位中国历史上最著名的女政治家吕后和武则天比美的。在中国封建社会，做一个了不起的女人比一个了不起的男人要难的多；做一个统治全国的女人比一个统治全国的男人更是难上加难。因此，对中国历史上少的可怜的出类拔萃的女性要特别的给予赞扬；对这三位最为卓异的女性更要浓墨重彩的写上一笔。这三位最著名的女政治家，不是一般的杰出，是太杰出了，不是一般的卓异，是太卓异了，不是一般的有本事，而是太有本事了。三人各具特色，又极为相似。就是骂她们的人，也不得不佩服她们以下四个方面：一赞其胆略；二服其才能；三钦其识见；四咏其坚韧。她们所做的事没有比天都大的胆，是绝对办不了的。在漫长的中国封建社会，儒家思想是所有中国人的紧箍咒。对于女性来说要加一个更字，女人想走上社会，从事政治，不但是白日做梦，而且是大逆不道。男尊女卑，女人就是男人的陪衬，女人当政那就坏了纲常，乱套了，所以是绝对不允许的。如果有人敢越雷池，则口诛笔伐，天下共讨之。就是在中国封建社会这样的大背景下，她们造反了，舍得一身剐，敢把皇帝拉下马，其胆略之大，恐怕难有匹配的中国形容词。而有胆略，恰恰是事业成功的前提。此三位女政治家，当了皇帝也罢，掌实权也好，统治中国这一泱泱大国，驾轻就熟，均取得了不小的功绩。想当时，有多少男性要拜倒在她们的石榴裙下。吕后掌权在西汉初立国之时，此时的社会动荡，政局不稳，人民贫苦，百废待兴。汉高祖打下天下，实际只做了八年皇帝（－202 年到－195 年）。许多历史年表却是从－206 年到－195 年，这是不符合历史事实的。因为－206 年到－202 年，是霸王项羽的西楚，此时的刘邦只是项羽分封的汉王，项羽死后，才是西汉的正式开始。由于汉高祖在位时间短，许多国家大事、难事没有来的及处理，而其子汉惠帝又无治国之才，多亏了吕后实际执政 15 年，稳固了政权，为刘家 400 多年的江山打下了基础。尤其值得称颂的是吕后实行了休养生息的政策，才使得秦末以来濒临崩溃的经济得以发展。武则天掌权是在唐朝两个盛世之间。贞观之治的接力棒是非常难接的，本应该是唐高宗办的事，但他既无此才能，又无此身体。最终落在了武则天的头上。他不但维系了贞观之治，而且有所发展，这就为开元盛世创造了有利条件。慈禧太后并无上述二位的功绩。一方面有其客观原因：世界翻天覆地的变化，当时的中国无法适应；中国封建社会此时已成了强弩之末；就清朝本身来说也已到了日没西山之时。这三方面的现实，慈禧是无力回天的。另一方面，她又延续了风雨飘摇的大清国，虽然不值得也不应该延续，但从另一方面显示了慈禧之才。就三位女政治家的知识与见闻，绝不亚于历史上任何一位有作为的皇帝。在她们所处的时代，必须要有超常的忍性、耐性和韧性，才能实现她们的理想。

无论历史怎样评价三位最著名的女政治家，但以上四点是值得宾服的。

1840 年以后，中国逐渐进入了半殖民地半封建社会。其标志有三：一是 1842 年签订的《南京条约》是“开始进入”；二是 1895 年签订的《中日马关条约》是“加深形成”；三是 1901 年签订的《辛丑条约》是“完全沦为”。在所有的不平等条约中，这三个条约最为严重。1840－1842 年的第一次鸦片战争，行明夷卦，为出明入暗之象，故中国的主权和领土完整遭到破坏，开始进入半殖民地半封建社会。1894 年－1895 年的中日战争，行鼎卦，鼎是去旧取新之象，是建立一个新社会。虽然半封建半殖民地的社会不是我们所要建立的社会，但相对于封建社会来说，毕竟是个“新社会”。1900－1901 年行离卦，为飞禽入网之卦。离卦强调一方依附于另一方，侧重于主从之间的依附关系。列强入侵，主权沦丧，领土割让，腐败无能的清政府只能飞禽入网依附于列强，仰人鼻息。

慈禧太后已将大清朝带到了 1908 年，虽然有所谓的“慈禧新政”，但仍不能挽救清朝灭亡的命运。戊戌变法是中国历史上著名变法之一，意在挽救风雨飘摇的清朝，却以失败告终。虽然时间短，但意义是多方面的，颇值推演一下。

实际上，中国历史和世界历史都是在不断变法改革中前进的。因为改革是历史发展的要求和产物；革除社会弊政是促进国家强盛的重要手段；适应生产力发展的需要，符合社会发展规律和顺应人民愿望的进步改革，推动着社会进步和历史发展。但改革势必涉及到某些人的特权和利益，因此改革是会有阻力的，甚至充满了尖锐激烈的斗争。戊戌变法就是很典型的一例。

变法是在中国面临被“瓜分豆剖”的严重民族危机和资本主义初步发展，为维新变法提供了必要的社会条件，中国民族资产阶级作为一种新的政治力量，登上了历史舞台的大背景下发生的。在光绪皇帝的支持下，康有为、梁启超、谭嗣同等人于1898年6月11日宣布变法，到9月21日慈禧太后发动政变止，共103天，史称百日维新。变法包括政治、经济、军事和文化等方面，是在不触动封建体制的基础上，自上而下进行的一些改革，具有爱国和进步的意义。虽然变法失败了，但在中国近代史上占有重要的位置，具有重大的历史意义。第一，它是中国资产阶级领导的第一次政治运动，是一次对封建社会的政治、经济、文化和思想进行全面改革的资产阶级改革运动，符合中国历史发展的大趋势；第二，是深入人心的爱国救亡和思想启蒙运动；第三，戊戌变法把发展资本主义经济做为国策，在经济领域里全面开展近代化运动，在中国近代化的进程中具有开拓创新的意义；第四，促进了资产阶级革命运动的发展。孙中山领导的辛亥革命，之所以能在戊戌变法失败后仅13年的时间里取得成功，戊戌变法的推动作用，功不可没。

1898年行候卦鼎，卦象已显示出变法革新之象。鼎卦为去旧取新之象，得鼎卦者，要吐故纳新。鼎卦乃大有之鼎。《周易全书》断为：“履泥污足，名困身辱。两仇相得，身其为虐”（中国戏剧出版社，林之满主编，2004年版，第373页）。即，将蹲进污泥里弄脏了脚，损坏了名声还受污辱，两个仇人（这里指慈禧太后和光绪帝）互相报复，双方都受到了伤害。卦象已显示，变法必然失败。

中国历史上最有名的四个变法，已推演了三个，三个变法虽各不相同，但有一点是相同的，这就是改革精神。商鞅以死而护法；王安石以“三不足畏”的精神而变法；谭嗣同以自请赴死的精神（谭嗣同拒绝了出走日本的劝告，表示“各国变法无不从流血而成，今中国未闻有因变法而流血者，此国之所以不昌也，有之，请自嗣同始。”结果被清政府杀害。）而为后世变法者立标杆。人类的历史说到底，就是从不断的变法改革中前进的。要前进就要与时俱进，与时俱进就要不断变法革新，而变法革新最为可贵的就是改革精神。上述三位为我们树立了这种难能可贵的改革精神，为推动历史的前进做出了贡献，当百世留芳。

清朝立国269年，从清入关定都北京起，历10帝，亡于宣统（1906—1967年，1909—1992年在位）四年的1912年。入太乙年局十三局，客参将、主大将挟太乙，主参将格太乙，客参将、客大将、主参将挟文昌、始击，有亡国之灾，应清朝灭亡之史实。合神在丑，不动为格，故当亡于农历十二月，实际亡于辛亥年十二月二十五日。正是：大壮卦先顺后逆，满清朝由盛而衰。

以上我们粗略推演了清朝历史的全过程。还应该将"阴十"之灾写进去。中国近代的百年之耻，如果从1840年的第一次鸦片战争到1945年日本投降共105年。其中清朝从1840年到1912年共历灾厄73年，占了绝大部分。将阴十之灾的清朝部分写进去，不但能更深刻认识清朝中晚期的腐败无能，割地赔款，落后挨打的耻辱历史，而且对百年耻辱有了一个清晰、贯通、深刻的认识。概括的推演清朝历史，我们用了推数法、推象法和推局法，三种方法的综合使用，使我们得心应手的进行了推演。虽然是粗线条，但也是全过程。这也算是推演中国甚至全世界一个朝代完整历史的一个"示例"吧。

孙中山（1866—1925年），伟大的资产阶级民主革命家，中国伟大的民主革命先行者。名文，字德明，号逸仙，广东香山（今中山县翠亨村人）。1892年毕业于香港西医书院，在广州、澳门行医并致力于挽救民族危亡的政治活动。1894年，上书李鸿章，提出变法图强建议，遭拒绝。此年行鼎卦，鼎为去旧取新之象，得鼎卦者要吐故纳新，正应孙中山上书李鸿章事。自此，使他认识到只有推翻清政府封建专制统治，才能拯救中国。1894年11月，在檀香山组织兴中会，1895年准备在广州起义，未遂，逃亡日本。此年也行鼎卦，亦应此事。1897年在日本从事革命活动时，化名中山樵，后以中山著称于世。1905年在东京成立同盟会，被推为总理。此年行候卦睽，睽为反目，为背离，象征其成立组织，欲同清政府彻底反目，彻底决裂。此时他提出了三民主义学说，成为指导辛亥革命的指导思想。并以《民报》为阵地，同改良派展开了激烈的论战。这仍然是睽卦之象：与改良派反目。

此后又联络会党和新军多次起义。1911 年 10 月 10 日武昌起义后，被推选为中华民国临时大总统。1912 年 1 月 1 日，在南京正式就职，2 月 13 日，因革命党人的妥协，辞去临时大总统职务，于 3 月 11 日颁布《中华民国临时约法》以限制袁世凯权力。1912 年行候卦大畜，天被包在水中，为大的蓄聚，为积小成高之卦，龙潜大壑之象。卦象显示在孙中山多年的经营努力和精心准备下，已经蓄聚了推翻清政府的有生力量，因而终于积小成高，取得了辛亥革命的成功。卦象也显示孙中山乃中华之龙，在封建专制的清政府面前，只能“潜大壑”，秘密组织起义。

1912 年 8 月，宋教仁将同盟会改组为国民党，孙中山被推为理事，其后又发动二次革命、护国运动、护法运动、反对张勋拥戴宣统复辟的斗争。1921 年准备发动第二次护法运动，因陈炯明叛变遭失败。此后接受中国共产党和苏联的帮助，着手改组国民党。1924 年 1 月，召开了国民党“一大”，实现了国共第一次合作，5 月创办了黄埔军校。11 月 13 日应冯玉祥之邀，抱病北上，并发表《北上宣言》。1925 年 3 月 12 日在北京逝世，遗体安葬于南京中山陵，遗著有《中山全集》、《总理全集》、《孙中山选集》、《孙中山全集》等。

1914—1923 年，行候卦乾和大壮。乾的象辞是“天行健，君子以自强不息”。孙中山不屈不挠和自强不息的革命精神，正应此辞。大壮卦显示了 1927 年以后北伐以及国民党执政的卦象。1924—1925 年，孙中山行无妄卦，启示之象为做出一些意想不到的事。孙中山一生所做意想不到的事情太多了。如行医者改当政治家、思想家；多次武装起义失败，却屡败屡战；为了中国革命在世界各地募款；敢于推翻清朝和两千多年的封建帝制；当了一个多月的总统又辞职；不屈不挠地反对袁世凯；资产阶级革命者却接受共产党和苏联的帮助等等。孙中山运卦行大壮，大壮卦的藏匿之象是举事有利。虽然在推翻清政府和封建帝制的过程中困难重重，几起几落，但终究还是行运卦大壮的孙中山举事有利，推翻了中国的封建帝制，使中华民族踏上了新的征程。正是：千年封建灰飞烟灭，一代伟人破釜沉舟。

1833 年 9 月 6 日，云南崇明八级地震，入太乙年局六局。

1902年新疆阿图什8.2级地震，入太乙年局三局。

1906年3月17日，台湾嘉义七级地震，入太乙年局七局。

1906年12月23日，新疆沙湾县八级地震，入太乙年局七局。

1915年12月30日，西藏桑日七级地震，入太乙年局十六局。

1918年2月13日，广东、福建的南澳和东山之间7.25级地震，入太乙年局十九局。

1920年12月16日，宁夏海原8.5级大地震，入太乙年局二十一局。

1922年9月2日，台湾宜兰海域7.5级地震，入太乙年局二十三局。

1744年四川、安徽大水灾，入六十一局；1761年黄河及华北大水灾，入六局；1788年长江大水灾，入三十三局；1794年海河大水灾，入三十九局；1801年滦河大水灾，入四十六局；1819年黄河大水灾，入六十四局；1826年江西水灾，入七十一局；1827年四川西昌山洪灾害，入七十二局；1831年湖南大水灾，入四局；1848年安徽、江苏大水灾，入二十一局；1849年安徽大水灾，入二十二局；1850年浙江水灾，入二十三局；1854年江西大水灾，入二十七局；1855年黄河决口大灾，入二十八局；1867年汉江水灾，入四十局；1870年长江水灾，入四十三局；1882年安徽、浙江大水灾，入五十五局；1888年辽宁水灾，入六十一局；1890年海河、滦河大水灾，入六十三局；1900年闽江水灾，入一局；1904年甘肃兰州大水灾，入五局；1906年湖南水灾，入七局；1919年珠江水灾，入二十局；1921年淮河水灾，入二十二局；1922年安徽、江苏、浙江水灾，入二十三局。

1778年豫鲁鄂大旱灾，入二十三局；1802年江南大旱，入四十七局；1805年晋陕鲁大旱，入五十局；1820年长江中下游大旱，入六十五局；1835年江南大旱，入八局；1846年北方大旱，入十九局；1856年长江中下游、海河流域大旱，入二十九局；1867年晋冀大旱，入四十局；1892年黄河中上游旱灾，入六十五局；1899年北方特大旱灾，入七十二局；1920年京津冀大旱灾，入二十一局。

<table>
<tr><td>元</td><td>时</td><td>运</td><td>空</td><td colspan="6"></td></tr>
<tr><td>甲</td><td>午 7</td><td>3</td><td>2407—2409</td><td colspan="6"></td></tr>
<tr><td>符号</td><td>时爻</td><td>运卦</td><td>空卦</td><td>候卦</td><td colspan="5">年局</td></tr>
<tr><td rowspan="6">阴阳</td><td rowspan="6">乾九四爻</td><td rowspan="6">无妄</td><td rowspan="6">否</td><td>无妄</td><td>1924 甲子 国民政府主席汪精卫 25</td><td>1925 乙丑 26</td><td>1926 丙寅 国民政府代主席谭延闿 27</td><td>1927 丁卯 蒋介石政权建立；国民政府主席胡汉民 28</td><td>1928 戊辰 国民政府主席蒋介石 29</td></tr>
<tr><td>讼</td><td>1929 己巳 30</td><td>1930 庚午 31</td><td>1931 辛未 32</td><td>1932 壬申 33</td><td>1933 癸酉 34</td></tr>
<tr><td>遁</td><td>1934 甲戌 35</td><td>1935 乙亥 36</td><td>1936 丙子 37</td><td>1937 丁丑 38</td><td>1938 戊寅 39</td></tr>
<tr><td>观</td><td>1939 已卯 40</td><td>1940 庚辰 41</td><td>1941 辛巳 42</td><td>1942 壬午 43</td><td>1943 癸未 44</td></tr>
<tr><td>晋</td><td>1944 甲申 45</td><td>1945 乙酉 46</td><td>1946 丙戌 47</td><td>1947 丁亥 48</td><td>1948 戊子 49</td></tr>
<tr><td>萃</td><td>1949 已丑 代总统李宗仁；蒋介石政权灭亡；中华人民共和国成立 50</td><td>1950 庚寅 51</td><td>1951 辛卯 52</td><td>1952 壬辰 53</td><td>1953 癸巳 54</td></tr>
</table>

元	时	运	空						
甲	午7	3	2407—2409						
符号	时爻	运卦	空卦	候卦	年局				
阴阳	乾九四爻	无妄	履	讼	1954 甲午 55	1955 乙未 56	1956 丙申 57	1957 丁酉 58	1958 戊戌 59
				无妄	1959 已亥 60	1960 庚子 61	1961 辛丑 62	1962 壬寅 63	1963 癸卯 64
				乾	1964 甲辰 65	1965 乙巳 66	1966 丙午 67	1967 丁未 68	1968 戊申 69
				中孚	1969 已酉 70	1970 庚戌 71	1971 辛亥 72	1972 壬子 1	1973 癸丑 2
				睽	1974 甲寅 3	1975 乙卯 4	1976 丙辰 5	1977 丁巳 6	1978 戊午 改革 开放 第一年 7
				兑	1979 已未 8	1980 庚申 9	1981 辛酉 10	1982 壬戌 11	1983 癸亥 12
阴阳	乾九四爻	无妄	同人	遁	1984 甲子 13	1985 乙丑 14	1986 丙寅 15	1987 丁卯 16	1988 戊辰 17
				乾	1989 己巳 18	1990 庚午 19	1991 辛未 20	1992 壬申 21	1993 癸酉 22
				无妄	1994 甲戌 23	1995 乙亥 24	1996 丙子 25	1997 丁丑 26	1998 戊寅 27
				家人	1999 已卯 28	2000 庚辰 29	2001 辛巳 30	2002 壬午 31	2003 癸未 32
				离	2004 甲申 33	2005 乙酉 34	2006 丙戌 35	2007 丁亥 36	2008 戊子 37
				革	2009 已丑 38	2010 庚寅 39	2011 辛卯 40		

推历史无妄有妄，演大事不怪才怪

此期从1924年到2011年为甲元午辰时第三运之无妄卦所统180年中的前88年。2011年为术圣邵雍先生诞辰1000周年，故推演至此，以示纪念。也是人类第一次飞入太空50多年，亦表纪念。为中华民国中、晚期和中华人民共和国时期。

运卦无妄比运卦大壮更有意思，值得玩味。无妄卦，一是象征不妄为；二是象征妄为就会有祸。妄字，为荒谬不合理或非分的，出了常规的。无妄则表示合理的、常规的。就一般而论，得无妄卦者，很可能是有妄之人。无妄也通无妄之灾，多为出乎意料，稀奇古怪的事情。就推演历史而论，无妄卦最突出的卦象是发生一些既意想不到，又稀奇古怪的事情。如以下十二怪，请读者自己品评。

元首桂冠蒋氏戴（1927年，上海流氓蒋介石当上了国家元首）；五剿红军红军在（蒋介石五次大规模围剿红军，就是消灭不了）；雪山草地走过来（红军长征中爬雪山过草地，人力难以办到的事情，红军办到了）；日寇侵华遭惨败（1945年8月15日，日本宣布无条件投降）；以弱胜强世人骇（第二次世界大战人民胜，不可一世的希特勒和日本惨败）；人民当家又一派（1949年建立了中华人民共和国，人民当家做了主人，这是破天荒第一次，不同于历史上的任何朝代和政党）；三面红旗难存在（大跃进、总路线、人民公社违背了社会发展规律和经济规律，旗帜很快不再使用）；文化革命更是怪（乃人类历史上的重大灾难）；世界大战起国外（欧洲为发源地，爆发了第一次、第二次世界大战）；原子武器搞竞赛（1945年美国研制出了原子弹，以后苏美两个超级大国大搞原子武器竞赛）；苏联顷刻垮了台（两个超级大国之一的苏联，于1991年12月26日宣布解散，一夜垮台）；改革开放见效快（我国改革开放后，成效显著）。

1978年12月18日至22日，中国共产党召开了党的十一届三中全会，吹响了改革开放的号角。1978年行候卦睽，睽象征反目，反目就是象征着改革。改革或者是同过去的治国理念、治国路线和治国方略反目，或是同过去的治国策略、治国方针和治国政策等反目。总之，是要同原先不一样，甚至截然相反。如果仍和原先一样，还叫改革吗？一个国家领导人治国，首先考虑的是建设一个什么样的国家？为什么要建设这样一个国家？以及怎样建设这样的国家？建设国家的理论基础、指导思想、治国理念、治国方略以及宪法法律、政策法规、策略措施、方针路线等都是为达到上述三个方面的目的服务的。改革就是改变或变革以上的内容。这种改革或变革可能是部分，也可能是全部，要依具体的改革变法而论。所以1978年行睽卦，恰好显示了改革开放的重要性、复杂性、目的性、危险性和改革的内涵。改革开放有了哪些结果呢？先行候卦兑，兑卦为天降雨泽之象，互相给予喜悦。经过举国上下的思想解放大讨论，彻底否定了文革，人民思想大解放，此乃一喜。改革开放给全国人民带来了实惠，犹如天降雨泽，此乃二喜。改革开放增强了国力，提高了国际地位，此乃三喜。三喜临门，兑也。1978年开始的改革开放到2011年已有33年。其中30年行空卦同人。同人卦说白了就是社会和谐，经济发展，人心凝聚，大得人心。一句话，是团结的力量。全国齐心协力，为实现中华民族的伟大梦想和伟大复兴而辛勤工作。这30年中行候卦遁、乾、无妄、家人、离和革。家人卦象征和睦团结，相亲相爱。随着改革开放的深入，更加得人心，举国上下，更加众志成城，奋力拼搏图复兴，一心一意谋发展。离卦象征无限光明，展示了改革开放取得的举世瞩目的成就，显示了祖国的光明前景。革卦为改旧从新之象，仍指改革。得革卦者需要改革，改革需要坚决彻底，不可半途而废。革卦是个状况卦，吉凶未定。从卦象上看，泽中有火，泽中会有火山爆发，人们必须重新择地而居，这是大的社会变革。不变革就不会前进，变革是历史发展到一定时段的必然产物，代表了新时代的开始。变革会转换原有的势态，既有大机遇，又有大阻力，抓住大机遇，克服大阻力，改革就是吉；否则就是凶。凡是历史上的改革无论是帝王将相的改革，还是知识分子的改革；无论结果如何，都是应该肯定的。因为他们的动机是国富民强，推动了历史的发展，精神更是可贵。他们是对历史做出了贡献的人，历史不应该忘记他们。

我国的这次改革开放，倡导者和总设计师是邓小平，但不是个人搞改革，而是在党和国家的领导下，有计划、有步骤、有重点的有条不紊的逐步改革。搞了30年改革开放，这里又出现革卦，是完全符合事实的。要想取得更加伟大的成就，就必须不断的深化改革，不断的拓展改革，以解决改革中出现的深层次的问题。

改革开放取得了丰硕成果，综合国力增强，国际地位提高，人民得到实惠，政治、社会、法制、制度等方面的建设也取得了可喜成就。改革开放已使我国历史出现了最著名的第五大盛世——复兴盛世。下面由几个数字予以说明（用不变价格比较）。

比较改革开放之初的1978年，国内生产总值为3645亿元，2011年时47.3万亿元，增长了130倍。1978年财政收入为1132亿元，2011时10.37万亿元增长了92倍。国际收入状况良好。1978年外汇储备是1.67亿美元，2011年是31811亿美元，增长了19049倍。黄金储备从2002年的1929万盎司到2011年的3389万盎司。1978年进出口总值为206.4亿美元，2011年是36421亿美元，增长了177倍，连续三年保持世界第一的出口大国和第二进口大国的位次。1978年人均国内生产总值为381元，2011年是35083元，增长了92倍。2011年我国经济总量超过日本，跃居世界第二位。

盛世，实在是好，但也是实在是少。我们推演的仅是最著名的盛世，历史上还有许多治世时期，如太戊中兴、武王之治、成康之治、昭宣中兴、光武中兴、开皇之治、永乐盛世等，但与5000多年的历史相比，盛世、大治时期还是太少，如果将社会分成盛世、治世、乱世三部分，盛世可谓乾，乱世可谓坤，治世为中间的过渡时期，相对而言，治世时期还是要长一些。大乱，如七国之乱、八王之乱、侯景之乱、安史之乱、三藩之乱以及大小和卓叛乱等也是少的。人生在世，哪个不喜欢盛世，反对乱世。但历史终究是无可奈何花落去，人类总是憧憬期盼盛世来。中国只要坚定不移的沿着中国特色的社会主义道路走下去，中华民族的伟大梦想，一定会美梦成真，一定能实现中华民族的伟大复兴。

长寿文明光大于世，百年国耻铭刻在胸

下面推演“阴十”之灾。

已知：阴十从－1137年到1863年为一大元，即1863年出第一大元，1864年入下一大元。其灾害之期应在1863年前后，灾期时间约为3000年的5％－10％。

推演：中国历史

此段灾厄应从1804年（康雍乾盛世到1803年结束）到1976年文化大革命结束，共173年。此段灾厄使中华民族蒙受了百年国耻。据统计，百年耻辱期间，列强侵暴我国470多次，人民饱受蹂躏，国家历经磨难，中华民族到了最危险的时候。在这个时期，中国的政治形式必须与世界的政治形式相联系。螳螂捕蝉，黄雀在后。清朝皇帝此时在国内做着东方大国的美梦，西方列强的魔爪却伸向了中国。躲是躲不掉的，关键是如何应对。虽然第一次鸦片战争发生在1840年，但潜在危险早已存在。如在1793年英国马噶尔尼公爵率团访问中国，目的是打开中国的贸易大门。此时，清政府还可以向他们要大牌，要求行三跪九叩等大礼。这件事一方面说明英国早已盯上了中国这块肥肉；一方面可以看出清政府对世界知识的无知。1800年左右的世界已经发生了翻天覆地的变化，而中国却是以“不变应万变”，直到应不了万变，却成了“百年国耻”。先是十五世纪中叶到十六世纪中叶，地理大发现后，新航路的开辟。使世界许多国家逐渐沦为殖民地或半殖民地，成为西方殖民者掠夺的对象。嘉庆年间已经开始衰落的清朝也是在劫难逃。当然，新航路的开辟，也使世界连成一体，促进了世界诸文明的融合，是世界历史上一个具有深远意义的转折点。1789年7月14日爆发了法国大革命，胜利后，由资产阶级领导的国民制宪会议就成为国家的立法机构和实际上的全国革命的领导机构。资产阶级按照自己的意愿改造旧社会，建立资本主义新社会秩序的过程，基本上是通过制宪会议以立法途径进行的，资产阶级逐步登上了历史舞台。从1688年到1748年英国完成了工业革命，极大的提高了生产率，大量的工业产品必须开拓国际市场，中国自然不能例外。在这样的世界大背景下，1840年中国爆发第一次鸦片战争就不足为奇了。第一次鸦片战争签订了第一批以《南京条约》为首的不平等条约。乍看，仅一次战争而已；实则问题太严重了。战前，中国是一个主权和领土完整，独立自主的封建国家；战后，随着香港、澳门等地的被割占，领土主权开始被割裂。其它主权如关税、司法、领海等均遭破坏，使中国由一个独立的主权国家，开始沦为半殖民地国家。此后1856到1860年又爆发了第二次鸦片战争，英法联军入侵北京，火烧圆明园。1883到1885年中法战争，1894年到1895年的中日战争，1900年八国联军入侵北京等。尤其是1895年与日本签订的《中日马关条约》，是继《南京条约》之后最严重的丧权辱国的条约，它给中国社会带来了严重危害，使中国半封建半殖民地的程度大大加深了一步。据《中日马关条约》及相关规定，日本从中国获得赔偿的白银约2亿两；再加上中国用3000万两白银赎回辽东半岛，共2亿3000万两白银，约相当于当时日本5年得财政收入。日本用中国的巨额赔款扩军备战，发展经济，为日本侵略中国提供了强有力的经济支撑。总之，因为清政府的腐败无能，不堪一击，所以在西方列强面前节节败退，卑躬屈膝，割地赔款，使中华民族蒙受了奇耻大辱。

清朝灭亡以后，接着是军阀混战，天下大乱；继之是北伐战争、第二次国内革命战争、抗日战争、解放战争，一直到1953年结束的朝鲜战争。1966至1976年又爆发了浩劫十年的文化大革命。

此段历史最主要的两字就是战争，连绵不断的战争使中华民族蒙受了百年耻辱，战争使社会动荡不安，战争使人民处于水深火热之中。仅抗日战争，就进行大会战22次，重要战役200余次，大小战斗近20万次，伤亡人数在3500万以上。(《中国抗日战争史地图集》，武月星主编，中国地图出版社，第290页)。正是：无妄推史有意外，英雄创业出奇兵。

世界历史

此段世界历史是从拿破仑战争的第一年即1800年到1991年苏联解体，冷战结束，共192年。

世界历史最突出的表现形式，仍然是战争。最主要的有：1800年至1815年，16年的拿破仑战争；1914年至1918年第一次世界大战；1939至1945年的第二次世界大战；1945至1991年苏美两个超级大国冷战、军备竞赛以及1945年以后世界出现的新武器：原子弹；进入的新时代：核时代：新战争：核战争；新战略：核战略。虽然1945年有了原子弹以后，仅在日本使用了两颗，但是至今核武器的潜在威胁仍然存在。这些战争尤以第二次世界大战最凶，使全世界都处于战火之中：有61个国家参战，总人口达17亿，战争总面积2200万平方千米，军民总共伤亡人数9000多万(同上书，第290页)。

战争——人类最大的威胁！“阴十”之灾在社会方面的表现形式主要是战争，但并非一般的战争，其时间之长，区域之广，危害之烈均属前所未有。甚至爆发世界大战。

在世界范围内，“阴十”之灾的另一表现形式是：霍乱世界大流行。

以霍乱1817年步入世界性大流行开始，到1925年第六次大爆发，共历约110年，波及32个国家，死人无数，乃人类疫病之大灾难。正是：大灾大难世界大战，无穷无尽宇宙无涯。又：无始无终周期数，无终无始灾厄年。

此段有详细记载的七级以上地震35次。

1925年3月16日，云南大理七级地震，入二十六局；1927年5月23日，甘肃古浪八级地震，入二十八局；1931年8月11日，新疆八级地震，入三十二局；1932年12月25日，甘肃昌马7.6级地震，入三十三局；1933年8月25日，四川迭溪7.5级地震，入三十四局；1935年4月21日，台湾新竹——台中7.1级地震，入三十六局；1937年1月7日，青海都兰7.5级地震，入三十八局；1937年8月1日，山东荷泽七级地震，入三十八局；1941年5月16日，云南耿马七级地震，入四十二局；1941年12月17日，台湾嘉义七级地震，入四十二局；1948年5月25日，四川理塘7.3级地震，入四十九局；1949年2月24日，新疆轮台7.25级地震，入五十局；1950年8月15日，西藏墨脱8.6级地震，入五十一局；1951年10月22日，台湾花莲近海7.3级地震，入五十二局；1951年11月18日西藏当雄八级地震，入五十二局；1951年11月25日，台湾台东7.3级地震，入五十二局；1952年8月18日，西藏当雄7.5级地震，入五十三局；1954年2月11日，甘肃山丹7.3级地震，入五十五局；1954年7月31日，甘肃民勤七级地震，入五十五局；1955年4月14日，四川康定7.5级地震，入五十六局；1959年8月15日，台湾恒春七级地震，入六十四局。

1966年3月8日，河北邢台6.8级地震（不到七级，但因为周恩来总理去了，故予推演）。入太乙年局六十七局，主算二十五，杜塞无门，客算二，为无天无地之算。

1969年7月18日，渤海7.4级地震；1970年1月5日，云南通海7.7级地震，入七十一局；1972年1月25日，台湾火烧岛八级地震，入一局；1973年2月6日，四川炉霍7.6级地震，入二局；1975年2月4日，辽宁海城7.3级地震，入四局；1976年5月29日，云南龙陵7.3级地震，入五局。

1976年7月28日，河北唐山7.8级地震，入太乙年局五局，主算二十五，杜塞不通。

1976年8月16日，四川松潘——平武7.2级地震，入五局；1976年11月15日，天津宁河6.9级地震，入五局；1985年2月23日新疆乌恰7.4级地震，入十四局；1988年11月16日云南澜沧——耿马7.6级地震，入十七局。

2008年5月12日，四川汶川八级大地震，入太乙年局三十七局，主算一，为无天无地之算，客算七，为无天之算。

此段洪涝大灾有记载的共79次，只作简单介绍，供读者自己推演。

1924年7月，河北北部水灾，入二十五局；1926年长江流域大水灾，入二十七局；1931年6月至8月，江淮流域大水灾，入三十二局；1932年6月至8月，松花江地区水灾，入三十三局；1938年6月9日，黄河花园口人为决堤大灾，入三十九局；1939年海河大水灾，入四十局；1943年河南大水灾，入四十四局；1947年6月，珠江水灾，入四十八局；1948年6月，福建等地大水灾，入四十九局；1949年珠江大水灾，入五十局；1950年6月，淮河流域大水灾，入五十一局；1951年4月，江西大暴雨，入五十二局；1951年7—8月，北方雨涝成灾，入五十二局；1952年淮河洪涝灾害，入五十三局；1953年6月，江南暴雨成灾，入五十四局；1953年8月，辽宁、吉林大水灾，入五十四局；1954年6月，海河暴雨洪灾，入五十五局；1954年7月到8月，淮河水灾，入五十五局；1954年，长江中下游百年最大洪水，入五十五局；1955年5月，钱塘江洪水，入五十六局；1955年6月，浙、赣洪水，入五十六局；1955年6月，鄂东暴雨洪水灾害，入五十六局；1955年8月到9月，冀、豫、皖雨涝民灾，入五十六局；1956年6至8月，黑龙江、吉林水灾入五十七局；1957年7至8月，松花江流域暴雨洪水灾害，入五十八局；1957年7到8月，内蒙古洪涝灾害，入五十八局；1958年7月，黄河三门峡至花园口暴雨洪水大灾，入五十九局；1958年8月，新疆库车洪水大灾，入五十九局；1959年5月，华南大涝，入六十局；1959年夏，华北大涝，入六十局；1960年8月，辽宁暴雨洪水大灾，入六十一局；1961年6月，赣江洪水大灾，入六十二局；1961年7月，冀、鲁大水灾，入六十二局；1962年5月，江西暴雨灾害，入六十三局；1962年6月，赣江洪水灾害，入六十三局；1962年7月，安徽暴雨成灾，入六十三局；1962年7月，内蒙古洪涝灾害，入六十三局；1962年6月到9月，海河流域大水灾，入六十三局；1963年4到5月，皖北洪涝大灾，入六十四局；1963年8月，海河流域洪涝大灾，入六十四局；1964年4到5月，黄淮地区持续大雨成灾，入六十五局；1964年6月，福建洪涝成灾，入六十五局；1964年7月，广东洪涝大灾，入六十五局；1964年7月，河南湍河等决口大灾，入六十五局；1964年7月，兰州暴雨山洪大灾，入六十五局；1964年7到8月，河北山东内涝成灾，入六十五局；1965年粤西大暴雨成灾，入六十六局；1965年7到8月，淮河大水灾，入六十六局；1965年8月，苏北暴雨洪水大灾，入六十六局；1966年6到7月份，两广暴雨洪水大灾，入六十七局；1967年5到6月份，江南暴雨大灾，入六十八局；1968年6月，闽江百年最大洪水，入六十九局；1969年8月，暴雨袭击首都，入七十局；1970年5月，江西洪涝大灾，入七十一局；1971年6月，河南暴雨洪水大灾，入七十二局；1972年6至7月间，豫、皖、苏洪涝大灾，入一局；1973年4到5月，山洪内涝，袭击华南，入二局；1975年8月，河南洪涝大灾，入四局；1976年7月，湘、赣、桂暴雨洪水大灾，入五局；1977年，全国洪涝灾害，入六局；1978年7月，暴雨袭击天津市区成灾，入七局；1979年7月，陕西暴雨大灾，入八局；1980年夏，长江中下游暴雨洪灾，入九局；1981年7月，四川大洪水，入十局；1982年5月，两广暴雨大灾，入十一局；1983年1月，华南冬涝成灾，入十二局；1984年6月，豫、皖、浙暴雨洪灾，倒房30多万间，入十三局；1987年6月，暴雨洪水突袭河西走廊，入十六局；1988年6月，浙、赣暴雨洪涝大灾，入十七局；1989年6月，暴雨突袭江南，入十八局；1990年4到5月，鄂、皖暴雨洪涝大灾，入十九局；1991年5到7月，江淮及太湖流域特大洪水，入二十局；1992年7月，云南两个县城被淹三分之一，入二十一局；1993年6到7月，江西连续五次遭暴雨袭击，入二十二局；1994年6月，湖南大水灾，入二十三局；1995年4到5月，湘、赣暴雨洪涝大灾，入二十四局；1996年6到7月，浙、赣、皖遭连续暴雨袭击，入二十五局。

此段大旱灾有详细记载的共51次。

1928年，黄河中上游及长江中游大旱灾，入二十九局；1934年，北方及江淮旱灾，入三十五局；1943年，广东大旱，入四十四局；1951年，华北北部大旱，入五十二局；1952年，华北大旱，入五十三局；1955年，华北大旱，入五十六局；1956年，江南、华南大旱，入五十七局；1957年西北、华北大旱，入五十八局；1959年华中大旱，入六十局；1960年，鄂、湘、赣大旱，入六十一局；1961年，华北大旱，入六十二局；1962年，华北、西北大旱，入六十三局；1963年南方大旱，入六十四局；1965年华北大旱，入六十六局；1966年，华南大旱，入六十七局；1967年华东大旱，入六十八局；1968年黄淮海大旱，入六十九局；1969年黄土高原大旱，入七十局；1971年，华北大旱，入七十二局；1972年，全国大范围干旱，入一局；1973年北方大旱，入二局；1974年北方大旱，入三局；1975年黑龙江大旱，入四局；1976年长江流域及四川大旱，入五局；1977年北方大旱，入六局；1978年全国大部地区大旱，入七局；1979年东部地区大旱，入八局；1981年华北大旱，入十局；1982年东北大旱，入十一局；1983年华北大旱，入十二局；1985年南方大旱，入十四局；1986年长江中下游大旱，入十五局；1987年西南、华南大旱，入十六局；1988年华北大旱，入十七局；1989年东北、华北大旱，入十八局；1990年西北大旱，入十九局；1991年西北、华北大旱，入二十局；1992年黄淮海大旱，入二十一局；1994年，北方大旱，入二十三局；1995年西北、华北大旱，入二十四局；1996年北方大旱，入二十五局。

正是：五六六九中国史，二□一二待续年。

又：世界史粗推灾厄，中国史略演王朝。

再：午辰时首推一十八卦，乾九四始演六十一朝。

三、演苏联

第一节　演苏联（1）

“示例”至此应该可以结束了。但考虑还是要再写进点内容，有必要再推演一下世界历史中某个国家的历史全过程，用以展示《时空太乙》的“国际性”。

《时空太乙》本身具有双重性，一方面是推演时空的普适性，另一方面是预测内容的局限性。正因为在时间和空间上的普适性，所以本书才命名《时空太乙》。但在预测内容上一般仅指预测宇宙自然和人类社会发展变化的规律，并无预测其他内容的功能。其他内容的预测，将是《时空太乙》的姊妹篇《全息太乙》的功能。《时空太乙》和《全息太乙》的结合，可以预测宇宙万事万物。正是：推空间普适中国、地球和宇宙，演时间不分过去、现在与未来。

对于《时空太乙》的普适性，示例的内容已有所接触，如中国历史、世界历史、自然灾害等。而且梗概推演了中国史上清朝一个朝代的全过程。但尚缺对世界史中一个国家历史全过程的推演，在此补上，简略概括的推演一下苏联的历史全过程，就算是对普适性进一步说明的一个小例子。

列宁名垂千古　苏联昙花一现

苏联，全称：苏维埃社会主义共和国联盟。有的媒体、报刊称“前苏联”，没有必要。因为没有后苏联，到目前，苏联只有一个。从1917年－1991年，立国75年（说明：严格的说75年应分两个阶段：1917年－1921年，国家名称是俄罗斯苏维埃联邦社会主义共和国；1922年－1991年，称苏联，由包括俄罗斯在内的15个共和国组成的联盟）。历7位党和国家最高领导人，依次是：列宁、斯大林、赫鲁晓夫、勃列日涅夫、安德罗波夫、契尔年科和戈尔巴乔夫。1917年2月革命，推翻了沙皇的专治统治，建立了临时政府，完成了资产阶级民主革命。1917年11月7日，列宁领导武装起义，推翻了临时政府，建立了世界上第一个社会主义国家。这个国家很有一些特点。一是从社会发展形态看，以往有原始、奴隶、封建、资本主义的国家，它是第一个出现的社会主义国家。二是地大物博，人口众多。苏联的国土面积约 2240 万平方千米，占地球陆地面积的六分之一；2.845 亿人口，是当时世界人口的第三大国。三是经济、国防、科技等发展很快，敢与美国搞军备竞赛，号称两个超级大国。四是兴也匆匆，亡也匆匆。建国仅 75 年，1991 年 8 月 29 日苏联共产党解散，同年 12 月 26 日，苏联最高苏维埃举行最后一次会议，代表们以举手表决方式通过最后一项决议：宣布苏联停止存在。五是，超级大国一夜间的倒塌，给世人留下了无尽的遐想，为社会凭添了若干个教训。

苏联建国 75 年中，运卦行大壮和无妄。1917 年—1923 年，行运卦大壮 7 年；1924 年—1991 年行运卦无妄 68 年。大壮卦的藏匿之象是举事有利，先顺后逆。1917 年取得革命胜利，并建立无产阶级专政的国家正行大壮卦，可谓举事有利。俄国革命比较中国革命要顺利得多。俄国共产党于 1903 年成立，15 年之后就夺取了全国政权；中国共产党 1921 年成立，28 年后才取得政权。俄国武装斗争时间短，中国共产党带领全国人民整整打了 28 年仗。可谓浴血奋战、艰苦卓绝。但是苏联建国后，帝国主义武装干涉，国内反革命叛乱，社会不稳，经济萧条，政权能否存在和巩固成了大问题。直到 1920 年，才取得了反对帝国主义武装干涉和镇压国内反革命叛乱的基本胜利。名副其实地“先顺后逆”。

1917 年行候卦乾，得乾卦者，有开创的精神，创业的本领，正应苏联立国。1919—1923 年，行候卦大壮五年，同运卦大壮之意吻合。得无妄卦者，多有意想不到，出乎意料的事情发生。按照《孙子兵法》所说，是出其不意，攻其不备，即出奇兵。打仗是以正合，以奇胜（《孙子兵法新注》，北京大学哲学系编，人民教育出版社，1975 年版，第 24 页）。所以敢出、善出奇兵，乃制胜的法宝。无妄卦为石中蕴玉之卦，守旧安常之象。石中蕴玉指列宁等乃美玉也。得无妄者一般是无妄之人，即不按常规出牌之人，或者说是不守旧安常的人，所以分析卦象不能只看一面，要看两面：既看按“贞道”办的一面，又要看不按“贞道”办的一面，否则有可能将卦象理解偏了，或者错了。上面所论述的五个特点，难道不是出人意料，意想不到的事情吗？苏联建国、迅速发展壮大以及很快灭亡的史实，是对无妄卦的最好的诠释。

列宁（1870－1924 年）1917 年－1924 年当政 8 年，行候卦乾 2 年，大壮 5 年，无妄 1 年。乾卦显示了列宁有开创的精神，打天下的本领，干大事的能力，正应其在世界最大的国家建立第一个社会主义国家的史实。列宁行大壮卦。大壮的启示之象为声势隆盛，君子壮大。显示出列宁对俄国和全世界的贡献是十分巨大的。主要有四个方面：一是他缔造了一个不同于第二国际各国党的新型无产阶级革命政党—布尔什维克党。这个党是领导俄国革命和建设事业的核心力量。二是他以无比的毅力和特有的胆略，利用第一次世界大战造成的革命时机，适时制定了武装起义方针，率领全党和革命群众一举推翻了资产阶级临时政府，取得十月社会主义革命的胜利，建立了世界上第一个社会主义国家。三是对社会主义道路的探索。他虽然没有完成自己的探索，过早的逝世了，但是他那种勇于实践，重视探索的精神是十分可贵的。四是他的理论贡献也是巨大的。他在时代、革命、专政、政党、民族、战略、策略等一系列问题上，根据新的形势作出了新的理论概括。列宁的一生，是伟大的革命家的一生，是伟大的马克思主义者的一生，得大壮卦，名副其实。列宁得候卦无妄，列宁出奇兵让人意想不到的事太多了，但大的方面至少有三个：一是敢想在世界第一大国打下一个无产阶级的天下。俗话说：只有想不到，没有做不到的。这在列宁熠熠生辉的著作中可以得到证实。二是能建立前无古人，史无前例的第一个社会主义国家。只想不做不行，列宁敢想也敢做，而且做成了。三是善稳国家政权。面对内忧外患，国际、国内重大的难题，如果不善于克服，就有丧失政权的危险。无论是用马克思主义武装政党和人民也好，无论是反击国外敌人的入侵和国内的叛乱也好，无论是铁的手腕，还是战时经济政策也好，总之列宁以坚定的信念，高超的领导艺术，伟大的品质，顽强的意志，克服了常人难以想象的困难，巩固了世界上第一个无产阶级专政的国家。列宁不愧为世界伟人，必将永垂不朽。正是：建苏联史无前例，颂列宁大略雄才。

第二节　演苏联（2）

创业堪称一代雄主，评价却是半个矮人

斯大林（1879－1953年），1924－1953年当政30年。斯大林是位十分复杂的领袖人物。他集辉煌成就和严重错误于一身，可谓成就突出，错误明显。此外，他的身份特殊，不但是苏联人民的领袖，而且是世界共产主义运动的领袖。

首先说他行三十年运卦无妄。斯大林时期，重大事件一个接一个，高潮迭起：从战时共产主义过度到新经济政策，国家工业化，农业全盘集体化，伴随着党内激烈的斗争而来的政治大清洗、肃反扩大化、卫国战争，一直到过度集权的斯大林体制模式的形成与发展，所做的让人出乎意料，出奇制胜的事实在太多了，这里主要说五点。

一是卫国战争的辉煌胜利。1941年6月22日，德国法西斯撕毁《苏德互不侵犯条约》，对苏联发动大规模进攻，苏德战争爆发了。战前苏德两国综合国力对比，大体相当，但是德国控制西欧后，其经济实力则大大超过了苏联。从兵力对比看，德国武装部队有726万人，苏联537万人，而且德国在装备和作战经验方面超过苏联。此次进攻苏联，德国运用了500万兵力，3700辆坦克，5000多架飞机，从1800公里长的苏联国境线上，以突然袭击的方式进攻，仅5个月德军就封锁了列宁格勒，紧逼莫斯科。苏军损失380万人，丢失国土150多万平方千米。在斯大林领导下，莫斯科军民英勇抵抗，不但举行十月革命节的庆祝活动，而且于11月7日在红场举行了传统的阅兵仪式，数十万红军战士，在接受斯大林等领导人检阅后，直接开赴前线保卫莫斯科。苏军先后取得莫斯科保卫战和斯大林格勒战役的胜利。解放了全部沦陷国土，并开始向德国中心地区推进。1945年5月8日，德国签署了无条件投降书，标志着欧洲反法西斯战争胜利结束。在莫斯科保卫战之前，世界上没有人相信斯大林能打败希特勒，但是完全出人意料，斯大林胜利了，西特勒失败了。是无妄还是有妄，是正常出牌还是出奇制胜？如果事情就到此为止，卫国战争这一伟大胜利，就足以让斯大林震铄古今，流芳千古。

二是经济建设的高速发展。在1921年－1925年，国民经济恢复时期以后，从1926年－1941年，斯大林领导了社会主义革命和建设。1925年决定施行社会主义工业化方针，决定把苏联从农业国变为工业国；1927年又逐步开展施行农业集体化方针。1928年起，开始实施三个五年计划。在前两个五年计划期间，苏联扩建了6000多个大型工业企业，形成了比较齐全的工业体系，基本上实现了以重工业为中心的国家工业化，增强了综合国力。1937年苏联工业总产值超过德、英、法，跃居欧洲第一位，世界第二位，社会主义建设取得了巨大成就。但是也存在着严重问题，这里不再叙述。在贫穷落后的俄国，在世界第一大国，在短短的不到12年时间里，成为世界第二大强国，似乎不可能，但确实是客观事实，令人不可思议。难道不是美梦成真？难道不让世人惊讶？难道不出人意料？就此一成就斯大林也足以彪炳史册。

三是肃反运动的滥杀无辜。1936－1939年，斯大林在全国范围内进行清洗和镇压党内外"阶级敌人及其代理人"的运动，实际上肃反运动从1934年就已经开始了。1934年12月1日，因为列宁格勒州委书记遭暗杀事件，引起了苏联在全国开展肃清反革命分子和帝国主义间谍分子的大检举、大揭发、大逮捕、大处决运动。在运动中受牵连的人达500万以上，其中40万人被处决。成为苏联30年代国内政治生活中的重大事件。1937年一年里，被处决的领导干部就达3000多人。大清洗的浪潮还席捲了政府和军队的领导机关以及各经济、科学文化部门。在破获的所谓"反革命军事法西斯组织"中，为首的是苏联红军元帅、将军等高级军事将领。他们于1937年6月17日一起被枪决。1937年6月，斯大林在军事委员会扩大会议上讲话，主题是"揭露反革命军事法西斯组织"，此后对军队干部的大规模镇压愈演愈烈。大批枪杀军队高级将领的最直接的恶果之一就是：当希特勒突袭苏联时，选用带兵的将帅成了大难题。在肃反运动中，苏联政府只举行过三次公开审判，其余所有案件都是秘密审讯，甚至根本没有正式审讯。说是滥杀无辜，应该名副其实。随着肃反运动的深入，全国的"间谍"、越肃越多，"恐怖分子"越杀越多。党内党外普遍的是不信任感，不安全感，人人自危，明哲保身，整个国家出现了一种危机感。斯大林的肃反运动滥杀无辜，举世罕见，令人发指，后果严重，教训沉痛。有妄焉，无妄乎?!

四是超级大国的军备竞赛。1945年，第二次世界大战结束后，美国认为战后苏联的影响在全球范围扩大，成为他称霸世界的障碍。鉴于苏联的强大，又不敢贸然越过战时划定的双方的势力范围，同时苏美双方都不愿意也不敢重燃战火。于是美国采取了以遏制苏联为中心的“冷战”政策。面对美国的冷战政策，斯大林带领社会主义阵营与之对抗。因此世界进入冷战时期。美苏两个超级大国，为了争霸世界，大力发展核武器，大搞军备竞赛。斯大林敢于和美国对抗，其胆量、气魄、精神俱可佳。我们在这里说的不是贬义的评论，只是更显无妄卦推演历史的突出卦象：出人意外、超乎想象。在46年（1945年－1991年）的冷战期间，斯大林只占8年（1945－1953年）时间，时间虽短，但就苏联来讲，他是与美国冷战的始作俑者，不但对苏联的历史而且对世界的历史都产生了重大影响。

五是战后经济的迅速恢复。苏联是二战中受到战争破坏最严重的国家之一，同时也是主要依靠自己力量，在很短的时间内使受到重创的国民经济得以恢复的唯一国家。斯大林领导党和人民进行了艰苦奋斗，在恢复经济建设中，取得了惊人的成就。经济的恢复不仅为苏联的发展奠定了基础，同时也为巩固他的国际地位，保护战争中获得的既得利益，进而为苏美争霸创造了条件。早在战争还在进行着的1943年，就做出了“关于恢复从德寇占领下解放出来的地区经济的紧急措施”；战争全部结束后，迅速把工作重点转移到经济建设上来，战后的第一个五年计划取得了重大成就，重工业大大超过战前水平，农业也有了较大发展，人民生活水平有所提高，为后几年经济和文化的迅猛发展创造了条件。它被当时世界评为不可想象的、出人意料的、匪夷所思之事。苏联的历史也涉及到了“推数法”中“阴十”之灾：第一、第二次世界大战、冷战、军备竞赛等都涉及到了苏联。前面已有推演，在此提示一下。

其次，推演一下30年的空卦否。这是个难题。斯大林在位30年，行否卦30年。否卦为阴阳不交，上下闭塞不通。虽然上天未全盘否定斯大林，但断其为“凶”。为什么会这样？成了推演的难以自圆其说的大难题。上天作此判断，是基于两个方面的考虑。一方面是站在维护人权立场来评判。表现是：清洗、肃反、高压。清洗是指在位之初，清除在列宁时期与己不和的上层领导。1922 年 12 月，列宁第二次中风后，基本上退出政治活动舞台。此后，党中央形成了以斯大林、吉诺维耶夫、加米涅夫为首的多数派和以托洛斯基为首的反对派。两派由于政治见解和政策主张方面的分歧，以及权利斗争的因素，导致全党争论。斯大林执政后，1925 年解除了托洛斯基陆海军人民委员和革命军事委员会主席的职务，接着又击败并清洗了吉诺维耶夫和加米涅夫等一批反对派。肃反搞得全国干部群众人人自危，上文已述，不赘。高压，随着斯大林在苏联最高领袖地位的确立和苏联建设事业的发展，斯大林的威望空前提高，到 20 世纪 30 年代，对他的个人崇拜已达到了相当严重的程度。斯大林刚愎自用，个人独裁，政治高压等压得人民喘不过气来。总之，在斯大林统治的 30 年，人民过得不是舒心的日子，而是提心吊胆的日子，甚至人权受到极大伤害。上天站在人权的立场，岂不否定斯大林！另一方面是依卦象而判断。得否卦者凶，事倍功半，所得甚少。也就是说否卦是个凶卦，为什么？斯大林事情干得非常多，绝对是勤政者；但费力不讨好，并无多少功劳可言。斯大林逝世后的历史事实完全应了否卦之象。1956 年，赫鲁晓夫全盘否定斯大林；1961 年，又将其尸体移出红场，挫骨扬灰。赫鲁晓夫是太过了，太偏激，太不客观了，但至今世人对斯大林的评价也是众说纷纭，其说不一，盖棺难下定论。正是：乾坤一宇宙，否泰两极端。

公允否？上天评判若此，奈何？

第三看六个候卦。1924 年－1928 年，行无妄卦。此期，斯大林主要办了两件出人意料的事。一是当了一把手。列宁逝世后，谁当党和国家的一把手，有若干竞争者，斯大林打败了所有对手，如愿以偿地成为苏联的最高统治者。二是 1925 年制定的把苏联从落后的农业国变为先进的工业大国的方针和 1927 年又通过了逐步农业集体化的方针，以及 1928 年开始实施三个五年计划。1929－1933 年，行讼卦。得讼卦者大都面临纷争之事。主要是指一些人对斯大林的内外政策有争议。1934－1938 年行遁卦。遁卦为小人见长，君子退避，象征退避。此期全是肃反时期，必出小人，君子难逃劫难，人人自危，只能退避。苏联的肃反太残酷、太霸道、太无人情！人民只能行遁卦。1939－1943 年行观卦。为云卷晴空之卦，春花竞发之象。1939 年爆发了第二次世界大战，1941 年希特勒突袭苏联，即为云卷晴空之卦。1941 年 11 月 7 日，斯大林红场阅兵，正应观卦“下仰瞻上”，数十万红军战士直接奔赴战场，以后又数百万苏联儿女为保家卫国同法西斯浴血奋战，真乃“春花竞发”。1944－1948 年，行晋卦。为龙剑出匣之卦，应斯大林出境直捣德国首都。藏匿之象为祸灭福生，应打败希特勒和国民经济的恢复取得巨大成就。1949－1953 年行萃卦。为鱼龙荟萃之卦，如水就下之象。应当时社会主义阵营国家，汇聚在苏联周围，斯大林就是当时世界共产主义运动的领袖。当时的世界形成了以苏联为首的社会主义阵营和以美国为首的资本主义阵营，两大阵营势同水火，在世界各地明争暗斗，对抗冷战。第二次世界大战以后，东欧建立了 8 个，亚洲建立了 4 个社会主义国家，加上苏联便形成了社会主义阵营。就连天不怕，地不怕，人不怕，鬼不怕的毛泽东都承认斯大林在世界社会主义阵营的领袖地位。正应萃卦。正是：断人权理当如此，行否卦有点冤屈。

第三节　演苏联（3）

二位苦撑大国，一人葬送苏联。

赫鲁晓夫（1894—1971 年），1953—1964 年当政。斯大林逝世以后，赫鲁晓夫成为苏联最高领导人，当政近 12 年。当政行空卦履。履卦的核心之象为如履虎尾，居安思危。卦象所显为赫鲁晓夫继续斯大林时期的外交战略，在全世界范围内与美国对抗、冷战、争霸。美国喻为虎尾，蹲在老虎的尾巴上，会遇到危险，因此战战兢兢，如履薄冰。冷战绝不是好玩的事，藏枪走火是常有的事；战争也是一触即发。再者，赫鲁晓夫当政时期，在综合国力和军事上又稍逊于美国，因此赫鲁晓夫就更加战战兢兢了。履卦所显之象极为贴切。

1954—1958 年行候卦讼。得讼卦者都面临纷争之事。主要是指全盘否定斯大林的事。1956 年 2 月 14 日至 25 日，苏共召开了第 20 次全国代表大会，大会正式议程结束后，2 月 24 日深夜 11 点至 25 日凌晨，赫鲁晓夫以代表的身份，而不是以主席团委员的资格，向大会代表做了题为《关于个人崇拜及其后果》的秘密报告，外国代表团没有被邀参加。报告长达 4 个多小时，秘密报告全盘否定了斯大林，在全世界引起了极大震荡。在社会主义阵营引发了信仰危机，思想上产生了极大的混乱。对斯大林评价问题，至今仍是其说不一，难下论断的“讼”的问题。1959年到1963年行无妄卦，此间赫鲁晓夫办了三件“有妄”的事。一件是再次折腾逝世了的斯大林。1961年10月17日至31日，苏共召开了第22次全国代表大会。赫鲁晓夫再次公开批判斯大林及其错误行为。10月31日夜间斯大林的水晶棺，被从列宁墓中移出，火化后重新埋葬，并从红场上刻着列宁和斯大林的字碑上抹去了斯大林的名字。移尸火化，挫骨扬灰。赫鲁晓夫太过了，太“妄”了。第二件事，失败的改革。他对斯大林时代的方针政策和管理体制进行了一系列大规模的改革。但因缺乏正确的指导思想，在具体做法上也只是对原有体制进行小修小补，又缺乏实事求是的精神，提出一些不切实际的口号和目标，最终以失败告终。第三件是破坏中苏关系。1958年来华访问，发表了《毛泽东和赫鲁晓夫会谈公报》。会谈中对中国拒绝苏联关于建立联合舰队和长波电台的建议大为不满。后开始破坏中苏关系的一系列行动。1960年7月28日至9月1日间，苏联政府单方面撕毁了343个专家合同和合同补充书，废除了257个科技合作项目，并撤走了全部苏联在华专家，给我国国民经济造成重大损失，加重了我国经济困难。本来，中国是社会主义阵营的一员，又承认苏联在阵营的领导地位，而且1950年2月14日，中苏两国在莫斯科签订了《苏维埃社会主义共和国联盟与中华人民共和国友好同盟互助条约》，同年4月11日经双方批准生效，有效期为30年。但在两国合作过程中，还是赫鲁晓夫执政时期暴露了苏联政府的大国沙文主义和民族利己主义，为两国关系埋下了不和的种子。主要责任在赫鲁晓夫。赫鲁晓夫对中国的霸道，主要体现在政治和经济上。事实上，从60年代苏中之间发生武装冲突之后，这个条约已基本上失去了效力，1979年4月1日，中国人大常委会第7次会议决定该条约期满后不再延长。

1964年行候卦乾一年。独断专行为阳刚，为乾；此年正是赫鲁晓夫因乾而被赶下台的一年。在1958年之前，他还能坚持集体领导；但当党政军大权集中于一身后，开始独断专行。长此以往，他专横的工作作风和改革的失败，使党内和社会上对他的不满之声越来越多，最终让以第二书记勃列日涅夫为首的同志赶下了台。评价赫鲁晓夫，成也刚健，败也刚健。苏联一位艺术家为赫鲁晓夫设计了一个独特并且寓意深刻的墓碑，用7块黑白大理石相向衔接堆砌而成，暗喻赫鲁晓夫功过参半。赫鲁晓夫的历史地位就在于对斯大林模式从理论到实践都进行了一次历史性的大冲击，使苏联社会在政治生活法制化，经济生活市场化的道路上，大大的跨前了一步；使苏联社会在走出中世纪的阴影，奔向现代化的道路上前进了一大步。

正是：霸道人行霸道事，无妄卦断有妄人。又：一卦诉讼象，两个纷争人。再，庸乾政绩一半，过刚错误五折。

勃列日涅夫（1906—1982年），1964—1982年当政，近18年多。勃列日涅夫得空卦履。履卦是如履虎尾之卦，安中防危之象。这同赫鲁晓夫得履卦的卦象一样勃列日涅夫认为美国是最大的威胁，最大的敌人，因而更加激烈的与美国对抗、冷战，更加疯狂的进行冷战。这些都是履卦如履虎尾，安中防危卦象之应验。所得候卦中有睽、乾、中孚。睽为反目，背离。故勃列日涅夫针对斯大林和赫鲁晓夫执政时问题，进行了一系列改革。他把经济改革的重点仍然放在工业方面，把发展的重点仍放在重工业上。在他执政前期，苏联经济增长较快，取得了引人注目的成就，政治局势稳定，人民的生活水平逐步提高，军事和综合国力大大增强，一夜成为与美国匹敌的经济大国。中孚卦象征诚信为鹤鸣子和之卦，事有定期之象。因诚信而得到了人民的拥护。睽卦还为猛虎陷阱之卦。勃列日涅夫时期，变现稳定，综合国力增强；但在表象掩盖下，却逐步积累了大量社会、政治、经济的问题，一步步由停滞走向全面停滞，极大的消耗了苏联的各种潜力，是苏联走向衰亡的关键性转折期。貌似“猛虎”，实为“陷阱”，乃睽卦核心之卦象所显。乾卦表示他太刚强，通过一场真正的“宫廷政变”，硬是把他的顶头上司赫鲁晓夫拉下了马；执政后期随着个人专断作风的滋长，政治生活僵化，经济上无法从根本上改变高度集中的计划管理体制，经济活力衰退，社会矛盾丛生，尤其是对外政策的扩张和大国沙文主义的猖獗，使国家陷入孤立和困境。上世纪70年代后期，苏联的综合国力大大增强。经济上，美苏两国的差距缩小；核武器方面，1970年超过美国；海军方面，大力发展远洋海军，核潜艇的数量大大增加。由于军事经济的发展，技术水平、军事实力的增强，勃列日涅夫称霸世界和对外扩张的野心随之恶性膨胀。提出了一整套对外政策的理论和方针，形成了勃列日涅夫主义。这一主义是干涉别国内政，在世界范围内侵略扩张，争夺霸权主义的工具。如 1968 年 8 月 20 日，出兵 50 万，24 小时内攻占了捷克斯洛伐克全境。一个主权国家，又是社会主义阵营的兄弟国家，竟被勃列日涅夫一天内占领，足见大国沙文主义的猖獗。1979 年又武装入侵阿富汗。勃列日涅夫鼓吹“有限主权论”，扬言苏联可以决定其他社会主义国家的命运。这些就是对勃列日涅夫得乾卦的最好诠释。勃列日涅夫对中国的大国沙文主义主要体现在军事上，在中苏边界陈兵百万，摩擦不断，战争一触即发。兑卦象征刚柔兼济，互相给予喜悦。这一卦象主要显示勃列日涅夫对外战略。勃列日涅夫执政的 18 年，苏联以前所未有的规模卷入国际事务，在全球范围内推行扩张政策，这一刚性的进攻性对外战略名为“火箭战略”。60、70 年代，国际上出现了一系列缓和的征兆，尤其美国在全球推行的“收缩战略”，预示着国际关系将出现转折的势头。此时勃列日涅夫也打出了“缓和战略”。从火箭战略到缓和战略，谓之刚柔渐进。美苏两个超级大国由激烈对抗到相对缓和，可以算是“相互喜悦”吧。此其一。苏联对西欧也采取了同样的手腕。一是刚的方面，对西欧实施核威胁，使西欧慑服于苏联；二是柔的方面，采取相对缓和的战略，促使苏联同西欧建立了密切的关系，苏联不仅从西方获得了大量贷款，而且还引进了许多先进的技术与设备。同时在西方经济萧条、能源短缺的情况下，西欧诸国对苏联的市场和能源都越来越存在着一些依赖心理。对西欧的刚柔兼济，也使苏联和西欧“两情相悦”。此其二。正是：得兑卦刚柔兼济，行履卦如履薄冰。

安德罗波夫（1914—1984 年），1982 年 11 月 12 日—1984 年 2 月 9 日当政一年多。契尔年科（1911—1985 年），1984 年 2 月 10 日至 1985 年 3 月 10 日，当政一年多。因二人当政时间很短，并无建树，故免推。

戈尔巴乔夫（1931—　），1985 年至 1991 年当政。行空卦同人。同人卦核心之象为浮鱼从水，二人分金。鱼儿不能离开水，离开水则不能生存。此象显示戈尔巴乔夫离开莫斯科去度假。1991 年 8 月 5 日前，苏联发生了层出不穷的动乱和危机，而戈尔巴乔夫却在 8 月 5 日（此时间据《苏联兴亡史》；《世界 5000 年纪事本末》为 8 月 4 日）去黑海别墅度假应此卦象。二人分金之象的“二人”应指戈尔巴乔夫和叶利钦。“八. 一九”事件沉痛打击了苏共和联盟中央机构，大大降低了戈尔巴乔夫总统的权威，壮大了聚集在叶利钦周围的“激进派”力量和各加盟共和国的民族分裂主义势力，加速了苏共的垮台和苏联的最终解体。行候卦遁、乾，遁象征退避，为豹隐南山之卦。戈尔巴乔夫得遁卦，一遁国内人民之不满；二避国际争霸之不利。为何如此推断？苏联做为两个超级大国之一，拥有着与美国不相上下的庞大军事力量。但是它的经济实力却一值不如美国，进入80年代以后，经济却日益衰退和恶化。不仅在科技水平方面与西方的国家的差距迅速拉大，其经济实力难以支撑庞大的军费开支以同美国继续争霸了。为了扭转经济发展的不利形势，为了继续维持苏联在世界上大国地位，戈尔巴乔夫进行了一系列大规模的改革。改革之初，把注意力集中在经济上，但困难重重，无法打开局面；从1988年起，转而进行政治改革。以“人道的，民主的社会主义”取代科学社会主义，否定革命历史，丑化共产党等，这些所谓的“新思维”引起了人们的思想混乱。在国际上向美国妥协、投降，讨好美国，给美国频送“大礼包”。既使在一些重大原则上，也去葬送苏联的利益。如在销毁战略核武器问题上，苏联销毁一千八百多枚而美国仅不到七百枚。在国际、国内鼓吹、实行的“新思维”是葬送苏联的思想根源。1990年局势更加动荡，苏共中央全会决定放弃党的领导地位，实行多党制。国民经济开始大滑坡；潜伏已久的民族矛盾向火山一样爆发出来，民族分裂活动愈演愈烈；苏共党内斗争也日趋尖锐和公开化，最终导致苏联解体，彻底“遁”了起来；戈尔巴乔夫下台，彻底的遁了起来，不得不“豹隐南山”了。

得乾卦者，虽有创业的本领，但缺乏守成的功夫。虽然都是一个乾卦，列宁得乾卦，创建了苏联；戈尔巴乔夫得乾卦却亡党亡国。真是成也萧何，败也萧何。说明乾卦具有双重性。乾为纯阳，纯刚，故有创业的本领；但阳刚过了头，则物极必反，即乾坤颠倒了，一个天，一个地，故有亡国之险。

苏联剧变和解体，有着深刻的历史原因，也有复杂的现实原因。历史原因是根本性的原因，没有历史上各种问题、矛盾的积累，不可能有后来的爆发和剧变；现实原因则是直接原因，主要表现为戈尔巴乔夫错误的改革路线、方针和政策（题目所谓“一人葬送苏联”，主要是指这一直接原因说的。因为毕竟灭亡在戈尔巴乔夫执政期间；但并非把苏联灭亡的原因完全归咎于戈尔巴乔夫）。苏联的“亡”正是所有这些原因共同作用的结果。也可以内因和外因分析。自从苏联国家出现在世界舞台上，西方国家就感到了这种“异己”力量，对其基本政治经济制度、价值观和地缘政治威胁，由此便开始对苏联实施从武装干涉、战略遏制和和平演变的一整套战略和策略。在苏联剧变和解体的过程中，外部因素、西方国家的影响确实存在。然而，外因是通过内因起作用的。苏联国内各种问题、矛盾引起各种危机，而在所有内部因素当中，经济因素是其他因素的基础，民族关系方面的因素是导火线，社会政治因素直接导致社会制度的急剧变化，政权危机是各种危机的集中反映。正是，一乾分彼此，彼此成二乾。

1991 年入太乙岁计局 20 局，主算七，为无天之算。客参将囚太乙，主参将、主大将、客大将挟文昌，主参将、客参将挟太乙，主苏联共产党解散之事。合神在申，始击格太乙，故苏联共产党解散应在农历七月。实际解散时间是农历七月二十日（公历八月二十九日）。

以上我们简略的推演了苏联历史的全过程，也是推数、推象、推局三法的综合运用。正是：摩天大楼瞬间倒，超级霸主倾刻消。又：推宇宙三法并用，演历史八卦最灵。

下篇　年局

《时空太乙》的年局，又名岁计局，共七十二局，皆为阳遁局。

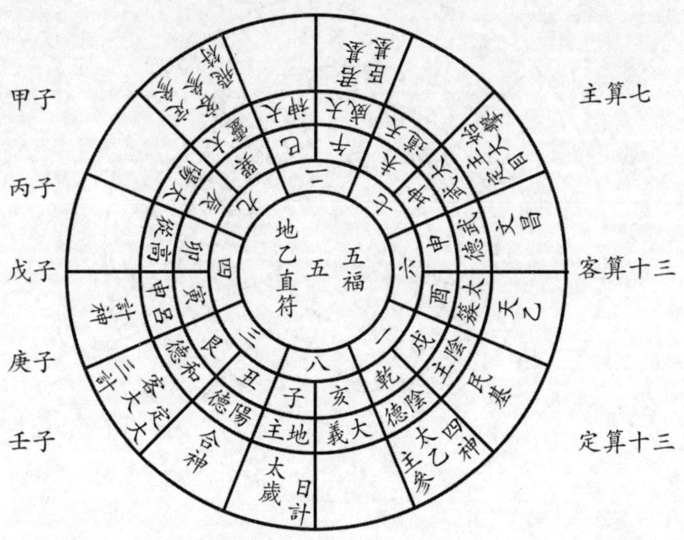

陽遁第一局

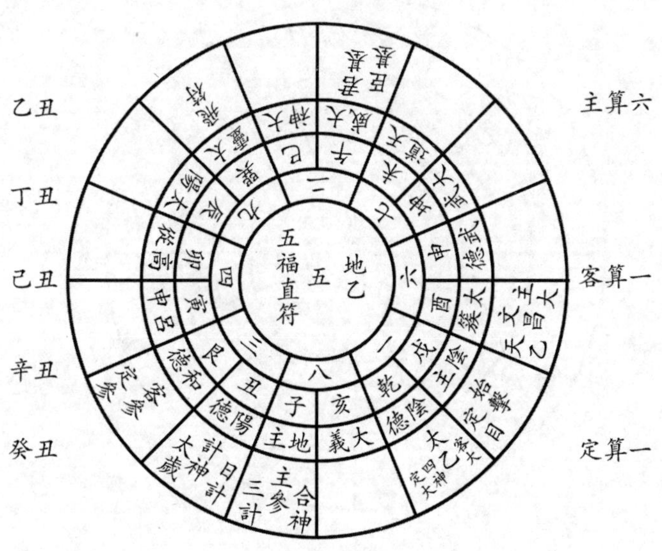

陽遁第二局

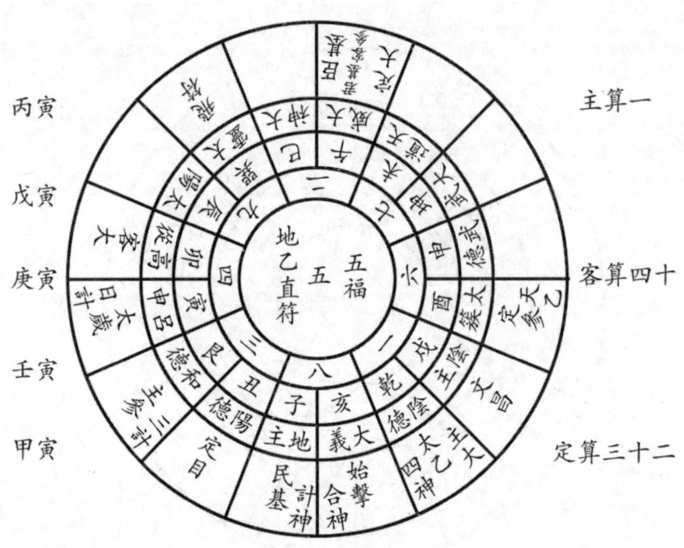
丙寅
戊寅
庚寅
壬寅
甲寅
主算一
客算四十
定算三十二
五福
五
地乙直符

陽遁第三局

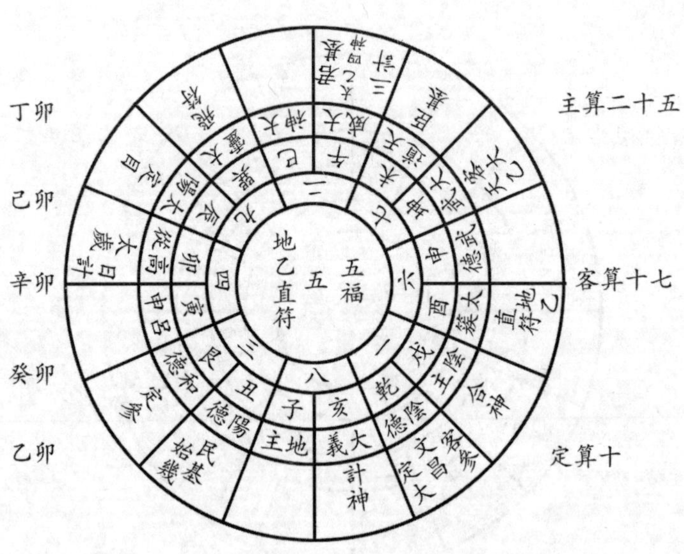
丁卯
己卯
辛卯
癸卯
乙卯
主算二十五
客算十七
定算十
五福
五
地乙直符

陽遁第四局

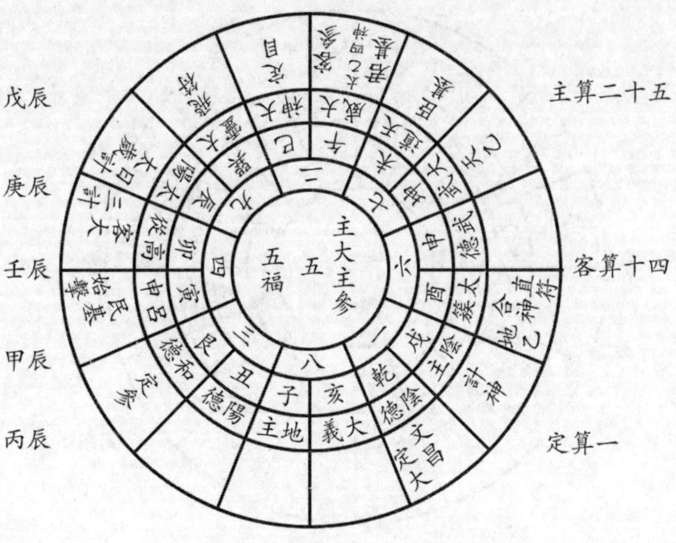
戊辰
庚辰
壬辰
甲辰
丙辰
主算二十五
客算十四
定算一
主大主參
五福
五

陽遁第五局

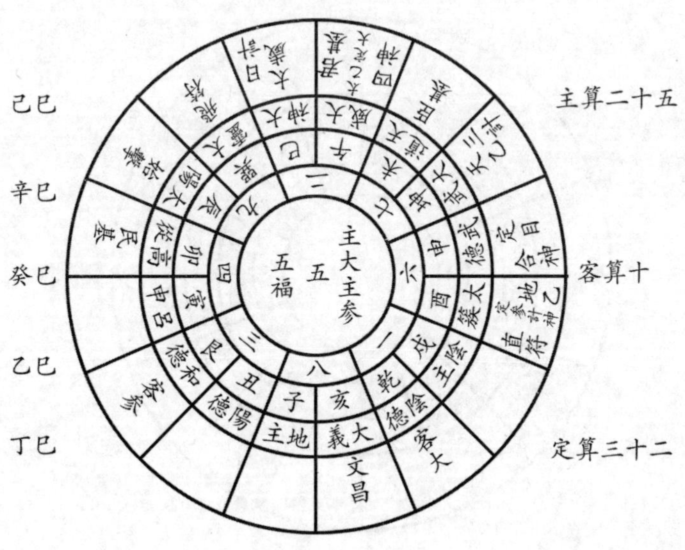
己巳
辛巳
癸巳
乙巳
丁巳
主算二十五
客算十
定算三十二
主大主參
五福
五

陽遁第六局

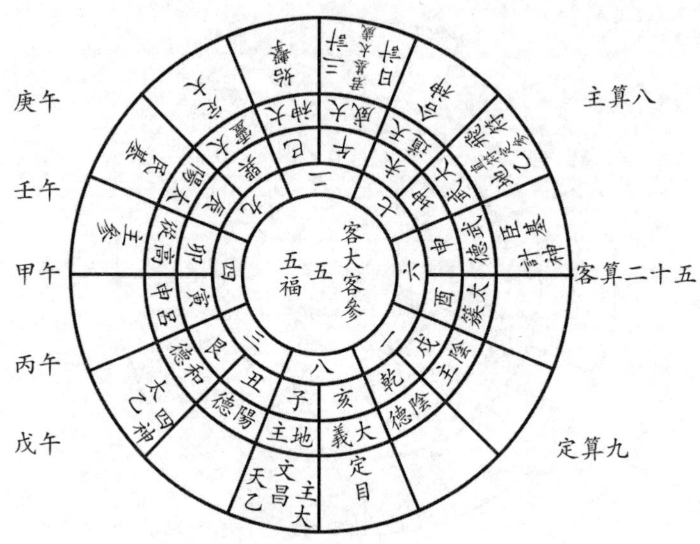
庚午
壬午
甲午
丙午
戊午
主算八
客算二十五
定算九

陽遁第七局

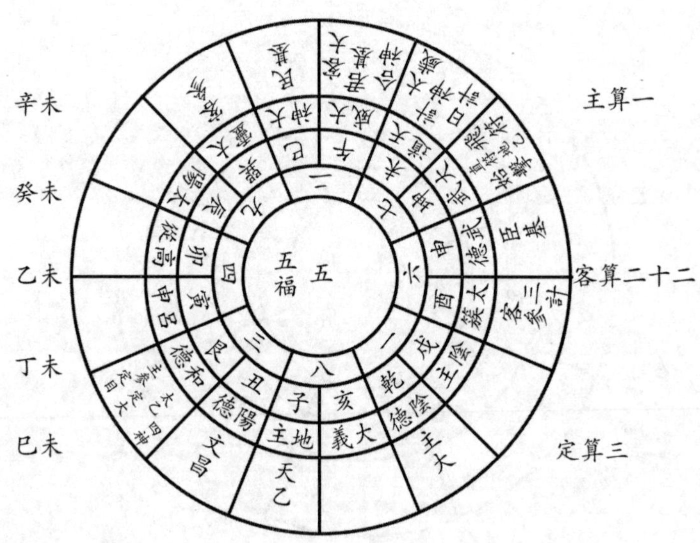
辛未
癸未
乙未
丁未
己未
主算一
客算二十二
定算三

陽遁第八局

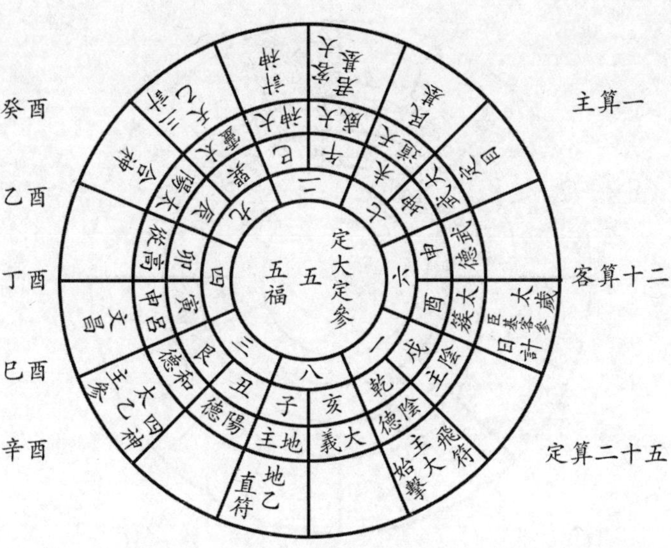
癸酉
乙酉
丁酉
己酉
辛酉
主算一
客算十二
定算二十五

陽遁第九局

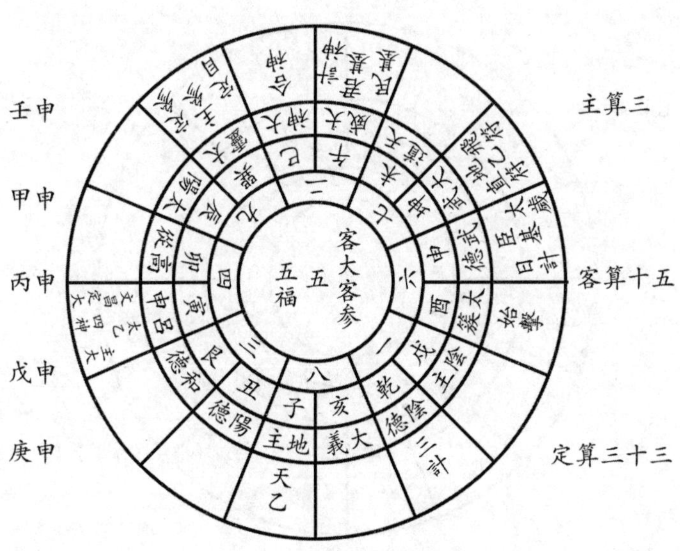
壬申
甲申
丙申
戊申
庚申
主算三
客算十五
定算三十三

陽遁第十局

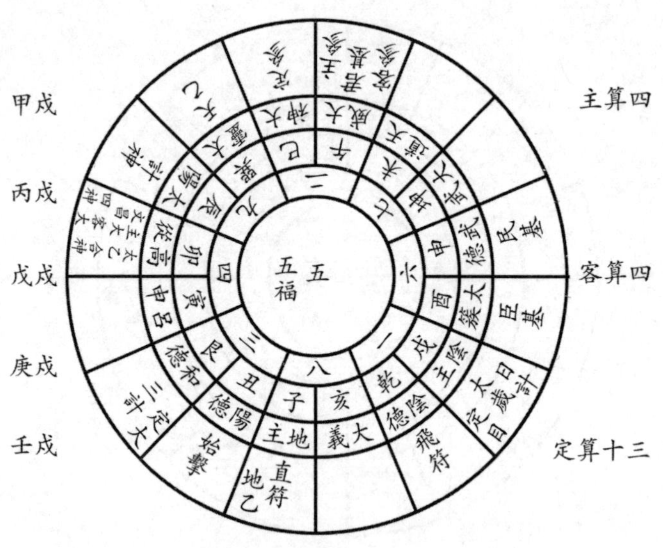

陽遁第十一局

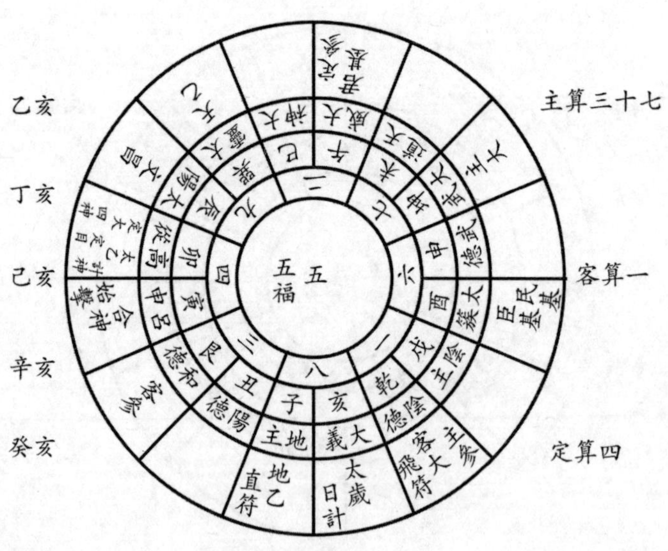

陽遁第十二局

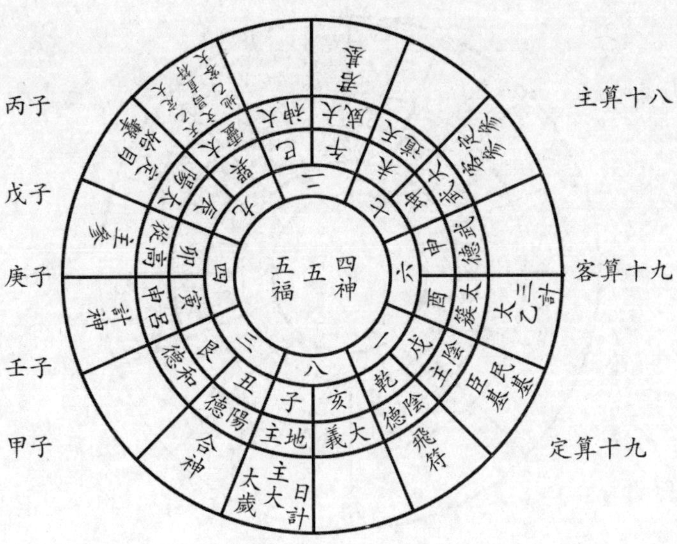

陽遁第十三局

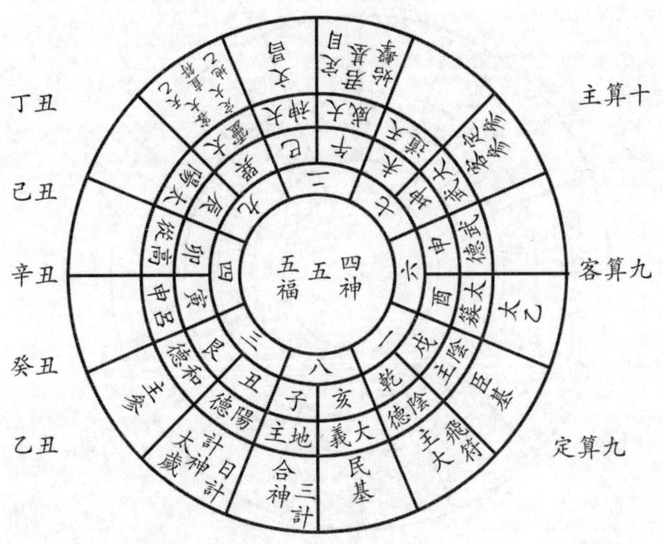

陽遁第十四局

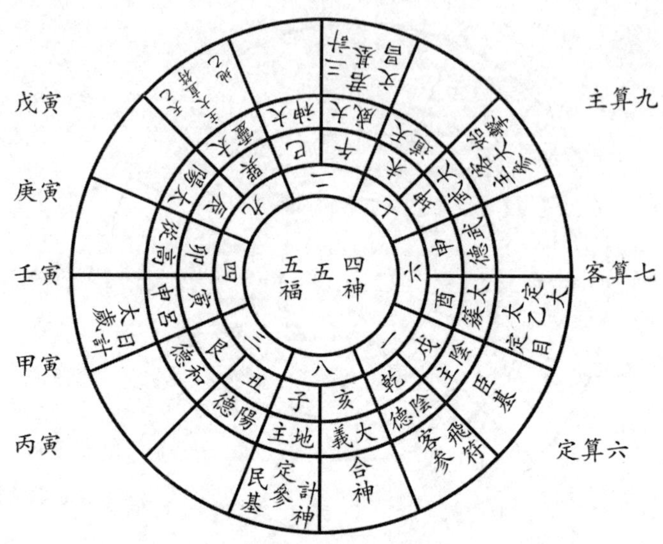

陽遁第十五局

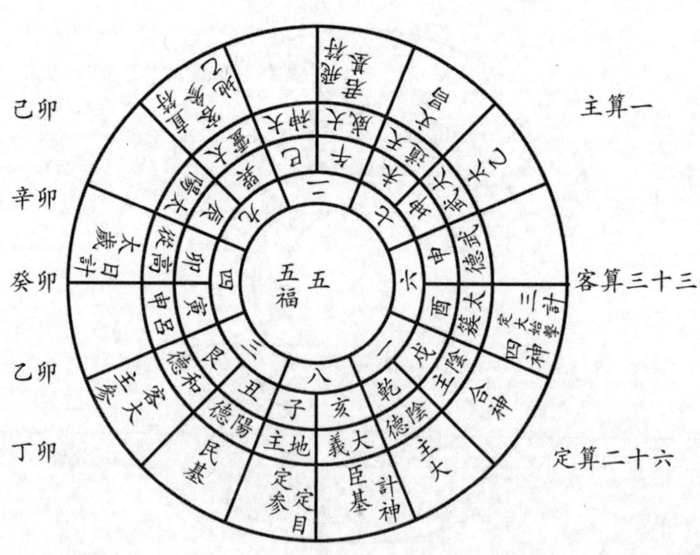

陽遁第十六局

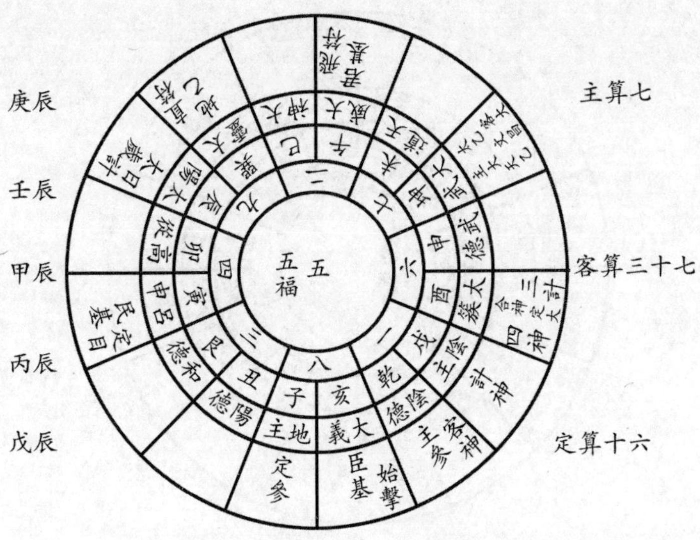

陽遁第十七局

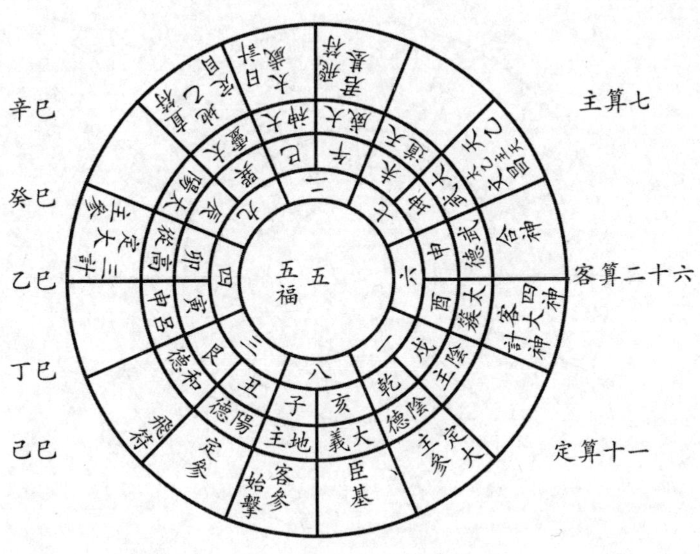

陽遁第十八局

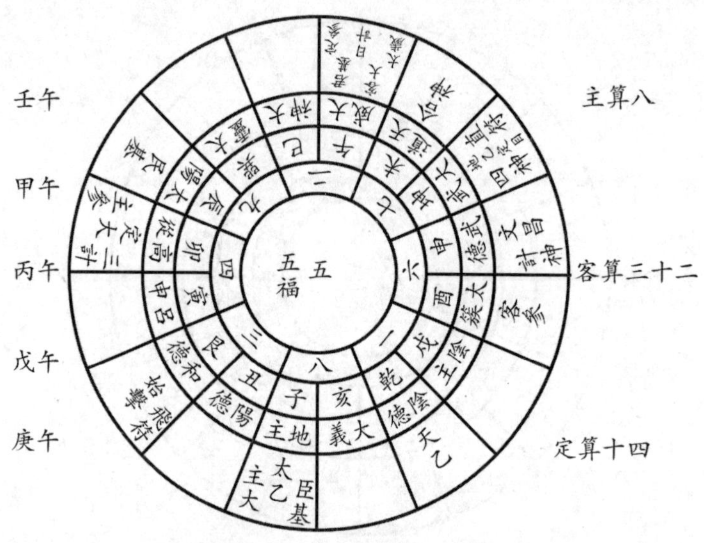

陽遁第十九局

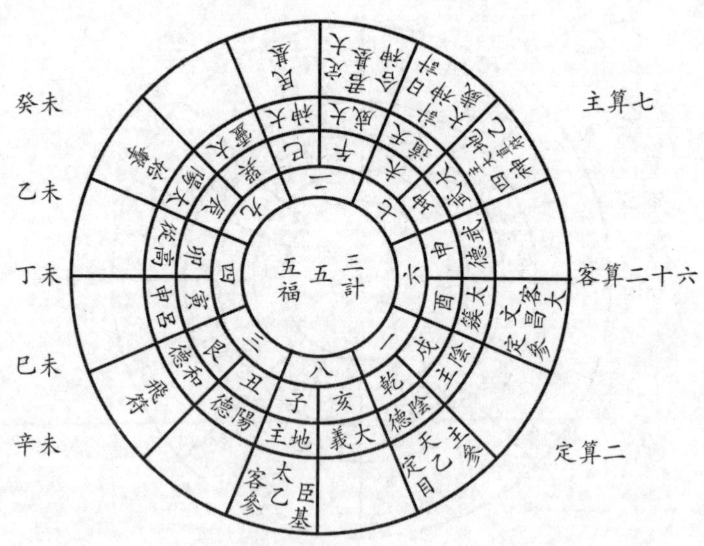

陽遁第二十局

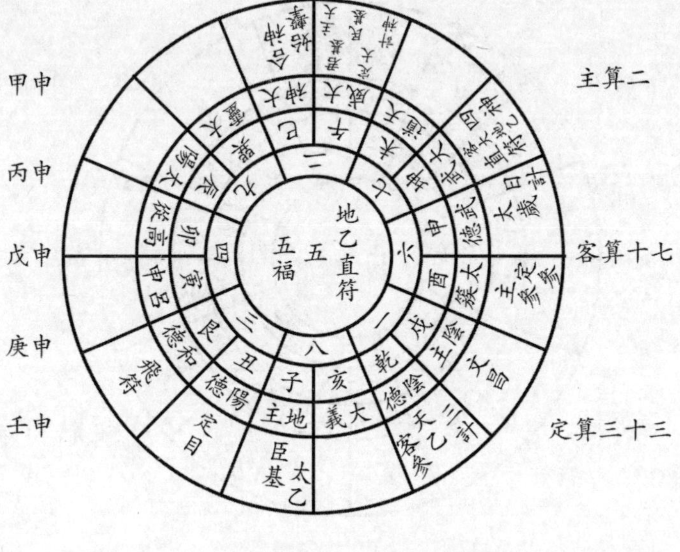

陽遁第二十一局

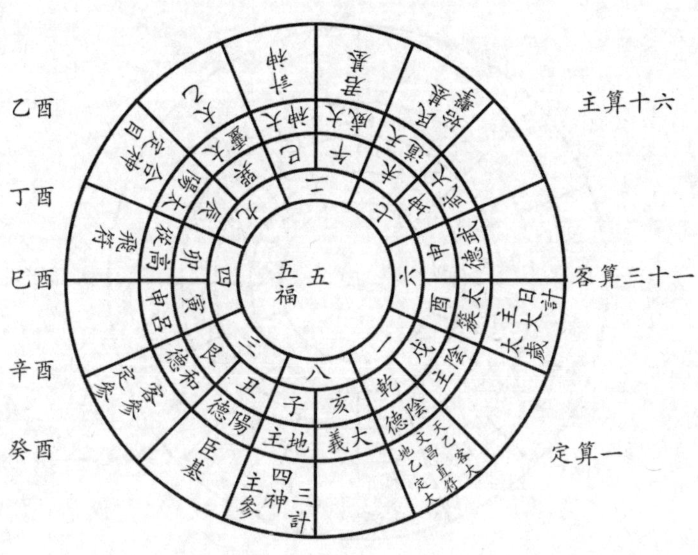

陽遁第二十二局

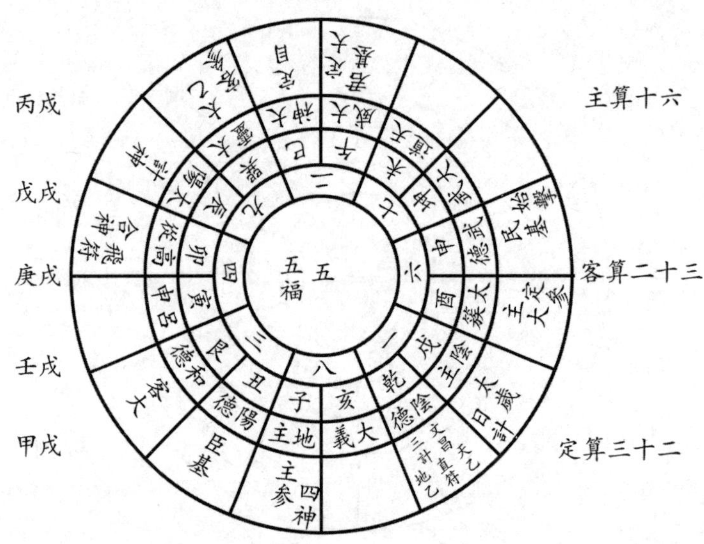

陽遁第二十三局

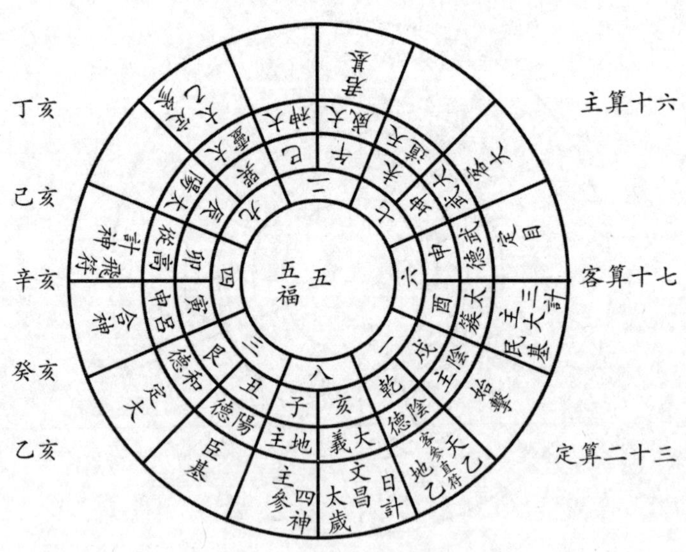

陽遁第二十四局

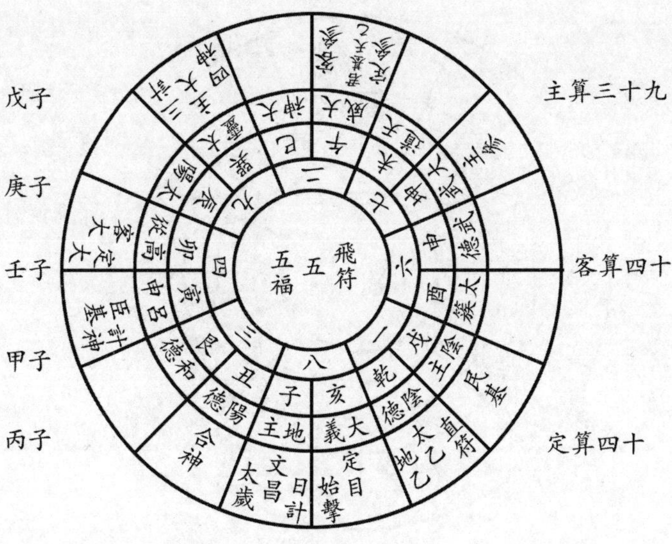

陽遁第二十五局

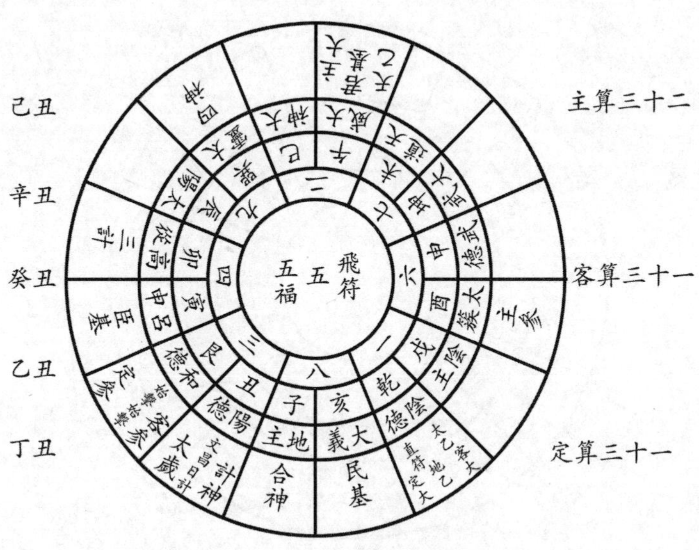

陽遁第二十六局

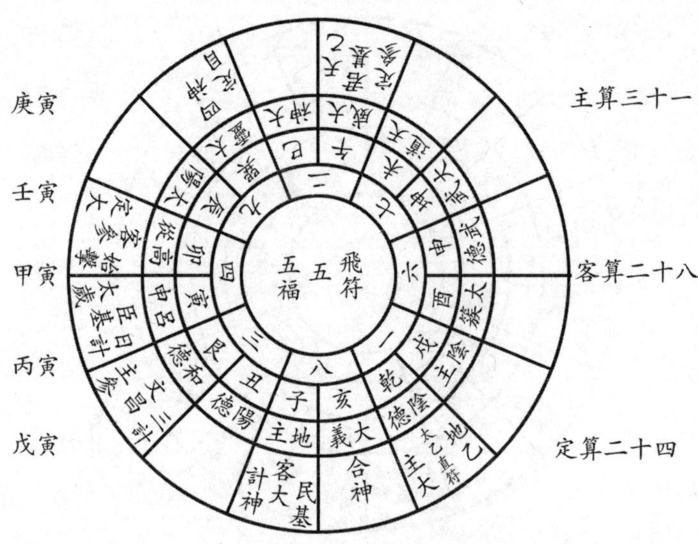

陽遁第二十七局

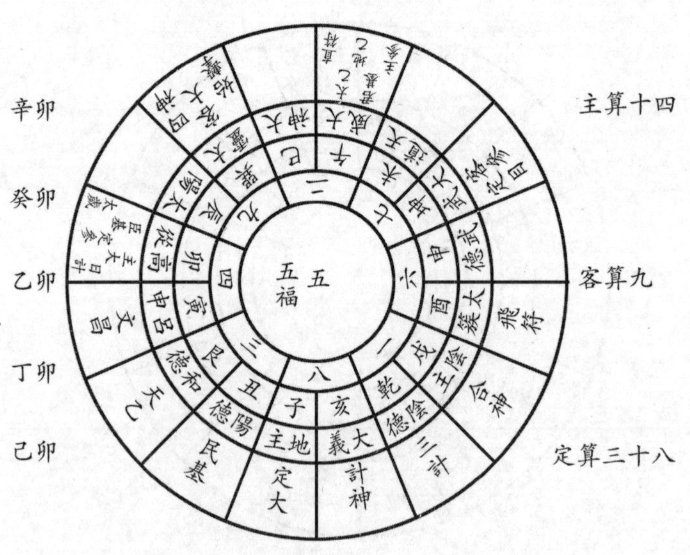

陽遁第二十八局

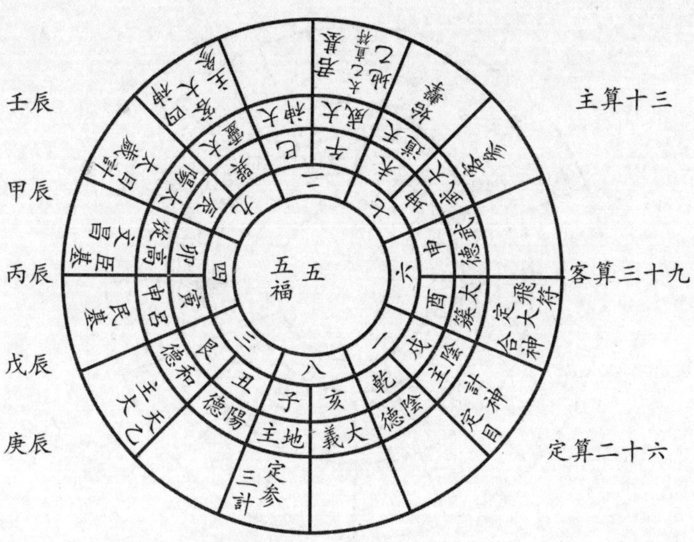

陽遁第二十九局

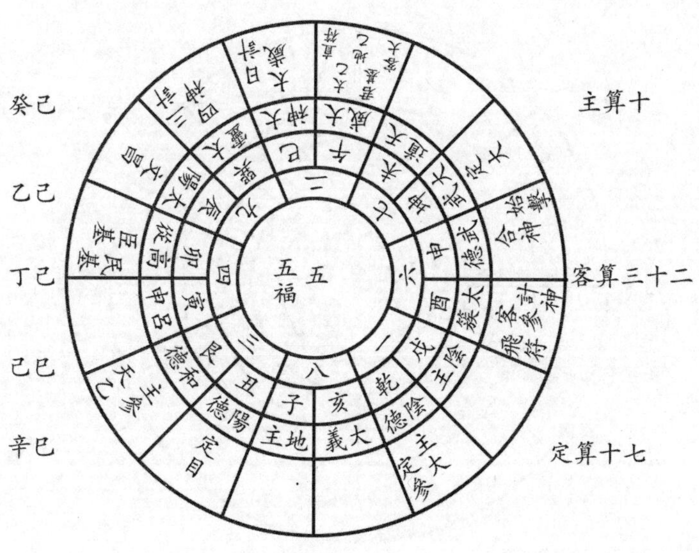

陽遁第三十局

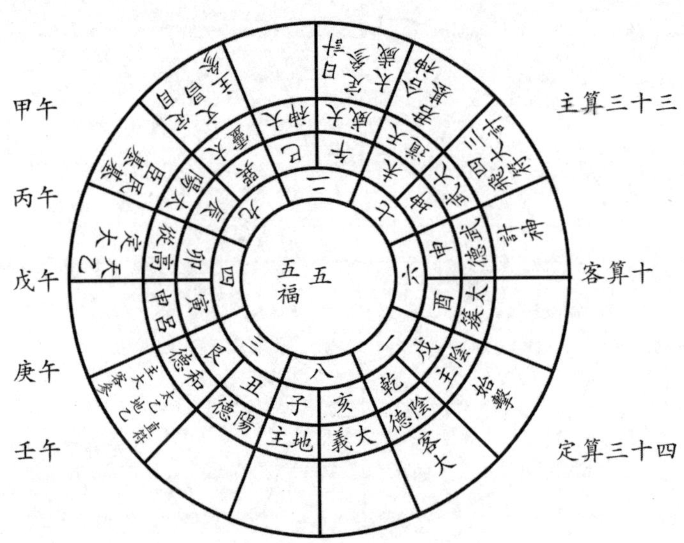

陽遁第三十一局

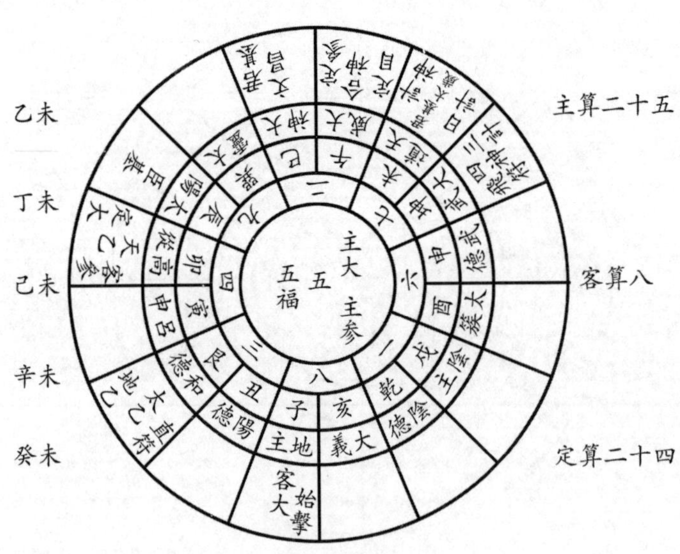

陽遁第三十二局

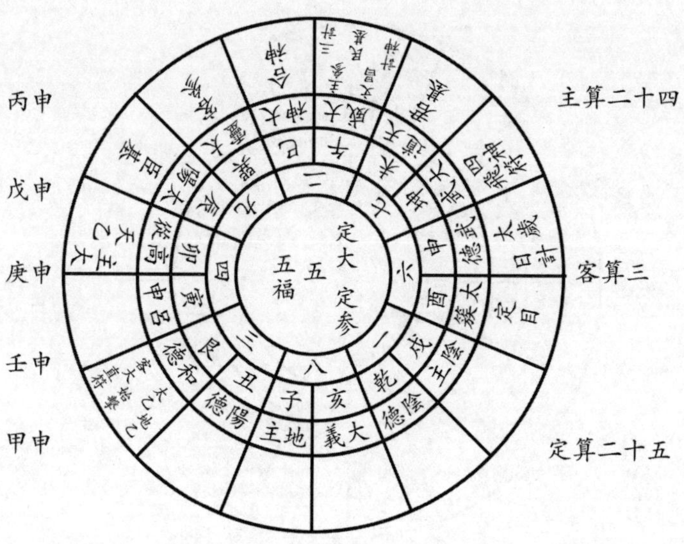

陽遁第三十三局

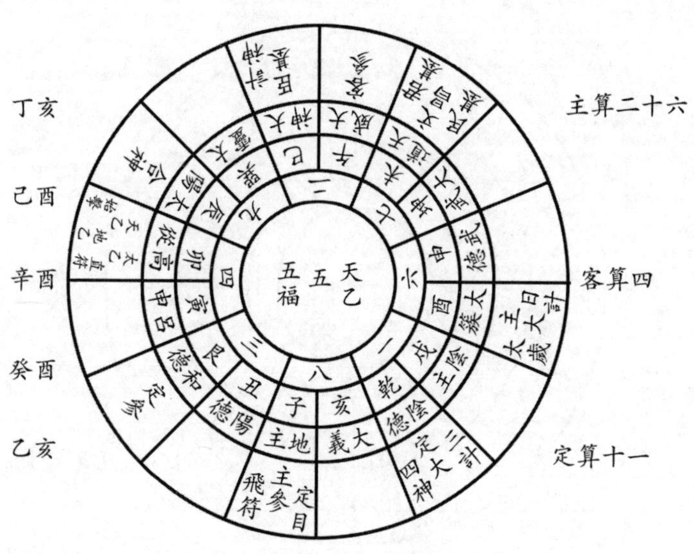

陽遁第三十四局

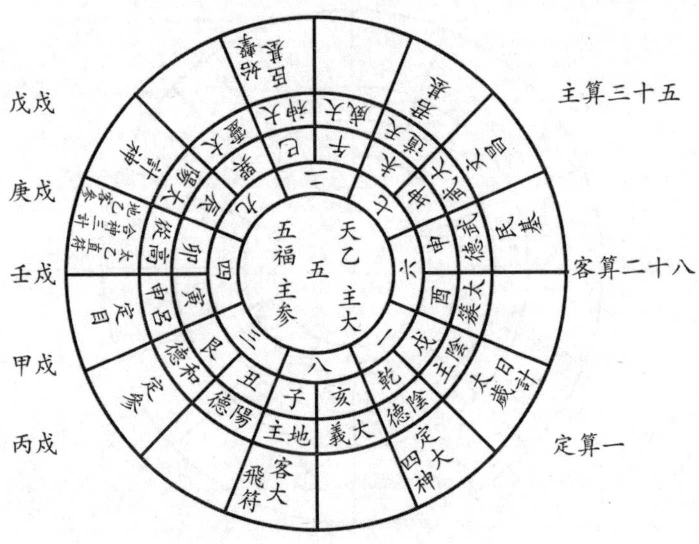

陽遁第三十五局

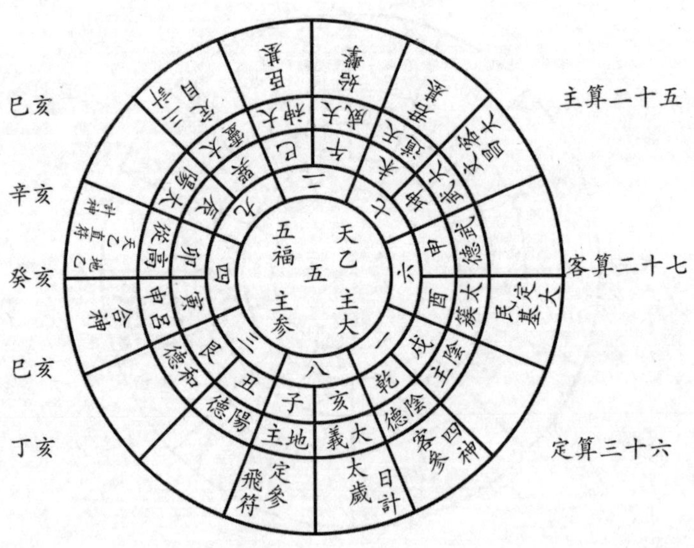

陽遁第三十六局

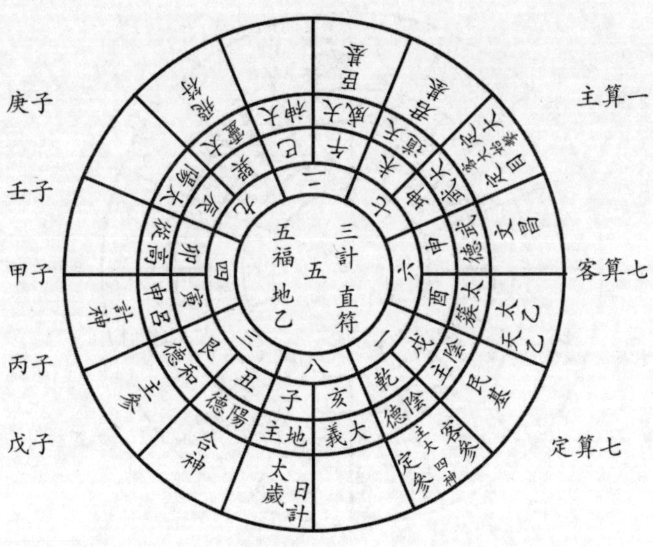

陽遁第三十七局

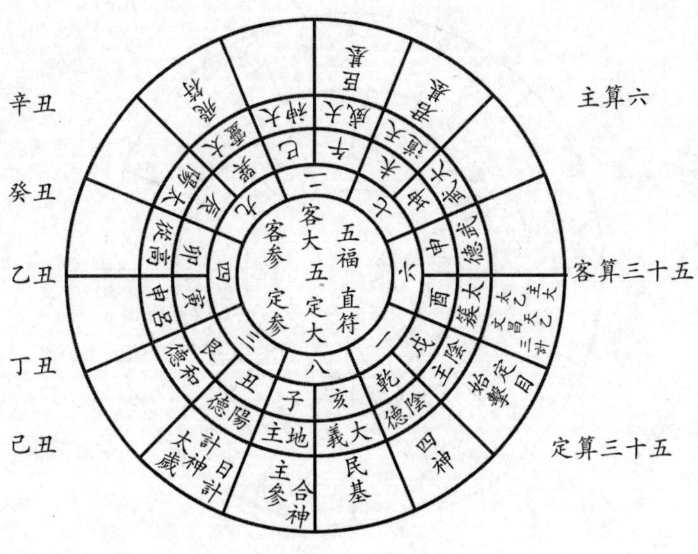

陽遁第三十八局

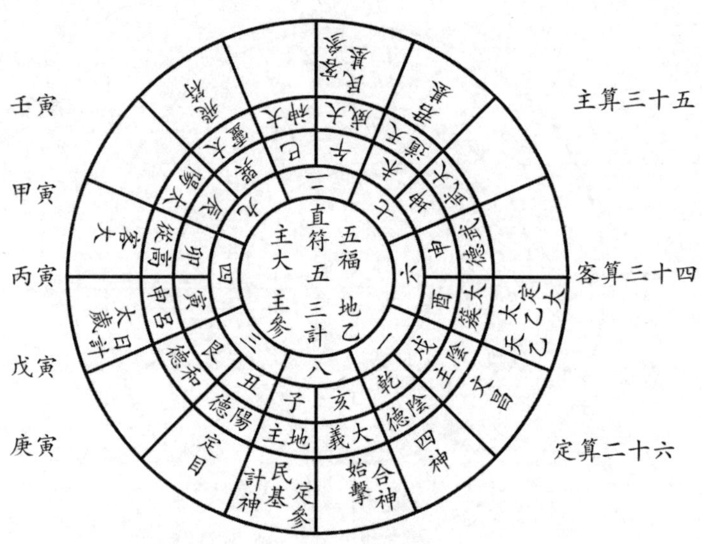

陽遁第三十九局

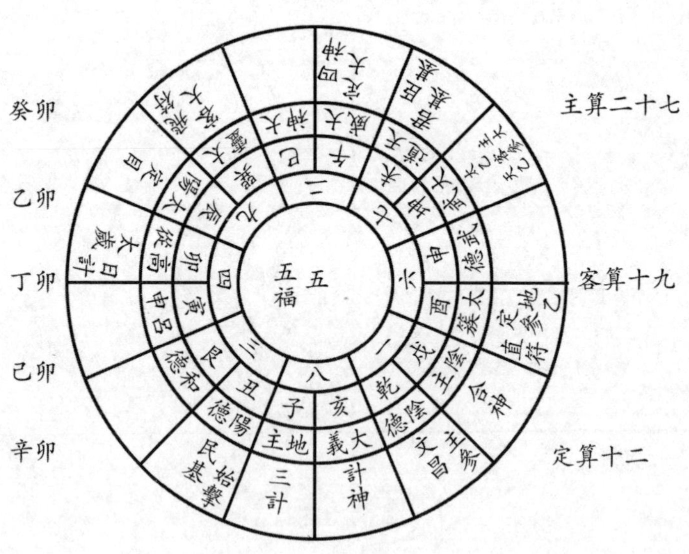

陽遁第四十局

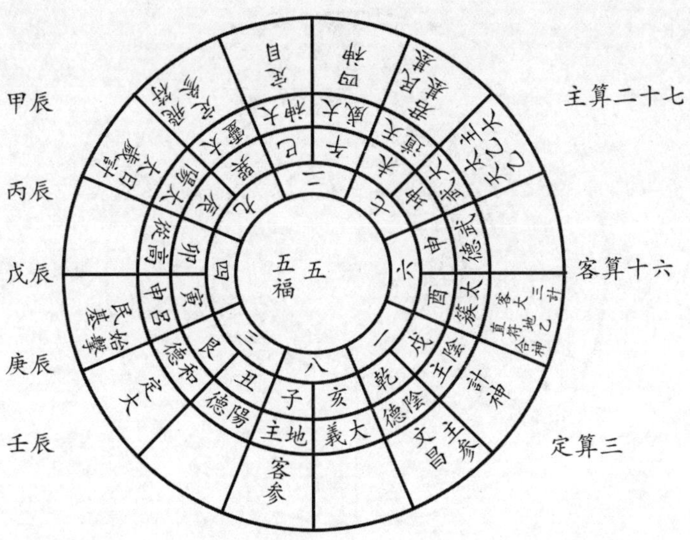

陽遁第四十一局

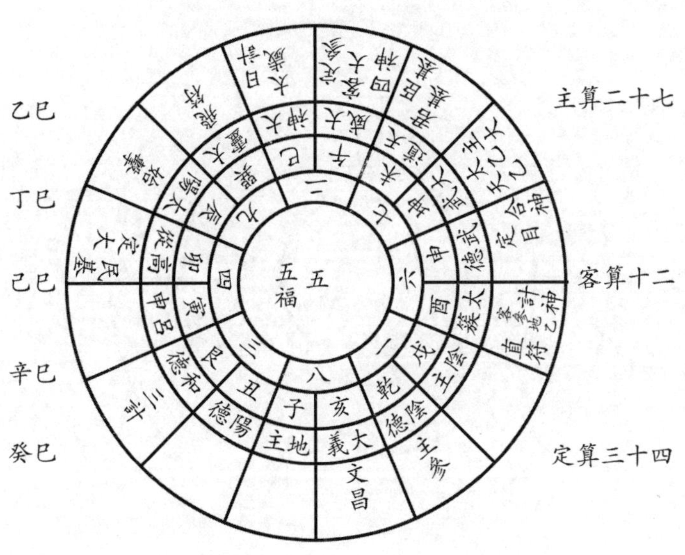

陽遁第四十二局

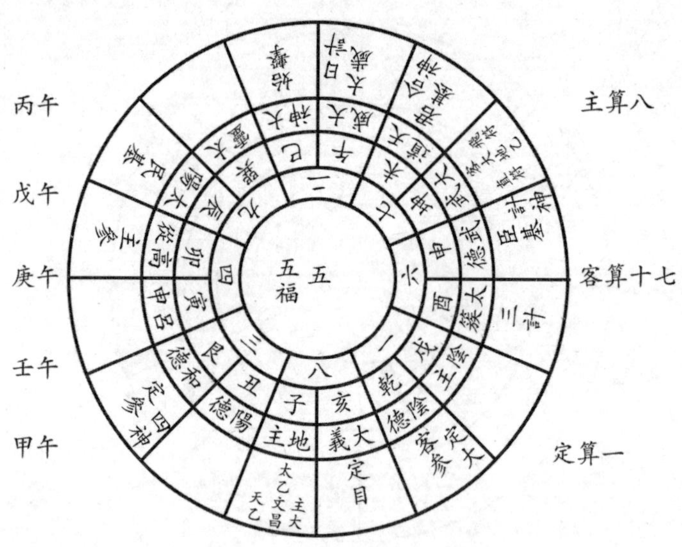

陽遁第四十三局

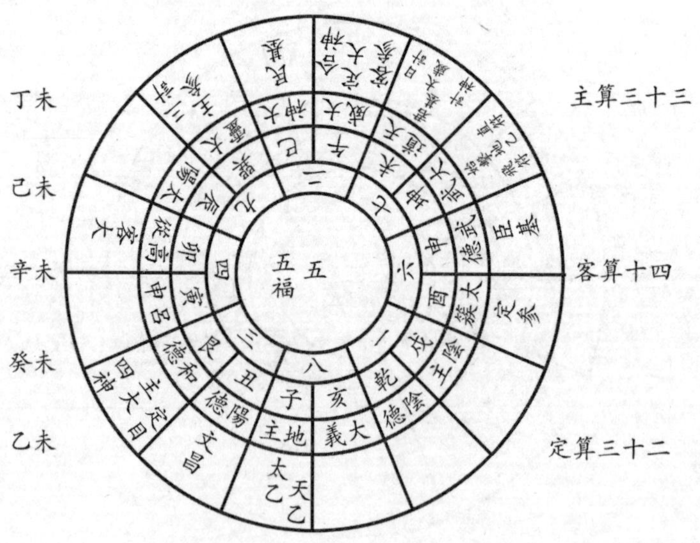

陽遁第四十四局

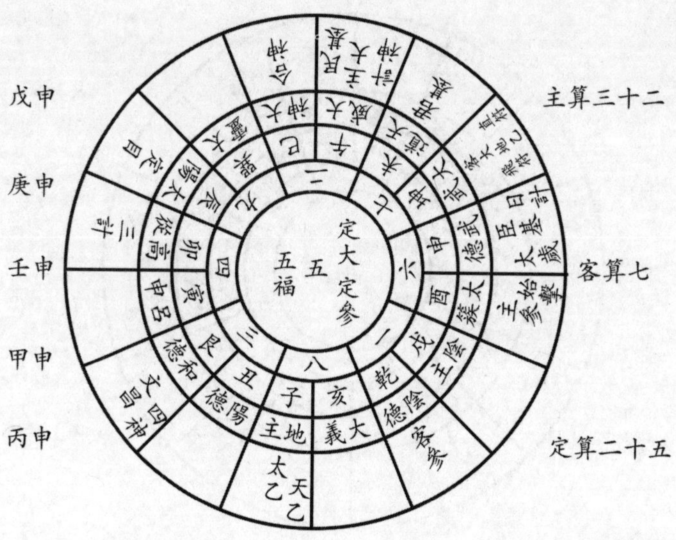

陽遁第四十五局

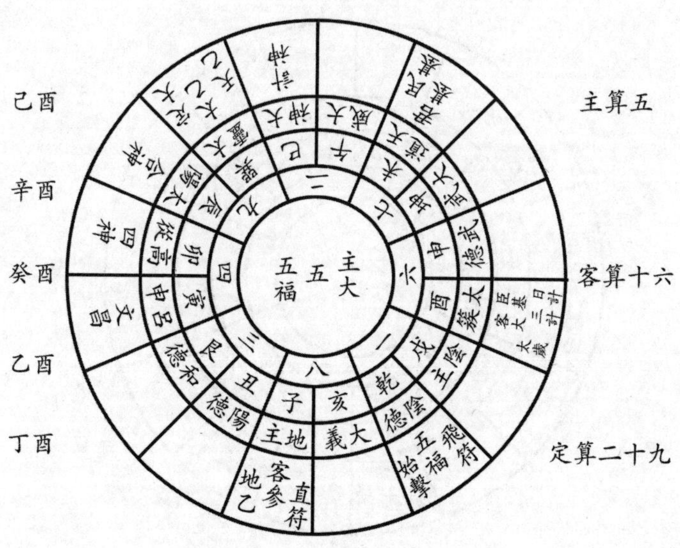

陽遁第四十六局

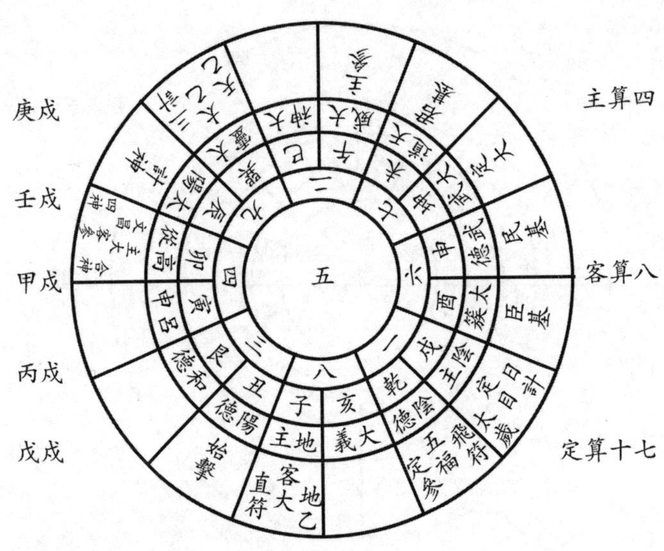

陽遁第四十七局

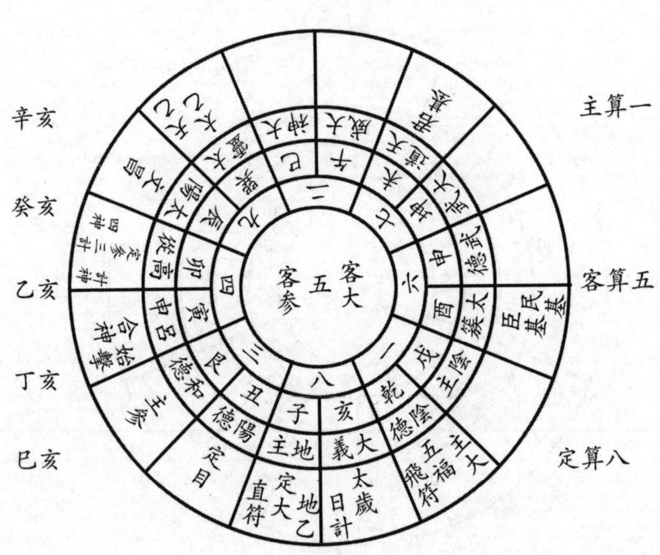

陽遁第四十八局

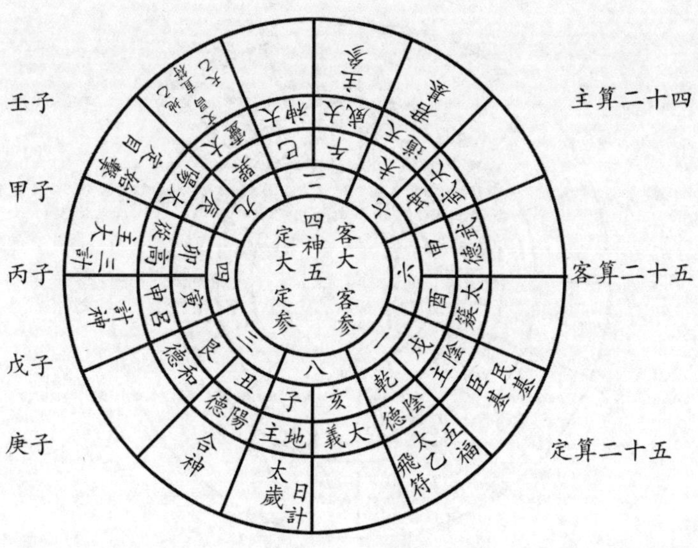

陽遁第四十九局

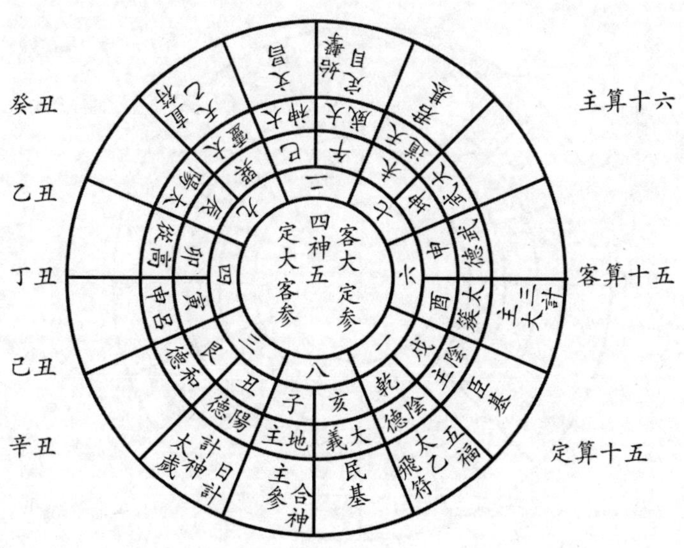

陽遁第五十局

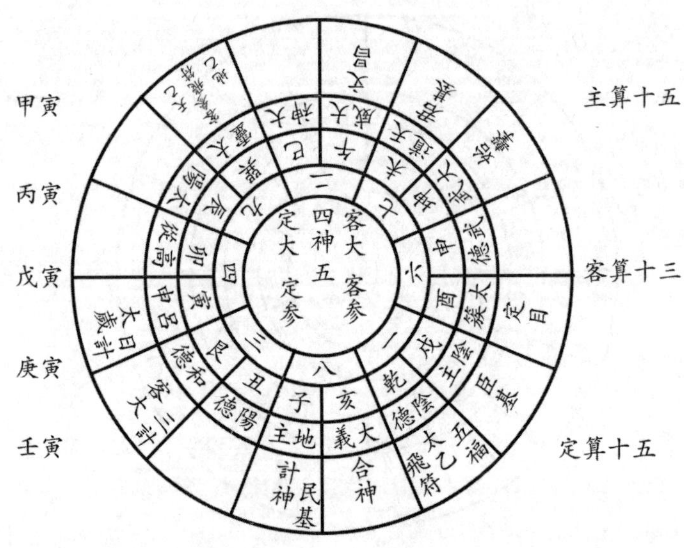

陽遁第五十一局

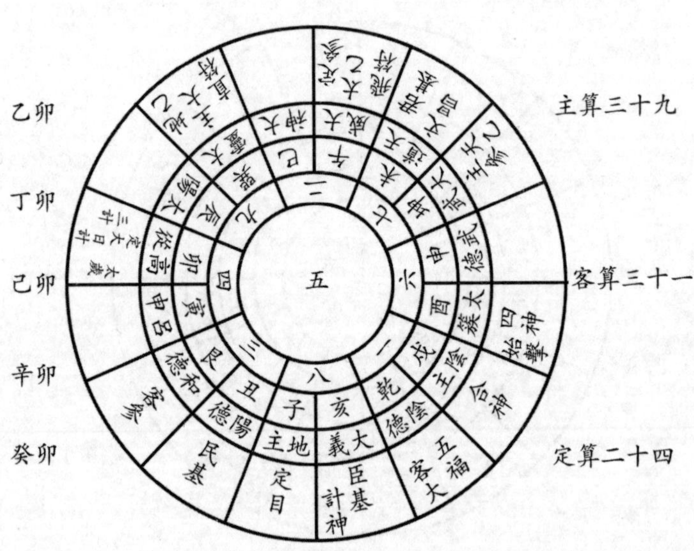

陽遁第五十二局

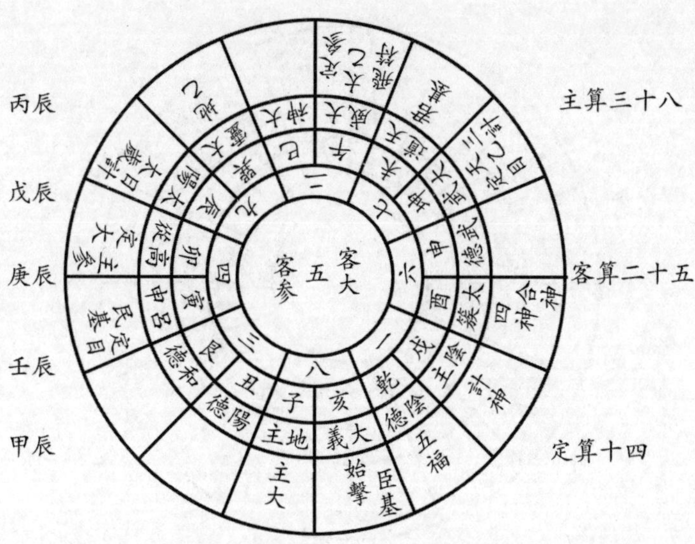

陽遁第五十三局

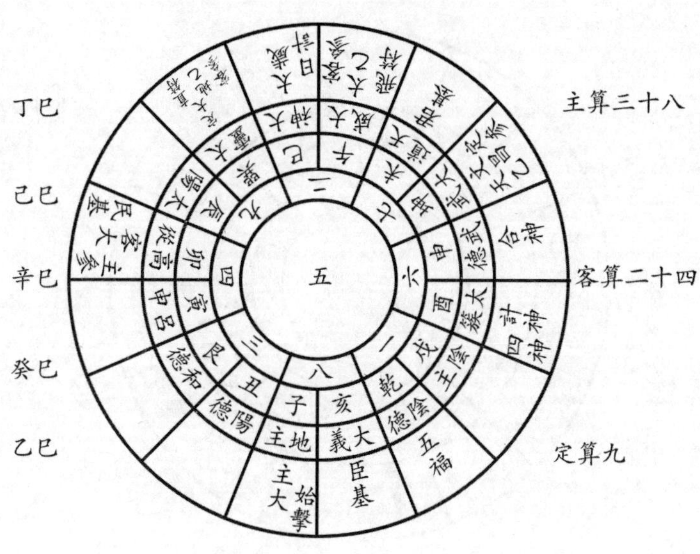

陽遁第五十四局

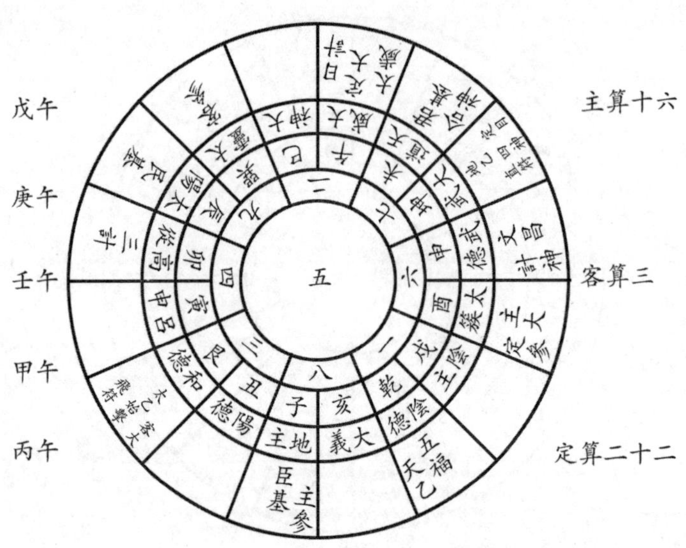

陽遁第五十五局

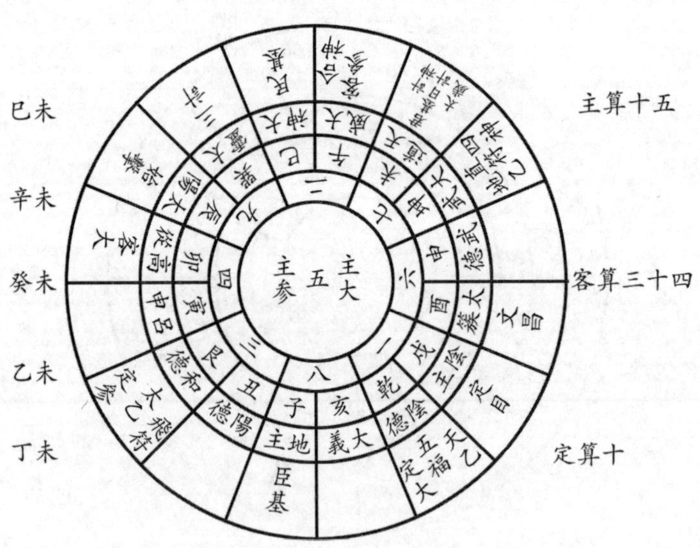

陽遁第五十六局

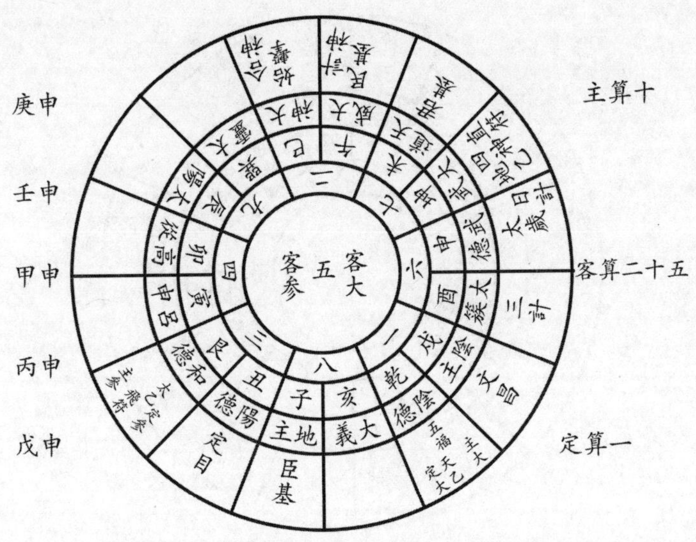

陽遁第五十七局

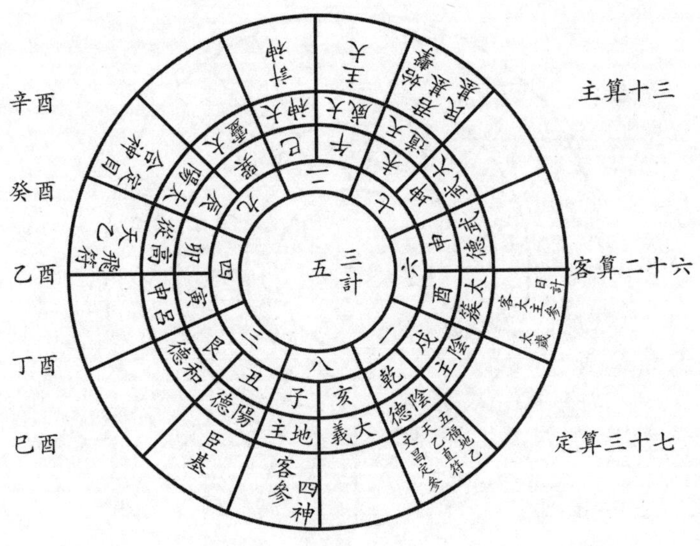

陽遁第五十八局

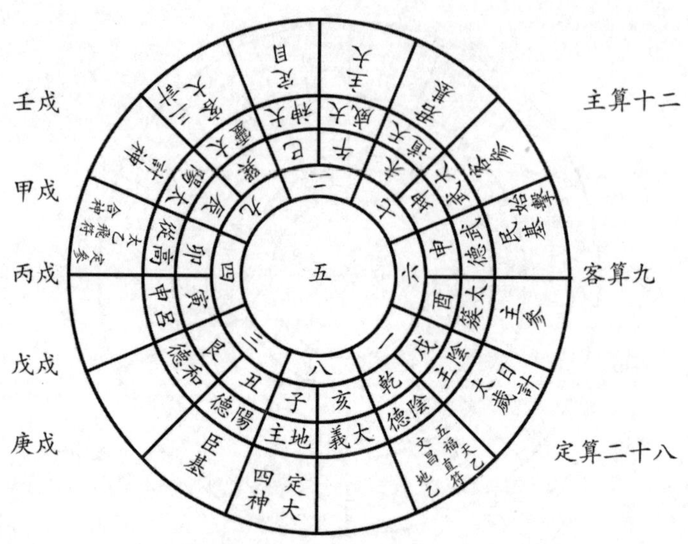

陽遁第五十九局

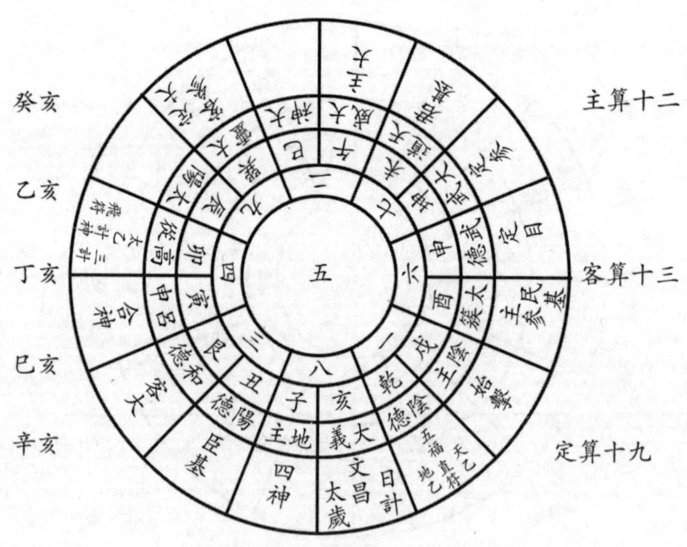

陽遁第六十局

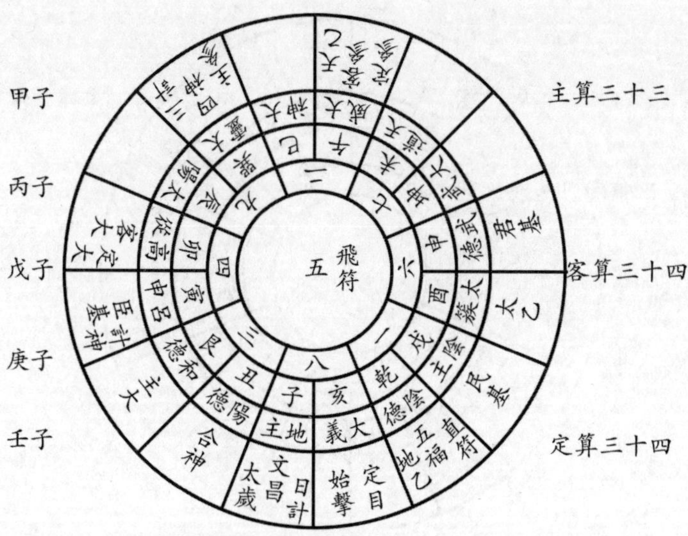

陽遁第六十一局

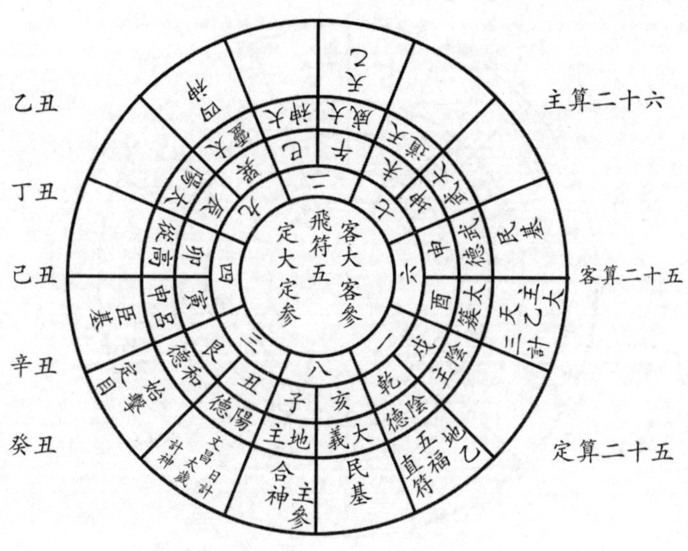

陽遁第六十二局

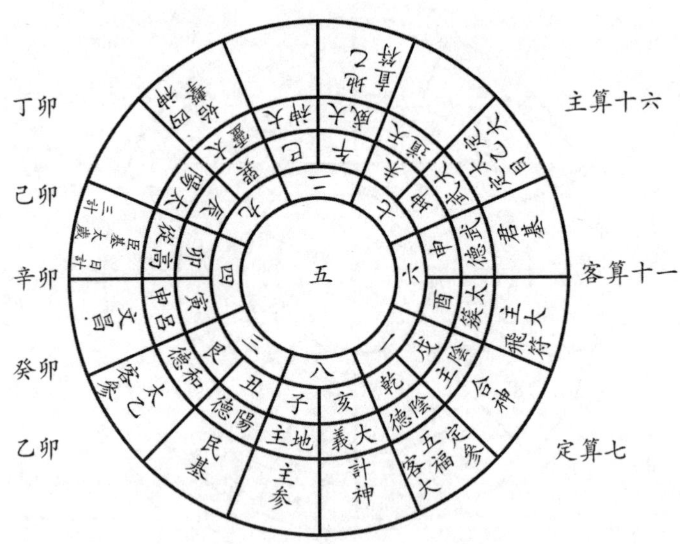

陽遁第六十三局

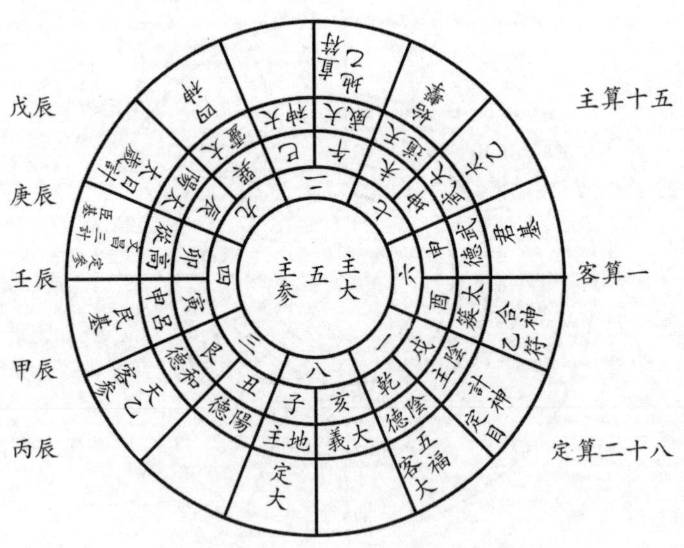

陽遁第六十四局

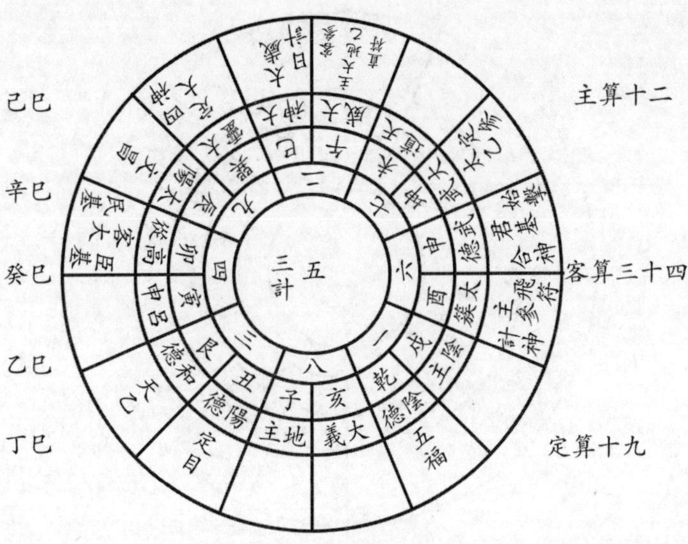

陽遁第六十五局

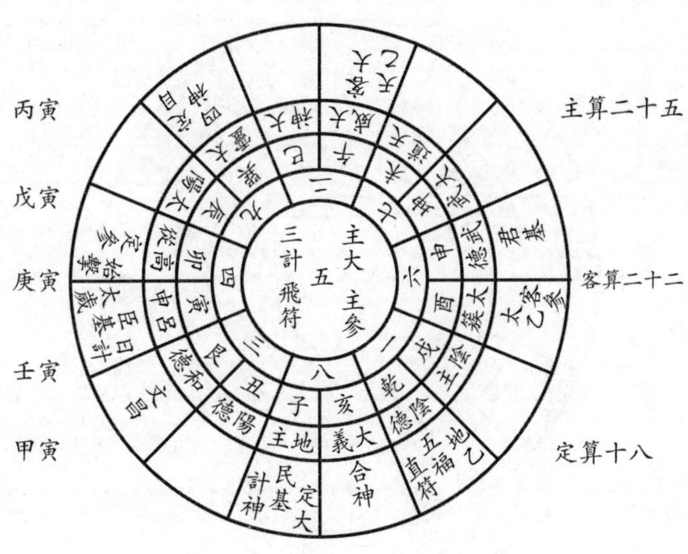

陽遁第六十六局

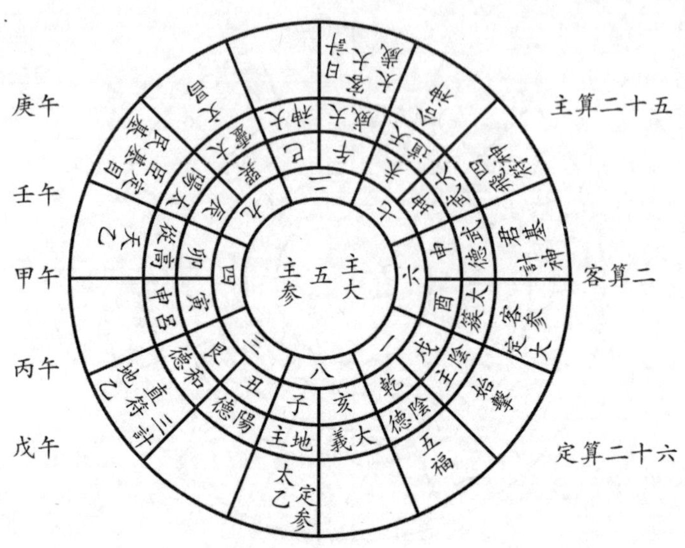

陽遁第六十七局

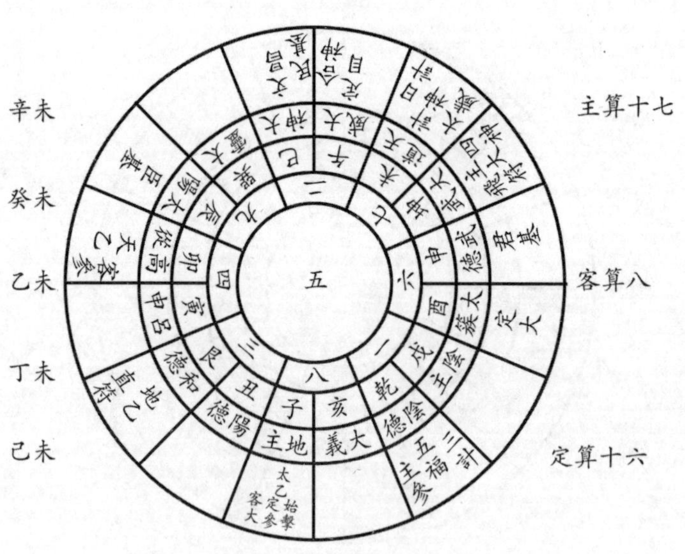

陽遁第六十八局

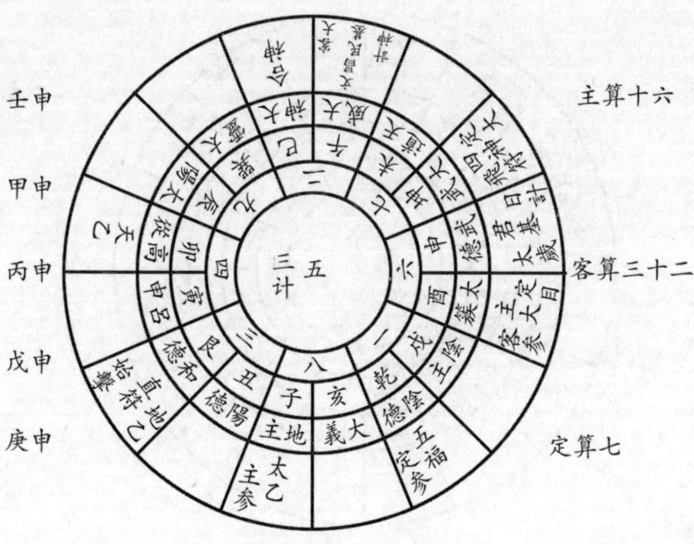

陽遁第六十九局

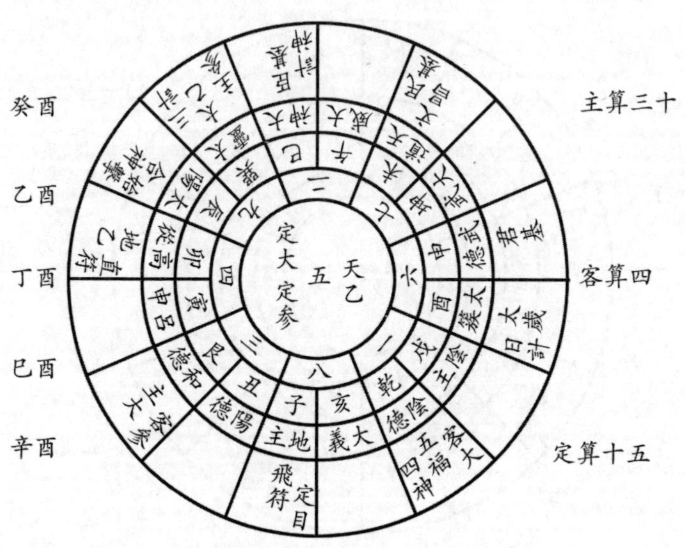

陽遁第七十局

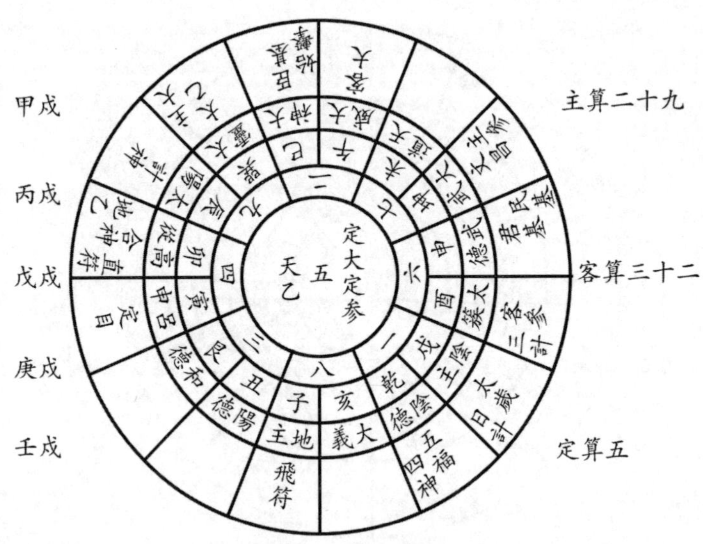

陽遁第七十一局

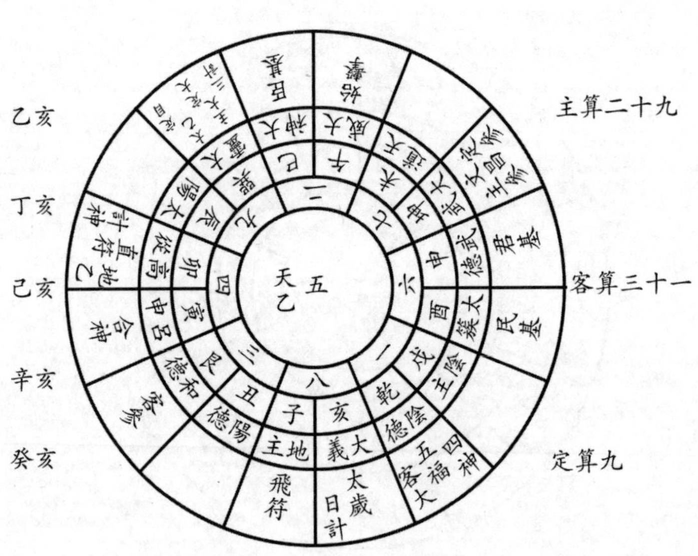

陽遁第七十二局

附录一：奇人奇书奇事，怪杰怪招怪才

——术圣邵雍先生

邵雍，字尧夫，号安乐先生，谥康节，乃旷世奇人。虽然《伊川击壤集》独具风格，也堪称邵子的见道之作，但是，《皇极经世书》才是其最伟大、最骄人、最巨大的周易术数学成就；也是前无古人，后亦难有来者的旷世奇书；还是被尊崇为术圣故而可彪炳史册，留芳千古的最雄厚的资本。

《皇极经世书》架构起一个囊括宇宙，终始古今，天人合一，天人应验的完整体系，并找到了统驭这一体系的最高法则。邵子依据《周易》和传世的河图、洛书、伏羲64卦方圆图，撰《皇极经世书》，创造了一套推演和解释自然变化、人事兴衰、社会治乱的理念和方法。“皇极经世”既是大中至正的宇宙最高法则，又是大中至正的统治社会之道。该书以先天象数为理念基础。象、数是宇宙万事万物的两大基本存在形式。通过探究二者之间的发展变化轨迹，可以预测事物的一般规律。邵子是把中国历史的演化作为他的先天象数之学的一种验证，很巧妙地用中华文明史证实了自己对自然、社会、历史和人事的看法。这既是邵子的高明之处，又是他的无奈之举。

朱熹说：“康节《易》看了，却看别人的不得。”但因隐晦、高深、玄奥，知其所以好者，凤毛麟角。故“世之知其道者鲜矣。”国学大师南怀瑾先生说：历史上的“烧饼歌”等，这一类推算国家命运的书籍，都是根据邵雍的《皇极经世书》上那一套来的。这是在中国文化中一套很有系统的东西。

邵雍博学精思，吞吐六合，上下千古，独辟溪径，在周易术数学方面作出了阐发新的宇宙本体；开创先天象数学；创立新的自然史观和社会史观三个方面巨大贡献。无怪才，不可能有此巨大贡献。他既是宏儒，又是道学大师；既是隐士，又是学术名流；既是哲人，又是诗人；既可信赖，又让人爱戴；既是布衣，又配享孔庙；既洒脱玩世，又潜心经世……其思想特点，在中国思想史上实属罕见。无怪招，便没有这些二重性格。邵雍具怪才、怪招，实乃一代怪杰。朝廷屡诏其为官而固辞，不求闻达，终生不仕，是人奇；《皇极经世书》玄思异想，别开生面，博大精深，独树一帜，为书奇；以一己之力敢于且善于“究天人之际，通古今之便”，为事奇。据此“三奇”之人，古今罕有。

宋史赞其品才曰：“雍高明英迈，迥出千古，而坦夷浑厚，不见圭角，是以轻而不激，和而不流，人与交之，益尊信之。”朱熹说：“自《易》以后，无人做得一物如此整齐，包括得尽。”

所谓术圣，乃在研究周易术数学中品格最高尚，智慧最高超之人。既然宋史对其品才称赞有加，推崇备至，且自《易》以后，无人能及邵子，那么，术圣之美誉，唯邵子得配堪当。

李德润

二〇一一年五月

附录二：邵雍先生大事年表

制表：李德润

公元纪年	大事
1011 年	农历 12 月 25 日戌时，邵雍生于河北涿州市大邵村。祖父邵德新，世居范阳（今河北涿州市）。父邵古（988－1067 年）。母李氏。邵古时年 23 岁，知诗书，明音韵，为人忠厚。为避乱，后迁居衡漳（今河南林县）。邵雍幼年、少年时期在衡漳度过，今林县有康节村。
1018 年	邵雍 8 岁。习童子课。
1022 年	邵雍 12 岁。随父母迁居共城（今河南辉县）苏门山，于百源湖（今名百泉湖）畔结茅屋而居。
1025 年	邵雍 15 岁。已能诗善文，显露聪慧天资。
1026 年	邵雍 16 岁。约于此时外出游学，西渡河、汾，南游淮、汉，数年乃归。曾于晋北夜行连马坠山岩，邵雍无恙，只坏一帽。
1030 年	邵雍 20 岁。术数家李之才进士及第。
1037 年	邵雍 27 岁。深研历史，酝酿“皇帝王伯”历史观
1040 年	邵雍 30 岁。拜术数家李之才为师；李之才遂以陈抟老祖《先天图》传邵雍。“三年不设塌，昼夜危坐以思”。
1042 年	邵雍 32 岁。在此以前，邵雍居共城，刻苦学习，“冬不炉、夏不扇”，昼夜危坐以思，写《周易》一部，贴满全屋，日颂数十遍，倒背如流。
1045 年	邵雍 35 岁。邵雍师李之才卒。邵雍失其师，甚悲痛。
1049 年	邵雍 39 岁。是年，随父母迁居洛阳。此后交游贤俊，讲学为乐。不少达官显贵、文人学者与之交游。如程颐、程颢、周敦颐、张载等。同邵雍交往最为显赫的人物是司马光、富弼、吕公著。三人都位居宰相，却与之结为至交，传为佳话。居洛近三十年
1051 年	邵雍 41 岁。辛卯年，4 月 4 日，午睡，见鼠，以瓦枕投之，枕破。枕中有字曰：“此枕当卯年 4 月 4 日，午时，见鼠而破。”雍曰：“物皆有数。”
1055 年	邵雍 45 岁。多年的开馆授业，门生日益增多。生子名伯温。作诗曰：“我今行年 45，生男方始为人父。鞠育教诲诚在我，寿夭贤愚系于汝。我若寿命 70 岁，眼前见汝 25。我欲愿汝成大贤，未知天意肯从否”。

公元纪年	大　事
1060 年	邵雍 50 岁。约于此年前后著成《皇极经世书》。
1062 年	邵雍 52 岁。因"雍岁时耕稼，仅给衣食"，无钱盖新居。故司马光、富弼、吕公著集资于洛阳天津桥畔为邵雍构建新居，名曰："安乐窝"，开始晚年生活。
1065 年	邵雍 55 岁。学有所成，声名远播，崇拜者与日俱增。
1066 年	邵雍 56 岁。治平间（1064－1067 年），邵雍与客人散步于洛阳天津桥上，忽闻杜鹃声，云杜鹃自南而北，天下将乱（后应王安石变法彻底失败之事）。
1068 年	邵雍 58 岁。从宋神宗即位，王安石上书，主张变法，到邵雍去世，约 10 年光景。是北宋政治斗争最激烈的时期，却是邵雍声望最高，心情最愉快的日子，于激流中安享了 10 年快乐。
1069 年	邵雍 59 岁。吕诲等人立荐邵雍，皇帝诏命其出山为官，辞之，不许。以后又多次诏命出山为官，皆固辞。
1070 年	邵雍 60 岁。同年，司马光因与王安石不和，退居洛阳，名其园曰："独乐"。独乐圆与安乐窝相去不远，二人时相过从，引为同乡。司马光说："光，陕人；先生，卫人。今同居洛，即乡人也。有如先生道学之尊，当以年德为贤，官职不足道也。"
1077 年	邵雍 67 岁。农历 7 月初 4 日，邵雍卒。享年 67 岁。邵雍作诗曰："六十有七岁，生为世上人，四方中正地，万物备全身。天外更无乐，胸中别有春。"诏赠秘书省著作郎。元祐中，谥康节。程颢为邵雍撰墓志铭。著作主要有：术数巨著《皇极经世书》、毕生诗歌总集《伊川击壤集》、哲学对话录《渔樵问对》等。 邵雍之子伯温（1057－1134 年），自子文。时 22 岁，后官至利州路转运副使。著《易学辨惑》、《邵氏闻见录》。《宋史》有传。

附录三：《四库全书，皇极经世书提要》

《皇极经世书》十四卷，宋邵雍撰。邵子数学本于李挺之、穆修，而其源出于陈抟。当李挺之初见邵子于百泉，即授以义理性命之学。其作《皇极经世》盖出于物理之学，所谓“易外别传者”是也。其书以元经会，以会经运，以运经世，起于帝尧甲辰，至后周显德六年已未，而兴亡治乱之迹皆以卦象推之。朱子谓《皇极》是推步之书，可谓能得其要领。朱子又尝谓：“自《易》以后，无人做得一物如此整齐，包括得尽。”又谓：“康节《易》看了，却看别人的不得。”而张峪亦谓：“此书本以天道质以人事，辞约而义广，天下之能事毕矣。”盖自邵子始为此学，其后自张行成、祝泌等数家以外，能明其理者甚鲜。故世人卒莫穷其作用之所以。然其起而议之者，则曰元会运世之分无所依据，十二万九千馀年之说近于释氏之劫数，水火土石本于释氏之地水火风，且五行何以去金、去木？乾在《易》为天，而《经世》为日；兑在《易》泽，而《经世》为月。以至离之为星，震之为辰，坤之为水、艮之为火，坎之为土，巽之为石，其取象多不与《易》相同，俱难免于牵强不合。然邵子在当日用以占验，无不奇中，故历代皆重其书。且其自述大旨，亦不专于象数，如云“天下之事，始过于重，犹卒于轻；始过于厚，犹卒于薄”，又云“学以人事为大”，又云“治生于乱，乱生于治。圣人贵未然之防，是谓《易》之大纲，又云“天下将治，则人必尚义也；天下将乱，则人必尚利也。尚义则谦让之风行焉，尚利则攘夺之风行焉”类，皆立义正大，垂训深切。是《经世》一书虽明天道，而实责成人事。洵粹然儒者之言，固非谶纬术数家所可同年而语也。

附录四：《宋史》列传第一百八十六《道学一·邵雍传》

邵雍字尧夫。其先范阳人，父古徒衡漳，又徒共城。雍年三十，游河南，葬其亲伊水上，遂为河南人。

雍少时，自雄其才，慷慨欲树功名。于书无所不读，始为学，即坚苦刻厉，寒不炉，暑不扇，夜不就席者数年。已而叹曰："昔人尚友于古，而吾独未及四方。"于是逾河、汾，涉淮、汉，周流齐、鲁、宋、郑之墟，久之，幡然来归，曰："道在是矣。"遂不复出。

北海李之才摄共城令，闻雍好学，尝造其庐，谓曰："子亦闻物理性命之学乎？"雍对曰："幸受教。"乃事之才，受《河图》《洛书》、宓羲八卦六十四卦图像。之才之传，远有端绪，而雍探赜索隐，妙悟神契，洞彻蕴奥，汪洋浩博，多其所自得者。及其学益老，德益邵，玩心高明，以观夫天地之运化，阴阳之消长，远而古今世变，微而走飞草木之性情，深造曲畅，庶几所谓不惑，而非依仿象类、亿则屡中者。遂衍宓羲先天之旨，著书十余万言行于世，然世之知其道者鲜矣。

初至洛，蓬荜环堵，不芘风雨，躬樵爨以事父母，虽平居屡空，而怡然有所甚乐，人莫能窥也。及执亲丧，哀毁尽礼。富弼、司马光、吕申公诸贤退居洛中，雅敬雍，恒相从游，为市园宅。雍岁时耕稼，仅给衣食。名其居曰："安乐窝"，因自号安乐先生。旦则焚香燕坐，晡时酌酒三四瓯，微醺即止，常不及醉也，兴至辄哦诗自咏。春秋时出游城中，风雨常不出，出则乘小车，一人挽之，惟意所适。士大夫家识其车音，争相迎候，童孺厮隶皆欢相谓曰："吾家先生至也。"不复称其姓字。或留信宿乃去。好事者别作屋如雍所居，以候其至，名曰："行窝"。

司马光兄事雍，而二人纯德尤乡里所慕向，父子昆弟每相饬曰："毋为不善，恐司马端明、邵先生知。"士之道洛者，有不之公府，必之雍。雍德气粹然，望之知其贤，然不事表襮，不设防畛。群居燕笑终日，不为甚异。与人言，乐道其善而隐其恶。有就问学则答之，未尝强以语人。人无贵贱少长，一接以诚，故贤者悦其德，不贤者服其化。一时洛中人才特盛，而忠厚之风闻天下。

熙宁行新法，吏牵迫不可为，或投劾去。雍门生故友居州县者，皆贻书访雍，雍曰："此贤者所当尽力之时，新法固严，能宽一分，则民受一分赐矣。投劾何益耶？"

嘉佑诏求遗逸，留守王拱辰以雍应诏，授将作监主簿，复举逸士，补颍州团练推官，皆固辞乃受命，竟称疾不之官。熙宁十年，卒，年六十七，赠秘书省著作郎。元佑中赐谥康节。

雍高明英迈，迥出千古，而坦夷浑厚，不见圭角，是以清而不激，和而不流，人与交久，益尊信之。河南程颢初侍其父识雍，论议终日，退而叹曰："尧夫，内圣外王之学也。"

雍知虑绝人，遇事能前知。程颐尝曰："其心虚明，自能知之。"当时学者因雍超诣之识，务高雍所为，至谓雍有玩世之意；又因雍之前知，谓雍于凡物声气之所感触，辄以其动而推其变焉。于是摭世事之已然者，皆以雍言先之，雍盖未必然也。

雍疾病，司马光、张载、程颢、程颐晨夕候之，将终，共议丧事外庭，雍皆能闻众人所言，召子伯温谓曰："诸君欲葬我近城也，当从先茔尔。"既葬，颢为铭墓，称雍之道纯一不杂，就其所至，可谓安且成矣。所著书曰《皇极经世》、《观物内外篇》、《渔樵问对》，诗曰《伊川击壤集》。

子伯温，别有传。

附录五：程颢作《邵雍先生墓志铭》

熙宁丁巳孟秋癸丑，尧夫先生疾终于家。洛之人吊者相属于途。其尤亲且旧者，又聚谋其所以葬。先生之子泣以告曰："昔先人有言，志于墓者必以属吾泊淳。"噫，先生知我者，以是命我，何敢辞！

谨按，邵氏姬姓，系出召公，故世为燕人。大王父令进以军职，逮事艺祖，始家衡漳。祖德新、父古皆隐德不仕，母李氏，其继杨氏。先生之幼，从父徙共城，晚迁河南，葬其亲于伊川，遂为河南人。先生生于祥符辛亥，至是盖六十七年矣。雍，先生之名，而尧夫，其字也。娶王氏，伯温、仲良，其二子也。先生之官，初举遗逸，试将作监主薄，后又以为颍州团练推官，辞疾不赴。

先生始学于百源，勤苦刻厉，冬不炉，夏不扇，不就席者数年，卫人贤之。先生叹曰："昔人尚友于古，而吾未尝及四方，遽可已乎！"于是走吴适楚，过鲁宋客梁，久矣而归曰："道其在是矣。"盖始有定居之意。

先生少时，自雄其才，慷慨有大志。既学，力慕高远，谓先王之事为可必致。极其学益老，德益劭，玩心高明，观天地之运化，阴阳之消长，以达乎万物之变，然后颓然其顺，浩然而归。

在洛凡三十年，始也，蓬荜环堵，不蔽风雨，躬爨以养其父母，居之裕如。讲学于家，未常强以语人，而就问者日众。乡里化之，远近尊之，士人道之，来之洛者，有不之公府而必至先生之庐。先生之德器粹然，望之可知其贤。然不事表襮，不设防畛。正而不谅，通而不污，清明坦夷，洞彻中外。接人无贵贱亲疏之间。群居燕饮，笑语终日，不取甚异于人，顾吾所乐何如耳？病畏寒暑，以春秋时行游城中，士大夫家听其车音，倒屣迎致，虽儿童奴隶，皆知欢喜尊奉。其于人言，必依孝悌。乐道人之善，而未尝及其恶。故贤者悦其德，不贤者服其化。所以厚风俗，成人材，先生之功多矣。

昔七十子学于仲尼，其传可见者惟曾子，所以告子思，而子思所以授孟子者耳，其余门人各以其材之所宜为学。虽同尊圣人，所因而入者，门户亦众矣。况后此千余岁，师道不立，学者莫知所从来。独先生之学为有传也。先生得之于李挺之，挺之得于穆修伯长。推其源流，远有端绪，今穆李之言及其行事概可见矣。而先生纯一不杂，汪洋浩大，乃其所自得者多矣。然而名其学者，岂所谓门户之众，各有所有而入者与？语其成德者，昔难其居。先生之道，若就所至而论之，可谓安且成矣。先生有书六十卷，命曰《皇极经世》，古律诗二千篇，题曰《击壤集》。先生之葬，衬于先茔。实其终之年，孟冬丁酉也。

铭曰：呜呼先生，志豪力雄。阔步长趋，凌高厉空。探幽索隐，曲畅旁通。在古或难，先生从容。有《问》有《观》，以饫以丰。天不慭遗，哲人之凶。鸣皋在南，伊流在东。有宁一宫，先生所终。

附录六：主要参考书目

一、易学类

1.《十三经》，许嘉璐主编，广东教育出版社，陕西人民教育出版社，广西教育出版社，2005 年版

2.《十三经注疏》，李学勤主编，北京大学出版社，1999 年版

3.《皇极经世书》，宋·邵雍著，卫绍生校注，中州古籍出版社，2007 年版

4.《三易洞玑》，明·黄道周，台湾新文丰出版公司，1995 年版

5.《易象正》，明·黄道周著，翟奎凤整理，中华书局，2011 年版

6.《皇极经世演绎》，杨景磐著，中国国际广播音像出版社，2006 年版

7.《皇极经世》导读，常秉义注释，中央编译出版社，2009 年版

8.《皇极经世书今说》，阎修篆辑说，华夏出版社，2006 年版

9.《伊川击壤集》，宋·邵雍，陈明点校，学林出版社，2003 年版

10.《渔樵问对》，宋·邵雍，陈明点校，学林出版社，2003 年版

11.《太乙通解》，杨景磐著，甘肃人民出版社，1993 年版

12.《太乙术》，齐燕欣等集，哈尔滨出版社，1993 年版

13.《太乙术与断易大全》，元·晓山老人著，翟轩点校，中州古籍出版社，1993 年版

14.《太乙金镜式经》，唐·王希明著，郑同点校，华龄出版社，2007 年版

15.《续修四库全书》之《登坛必究·辑太乙说》，明·王鸣鹤著，上海古籍出版社，2002 年版

16.《易学象数论·太乙推法》，清·黄宗羲著，谭德贵校注，九州出版社，2007 年版

17.《邵雍评传》，唐明帮著，南京大学出版社，2011 年版

18.《中国历代易案考》，杨景磐著，中国国际广播音像出版社，2006年版

19.《周易折中》，清·李光地编纂，刘大钧整理，巴蜀书社，2006年版

20.《大易集说》，刘大钧主编，巴蜀书社，2003年版

21.《象数精解》，刘大钧等著，巴蜀书社，2004年版

22.《大易集奥》，刘大钧主编，上海古籍出版社，2004年版

23.《象数易学研究》第一卷，刘大钧编，齐鲁书社，1996年版

24.《周易概论》，刘大钧著，巴蜀书社，2008年版

25.《周易集解》，唐. 李鼎祚撰，李一忻点校，九州出版社，2003年版

26.《象说周易》，唐明帮策划，陈凯东著，中央编译出版社，2010年版

27.《南怀瑾选集》第三卷，复旦大学出版社，2005年版

28.《周易通释》，朱伯崑主编，昆仑出版社，2004年版

29.《易学哲学史》，朱伯崑主编，昆仑出版社，2005年版

30.《易经图典精华》，常秉义著，光明日报出版社，2005年版

31.《周易郑氏学阐微》，林忠军著，上海古籍出版社，2005年版

32.《周易发微》，顾净缘著，吴俊如编，中国书籍出版社，2010年版

33.《统天易数》，秦宗臻著，中国城市出版社，2011年版

34.《周易三极图贯》，清·冯道立著，北京师范大学出版社，1992年版

35.《远古图符与周易溯源》，周大明著，人民出版社，2010年版

36.《朱熹解易》，宋·朱熹著，内蒙古文化出版社，2011年版

37.《周易》，冯国超译注，商务印书馆，2009年版

38.《周易全书》，林之满主编，中国戏剧出版社，2004年版

39.《周易全解》，金景芳、吕绍纲著，上海古籍出版社，2005年版

40.《阴阳五要奇书》，故宫本，李峰整理，海南古籍出版社，2006年版

41.《焦氏易诂》，民国·尚秉和著，常秉义点校，光明日报出版社，

2005年版

42.《京氏易传》，西汉·京房著，陕西师范大学出版社，2010年版

43.《周易真原》，田合禄、田峰著，山西科学技术出版社，2004年版

44.《易学关键》，张汉著，北方文艺出版社，2009年版

45.《象数易学》，张其成著，中国书店，2003年版

46.《易经新解》，何新著，北京工业大学出版社，2007年版

47.《高岛断易》，日本·高岛吞象著，王治本译，北京图书馆出版社，1997年版

48.《易道中互》，互子著，花城出版社，2009年版

49.《断易天机》，战国·鬼谷子著，陕西师范大学出版社，2009年版

50.《神奇之门》，张志春著，新疆人民出版社，2004年版

51.《遁甲演义》，明·程道生著，郑同点校，华龄出版社，2007年版

52.《六壬大全》，明·郭载騋原辑，郑同点校，华龄出版社，2007年版

53.《御定奇门遁甲阳遁九局》，故宫本，郑同点校，华龄出版社，2009年版

54.《御定奇门遁甲阴遁九局》，故宫本，郑同点校，华龄出版社，2009年版

55.《御定奇门遁甲·奇门宝鉴》，故宫本，金志文点校，世界知识出版社，2011年版

56.《易图讲座》，郭彧著，华夏出版社，2007年版

57.《周易象数通论》，李树菁著，光明日报出版社，2004年版

58.《大易筮法研究》，汪显超著，黄山书社，2002年版

59.《开元占经》，唐·瞿坛悉达著，常秉义点校，中央编译出版社，2006年版

60.《周易尚氏学》，尚秉和撰，周易工作室点校，2005年版

61.《周易集注》明. 来知德撰，张万彬点校，九州出版社，2004年版

二、天文类

1.《中国天文学史》，陈遵妫著，上海人民出版社，2006年版

2.《中国天学史》，江晓原等著，上海人民出版社，2005 年版

3.《天文学新概论》，苏宜编著，科学出版社，2009 年版

4.《步天歌研究》，周晓陆著，中国书店，2004 年版

5.《科学名著赏析·天文卷》，宣焕灿主编，山西科学技术出版社，2006 年版

6.《日者观天录》，韩云波、郝敬、张莉编译，重庆出版社，2008 年版

7.《天文爱好者手册》，洪韵芳主编，四川辞书出版社，1997 年版

8.《易学与天文学》，卢央著，中国书店，2003 年版

9.《全天星图》，伊世同编，地图出版社，1984 年版

10.《星座奥秘探索图典》，日本·林完次、渡部润一著，浙江教育出版社，2002 年版

11.《中国古历通解》，王应伟著，辽宁教育出版社，1998 年版

12.《古代历法计算法》，刘洪涛著，南开大学出版社，2003 年版

13.《历算求索》，刘操南著，浙江大学出版社，2000 年版

14.《中国大百科全书·天文学》，主任、张钰哲，中国大百科全书出版社，1980 年版

15.《大辞海·天文学·地球科学》卷，主编、夏征农，上海辞书出版社，2005 年版

16.《引力论和宇宙论》，王永久著，湖南师范大学出版社，2004 年版

17.《宇宙新论》，段廷文著，中国科学技术出版社，2005 年版

18.《时空向度的现代探索》，李丽编著，重庆出版社，2006 年版

19.《天文学物理新视野》，美国 M·L·库特纳著，萧耐圆、胡方浩译，湖南科学技术出版社，2005 年版

20.《古代天文历法讲座》，张闻玉著，广西师范大学出版社，2008 年版

21.《时空的未来》，英国史蒂芬·霍金等著，李泳译，湖南科学技术出版社，2005 年版

22.《时间简史》，英国史蒂芬·霍金著，吴忠超译，湖南科学技术出版社，2006 年版

23.《宇宙简史》，英国史蒂芬·霍金著，湖南少年儿童出版社，2006年版

24.《探索宇宙未解之谜》，邓昌锦编著，吉林文史出版社，2005年版

25.《物理天文学前沿》，英国F·霍伊尔、印度J·纳里卡，何香涛、赵君亮译，湖南科学技术出版社，2005年版

26.《爱因斯坦的宇宙》，美国徐一鸿著，张永译，清华大学出版社，2004年版

27.《宇宙的琴弦》，美国B·格林著，李泳译，湖南科学技术出版社，2005年版

28.《终极理论之梦》，美国S·温伯格著，李泳译，湖南科学技术出版社，2003年版

29.《星象解码》，陈久金著，群言出版社，2004年版

30.《不可思议的反物质》，刘树勇编著，河北科学技术出版社，2003年版

31.《相对论与时空》，郑庆漳、崔世治编著，山西科学技术出版社，2005年版

32.《认星识历》，郑慧生著，河南大学出版社，2006年版

33.《诸神的星空》，张波涛编译，当代世界出版社，2003年版

34.《天文考古通论》，陆思贤、李迪著，紫禁城出版社，2005年版

35.《量天. 人类探索宇宙边界的历程》，美国. 吉帝。弗格森著，孙洪涛、晏凯亮译

三、历史类

1.《二十四史》，中华书局，2000年版

2.《中国古代社会研究》，郭沫若著，河北教育出版社，2004年版

3.《范文澜全集》第七、八、九卷，范文澜著，河北教育出版社，2002年版

4.《中国通史》，白寿彝总主编，上海人民出版社，1989年版

5.《清史稿》，民国·赵尔巽等撰，中华书局，1998年版

6.《清史通鉴》，彭钟麟主编，光明日报出版社，2002年版

7.《清史讲义》，孟森著，中华书局，2006年版

8.《资治通鉴》，宋·司马光等著，时代文艺出版社，2002年版

9. 续《资治通鉴》，清·毕沅编，中州古籍出版社，1994年版

10.《国史通鉴》，刘海藩主编，中央文献出版社，2005年版

11.《中国远古史》，王玉哲著，上海人民出版社，2003年版

12.《殷商史》，胡厚宣、胡振宇著，上海人民出版社，2003年版

13.《西周史》，杨宽著，上海人民出版社，2003年版

14.《历代纪事本末》，中华书局编辑部编，中华书局，1997年版

15.《通鉴纪事本末》，沈志华主编，改革出版社，1994年版

16.《剑桥中国史》，总主编英国崔瑞德，美国费正清，中国社会科学出版社，2006年版

17.《中国科学技术史》，英国 李约瑟著，《中国科学技术史》编译小组译，科学出版社，1975年版

18.《中国古代科学史纲》，卢嘉锡、路甬祥主编，河北科学技术出版社，1998年版

19.《中国学术通史》，张立文主编，人民出版社，2004年版

20.《中国考古大发现》，龚良主编，山东画报出版社，2006年版

21.《中国历史年表》，柏杨著，海南出版社，2006年版

22.《中国历代帝王年号手册》，陈光主编，北京燕山出版社，2000年版

23.《中国历代年号考》，李崇智编著，中华书局，1981年版

24.《中国历史纪年表》，方诗铭编著，上海人民出版社，2007年版

25.《史记研究集成》，张大可、安平秋、俞樟华主编，华文出版社，2005年版

26.《二十五别史》，刘晓东等点校，齐鲁书社，2000年版

27.《资治新鉴》，刘海藩总主编，中央文献出版社，2006年版

28.《世界史》，吴于廑、齐世荣主编，高等教育出版社，1994年版

29.《世界五千年纪事本末》，齐世荣编，人民出版社，2005年版

30.《全球通史》，美国 斯塔夫里阿诺斯著，北京大学出版社，2005年版

31.《世界史纲》，英国 乔·韦尔著，广西师范大学出版社，2005

年版

32.《新编剑桥世界近代史》，英国 克拉克爵士主编，中国社会科学院世界历史研究所组译，中国社会科学出版社，1999 年版

33.《苏联兴亡史》，周敞、叶书宗、王斯德著，上海人民出版社，2002 年版

34.《苏联兴亡史论》，陆南泉、姜长斌、徐葵、李静杰主编，人民出版社，2004 年版

35.《大国悲剧－苏联解体的前因后果》，俄罗斯 尼·伊·雷日科夫著，徐昌翰等译，新华出版社，2008 年版

四、其它类

1.《诸子集成》，许嘉璐主编，广西教育出版社，陕西人民教育出版社，广东教育出版社，2006 年版

2.《梦溪笔谈》，宋·沈括著，重庆出版社，2007 年版

3.《朱子语类·邵子之书》，宋·朱熹著，上海古籍出版社，安徽教育出版社，1998 年版

4.《人类灾难纪典》，范宝俊主编，改革出版社，1998 年版

5.《小天体撞击与古环境灾变》，湖北科学技术出版社，欧阳自远等著，1997 年版

6. 中国古典文学《四大名著》，金城出版社，1998 年版

7.《钦定四库全书总目》，四库全书研究所整理，中华书局，1997 年版

8.《续修四库全书总目提要》，中国科学院图书馆整理，中华书局，1993 年版

周易书斋精品书目

书　　名	作　者	定　价	版别
影印涵芬楼本正统道藏 [典藏宣纸版;全512函1120册]	[明]张宇初编	480000.00	九州
影印涵芬楼本正统道藏 [再造善本;全512函1120册]	[明]张宇初编	280000.00	九州
重刊术藏[全6箱,精装100册]	谢路军郑同主编	68000.00	九州
续修术藏[全6箱,精装100册]	谢路军郑同主编	68000.00	九州
易藏[全6箱,精装60册]	谢路军郑同主编	48000.00	九州
道藏[全6箱,精装60册]	谢路军郑同主编	48000.00	九州
焦循文集[全精装18册]	[清]焦循撰	9800.00	九州
邵子全书[全精装15册]	[宋]邵雍撰	9600.00	九州
子部珍本备要(以下为分函购买价格)		178000.00	九州
001 岣嵝神书	宣纸线装1函1册	280.00	九州
002 地理啖蔗録	宣纸线装1函4册	880.00	九州
003 地理玄珠精选	宣纸线装1函4册	880.00	九州
004 地理琢玉斧峦头歌括	宣纸线装1函4册	880.00	九州
005 金氏地学粹编	宣纸线装3函8册	1840.00	九州
006 风水一书	宣纸线装1函4册	880.00	九州
007 风水二书	宣纸线装1函4册	880.00	九州
008 增注周易神应六亲百章海底眼	宣纸线装1函1册	280.00	九州
009 卜易指南	宣纸线装1函1册	280.00	九州
010 大六壬占验	宣纸线装1函1册	280.00	九州
011 真本六壬神课金口诀	宣纸线装1函3册	680.00	九州
012 太乙指津	宣纸线装1函2册	480.00	九州
013 太乙金钥匙 太乙金钥匙续集	宣纸线装1函1册	280.00	九州
014 奇门遁甲占验天时	宣纸线装1函2册	480.00	九州
015 南阳掌珍遁甲	宣纸线装1函1册	280.00	九州
016 达摩易筋经 易筋经外经图说 八段锦	宣纸线装1函1册	280.00	九州
017 钦天监彩绘真本推背图	宣纸线装1函2册	680.00	九州
018 清抄全本玉函通秘	宣纸线装1函3册	680.00	九州
019 灵棋经	宣纸线装1函1册	280.00	九州
020 道藏灵符秘法	宣纸线装4函9册	2100.00	九州
021 地理青囊玉尺度金针集	宣纸线装1函6册	1280.00	九州
022 奇门秘传九宫纂要	宣纸线装1函1册	280.00	九州

书名	作者	定价	版别
023 影印清抄耕寸集—真本子平真诠	宣纸线装1函2册	480.00	九州
024 新刊合并官板音义评注渊海子平	宣纸线装1函2册	480.00	九州
025 影抄宋本五行精纪	宣纸线装1函6册	1080.00	九州
026 影印明刻阴阳五要奇书1—郭氏阴阳元经	宣纸线装1函2册	480.00	九州
027 影印明刻阴阳五要奇书2—克择璇玑括要	宣纸线装1函1册	280.00	九州
028 影印明刻阴阳五要奇书3—阳明按索图	宣纸线装1函2册	480.00	九州
029 影印明刻阴阳五要奇书4—佐玄直指	宣纸线装1函2册	480.00	九州
030 影印明刻阴阳五要奇书5—三白宝海钩玄	宣纸线装1函1册	280.00	九州
031 相命图诀许负相法十六篇合刊	宣纸线装1函1册	280.00	九州
032 玉掌神相神相铁关刀合刊	宣纸线装1函1册	280.00	九州
033 古本太乙淘金歌	宣纸线装1函1册	280.00	九州
034 重刊地理葬埋黑通书	宣纸线装1函2册	480.00	九州
035 壬归	宣纸线装1函2册	480.00	九州
036 大六壬苗公鬼撮脚二种合刊	宣纸线装1函1册	280.00	九州
037 大六壬鬼撮脚射覆	宣纸线装1函2册	480.00	九州
038 大六壬金柜经	宣纸线装1函1册	280.00	九州
039 纪氏奇门秘书仕学备余	宣纸线装1函1册	280.00	九州
040 八门九星阴阳二遁全本奇门断	宣纸线装2函18册	3680.00	九州
041 李卫公奇门心法	宣纸线装1函1册	280.00	九州
042 武侯行兵遁甲金函玉镜海底眼	宣纸线装1函1册	280.00	九州
043 诸葛武侯奇门千金诀	宣纸线装1函1册	280.00	九州
044 隔夜神算	宣纸线装1函1册	280.00	九州
045 地理五种秘笈合刊	宣纸线装1函1册	280.00	九州
046 地理雪心赋句解	宣纸线装1函2册	480.00	九州
047 九天玄女青囊经	宣纸线装1函1册	280.00	九州
048 考定撼龙经	宣纸线装1函1册	280.00	九州
049 刘江东家藏善本葬书	宣纸线装1函1册	280.00	九州
050 杨公六段玄机赋杨筠松安门楼玉辇经合刊	宣纸线装1函1册	280.00	九州
051 风水金鉴	宣纸线装1函1册	280.00	九州
052 新镌碎玉剖秘地理不求人	宣纸线装1函2册	480.00	九州
053 阳宅八门金光斗临经	宣纸线装1函1册	280.00	九州
054 新镌徐氏家藏罗经顶门针	宣纸线装1函2册	480.00	九州
055 影印乾隆丙午刻本地理五诀	宣纸线装1函4册	880.00	九州
056 地理诀要雪心赋	宣纸线装1函2册	480.00	九州
057 蒋氏平阶家藏善本插泥剑	宣纸线装1函1册	280.00	九州

书　　名	作　　者	定　价	版别
058 蒋大鸿家传地理归厚录	宣纸线装1函1册	280.00	九州
059 蒋大鸿家传三元地理秘书	宣纸线装1函1册	280.00	九州
060 蒋大鸿家传天星选择秘旨	宣纸线装1函1册	280.00	九州
061 撼龙经批注校补	宣纸线装1函4册	880.00	九州
062 疑龙经批注校补一全	宣纸线装1函1册	280.00	九州
063 种筠书屋较订山法诸书	宣纸线装1函2册	480.00	九州
064 堪舆倒杖诀 拨砂经遗篇 合刊	宣纸线装1函1册	280.00	九州
065 认龙天宝经	宣纸线装1函1册	280.00	九州
066 天机望龙经刘氏心法 杨公骑龙穴诗合刊	宣纸线装1函1册	280.00	九州
067 风水一夜仙秘传三种合刊	宣纸线装1函1册	280.00	九州
068 新镌地理八窍	宣纸线装1函2册	480.00	九州
069 地理解醒	宣纸线装1函1册	280.00	九州
070 峦头指迷	宣纸线装1函3册	680.00	九州
071 茅山上清灵符	宣纸线装1函2册	480.00	九州
072 茅山上清镇禳摄制秘法	宣纸线装1函1册	280.00	九州
073 天医祝由科秘抄	宣纸线装1函2册	480.00	九州
074 千镇百镇桃花镇	宣纸线装1函2册	480.00	九州
075 轩辕碑记医学祝由十三科治病奇书合刊	宣纸线装1函1册	280.00	九州
076 清抄真本祝由科秘诀全书	宣纸线装1函3册	680.00	九州
077 增补秘传万法归宗	宣纸线装1函2册	480.00	九州
078 祝由科诸符秘卷祝由科诸符秘旨合刊	宣纸线装1函1册	280.00	九州
079 辰州符咒大全	宣纸线装1函4册	880.00	九州
080 万历初刻三命通会	宣纸线装2函12册	2480.00	九州
081 新编三车一览子平渊源注解	宣纸线装1函3册	680.00	九州
082 命理用神精华	宣纸线装1函3册	680.00	九州
083 命学探骊集	宣纸线装1函1册	280.00	九州
084 相诀摘要	宣纸线装1函2册	480.00	九州
085 相法秘传	宣纸线装1函1册	280.00	九州
086 新编相法五总龟	宣纸线装1函1册	280.00	九州
087 相学统宗心易秘传	宣纸线装1函2册	480.00	九州
088 秘本大清相法	宣纸线装1函2册	480.00	九州
089 相法易知	宣纸线装1函1册	280.00	九州
090 星命风水秘传	宣纸线装1函1册	280.00	九州
091 大六壬隔山照	宣纸线装1函2册	480.00	九州
092 大六壬考正	宣纸线装1函1册	280.00	九州

书　　名	作　者	定　价	版别
093 大六壬类阐	宣纸线装1函2册	480.00	九州
094 六壬心镜集注	宣纸线装1函1册	280.00	九州
095 遁甲吾学编	宣纸线装1函2册	480.00	九州
096 刘明江家藏善本奇门衍象	宣纸线装1函1册	280.00	九州
097 遁甲天书秘文	宣纸线装1函2册	480.00	九州
098 金枢符应秘文	宣纸线装1函2册	480.00	九州
099 秘传金函奇门隐遁丁甲法书	宣纸线装1函2册	480.00	九州
100 六壬行军指南	宣纸线装2函10册	2080.00	九州
101 家藏阴阳二宅秘诀线法	宣纸线装1函2册	480.00	九州
102 阳宅一书阴宅一书合刊	宣纸线装1函1册	280.00	九州
103 地理法门全书	宣纸线装1函1册	280.00	九州
104 四真全书玉钥匙	宣纸线装1函1册	280.00	九州
105 重刊官板玉髓真经	宣纸线装1函4册	880.00	九州
106 明刊阳宅真诀	宣纸线装1函2册	480.00	九州
107 阳宅指南	宣纸线装1函1册	280.00	九州
108 阳宅秘传三书	宣纸线装1函1册	280.00	九州
109 阳宅都天滚盘珠	宣纸线装1函1册	280.00	九州
110 纪氏地理水法要诀	宣纸线装1函1册	280.00	九州
111 李默斋先生地理辟径集	宣纸线装1函2册	480.00	九州
112 李默斋先生辟径集续篇 地理秘缺	宣纸线装1函2册	480.00	九州
113 地理辨正自解	宣纸线装1函1册	280.00	九州
114 形家五要全编	宣纸线装1函4册	880.00	九州
115 地理辨正抉要	宣纸线装1函1册	280.00	九州
116 地理辨正揭隐	宣纸线装1函1册	280.00	九州
117 地学铁骨秘	宣纸线装1函1册	280.00	九州
118 地理辨正发秘初稿	宣纸线装1函1册	280.00	九州
119 三元宅墓图	宣纸线装1函1册	280.00	九州
120 参赞玄机地理仙婆集	宣纸线装2函8册	1680.00	九州
121 幕讲禅师玄空秘旨浅注外七种	宣纸线装1函1册	280.00	九州
122 玄空挨星图诀	宣纸线装1函1册	280.00	九州
123 影印稿本玄空地理筌蹄	宣纸线装1函1册	280.00	九州
124 玄空古义四种通释	宣纸线装1函2册	480.00	九州
125 地理疑义答问	宣纸线装1函1册	280.00	九州
126 王元极地理辨正冒禁录	宣纸线装1函1册	280.00	九州
127 王元极校补天元选择辨正	宣纸线装1函3册	680.00	九州

书　　名	作　者	定　价	版别
128 王元极选择辨真全书	宣纸线装1函1册	280.00	九州
129 王元极增批地理冰海原本地理冰海合刊	宣纸线装1函1册	280.00	九州
130 王元极三元阳宅萃篇	宣纸线装1函2册	480.00	九州
131 尹一勺先生地理精语	宣纸线装1函1册	280.00	九州
132 古本地理元真	宣纸线装1函2册	480.00	九州
133 杨公秘本搜地灵	宣纸线装1函1册	280.00	九州
134 秘藏千里眼	宣纸线装1函1册	280.00	九州
135 道光刊本地理或问	宣纸线装1函1册	280.00	九州
136 影印稿本地理秘诀	宣纸线装1函2册	480.00	九州
137 地理秘诀隔山照 地理括要 合刊	宣纸线装1函1册	280.00	九州
138 地理前后五十段	宣纸线装1函2册	480.00	九州
139 心耕书屋藏本地经图说	宣纸线装1函1册	280.00	九州
140 地理古本道法双谭	宣纸线装1函1册	280.00	九州
141 奇门遁甲元灵经	宣纸线装1函1册	280.00	九州
142 黄帝遁甲归藏大意 白猿真经 合刊	宣纸线装1函1册	280.00	九州
143 遁甲符应经	宣纸线装1函2册	480.00	九州
144 遁甲通明钤	宣纸线装1函1册	280.00	九州
145 景祐奇门秘纂	宣纸线装1函2册	480.00	九州
146 奇门先天要论	宣纸线装1函2册	480.00	九州
147 御定奇门古本	宣纸线装1函2册	480.00	九州
148 奇门吉凶格解	宣纸线装1函1册	280.00	九州
149 御定奇门宝鉴	宣纸线装1函3册	680.00	九州
150 奇门阐易	宣纸线装1函2册	480.00	九州
151 六壬总论	宣纸线装1函1册	280.00	九州
152 稿抄本大六壬翠羽歌	宣纸线装1函1册	280.00	九州
153 都天六壬神课	宣纸线装1函1册	280.00	九州
154 大六壬易简	宣纸线装1函2册	480.00	九州
155 太上六壬明鉴符阴经	宣纸线装1函1册	280.00	九州
156 增补关煞袖里金百中经	宣纸线装1函1册	280.00	九州
157 演禽三世相法	宣纸线装1函2册	480.00	九州
158 合婚便览 和合婚姻咒 合刊	宣纸线装1函1册	280.00	九州
159 神数十种	宣纸线装1函1册	280.00	九州
160 神机灵数一掌经金钱课合刊	宣纸线装1函1册	280.00	九州
161 阴阳二宅易知录	宣纸线装1函2册	480.00	九州
162 阴宅镜	宣纸线装1函2册	480.00	九州
163 阳宅镜	宣纸线装1函1册	280.00	九州

书　　名	作　者	定　价	版别
164 清精抄本六圃地学	宣纸线装1函1册	280.00	九州
165 形峦神断书	宣纸线装1函1册	280.00	九州
166 堪舆三昧	宣纸线装1函1册	280.00	九州
167 遁甲奇门捷要	宣纸线装1函1册	280.00	九州
168 奇门遁甲备览	宣纸线装1函1册	280.00	九州
169 原传真本石室藏本圆光真传秘诀合刊	宣纸线装1函1册	280.00	九州
170 明抄全本壬归	宣纸线装1函4册	880.00	九州
171 董德彰水法秘诀水法断诀合刊	宣纸线装1函1册	280.00	九州
172 董德彰先生水法图说	宣纸线装1函1册	280.00	九州
173 董德彰先生泄天机纂要	宣纸线装1函2册	480.00	九州
174 李默斋先生地理秘传	宣纸线装1函2册	480.00	九州
175 新锓希夷陈先生紫微斗数全书	宣纸线装1函3册	680.00	九州
176 海源阁藏明刊麻衣相法全编	宣纸线装1函2册	480.00	九州
177 袁忠彻先生相法秘传	宣纸线装1函3册	680.00	九州
178 火珠林要旨 筮杙	宣纸线装1函2册	480.00	九州
179 火珠林占法秘传 续筮杙	宣纸线装1函1册	280.00	九州
180 六壬类聚	宣纸线装1函4册	880.00	九州
181 新刻麻衣相神异赋	宣纸线装1函1册	280.00	九州
182 诸葛武侯奇门遁甲全书	宣纸线装1函2册	480.00	九州
183 张九仪传地理偶摘	宣纸线装1函1册	280.00	九州
184 张九仪传地理偶注	宣纸线装1函1册	280.00	九州
185 阳宅玄珠	宣纸线装1函1册	280.00	九州
186 阴宅总论	宣纸线装1函1册	280.00	九州
187 新刻杨救贫秘传阴阳二宅便用统宗	宣纸线装1函1册	280.00	九州
188 增补理气图说	宣纸线装1函2册	480.00	九州
189 增补罗经图说	宣纸线装1函1册	280.00	九州
190 重镌官板阳宅大全	宣纸线装1函4册	880.00	九州
191 景祐太乙福应经	宣纸线装1函1册	280.00	九州
192 景祐遁甲符应经	宣纸线装1函1册	280.00	九州
193 景祐六壬神定经	宣纸线装1函1册	280.00	九州
194 御制禽遁符应经	宣纸线装1函2册	480.00	九州
195 秘传匠家鲁班经符法	宣纸线装1函3册	680.00	九州
196 哈佛藏本太史黄际飞注天玉经	宣纸线装1函1册	280.00	九州
197 李三素先生红囊经解	宣纸线装1函1册	280.00	九州
198 杨曾青囊天玉通义	宣纸线装1函1册	280.00	九州
199 重编大清钦天监焦秉贞彩绘历代推背图解	宣纸线装1函2册	680.00	九州

书　　名	作　者	定　价	版别
200 道光初刻相理衡真	宣纸线装1函4册	880.00	九州
201 新刻袁柳庄先生秘传相法	宣纸线装1函3册	680.00	九州
202 袁忠彻相法古今识鉴	宣纸线装1函2册	480.00	九州
203 袁天纲五星三命指南	宣纸线装1函2册	480.00	九州
204 新刻五星玉镜	宣纸线装1函3册	680.00	九州
205 游艺录:箨遁壬行年斗数相宅	宣纸线装1函1册	280.00	九州
206 新订王氏罗经透解	宣纸线装1函2册	480.00	九州
207 堪舆真诠	宣纸线装1函3册	680.00	九州
208 青囊天机奥旨二种	宣纸线装1函1册	280.00	九州
209 张九仪传地理偶录	宣纸线装1函1册	280.00	九州
210 地学形势集	宣纸线装1函8册	1680.00	九州
重刻故宫藏百二汉镜斋秘书四种(一):火珠林	宣纸线装1函1册	300.00	华龄
重刻故宫藏百二汉镜斋秘书四种(二):灵棋经	宣纸线装1函1册	300.00	华龄
重刻故宫藏百二汉镜斋秘书四种(三):滴天髓	宣纸线装1函1册	3000.00	华龄
重刻故宫藏百二汉镜斋秘书四种(四):测字秘牒	宣纸线装1函1册	300.00	华龄
中外戏法图说:鹅幻汇编鹅幻余编合刊	宣纸线装1函3册	780.00	华龄
连山[宣纸线装一函一册]	[清]马国翰辑	280.00	华龄
归藏[宣纸线装一函一册]	[清]马国翰辑	280.00	华龄
周易虞氏义笺订[宣纸线装一函六册]	[清]李翊灼订	1180.00	华龄
周易参同契通真义	宣纸线装1函2册	480.00	华龄
御制周易[宣纸线装一函三册]	武英殿影宋本	680.00	华龄
宋刻周易本义[宣纸线装一函四册]	[宋]朱熹撰	980.00	华龄
易学启蒙[宣纸线装一函二册]	[宋]朱熹撰	480.00	华龄
易余[宣纸线装一函二册]	[明]方以智撰	480.00	九州
奇门鸣法[宣纸线装一函二册]	[清]龙伏山人撰	680.00	华龄
奇门衍象[宣纸线装一函二册]	[清]龙伏山人撰	480.00	华龄
奇门枢要[宣纸线装一函二册]	[清]龙伏山人撰	480.00	华龄
奇门仙机[宣纸线装一函三册]	王力军校订	298.00	华龄
奇门心法秘纂[宣纸线装一函三册]	王力军校订	298.00	华龄
御定奇门秘诀[宣纸线装一函三册]	[清]湖海居士辑	680.00	华龄
宫藏奇门大全[线装五函二十五册]	[清]湖海居士辑	6800.00	影印
遁甲奇门秘传要旨大全[线装二函十册]	[清]范阳耐寒子辑	6200.00	影印
增广神相全编[线装一函四册]	[明]袁珙订正	980.00	影印
龙伏山人存世文稿[宣纸线装五函十册]	[清]矫子阳撰	2800.00	九州
奇门遁甲鸣法[宣纸线装一函二册]	[清]矫子阳撰	680.00	九州
奇门遁甲衍象[宣纸线装一函二册]	[清]矫子阳撰	480.00	九州

书　　名	作　者	定　价	版别
奇门遁甲枢要[宣纸线装一函二册]	[清]矫子阳撰	480.00	九州
遯甲括囊集[宣纸线装一函三册]	[清]矫子阳撰	980.00	九州
增注蒋公古镜歌[宣纸线装一函一册]	[清]矫子阳撰	180.00	九州
明抄真本梅花易数[宣纸线装一函三册]	[宋]邵雍撰	480.00	九州
古本皇极经世书[宣纸线装一函三册]	[宋]邵雍撰	980.00	九州
订正六壬金口诀[宣纸线装一函六册]	[清]巫国匡辑	1280.00	华龄
六壬神课金口诀[宣纸线装一函三册]	[明]适适子撰	298.00	华龄
改良三命通会[宣纸线装一函四册,第二版]	[明]万民英撰	980.00	华龄
增补选择通书玉匣记[宣纸线装一函二册]	[晋]许逊撰	480.00	华龄
阳宅三要	宣纸线装1函3册	298.00	华龄
绘图全本鲁班经匠家镜	宣纸线装1函4册	680.00	华龄
青囊海角经	宣纸线装1函4册	680.00	华龄
菊逸山房天函:地理点穴撼龙经	宣纸线装1函3册	680.00	华龄
菊逸山房地函:秘藏疑龙经大全	宣纸线装1函1册	280.00	华龄
菊逸山房人函:杨公秘本山法备收	宣纸线装1函1册	280.00	华龄
珍本1:校正全本地学答问	宣纸线装1函3册	680.00	华龄
珍本2:赖仙原本催官经	宣纸线装1函1册	280.00	华龄
珍本3:赖仙催官篇注	宣纸线装1函1册	280.00	华龄
珍本4:尹注赖仙催官篇	宣纸线装1函1册	280.00	华龄
珍本5:赖仙心印	宣纸线装1函1册	280.00	华龄
珍本6:新刻赖太素天星催官解	宣纸线装1函2册	480.00	华龄
珍本7:天机秘传青囊内传	宣纸线装1函1册	280.00	华龄
珍本8:阳宅斗首连篇秘授	宣纸线装1函1册	280.00	华龄
珍本9:精刻编集阳宅真传秘诀	宣纸线装1函2册	480.00	华龄
珍本10:秘传全本六壬玉连环	宣纸线装1函2册	480.00	华龄
珍本11:秘传仙授奇门	宣纸线装1函2册	480.00	华龄
珍本12:祝由科诸符秘卷祝由科诸符秘旨合刊	宣纸线装1函2册	480.00	华龄
珍本13:校正古本入地眼图说	宣纸线装1函2册	480.00	华龄
珍本14:校正全本钻地眼图说	宣纸线装1函2册	480.00	华龄
珍本15:赖公七十二葬法	宣纸线装1函2册	480.00	华龄
珍本16:新刻杨筠松秘传开门放水阴阳捷径	宣纸线装1函2册	480.00	华龄
珍本17:校正古本地理五诀	宣纸线装1函2册	480.00	华龄
珍本18:重校古本地理雪心赋	宣纸线装1函2册	480.00	华龄
珍本19:宋国师吴景鸾先天后天理气心印补注	宣纸线装1函1册	280.00	华龄
珍本20:新刊宋国师吴景鸾秘传夹竹梅花院纂	宣纸线装1函2册	480.00	华龄
珍本21:影印原本任铁樵注滴天髓阐微	宣纸线装1函4册	980.00	华龄

书　　名	作　者	定　价	版别
增补四库青乌辑要[宣纸线装全18函59册]	郑同校	11680.00	九州
第1种:宅经[宣纸线装1册]	[署]黄帝撰	180.00	九州
第2种:葬书[宣纸线装1册]	[晋]郭璞撰	220.00	九州
第3种:青囊序青囊奥语天玉经[宣纸线装1册]	[唐]杨筠松撰	220.00	九州
第4种:黄囊经[宣纸线装1册]	[唐]杨筠松撰	220.00	九州
第5种:黑囊经[宣纸线装2册]	[唐]杨筠松撰	380.00	九州
第6种:锦囊经[宣纸线装1册]	[晋]郭璞撰	200.00	九州
第7种:天机贯旨红囊经[宣纸线装2册]	[清]李三素撰	380.00	九州
第8种:玉函天机素书/至宝经[宣纸线装1册]	[明]董德彰撰	200.00	九州
第9种:天机一贯[宣纸线装2册]	[清]李三素撰辑	380.00	九州
第10种:撼龙经[宣纸线装1册]	[唐]杨筠松撰	200.00	九州
第11种:疑龙经葬法倒杖[宣纸线装1册]	[唐]杨筠松撰	220.00	九州
第12种:疑龙经辨正[宣纸线装1册]	[唐]杨筠松撰	200.00	九州
第13种:寻龙记太华经[宣纸线装1册]	[唐]曾文辿撰	220.00	九州
第14种:宅谱要典[宣纸线装2册]	[清]铣溪野人校	380.00	九州
第15种:阳宅必用[宣纸线装2册]	心灯大师校订	380.00	九州
第16种:阳宅撮要[宣纸线装2册]	[清]吴鼒撰	380.00	九州
第17种:阳宅正宗[宣纸线装1册]	[清]姚承舆撰	200.00	九州
第18种:阳宅指掌[宣纸线装2册]	[清]黄海山人撰	380.00	九州
第19种:相宅新编[宣纸线装1册]	[清]焦循校刊	240.00	九州
第20种:阳宅井明[宣纸线装2册]	[清]邓颖出撰	380.00	九州
第21种:阴宅井明[宣纸线装1册]	[清]邓颖出撰	220.00	九州
第22种:灵城精义[宣纸线装2册]	[南唐]何溥撰	380.00	九州
第23种:龙穴砂水说[宣纸线装1册]	清抄秘本	180.00	九州
第24种:三元水法秘诀[宣纸线装2册]	清抄秘本	380.00	九州
第25种:罗经秘传[宣纸线装2册]	[清]傅禹辑	380.00	九州
第26种:穿山透地真传[宣纸线装2册]	[清]张九仪撰	380.00	九州
第27种:催官篇发微论[宣纸线装2册]	[宋]赖文俊撰	380.00	九州
第28种:入地眼神断要诀[宣纸线装2册]	清抄秘本	380.00	九州
第29种:玄空大卦秘断[宣纸线装1册]	清抄秘本	200.00	九州
第30种:玄空大五行真传口诀[宣纸线装1册]	[明]蒋大鸿等撰	220.00	九州
第31种:杨曾九宫颠倒打劫图说[宣纸线装1册]	[唐]杨筠松撰	200.00	九州
第32种:乌兔经奇验经[宣纸线装1册]	[唐]杨筠松撰	180.00	九州
第33种:挨星考注[宣纸线装1册]	[清]汪董缘订定	260.00	九州
第34种:地理挨星说汇要[宣纸线装1册]	[明]蒋大鸿撰辑	220.00	九州
第35种:地理捷诀[宣纸线装1册]	[清]傅禹辑	200.00	九州

书　　名	作　者	定　价	版别
第36种：地理三仙秘旨[宣纸线装1册]	清抄秘本	200.00	九州
第37种：地理三字经[宣纸线装3册]	[清]程思乐撰	580.00	九州
第38种：地理雪心赋注解[宣纸线装2册]	[唐]卜则嵬撰	380.00	九州
第39种：蒋公天元余义[宣纸线装1册]	[明]蒋大鸿等撰	220.00	九州
第40种：地理真传秘旨[宣纸线装3册]	[唐]杨筠松撰	580.00	九州
增补四库未收方术汇刊第一辑(全28函)	线装影印本	11800.00	九州
第一辑01函：火珠林·卜筮正宗	[宋]麻衣道者著	340.00	九州
第一辑02函：全本增删卜易·增删卜易真诠	[清]野鹤老人撰	720.00	九州
第一辑03函：渊海子平音义评注·子平真诠·命理易知	[明]杨淙增校	360.00	九州
第一辑04函：滴天髓：附滴天秘诀·穷通宝鉴：附月谈赋	[宋]京图撰	360.00	九州
第一辑05函：参星秘要诹吉便览·玉函斗首三台通书·精校三元总录	[清]俞荣宽撰	460.00	九州
第一辑06函：陈子性藏书	[清]陈应选撰	580.00	九州
第一辑07函：崇正辟谬永吉通书·选择求真	[清]李奉来辑	500.00	九州
第一辑08函：增补选择通书玉匣记·永宁通书	[晋]许逊撰	400.00	九州
第一辑09函：新增阳宅爱众篇	[清]张觉正撰	480.00	九州
第一辑10函：地理四弹子·地理铅弹子砂水要诀	[清]张九仪注	320.00	九州
第一辑11函：地理五诀	[清]赵九峰著	200.00	九州
第一辑12函：地理直指原真	[清]释如玉撰	280.00	九州
第一辑13函：宫藏真本入地眼全书	[宋]释静道著	680.00	九州
第一辑14函：罗经顶门针·罗经解定·罗经透解	[明]徐之镆撰	360.00	九州
第一辑15函：校正详图青囊经·平砂玉尺经·地理辨正疏	[清]王宗臣著	300.00	九州
第一辑16函：一贯堪舆	[明]唐世友辑	240.00	九州
第一辑17函：阳宅大全·阳宅十书	[明]一壑居士集	600.00	九州
第一辑18函：阳宅大成五种	[清]魏青江撰	600.00	九州
第一辑19函：奇门五总龟·奇门遁甲统宗大全·奇门遁甲元灵经	[明]池纪撰	500.00	九州
第一辑20函：奇门遁甲秘笈全书	[明]刘伯温辑	280.00	九州
第一辑21函：奇门庐中阐秘	[汉]诸葛武侯撰	600.00	九州
第一辑22函：奇门遁甲元机·太乙秘书·六壬大占	[宋]岳珂纂辑	360.00	九州
第一辑23函：性命圭旨	[明]尹真人撰	480.00	九州
第一辑24函：紫微斗数全书	[宋]陈抟撰	200.00	九州
第一辑25函：千镇百镇桃花镇	[清]云石道人校	220.00	九州
第一辑26函：清抄真本祝由科秘诀全书·轩辕碑记医学祝由十三科	[上古]黄帝传	800.00	九州
第一辑27函：增补秘传万法归宗	[唐]李淳风撰	160.00	九州

书　名	作　者	定　价	版别
第一辑 28 函:神机灵数一掌经金钱课·牙牌神数七种·珍本演禽三世相法	[清]诚文信校	440.00	九州
增补四库未收方术汇刊第二辑(全 36 函)	线装影印本	13800.00	九州
第二辑第 1 函:六爻断易一撮金·卜易秘诀海底眼	[宋]邵雍撰	200.00	九州
第二辑第 2 函:秘传子平渊源	燕山郑同校辑	280.00	九州
第二辑第 3 函:命理探原	[清]袁树珊撰	280.00	九州
第二辑第 4 函:命理正宗	[明]张楠撰集	180.00	九州
第二辑第 5 函:造化玄钥	庄圆校补	220.00	九州
第二辑第 6 函:命理寻源·子平管见	[清]徐乐吾撰	280.00	九州
第二辑第 7 函:京本风鉴相法	[明]回阳子校辑	380.00	九州
第二辑第 8—9 函:钦定协纪辨方书 8 册	[清]允禄编	780.00	九州
第二辑第 10—11 函:鳌头通书 10 册	[明]熊宗立撰辑	880.00	九州
第二辑第 12—13 函:象吉通书	[清]魏明远撰辑	1080.00	九州
第二辑第 14 函:选择宗镜·选择纪要	[朝鲜]南秉吉撰	360.00	九州
第二辑第 15 函:选择正宗	[清]顾宗秀撰辑	480.00	九州
第二辑第 16 函:仪度六壬选日要诀	[清]张九仪撰	680.00	九州
第二辑第 17 函:葬事择日法	郑同校辑	280.00	九州
第二辑第 18 函:地理不求人	[清]吴明初撰辑	240.00	九州
第二辑第 19 函:地理大成一:山法全书	[清]叶九升撰	680.00	九州
第二辑第 20 函:地理大成二:平阳全书	[清]叶九升撰	360.00	九州
第二辑第 21 函:地理大成三:地理六经注·地理大成四:罗经指南拔雾集·地理大成五:理气四诀	[清]叶九升撰	300.00	九州
第二辑第 22 函:地理录要	[明]蒋大鸿撰	480.00	九州
第二辑第 23 函:地理人子须知	[明]徐善继撰	480.00	九州
第二辑第 24 函:地理四秘全书	[清]尹一勺撰	380.00	九州
第二辑第 25—26 函:地理天机会元	[明]顾陵冈辑	1080.00	九州
第二辑第 27 函:地理正宗	[清]蒋宗城校订	280.00	九州
第二辑第 28 函:全图鲁班经	[明]午荣编	280.00	九州
第二辑第 29 函:秘传水龙经	[明]蒋大鸿撰	480.00	九州
第二辑第 30 函:阳宅集成	[清]姚廷銮纂	480.00	九州
第二辑第 31 函:阴宅集要	[清]姚廷銮纂	240.00	九州
第二辑第 32 函:辰州符咒大全	[清]觉玄子辑	480.00	九州
第二辑第 33 函:三元镇宅灵符秘箓·太上洞玄祛病灵符全书	[明]张宇初编	240.00	九州
第二辑第 34 函:太上混元祈福解灾三部神符	[明]张宇初编	360.00	九州
第二辑第 35 函:测字秘牒·先天易数·冲天易数/马前课	[清]程省撰	360.00	九州
第二辑第 36 函:秘传紫微	古朝鲜抄本	240.00	九州

书　　名	作　者	定　价	版别
子平遗书第 1 辑(甲子至戊辰,全三册)	精装古本影印	980.00	华龄
子平遗书第 2 辑(庚午至甲戌,全三册)	精装古本影印	980.00	华龄
子平遗书第 3 辑(乙亥至戊子,全三册)	精装古本影印	980.00	华龄
子平遗书第 4 辑(庚寅至庚子,全三册)	精装古本影印	980.00	华龄
子平遗书第 5 辑(辛丑至癸丑,全三册)	精装古本影印	980.00	华龄
子平遗书第 6 辑(甲寅至辛酉,全三册)	精装古本影印	980.00	华龄
子部善本 1:新刊地理玄珠	精装古本影印	380.00	华龄
子部善本 2:参赞玄机地理仙婆集	精装古本影印	380.00	华龄
子部善本 3:章仲山地理九种(上下)	精装古本影印	760.00	华龄
子部善本 4:八门九星阴阳二遁全本奇门断	精装古本影印	760.00	华龄
子部善本 5:六壬统宗大全	精装古本影印	380.00	华龄
子部善本 6:太乙统宗宝鉴	精装古本影印	380.00	华龄
子部善本 7:重刊星海词林(全五册)	精装古本影印	1900.00	华龄
子部善本 8:万历初刻三命通会(上下)	精装古本影印	760.00	华龄
子部善本 9:增广沈氏玄空学(上下)	精装古本影印	760.00	华龄
子部善本 10:江公择日秘稿	精装古本影印	380.00	华龄
子部善本 11:刘氏家藏阐微通书(上下)	精装古本影印	760.00	华龄
子部善本 12:影印增补高岛易断(上下)	精装古本影印	760.00	华龄
子部善本 13:清刻足本铁板神数	精装古本影印	380.00	华龄
子部善本 14:增订天官五星集腋(上下)	精装古本影印	760.00	华龄
子部善本 15:太乙奇门六壬兵备统宗(上中下)	精装古本影印	1140.00	华龄
子部善本 16:御定景祐奇门大全(上下)	精装古本影印	760.00	华龄
子部善本 17:地理四秘全书十二种	精装古本影印	380.00	华龄
子部善本 18:全本地理统一全书	精装古本影印	380.00	华龄
风水择吉第一书:辨方(精装)	李明清著	168.00	华龄
珞琭子三命消息赋古注通疏(精装上下)	一明注疏	188.00	华龄
增补高岛易断(简体横排精装上下)	(清)王治本编译	198.00	华龄
飞盘奇门:鸣法体系校释(精装上下)	刘金亮撰	198.00	九州
白话高岛易断(上下)	孙正治孙奥麟译	128.00	九州
润德堂丛书全编 1:述卜筮星相学	袁树珊著	38.00	华龄
润德堂丛书全编 2:命理探原	袁树珊著	38.00	华龄
润德堂丛书全编 3:命谱	袁树珊著	68.00	华龄
润德堂丛书全编 4:大六壬探原 养生三要	袁树珊著	38.00	华龄
润德堂丛书全编 5:中西相人探原	袁树珊著	38.00	华龄
润德堂丛书全编 6:选吉探原 八字万年历	袁树珊著	38.00	华龄
润德堂丛书全编 7:中国历代卜人传(上中下)	袁树珊著	168.00	华龄

书　　名	作　者	定　价	版别
三式汇刊1:大六壬口诀纂	[明]林昌长辑	68.00	华龄
三式汇刊2:大六壬集应钤	[明]黄宾廷撰	198.00	华龄
三式汇刊3:奇门大全秘纂	[清]湖海居士撰	68.00	华龄
三式汇刊4:大六壬总归	[宋]郭子晟撰	58.00	华龄
青囊汇刊1:青囊秘要	[晋]郭璞等撰	48.00	华龄
青囊汇刊2:青囊海角经	[晋]郭璞等撰	48.00	华龄
青囊汇刊3:阳宅十书	[明]王君荣撰	48.00	华龄
青囊汇刊4:秘传水龙经	[明]蒋大鸿撰	68.00	华龄
青囊汇刊5:管氏地理指蒙	[三国]管辂撰	48.00	华龄
青囊汇刊6:地理山洋指迷	[明]周景一撰	32.00	华龄
青囊汇刊7:地学答问	[清]魏清江撰	58.00	华龄
青囊汇刊8:地理铅弹子砂水要诀	[清]张九仪撰	68.00	华龄
子平汇刊1:渊海子平大全	[宋]徐子平撰	48.00	华龄
子平汇刊2:秘本子平真诠	[清]沈孝瞻撰	38.00	华龄
子平汇刊3:命理金鉴	[清]志于道撰	38.00	华龄
子平汇刊4:秘授滴天髓阐微	[清]任铁樵注	48.00	华龄
子平汇刊5:穷通宝鉴评注	[清]徐乐吾注	48.00	华龄
子平汇刊6:神峰通考命理正宗	[明]张楠撰	38.00	华龄
子平汇刊7:新校命理探原	[清]袁树珊撰	48.00	华龄
子平汇刊8:重校绘图袁氏命谱	[清]袁树珊撰	68.00	华龄
子平汇刊9:增广汇校三命通会(全三册)	[明]万民英撰	168.00	华龄
纳甲汇刊1:校正全本增删卜易	郑同点校	68.00	华龄
纳甲汇刊2:校正全本卜筮正宗	郑同点校	48.00	华龄
纳甲汇刊3:校正全本易隐	郑同点校	48.00	华龄
纳甲汇刊4:校正全本易冒	郑同点校	48.00	华龄
纳甲汇刊5:校正全本易林补遗	郑同点校	38.00	华龄
纳甲汇刊6:校正全本卜筮全书	郑同点校	68.00	华龄
古今图书集成术数丛刊:卜筮(全二册)	[清]陈梦雷辑	80.00	华龄
古今图书集成术数丛刊:堪舆(全二册)	[清]陈梦雷辑	120.00	华龄
古今图书集成术数丛刊:相术(全一册)	[清]陈梦雷辑	60.00	华龄
古今图书集成术数丛刊:选择(全一册)	[清]陈梦雷辑	50.00	华龄
古今图书集成术数丛刊:星命(全三册)	[清]陈梦雷辑	180.00	华龄
古今图书集成术数丛刊:术数(全三册)	[清]陈梦雷辑	200.00	华龄
四库全书术数初集(全四册)	郑同点校	200.00	华龄
四库全书术数二集(全三册)	郑同点校	150.00	华龄
四库全书术数三集:钦定协纪辨方书(全二册)	郑同点校	98.00	华龄

书　　名	作　者	定　价	版别
增补鳌头通书大全(全三册)	[明]熊宗立撰辑	180.00	华龄
增补象吉备要通书大全(全三册)	[清]魏明远撰辑	180.00	华龄
增广沈氏玄空学	郑同点校	68.00	华龄
地理点穴撼龙经	郑同点校	32.00	华龄
绘图地理人子须知(上下)	郑同点校	78.00	华龄
玉函通秘	郑同点校	48.00	华龄
绘图入地眼全书	郑同点校	28.00	华龄
绘图地理五诀	郑同点校	48.00	华龄
一本书弄懂风水	郑同著	48.00	华龄
风水罗盘全解	傅洪光著	58.00	华龄
堪舆精论	胡一鸣著	29.80	华龄
堪舆的秘密	宝通著	36.00	华龄
中国风水学初探	曾涌哲	58.00	华龄
全息太乙(修订版)	李德润著	68.00	华龄
时空太乙(修订版)	李德润著	68.00	华龄
故宫珍本六壬三书(上下)	张越点校	128.00	华龄
大六壬通解(全三册)	叶飘然著	168.00	华龄
壬占汇选(精抄历代六壬占验汇选)	肖岱宗点校	48.00	华龄
大六壬指南	郑同点校	28.00	华龄
六壬金口诀指玄	郑同点校	28.00	华龄
大六壬寻源编[全三册]	[清]周螭辑录	180.00	华龄
六壬辨疑　毕法案录	郑同点校	32.00	华龄
时空太乙(修订版)	李德润著	68.00	华龄
全息太乙(修订版)	李德润著	68.00	华龄
大六壬断案疏证	刘科乐著	58.00	华龄
六壬时空	刘科乐著	68.00	华龄
御定奇门宝鉴	郑同点校	58.00	华龄
御定奇门阳遁九局	郑同点校	78.00	华龄
御定奇门阴遁九局	郑同点校	78.00	华龄
奇门秘占合编:奇门庐中阐秘·四季开门	[汉]诸葛亮撰	68.00	华龄
奇门探索录	郑同编订	38.00	华龄
奇门遁甲秘笈大全	郑同点校	48.00	华龄
奇门旨归	郑同点校	48.00	华龄
奇门法窍	[清]锡孟樨撰	48.00	华龄
奇门精粹——奇门遁甲典籍大全	郑同点校	68.00	华龄
御定子平	郑同点校	48.00	华龄